普通高等教育"十一五"国家级规划教材

高等院校计算机教材系列

微机原理与接口技术
基于IA-32处理器和32位汇编语言
第5版

钱晓捷 主编

王义琴 范喆 张行进 马耀锋 参编

机械工业出版社
China Machine Press

图书在版编目（CIP）数据

微机原理与接口技术：基于IA-32处理器和32位汇编语言／钱晓捷主编．—5版．—北京：机械工业出版社，2014.7（2021.5重印）
（高等院校计算机教材系列）

ISBN 978-7-111-47206-3

I. 微… II. 钱… III. ①微型计算机－理论－高等学校－教材　②微型计算机－接口技术－高等学校－教材　IV. TP36

中国版本图书馆CIP数据核字（2014）第135044号

本书以32位处理器、32位汇编语言和32位个人微机系统为起点，从应用角度，采用循序渐进、深入浅出、突出实践的方法，展开论述了IA-32处理器的发展和微机组成、处理器编程结构、常用指令及其汇编语言程序设计（32位Windows控制台环境和16位DOS环境）、存储系统、微机总线、输入输出接口及其应用技术，还特别介绍了高速缓冲存储器、指令流水线、多媒体指令、超标量、动态执行、多核等先进技术。

本书可以作为高等院校"微机原理及接口技术（微机原理及应用）"、"汇编语言程序设计"或"计算机组成原理"等课程的教材或参考书，适合计算机及电子、通信和自控等电类专业的本科学生、专科学生、高职学生及成教学生阅读，同时也适合作为计算机应用开发人员和希望深入学习微机应用技术的读者的极佳参考书。

出版发行：机械工业出版社（北京市西城区百万庄大街22号　邮政编码：100037）
责任编辑：迟振春　　　　　　　　　　　　责任校对：殷　虹
印　　刷：北京建宏印刷有限公司　　　　　版　　次：2021年5月第5版第10次印刷
开　　本：185mm×260mm　1/16　　　　　印　　张：20.75
书　　号：ISBN 978-7-111-47206-3　　　　定　　价：39.00元

凡购本书，如有缺页、倒页、脱页，由本社发行部调换
客服热线：（010）88378991　88361066　　　投稿热线：（010）88379604
购书热线：（010）68326294　88379649　68995259　　读者信箱：hzjsj@hzbook.com

版权所有·侵权必究
封底无防伪标均为盗版
本书法律顾问：北京大成律师事务所　韩光／邹晓东

前 言

本书以 IA-32 处理器和 32 位 PC 为主体介绍 32 位微机原理、32 位汇编语言和接口应用技术。全书共分 9 章。

- 第 1 章 "微型计算机系统概述"。本章通过微处理器的发展尤其是 Intel 80x86 系列处理器的发展引出各种基本概念，从冯·诺伊曼计算机结构引出微型计算机硬件组成，以 16 位和 32 位 PC 为例全面理解微机层次结构，通过熟悉 Windows 控制台环境了解微机软件系统。
- 第 2 章 "处理器结构"。本章以 8 位 CPU、16 位 8086、32 位 80386 和 Pentium 为例展开讲述处理器功能结构，重点学习 IA-32 处理器通用指令执行环境中的通用整数寄存器、存储器组织和数据寻址方式，并熟悉汇编语言的语句格式、程序框架和开发方法。
- 第 3 章 "数据处理"。本章以数据在计算机中的表示介绍数制、数值编码和字符编码，以数据在汇编语言中的表达熟悉常量定义、变量应用以及常用伪指令，以数据在处理器中的处理展开论述 IA-32 处理器数据传送和算术逻辑运算等基本指令，并通过示例程序掌握指令功能和编程应用。
- 第 4 章 "汇编语言程序设计"。本章以程序结构为主线，先介绍基本的控制转移指令，然后引出分支程序结构、循环程序结构和子程序结构，同时结合数码转换、字符串处理、键盘输入和显示输出等大量示例程序，掌握汇编语言程序设计方法。最后，介绍汇编语言在编写 32 位 Windows 程序以及与 C++ 混合编程方面的应用。
- 第 5 章 "微机总线"。本章展开微机总线结构，介绍总线类型、数据传输、信号时序等总线基本技术，以 16 位 8086 和 32 位 Pentium 为例学习处理器引脚信号和操作时序，以 16 位 ISA、32 位 PCI 和 USB 总线为例学习系统总线和外设总线。
- 第 6 章 "存储系统"。本章以存储层次结构中的主存储器、高速缓冲存储器为主体，学习各种半导体存储器的类型、特点、地址译码，介绍 Cache 的工作原理和组成结构。最后，说明 IA-32 处理器支持操作系统进行存储管理的分段和分页机制。
- 第 7 章 "输入输出接口"。本章在熟悉 I/O 接口的特点、编址和指令的基础上，结合 I/O 接口电路展开论述微机与外设进行无条件传送、查询传送、中断传送和 DMA 传送的原理，并详细介绍处理器的中断机制和编程方法。本章还引出了使用汇编语言编写 16 位 DOS 应用程序的方法。
- 第 8 章 "常用接口技术"。本章综合已学知识，以应用为目的，熟悉定时控制、并行接口、串行通信和模拟系统的基本原理，掌握扬声器控制、打印机连接、键盘输入、数码管显示、异步串行通信和模拟系统的常用接口技术。
- 第 9 章 "处理器性能提高技术"。本章以 IA-32 处理器为例介绍高性能处理器运用的各种先进技术，涉及精简指令集计算机思想、指令流水线技术、浮点数据的编码格式及各种并行处理技术。

本书遵循我国"计算机科学与技术本科专业规范"等指导性文件，结合广大师生的反馈和我们的教学实践，删除了陈旧内容，精练了许多知识，实现了以 32 位为主体的教学思想，同时也在编排体例等多方面进行了改进。与同类教材相比，本书具有以下特色。

1. 更新教学内容，体现 32 位主体

本书不是将 32 位内容作为 16 位内容的补充，安排在各个章节最后或全书最后，而是直接以 32 位教学内容为起点，硬件上以 IA-32 处理器和 32 位 PC 为主体介绍工作原理，软件上以 32 位指令系统展开讲述 Windows 控制台环境的汇编语言编程。例如，汇编语言的 32 位 Windows 编程、与 Visual C++ 的混合编程，存储系统的 Cache、存储管理，指令集结构的精简指令集计算机思想、浮点指令和多媒体指令，以及系统结构的指令流水线、超标量、动态执行、多线程、多核等技术。

2. 强调工作原理，淡化技术细节

微型计算机技术的突出特点是教学内容虽不深奥但较琐碎，既有共性的工作原理又有具体应用的技术方法。本书在编著过程中，强调基本概念和工作原理，不过多表述实现细节。例如，本教材以 IA-32 处理器为例融合 8 位、16 位和 32 位微机工作原理，而不是仅引出某个处理器的所有技术；选择 32 位基本指令进行重点学习而不是所有指令泛泛而谈；抓住处理器和总线的关键信号，没有详细展开所有引脚功能；重点说明存储器地址译码原理，不分析存储器芯片的连接细节；从应用角度解释系统结构特点，不以设计者观点论述技术实现。

3. 化解汇编难点，突出应用价值

汇编语言编程是本课程的一个难点，因为其指令繁多、规则凌乱，又涉及底层硬件原理。传统的教学顺序是：先数据编码、后指令系统、接着伪指令、最后展开程序设计，即在积累了大量指令和规则后才引出程序，往往又没有输入输出交互，编出的程序不知对错。本教材从第 1 章就引出汇编语言的软件开发环境。第 2 章介绍汇编语言的语句格式、源程序框架和开发方法，并利用简单易用的输入输出子程序编写具有显示结果的程序。第 3 章结合数据编码、常量定义和变量应用，自然地引出常用伪指令；然后通过阅读源程序、掌握常用处理器指令，逐渐编写特定要求的程序片段。第 4 章以程序结构为主线，从简单到复杂逐步编写具有实用价值的应用程序，最后展开讲述 Windows 编程和混合编程。后续章节结合 I/O 接口技术，介绍 I/O 指令和 I/O 程序、中断服务程序以及扬声器控制、键盘扫描码读取、异步串行通信程序，将上机实践贯穿始终，通过汇编语言程序更好地理解硬件工作原理。

4. 面向普通学生，降低入门要求

本书充分考虑到普通院校本、专科学生以及自学人员的实际知识水平，以清晰的逻辑结构由浅入深展开教学内容；尽量使用浅显生动的语言，不惜笔墨详尽讲解重点和难点知识。本书只要求读者具有计算机(文化)基础和高级语言的入门知识，掌握微机操作，不要求读者熟悉数字电路、计算机组成原理等先修内容。例如，本教材介绍了基本逻辑运算、门电路、锁存器、三态缓冲器和译码器等涉及硬件的知识，还补充有 Windows 控制台(及模拟 MS-DOS)环境的操作、MASM 6.15 命令行开发方法等软件方面的内容。再如，本教材详细介绍了开发软件包的构成，精选了大量示例程序，并提供了作者编写的键盘输入和显示输出 I/O 子程序库，读者完全可以依据教材所述自主完成各个程序。另外，课程虽然涉及硬件接口，但本教材设计有在 PC 上实现的实践环节，所以可以不用配置硬件实验平台而开设本课程(当然，如果能够结合硬件实验平台，效果会更加理想)。还有，每章最后都有总结，帮助读者领悟重点知识，并配合大量习题巩固所学。

5. 开办教学网站，提供辅助资源

本书努力从结构组织、内容编排和上机实践等多方面避免同类教材的不足，努力做到结构新颖、内容充实、知识先进，让广大读者有所收获，掌握一些实实在在的东西。为了更好地服务于广大师生和读者，编者开辟了"微辅网"(http://www5.zzu.edu.cn/qwfw)。该网站面向"微机原理及接口技术"和"汇编语言程序设计"课程，提供相关教学课件(电子教案)、教学大纲、教材勘误、疑难解答、输入输出子程序库、示例源程序文件等辅助资源，是本教材的动态延伸，欢迎大家访问。有关教材的疏漏和不当以及对相关教学问题的探讨，敬请广大师生和读者通过电子邮件(qianxiaojie@zzu.edu.cn)与编者交流。你们的支持是提高教材质量、催生新版教材的最大动力，也是对编者的最大鼓励。

与前版教材相比，本版保持总体结构和主体内容不变，主要进行了如下修订：

1) 状态标志的详述移到算术运算指令前，便于结合指令更好地理解标志作用。

2) 关于子程序参数传递增加了两个更易理解的程序示例。

3) 关于主存储器增加了 EEPROM 芯片介绍、NOR 和 NAND Flash 类型的说明等。

4) 关于常用接口技术增加了 8253 脉冲计数示例、反转法识别按键、DAC 芯片输出锯齿波应用等内容。

5) 最后两章改动较大，内容简化后合并为一章。

6) 全书各章都有根据需要修改或增加的文字、图形和表格，以便对有关知识点进行更清晰的解释，尤其是数据处理、主存储器、输入输出接口等章节。

本书前一版由钱晓捷、王义琴、范喆、张行进等编写，本版由钱晓捷进行修订，并得到了关国利、张青、姚俊婷等同事的帮助。衷心感谢各位老师，谢谢你们的支持。

编者

2014 年 4 月

教 学 建 议

针对不同专业不同层次因而教学要求各不相同的本科、专科学生，根据实际教学经验，本教材推荐3个教学方案：

1. 微机原理与汇编语言

这是一个突出重点、精练内容的教学方案，适合自动控制、电子通信、计算机科学与技术等电类专业。这个教学方案可以为后续"单片机原理"、"嵌入式系统"课程打下基础。

这个教学方案综合微机组成原理、汇编语言程序设计、基本输入输出接口和新技术介绍，主要是前8章的核心内容。由于课时有限，教学内容以基本知识为主，对高速缓存、存储管理、通信接口、模拟接口以及并行处理器技术等内容只进行简介。

2. 微机原理及接口技术

这个教学方案需要先开设"汇编语言程序设计"课程，然后开设"微机原理及接口技术"课程。这是计算机科学与技术专业使用较多，也是一个较为成熟和传统的教学方案。课程内容以本教材第5~8章内容为主，要学习第1、2章内容，可以复习第3、4章内容，同时可以展开介绍比较深入的内容。

计算机专业往往还开设有"计算机组成原理"课程，此时"微机原理及接口技术"课程可以不讲授与其重复部分，或者以复习形式进行巩固。

由于"汇编语言程序设计"课程内容直接影响到"微机原理及接口技术"课程的编程和实践环节，所以两门课程内容一定要衔接好，必要时进行复习。

3. 汇编语言程序设计

"汇编语言程序设计"是计算机科学与技术、软件工程常常单独开设的课程，也可以在电子工程、通信工程、自动控制等专业开设。本教材的"汇编语言"部分适合"汇编语言程序设计"课程的教学要求。课程内容以本教材前4章为主，同时抽取第7~8章中有关汇编语言部分，形成第5章内容。

各个教学方案的课程学时如下表所示。

教学方案	微机原理与汇编语言	微机原理及接口技术	汇编语言程序设计
课程总学时(授课+实验)	68+20	68+12	51(68)+30
第1章 微型计算机系统概述	6	6	4
第2章 处理器结构	8	4	8
第3章 数据处理	12	2	12
第4章 汇编语言程序设计	12	2	20(28)
第5章 微机总线	6	6	7(16)
第6章 存储系统	6	6	注：第5章输入输出程序设计，取自本教材第7、8章内容
第7章 输入输出接口	8	10	
第8章 常用接口技术	8	26	
第9章 处理器性能提高技术	2	6	

目 录

前言
教学建议

第1章 微型计算机系统概述 ……………… 1
1.1 微型计算机的发展 ……………………… 1
1.1.1 通用微处理器 …………………… 1
1.1.2 专用微处理器 …………………… 2
1.1.3 摩尔定律 ………………………… 3
1.2 Intel 80x86 系列处理器 ………………… 3
1.2.1 16 位 80x86 处理器 ……………… 3
1.2.2 IA-32 处理器 …………………… 4
1.2.3 Intel 64 处理器 …………………… 8
1.3 微型计算机的系统组成 ………………… 9
1.3.1 冯·诺伊曼计算机结构 ………… 9
1.3.2 微型计算机的硬件系统 ………… 11
1.3.3 PC 微机结构 ……………………… 13
1.3.4 计算机系统的层次结构 ………… 16
1.3.5 微型计算机的软件系统 ………… 20
第1章总结 …………………………………… 22
第1章习题 …………………………………… 23

第2章 处理器结构 ………………………… 25
2.1 处理器的功能结构 ……………………… 25
2.1.1 处理器的基本结构 ……………… 25
2.1.2 8086 的功能结构 ………………… 26
2.1.3 80386 的功能结构 ……………… 27
2.1.4 Pentium 的功能结构 …………… 28
2.2 寄存器 …………………………………… 29
2.2.1 通用寄存器 ……………………… 30
2.2.2 标志寄存器 ……………………… 31
2.2.3 专用寄存器 ……………………… 32
2.3 存储器组织 ……………………………… 33
2.3.1 存储模型 ………………………… 34
2.3.2 工作方式 ………………………… 34
2.3.3 逻辑地址 ………………………… 35
2.4 汇编语言基础 …………………………… 37
2.4.1 指令代码格式 …………………… 37
2.4.2 语句格式 ………………………… 39
2.4.3 源程序框架 ……………………… 41
2.4.4 开发过程 ………………………… 44
2.5 数据寻址方式 …………………………… 48
2.5.1 立即数寻址方式 ………………… 48
2.5.2 寄存器寻址方式 ………………… 49
2.5.3 存储器寻址方式 ………………… 49
2.5.4 各种数据寻址方式总结 ………… 52
第2章总结 …………………………………… 54
第2章习题 …………………………………… 54

第3章 数据处理 …………………………… 57
3.1 数据表示 ………………………………… 57
3.1.1 数制 ……………………………… 57
3.1.2 数值的编码 ……………………… 60
3.1.3 字符的编码 ……………………… 62
3.2 常量表达 ………………………………… 64
3.3 变量应用 ………………………………… 66
3.3.1 变量定义 ………………………… 66
3.3.2 变量属性 ………………………… 69
3.4 数据传送类指令 ………………………… 72
3.4.1 通用数据传送指令 ……………… 72
3.4.2 堆栈操作指令 …………………… 74
3.4.3 其他传送指令 …………………… 76
3.5 算术运算类指令 ………………………… 78
3.5.1 状态标志 ………………………… 79
3.5.2 加法指令 ………………………… 81
3.5.3 减法指令 ………………………… 82
3.5.4 乘除法等指令 …………………… 84
3.6 位操作类指令 …………………………… 86
3.6.1 逻辑运算指令 …………………… 86
3.6.2 移位指令 ………………………… 89
3.7 串操作类指令 …………………………… 92
3.7.1 串传送指令 ……………………… 93
3.7.2 串检测指令 ……………………… 94
3.8 IA-32 指令系统 ………………………… 96
第3章总结 …………………………………… 97
第3章习题 …………………………………… 98

第4章 汇编语言程序设计 ………………… 103
4.1 分支程序结构 …………………………… 103

4.1.1 无条件转移指令 ………… 103
4.1.2 条件转移指令 ………… 105
4.1.3 单分支程序结构 ………… 110
4.1.4 双分支程序结构 ………… 111
4.2 循环程序结构 ………… 113
4.2.1 循环指令 ………… 113
4.2.2 计数控制循环 ………… 114
4.2.3 条件控制循环 ………… 115
4.3 子程序结构 ………… 117
4.3.1 子程序指令 ………… 117
4.3.2 子程序设计 ………… 120
4.3.3 参数传递 ………… 121
4.3.4 程序模块 ………… 129
4.4 Windows 应用程序编程 ………… 133
4.4.1 操作系统函数调用 ………… 133
4.4.2 控制台应用程序 ………… 136
4.4.3 图形窗口应用程序 ………… 141
4.5 与 C++ 语言混合编程 ………… 142
4.5.1 嵌入汇编 ………… 142
4.5.2 模块连接 ………… 143
第 4 章总结 ………… 145
第 4 章习题 ………… 146

第 5 章 微机总线 ………… 150
5.1 总线技术 ………… 150
5.1.1 总线类型 ………… 150
5.1.2 总线的数据传输 ………… 151
5.1.3 总线信号和总线时序 ………… 154
5.2 8086 的引脚信号 ………… 155
5.2.1 地址/数据信号 ………… 155
5.2.2 读写控制信号 ………… 156
5.2.3 其他控制信号 ………… 157
5.3 8086 的总线时序 ………… 158
5.3.1 写总线周期 ………… 159
5.3.2 读总线周期 ………… 160
5.4 Pentium 处理器的引脚和时序 ………… 161
5.4.1 引脚定义 ………… 161
5.4.2 总线周期 ………… 163
5.5 微机系统总线 ………… 164
5.5.1 PC 总线的发展 ………… 164
5.5.2 ISA 总线 ………… 165
5.5.3 PCI 总线 ………… 167

5.5.4 USB 总线 ………… 171
第 5 章总结 ………… 174
第 5 章习题 ………… 175

第 6 章 存储系统 ………… 177
6.1 存储系统的层次结构 ………… 177
6.1.1 技术指标 ………… 177
6.1.2 层次结构 ………… 177
6.1.3 局部性原理 ………… 179
6.2 主存储器 ………… 179
6.2.1 读写存储器 ………… 180
6.2.2 只读存储器 ………… 184
6.2.3 存储器地址译码 ………… 189
6.2.4 主存空间分配 ………… 194
6.3 高速缓冲存储器 ………… 197
6.3.1 工作原理 ………… 197
6.3.2 地址映射 ………… 199
6.3.3 替换算法 ………… 203
6.3.4 写入策略 ………… 203
6.3.5 80486 的 L1 Cache ………… 205
6.3.6 Pentium 的 L1 Cache ………… 205
6.4 存储管理 ………… 206
6.4.1 段式存储管理 ………… 207
6.4.2 页式存储管理 ………… 209
第 6 章总结 ………… 212
第 6 章习题 ………… 213

第 7 章 输入输出接口 ………… 215
7.1 I/O 接口概述 ………… 215
7.1.1 I/O 接口的典型结构 ………… 215
7.1.2 I/O 端口的编址 ………… 217
7.1.3 输入输出指令 ………… 218
7.1.4 16 位 DOS 应用程序 ………… 220
7.2 无条件传送和查询传送 ………… 223
7.2.1 无条件传送 ………… 224
7.2.2 查询传送 ………… 227
7.3 中断控制系统 ………… 229
7.3.1 中断传送 ………… 229
7.3.2 IA-32 中断系统 ………… 232
7.3.3 内部中断服务程序 ………… 235
7.3.4 中断控制器 ………… 237
7.3.5 外部中断服务程序 ………… 239
7.3.6 驻留中断服务程序 ………… 242

7.4	DMA 传送	244	8.4.3 A/D 转换器	292
	7.4.1 DMA 传送过程	244	第 8 章总结	297
	7.4.2 DMA 控制器	245	第 8 章习题	297

- 7.4 DMA 传送 …………………………… 244
  - 7.4.1 DMA 传送过程 ………………… 244
  - 7.4.2 DMA 控制器 …………………… 245
- 第 7 章总结 …………………………………… 246
- 第 7 章习题 …………………………………… 247
- 第 8 章 常用接口技术 ……………………… 250
  - 8.1 定时控制接口 ………………………… 250
    - 8.1.1 8253/8254 定时器 ……………… 250
    - 8.1.2 定时器的应用 …………………… 256
  - 8.2 并行接口 ……………………………… 259
    - 8.2.1 并行接口电路 8255 …………… 259
    - 8.2.2 并行接口的应用 ………………… 265
    - 8.2.3 键盘及其接口 …………………… 267
    - 8.2.4 数码管及其接口 ………………… 275
  - 8.3 异步串行通信接口 …………………… 277
    - 8.3.1 异步串行通信格式 ……………… 278
    - 8.3.2 异步串行接口标准 ……………… 279
    - 8.3.3 异步串行通信程序 ……………… 281
  - 8.4 模拟接口 ……………………………… 287
    - 8.4.1 模拟输入输出系统 ……………… 287
    - 8.4.2 D/A 转换器 ……………………… 288
    - 8.4.3 A/D 转换器 ……………………… 292
  - 第 8 章总结 …………………………………… 297
  - 第 8 章习题 …………………………………… 297
- 第 9 章 处理器性能提高技术 …………… 301
  - 9.1 精简指令集计算机技术 ……………… 301
    - 9.1.1 复杂指令集和精简指令集 …… 301
    - 9.1.2 RISC 技术的主要特点 ………… 302
  - 9.2 指令流水线技术 ……………………… 303
    - 9.2.1 指令流水线思想 ………………… 303
    - 9.2.2 80486 的指令流水线 …………… 304
  - 9.3 浮点数据处理单元 …………………… 305
  - 9.4 并行处理技术 ………………………… 310
    - 9.4.1 并行性概念 ……………………… 310
    - 9.4.2 数据级并行 ……………………… 310
    - 9.4.3 指令级并行 ……………………… 312
    - 9.4.4 线程级并行 ……………………… 314
  - 第 9 章总结 …………………………………… 317
  - 第 9 章习题 …………………………………… 318
- 附录 输入输出子程序库 ………………… 319
- 参考文献 ……………………………………… 321

第1章 微型计算机系统概述

数字电子计算机经历了电子管、晶体管、集成电路为主要部件的时代。随着大规模集成电路的应用，计算机的功能越来越强大，体积却越来越小，微型计算机(简称微型机或微机)应运而生，并得到广泛应用。本章以 Intel 80x86 处理器和个人微机为例，介绍微型计算机系统的发展和组成，为后续章节介绍微型计算机系统的各个组成部分奠定基础。

1.1 微型计算机的发展

在巨型机、大型机、小型机和微型机等各类计算机中，微型机(Microcomputer)是性能适中、价格低廉、体积较小的一类。在科学计算、信息管理、自动控制、人工智能等应用领域中，微型机也是最常见的一类。工作、学习和娱乐中使用的桌面个人微机是我们最熟悉也是最典型的微型机系统；支撑网络的文件服务器、WWW 服务器等各类服务器属于高档微型机系统；生产、生活中运用的各种智能化电子设备从计算机系统的角度看同样也是微型机系统，只不过作为其控制核心的处理器常被封装在电子设备内部，不易被人觉察，因此常称它们为嵌入式计算机系统。桌面系统、服务器和嵌入式计算构成现代计算机的三大主要应用形式，而微型机都是其中的主角。

计算机的运算和控制核心称为处理器(Processor)，即中央处理单元(Central Processing Unit, CPU)。微型机中的处理器常采用一块大规模集成电路芯片，称之为微处理器(Microprocessor)，它代表着整个微型机系统的性能。通常将采用微处理器为核心构造的计算机称为微型计算机。

处理器的性能用字长、时钟频率、集成度等基本的技术参数来衡量。字长(Word Length)表明处理器每个时间单位可以处理的二进制数据位数，如一次运算、传输的位数。时钟频率表明处理器的处理速度，反映了处理器的基本时间单位。集成度表明处理器的生产工艺水平，通常用芯片上集成的晶体管数量来表达。晶体管只是一个由电子信号控制的电子开关，集成电路在一个芯片上组合了成千上万个晶体管完成特定功能。

1.1.1 通用微处理器

1971 年，美国 Intel(英特尔)公司为日本制造商设计可编程计算器时，将采用多个专用芯片的方案修改成一个通用处理器，于是诞生了世界上第一个微处理器 Intel 4004。Intel 4004 微处理器字长为 4 位，集成了约 2300 个晶体管，时钟频率为 108kHz(赫兹)。以它为核心组成的 MCS-4 计算机也就是世界上第一台微型计算机。随后，Intel 4004 被改进为 Intel 4040。

1972 年，Intel 公司研制出 8 位字长的微处理器芯片 8008，其时钟频率为 500kHz，集成了约 3500 个晶体管。这之后的几年当中，微处理器开始走向成熟，出现了以 Motorola 公司 M6800、Zilog 公司 Z80 和 Intel 公司 8080/8085 为代表的中、高档 8 位微处理器。Apple 公司的苹果机就是这一时期著名的个人微型机。

1978 年开始，各公司相继推出一批 16 位字长的微处理器，如 Intel 公司的 8086 和 8088、Motorola 公司的 M68000、Zilog 公司的 Z8000 等。例如，Intel 8086 的时钟频率为 5MHz，集成度达到 2.9 万个晶体管。这一时期的著名微机产品是 IBM 公司采用 Intel 公司的微处理器和 Microsoft

（微软）公司的操作系统开发的16位个人计算机(Personal Computer，PC)。

1985年，Intel公司借助IBM PC的巨大成功，进一步推出了32位微处理器80386，其集成度达到27.5万个晶体管，时钟频率达16MHz。从这时起，微处理器步入快速发展阶段。就Intel公司来说，就陆续研制生产了80486、Pentium（奔腾）、Pentium Pro（高能奔腾）、MMX Pentium（多能奔腾）、Pentium II、Pentium III和Pentium 4等微处理器。例如，2003年Intel公司生产的新一代Pentium 4处理器具有1.25亿个晶体管，时钟频率达到3.4GHz。兼容IBM PC的32位PC，还有Apple公司的Macintosh机等，在这个时期得到飞速发展，伴随着多媒体技术和互联网络，成为我们工作和生活不可缺少的一部分。

2000年，Intel公司在微型机的高端产品服务器中使用了64位字长的新一代微处理器Itanium（安腾）。事实上，其他公司的64位微处理器在20世纪90年代已经出现，但也是主要应用于服务器产品中，不能与通用80x86微处理器兼容。2003年4月，AMD公司推出首款兼容32位80x86结构的64位微处理器，被称为x86-64结构。2004年3月，Intel公司也发布了首款扩展64位能力的32位微处理器，它采用扩展64位主存技术EM64T(Extended Memory 64 Technology)。64位微处理器主要将整数运算和主存寻址能力扩大到64位，极大地提高了微型机的处理能力。2005年以后，采用64位技术的桌面微机逐渐获得用户青睐。与此同时，生产厂商已经可以在一个半导体芯片上制作两个微处理器核心，原来面向高端的并行处理器技术开始走向桌面系统，微型计算机系统也进入了一个全新的多核处理器阶段。

1.1.2 专用微处理器

除了装在PC、笔记本电脑、工作站、服务器上的通用微处理器（常简称为MPU）外，还有其他应用领域的专用微处理器：单片机（微控制器）和数字信号处理器。

单片机(Single Chip Microcomputer)是指通常用于控制领域的微处理器芯片，其内部除CPU外还集成了计算机的其他一些主要部件，例如，ROM和RAM、定时器、并行接口、串行接口，有的芯片还集成了A/D、D/A转换电路等。换句话说，一个芯片几乎就是一个计算机，只要配上少量的外部电路和设备，就可以构成具体的应用系统。

单片机是国内习惯的名称，国际上多称为微控制器(Micro Controller)或嵌入式控制器(Embedded Controller)，简称为MCU。微控制器的初期阶段(1976～1978年)以Intel公司的8位MCS-48系列为代表。1978年以后，微控制器进入普及阶段，以8位为主，最著名的是Intel公司的8位MCS-51系列，还有Atml（爱特梅尔）公司的8位AVR系列、Microchip Technology公司的PIC系列。1982年以后，出现了高性能的16位、32位微控制器，例如，Intel公司的MCS-96/98系列尤其是基于ARM(Advanced RISC Machine)核心的微处理器。ARM核心采用精简指令集RISC结构，具有耗电少、成本低、性能高的特点，因此使用ARM为核心研制的各种微处理器已经广泛应用于32位嵌入式系统，目前主要采用Cortex-M3微控制器。而面向高性能应用领域的ARM核心则是Cortex-A系列，主要应用于移动通信领域，例如智能手机和平板电脑。

数字信号处理器(Digital Signal Processor)，简称DSP芯片，实际上也是一种微控制器（单片机），但更专注于数字信号的高速处理，其内部集成有高速乘法器，能够进行快速乘法和加法运算。DSP芯片自1979年Intel公司开发2920以后也经历了多代发展，其中美国德州仪器(Texas Instruments，TI)公司的TMS320各代产品具有代表性，例如，1982年的TMS32010、1985年的TMS320C20、1987年的TMS320C30、1991年的TMS320C40，还有TMS320C2000、TMS320C5000、TMS320C6000系列等。DSP芯片市场主要分布在通信、消费类电子产品和计算机领域。我国推广和应用较多的是TI公司、AD公司和Motorola公司的DSP芯片。

利用微控制器、数字信号处理器或通用微处理器，结合具体应用就可以构成一个控制系统，例如，当前的主要应用形式是嵌入式系统。嵌入式系统融合了计算机软硬件技术、通信技术和半导体微电子技术，把计算机直接嵌入到应用系统之中，构造信息技术（Information Technology，IT）的最终产品。

自从20世纪70年代微处理器产生以来，它就一直沿着通用CPU、微控制器和DSP芯片三个方向发展。这三类微处理器的基本工作原理一样，但各有其特点，技术上它们不断地相互借鉴和交融，应用上却大不相同。本书以通用微处理器Intel 80x86和由其构成的PC为蓝本展开教学，但基本原理也适用于其他微处理器应用系统，可以认为是其他微处理器的一个基础知识。学习微控制器和DSP芯片构成的专用应用系统需要另外的课程和教材。

1.1.3 摩尔定律

从利用算盘实现机械式计算到电子计算机出现，这期间经历了千年历史。但从1946年第一台通用电子数字计算机ENIAC（Electronics Numerical Integrator And Calculator）开始到现在计算机广泛应用的信息时代，却只有短短的几十年时间。大规模集成电路生产技术的不断提高推动了计算机的飞速发展。摩尔定律（Moore's Law）很好地说明了这个现象。

1965年，Intel公司的创始人之一摩尔（G. Moore）预言：集成电路上的晶体管密度每年将翻倍。现在，这个预言通常被表达为：每隔18个月硅片密度（晶体管容量）将翻倍；也常被表达为：每18个月，集成电路的性能将提高一倍，而其价格将降低一半。这个预言就是所谓的摩尔定律。摩尔预计这个规律将持续10年，而事实上这个规律已经持续了近50年，也许将继续维持5年或10年。

伴随着摩尔定律，我们看到原来封闭在机房的庞大计算机系统已经走入普通家庭，成为日常使用的桌面微机、平板电脑和智能手机。事实上，以微处理器为基础的计算机在整个计算机设计领域占据了统治地位。工作站和PC成为计算机工业的主要产品，使用微处理器的服务器取代了传统的小型机，大型机则几乎都由流行的微处理器组成的多处理器系统取代，甚至高端的巨型机也采用微处理器。更不用说无处不在的嵌入式计算机正改变着我们应用计算机的方式。也正因为如此，为了方便论述，在不会引起歧义的情况下，本书将使用术语"处理器"表示"微处理器"。

但是，摩尔定律不会永远持续，电子器件的物理极限在悄然逼近。20世纪80年代中期以前，微处理器的性能提高主要是工艺技术驱动。此后，微处理器的性能提高更多地得益于计算机系统结构的革新。从通用寄存器结构、精简指令集计算机RISC、高速缓冲存储器Cache、虚拟存储器管理，到指令级并行、线程级并行、单芯片多核心等并行技术，先进的系统结构已经成为提高微处理器性能的主要推动力。本书将以Intel 80x86系列微处理器为例，向读者介绍这些激动人心的技术。

1.2 Intel 80x86系列处理器

美国Intel公司是目前世界上最有影响的处理器生产厂家，也是世界上第一个处理器芯片的生产厂家，其生产的80x86系列处理器一直是个人微机的主流处理器，该系列处理器的发展就是微型计算机发展的一个缩影。

1.2.1 16位80x86处理器

1971年，Intel公司生产的4位处理器芯片4004宣告了微型计算机时代的到来。1972年，

Intel 公司开发了 8 位处理器 8008 芯片；1974 年，生产了 Intel 8080；1977 年，Intel 公司将 8080 及其支持电路集成在一块集成电路芯片上，形成了性能更高的 8 位处理器 8085。从 1978 年开始，Intel 公司在其 8 位处理器基础上，陆续推出了 16 位结构的 8086、8088 和 80286（也可以表示成 Intel 286，本书采用 80286 这种形式）等处理器，它们在 IBM PC 系列机中获得广泛应用，被称为 16 位 80x86 处理器。

1. 8086

1978 年，Intel 公司推出 16 位 8086 处理器，这是该公司生产的第一个 16 位芯片。8086 的数据总线为 16 位，地址总线为 20 位，主存容量为 1MB，时钟频率为 5MHz。8086 支持的所有指令，即指令系统(Instruction Set)成为整个 Intel 80x86 系列处理器的 16 位基本指令集。

为了方便与当时的 8 位外部设备连接，1979 年，Intel 公司推出准 16 位处理器 8088。8088 只是将外部数据总线设计为 8 位，内部仍保持 16 位结构，指令系统等都与 8086 相同。随后的 80186 和 80188 则分别是以 8086 和 8088 为核心并配以支持电路构成的芯片，但它们在 8086 指令系统的基础上增加了若干条实用指令，涉及堆栈、输入输出、移位、乘法、支持高级语言等操作。

处理器芯片的对外引脚(Pin)用于与其他电路进行连接，以构成微型计算机。处理器引脚也常称为处理器总线(Bus)，主要由三组信号总线组成：数据总线(Data Bus，DB)、地址总线(Address Bus，AB)和控制总线(Control Bus，CB)。

数据总线是处理器与存储器或外设交换信息的通道，其个数(条数)就是一次能够传送数据的二进制位数，通常等于处理器字长。

地址总线用于指定存储器或外设的具体单元，其个数反映处理器能够访问的主存储器容量或外设范围。由于每个信号只能为高或低电平两种状态，对应 1 或 0 两种编码，所以对于 20 位地址信号线的 8086 来说，最多能够组合 2^{20} 个状态(编码)。每个编码就是一个地址，每个地址指示一个存储单元或 I/O 端口，其中包含一个字节(Byte)数据。这样，8086 的主存容量为 2^{20}B = 1024×1024B = 1024KB = 1MB，这里 1KB = 2^{10}B = 1024B。

控制总线用于控制处理器数据传送等操作，例如，存储器读信号(MEMR)有效说明处理器正在从存储器中读取信息，还有存储器写(MEMW)、外设读(IOR)、外设写(IOW)等信号。

2. 80286

1982 年，Intel 公司推出仍为 16 位结构的 80286 处理器，但地址总线扩展为 24 位，即主存储器具有 16MB 容量。80286 设计了与 8086 工作方式一样的实方式(Real Mode)，还新增了保护方式(Protected Mode)。在实方式下，80286 相当于一个快速 8086。在保护方式下，80286 提供了存储管理、保护机制和多任务管理的硬件支持。这些传统上由操作系统实现的功能在处理器硬件支持下，使微机系统的性能得到极大提高。

1.2.2 IA-32 处理器

IBM PC 系列机的广泛应用推动了处理器芯片的生产。Intel 公司在推出 32 位结构的 80386 处理器后，确定 80386 芯片的指令集结构(Instruction Set Architecture，ISA)为以后开发的 80x86 系列处理器的标准，称为 Intel 32 位结构(Intel Architecture-32，IA-32)。现在，Intel 公司的 80386、80486 以及 Pentium 各代处理器统称为 IA-32 处理器或 32 位 80x86 处理器。

1. 80386

1985 年，Intel 80x86 微处理器进入第三代 80386。80386 处理器采用 32 位结构，数据总线为 32 位，地址总线也是 32 位，可寻址 4GB(1GB = 2^{30}B = 1024MB)主存，时钟频率有 16、25 和

33MHz。IA-32 指令系统在兼容原 16 位 80286 指令系统的基础上，全面升级为 32 位，还新增了有关位操作、条件设置等指令。

80386 除保持与 80286 兼容外，又提供了虚拟 8086 工作方式（Virtual 8086 Mode）。虚拟 8086 方式是在保护方式下的一种特殊状态，类似于 8086 工作方式但又接受保护方式的管理，能够模拟多个 8086 处理器。32 位 PC 的 Windows 操作系统采用保护方式，其 MS-DOS 命令行（环境）就是虚拟 8086 方式，而早期采用的 DOS 操作系统是以实方式为基础建立的。

为了适应便携机的要求，Intel 公司在 1990 年生产的低功耗节能型芯片中，增加了一种新的工作状态：系统管理方式（System Management Mode，SMM）。它是指当处理器进入这种工作状态后，处理器会根据当时不同的使用环境，自动减速运行，甚至停止运行。这时处理器还可以控制其他部件停止工作，从而使微机的整体耗电降到最少。

2. 80486

1989 年，Intel 公司推出 80486 处理器。它的内部集成了 120 万个晶体管，最初的时钟频率为 25MHz，但很快发展到 33MHz 和 50MHz。从结构上来说，80486 = 80386 + 80387 + 8KB Cache，即 80486 把 80386 处理器与 80387 数学协处理器和 8KB 高速缓冲存储器（Cache）集成在一个芯片上，使处理器的性能大大提高。

传统上，中央处理单元 CPU 主要是整数处理器。为了协助处理器处理浮点数据（实数），Intel 公司设计了数学协处理器，后被称为浮点处理单元（Floating-point Processing Unit，FPU）。配合 8086 和 8088 整数处理器的数学协处理器是 8087，配合 80286 的是 80287，配合 80386 的是 80387。而从 80486 开始，FPU 已经被集成到处理器中。这样，IA-32 处理器能够直接支持浮点数据的操作指令。

高速缓冲存储器是处理器与主存之间速度很快但容量较小的存储器，可以有效地提高整个存储器系统的存取速度。80486 不仅在芯片内部集成有 8KB 第一级高速缓存（L1 Cache），而且支持外部第二级高速缓存（L2 Cache）。

Intel 80x86 系列处理器是传统的复杂指令集计算机（Complex Instruction Set Computer，CISC），它采用大量的、复杂但功能强大的指令来提高性能。复杂指令一方面提高了处理器性能，另一方面却为进一步提高性能带来了麻烦。所以，人们又转而设计主要由简单指令组成的处理器，以期在新的技术条件下生产更高性能的处理器，这就是精简指令集计算机（Reduced Instruction Set Computer，RISC）。80486 及以后的 IA-32 处理器吸取 RISC 技术特长并将其融入 CISC 中，同时采用流水线方式的指令重叠执行方法，使 80486 可以在一个时钟周期执行完一条简单指令。指令流水线技术是将指令的执行划分成多个步骤，在多个部件中独立地进行，这样使得多条指令可以在不同的执行阶段同时进行，就像工厂中的产品流水线一样。

80486 DX4 综合了此前所使用的所有技术，是 80486 处理器中最快的一种芯片。它采用时钟倍频（Clock Doubling）思想，将外部时钟频率 25MHz 或 33MHz 提高 3 倍作为内部工作时钟频率，形成 75MHz 或 100MHz 两款产品。以前的微机系统中，处理器的内部时钟频率和外部时钟频率是一样的，也是处理器与外围部件的数据传输频率。处理器的时钟频率提高了，系统的运行速度当然也就提高了。但是，当外部数据传输频率太高时，会给外围部件、主板等设计带来困难。为了既能尽量提高处理器的时钟频率以增强性能，又能迁就较慢速的外围部件，使高频率的处理器照样能够使用，Intel 公司使用了这种时钟倍频技术。

3. Pentium

Pentium 芯片即俗称的 80586 处理器，因为数字很难进行商标版权保护的缘故而特意取名。其实，Pentium 是源于希腊文"pente"（数字 5），再加上后缀-ium（化学元素周期表中命名元素常用的后缀)变化而来的。同时，Intel 公司为其取了一个响亮的中文名称"奔腾"，并进行了商标注册。

Intel 公司于 1993 年制造成功 Pentium。其内部时钟频率有 120、133、166 和 200MHz 等多款，外部频率主要是 60MHz 和 66MHz。Pentium 虽然仍属于 32 位结构，但其与主存连接的外部数据总线却是 64 位的，这样大大提高了存取主存的速度。

Pentium 引入了超标量(Superscalar)技术，内部具有可以并行工作的两条整数处理流水线，可以达到每个时钟周期执行两条指令。Pentium 还将 L1 Cache 分成两个彼此独立的 8KB 代码和 8KB 数据高速缓冲存储器，即双路高速缓冲结构，这种结构可以减少争用 Cache 的情况。另外，Pentium 对浮点处理单元作了重大改进，包含了专用的加法、乘法和除法单元。Pentium 还对常用的简单指令直接用硬件逻辑实现，对指令的微代码进行了重新设计。这些都提高了 Pentium 的整体性能。

4. Pentium Pro

Pentium Pro 于 1995 年正式推出，原来被称为 P6，中文名称为"高能奔腾"。Pentium Pro 由两个芯片组成：一是含 8KB 代码和 8KB 数据 L1 Cache 的 CPU，它由 550 万个晶体管构成；二是 CPU 上还封装了 256KB 或 512KB 的 L2 Cache，它由 1550 万或 3100 万个晶体管构成。Pentium Pro 扩展了超标量技术，具有 12 级指令流水线，能同时执行 3 条指令。

Pentium Pro 在处理器结构上的最大革新是采用了动态执行技术。动态执行是 3 种技术结合的总称：分支预测、数据流分析和推测执行。分支预测技术预测程序的正确转移方向；数据流分析技术分析哪些指令依赖于其他指令的结果或数据，以便创建最优的指令执行序列；而推测执行技术利用分支预测和数据流分析，推测着执行指令。指令的实际执行顺序是动态的、乱序的，即不一定是指令的原始静态顺序，执行的临时结果暂存于处理器的缓冲区中，但最终的输出执行顺序仍然是指令的正确顺序。动态技术可以使处理器尽量繁忙，避免可能引起的流水线停顿。

5. Pentium II

前面所述的各代 IA-32 处理器都新增了若干实用指令，但非常有限。为了顺应微机向多媒体和通信方向发展，Intel 公司及时在其处理器中加入了多媒体扩展(MutliMedia eXtension，MMX)技术。MMX 技术于 1996 年正式公布，它在 IA-32 指令系统中新增了 57 条整数运算多媒体指令，可以用这些指令对图像、音频、视频和通信方面的程序进行优化，使微机对多媒体的处理能力较原来有了大幅度提升。MMX 指令应用于 Pentium 处理器就是 Pentium MMX(多能奔腾)。MMX 指令应用于 Pentium Pro 处理器就是 Pentium II，它于 1997 年推出。

在以往的结构中，L1 Cache 最快，在处理器内部与处理器同频工作；L2 Cache 次之，在主板上与主板同频(即处理器外部频率)工作。处理器与 L2 Cache 间的通道和处理器与系统其他部件间的通道共用一条 64 位总线，这就造成主板总线上数据传输混乱、拥挤；而且由于主板的总线工作频率远低于处理器内部主频(多倍关系)，使得数据传输速度较慢。Pentium II 采用双重独立总线(Dual Independent Bus)结构，处理器与 L2 Cache 间单独使用一条 64 位的背侧总线，且其工作频率独自与处理器的主频保持 1/2 的关系。这样，便提高了 L2 Cache 的速度。Pentium II 内部 L1 Cache 增大为 32KB + 32KB，L2 Cache 为 512KB。对于 233/266/300/333MHz 内频的 Pentium II，其外频是 66MHz；后来内频为 350/400/450MHz 的 Pentium II 采用 100MHz 外部频率。

6. Pentium III

1999 年，针对因特网和三维多媒体程序的应用要求，Intel 公司在 Pentium II 的基础上又新增了 70 条 SSE(Streaming SIMD Extensions)指令(原称为 MMX-2 指令)，开发了 Pentium III。SSE 指令侧重于浮点单精度多媒体运算，极大地提高了浮点 3D 数据的处理能力。SSE 指令类似于 AMD 公司发布的 3D Now! 指令。由于这些多媒体指令具有显著的单指令多数据(Single Instruction Multiple Data，SIMD)处理能力，即一条指令可以同时进行多组数据的操作，所以现在统称为 SIMD 指令。

后来，Intel 公司又推出了代号"Coppermine(铜矿)"的改进型 Pentium III。它将半速于 CPU 的 L2 Cache 改成集成在 CPU 芯片中的全速 L2 Cache，集成了约 1000 万个晶体管，内频达到 1GHz，而外频是 133MHz。

7. Pentium 4

Pentium Pro、Pentium II 和 Pentium III 都基于 P6 微结构。2000 年 11 月，Intel 公司推出 Pentium 4。它采用全新的称为 NetBurst 的微结构，超级流水线达 20 级。最初的 Pentium 4 新增了 76 条 SSE2 指令集，侧重于增强浮点双精度多媒体运算能力。2003 年，新一代 Pentium 4 处理器又新增了 13 条 SSE3 指令，用于补充完善 SIMD 指令集。该处理器具有 1.25 亿个晶体管、3.4GHz 时钟频率，L2 Cache 更是达到了前所未有的 1MB 容量。

处理器性能的提高依赖于新工艺和先进体系结构。半导体工艺水平决定了芯片的集成度和可以达到的时钟频率，而体系结构则决定了在相同集成度和时钟频率下处理器的执行效率，所以说体系结构对处理器至关重要。处理器的内部结构通常称为微体系结构或微结构(Microarchitecture)。

Pentium 4 一方面沿袭指令级并行(Instruction-Level Parallel，ILP)方法，通过进一步发掘指令之间可以同时执行的能力来提高性能，如其 NetBurst 微结构；另一方面通过开发线程级并行(Thread-Level Parallel，TLP)方法从更高层次发掘程序中的并行性来提高性能，如其超线程(Hyper Threading，HT)技术。进程(Process)是一段可以独立运行的程序，当一个进程被多个处理器以共享代码和地址空间的形式执行时称为线程(Thread)。在现在服务器应用程序、在线处理、Web 服务甚至桌面应用程序中都包含可以并行执行的多个线程。3.06GHz 的 Pentium 4 开始支持 HT 技术，它使一个物理处理器对操作系统来说看似有两个逻辑处理器，这就允许两个程序线程，不管有关还是无关都可以同时执行。

8. Celeron 和 Xeon

为了满足不断发展的应用和市场需求，Intel 公司从 Pentium II 开始将同一代处理器产品进一步细分。面向低端(低价位 PC)，Intel 公司推出 Celeron(赛扬)处理器；面向高端(服务器)，Intel 公司推出 Xeon(至强)处理器。

Celeron 处理器采用减少高速缓存容量、改用低成本封装或降低时钟频率等方法来降低芯片成本，是同代处理器的简化版本，当然性能也有所降低。1998 年，Intel 公司推出首款 Celeron 处理器。它从 Pentium II 衍生而来，核心为 7500 万个晶体管，采用 0.25μm 制造工艺，内含 32KB L1 Cache，外部频率仍为 66MHz。开始推出的 266 和 300MHz 的 Celeron 处理器不含 L2 Cache，也就没有 Pentium II 的最大技术优势——双重独立总线结构，其性能略高于 233MHz 的 MMX Pentium。后来推出的 300A、333、366 和 533MHz 的 Celeron 内置了 128KB L2 Cache，性能有了很大提高。2000 年 5 月，生产了基于 Pentium III 的 Celeron II 处理器。它采用 0.18μm 制造工艺，内频有 533 和 566MHz，但外频仍然保持为 66MHz。2001 年，Celeron II 将外频提升为 100MHz。基于 Pentium 4 等后续产品，同样也有低端 Celeron 处理器。

Xeon 处理器主要用于网络服务器或图形工作站，通过增加 Cache 容量、提高工作频率、支持多处理器、率先采用革新技术等方法提高性能，但价格也相应较高。另外，针对便携式 PC(笔记本电脑)要求功耗低、发热量小等特点，Intel 公司推出了 Pentium M(Mobile)系列处理器；还有 Centrino(迅驰)系列处理器产品，可以支持无线通信。

1.2.3 Intel 64 处理器

信息时代的应用对微型计算机性能提出了越来越高的要求，尤其随着互联网和电子商务的发展，人们对服务器的性能提出了更高的要求，32位处理器已不能适应这一要求。

当前，Intel、AMD、IBM、Sun等厂商已陆续设计并推出了多种采用RISC结构的64位处理器。但是，这些64位处理器主要面向服务器和工作站等高端应用，不能兼容通用PC。例如，Intel公司于2000年推出64位Itanium（安腾）处理器，2002年又推出Itanium 2处理器。它们采用了Intel和HP公司联合开发的显式并行指令计算（Explicitly Parallel Instruction Computing，EPIC）技术。Intel公司称该处理器的指令集结构为64位Intel（IA-64）结构，以区别于原来的Intel 32位（IA-32）结构。虽然这两个名称似乎有继承性，但实际上IA-64结构不是IA-32结构的64位扩展。Itanium处理器利用超长指令字（Very Long Instruction Word，VLIW）技术，主要依靠软件提高指令级并行性；而IA-32处理器利用超标量技术，主要借助硬件提高指令级并行性。

1. Intel 64 结构

一直以来，80x86处理器的更新换代都保持与早期处理器的兼容，以便继续使用现有的软硬件资源。但是，Intel公司迟迟没有将80x86处理器扩展为64位，这给了AMD公司一个机会。AMD公司是生产IA-32处理器兼容芯片的厂商，是Intel公司最主要的竞争对手。AMD公司的IA-32兼容处理器，其价格低于Intel，但性能却没有超越Intel。于是，AMD公司于2003年9月率先推出支持64位、兼容80x86指令集结构的Athlon 64处理器（K8核心），将桌面PC引入了64位领域。

2004年，在PC用户对64位技术的企盼和AMD公司64位处理器的压力下，Intel公司推出了扩展存储器64位技术（Extended Memory 64 Technology，EM64T）。EM64T技术是IA-32结构的64位扩展，首先应用于支持超线程技术的Pentium 4终极版（支持双核技术）和6xx系列Pentium 4处理器。随着EM64T技术的出现，IA-32指令系统也扩展成为64位，称为Intel 64结构。

Intel 64结构为软件提供了64位线性地址空间，支持40位物理地址空间。IA-32处理器支持保护方式（含虚拟8086方式）、实地址方式和系统管理SMM方式，Intel 64结构则引入了一个新的工作方式：32位扩展工作方式（IA-32e）。IA-32e除有一个运行32位和16位软件的兼容方式外，还有一个64位方式。在64位工作方式下，允许64位操作系统运行存取64位地址空间的应用程序，还可以存取8个附加的通用寄存器、8个附加的SIMD多媒体寄存器、64位通用寄存器和64位指令指针等。

2. Intel Core 微结构

桌面PC具有快速处理器和性能较高的特点，这是因为它使用先进的微结构，但同时体积、功耗和发热量都很大。而可移动设备却需要在性能与物理封装、电池寿命和冷却方面进行折中。过去，Intel公司使用NetBurst微结构支持高性能计算，使用Pentium M微结构支持移动应用。现在，Intel Core（酷睿）微结构同时提高了性能并降低了功耗，成为新一代Intel 80x86结构的多核处理器的基础，可以同时适用于桌面、移动和服务器领域。

Core微结构引入了许多特性，用以支持单线程和多线程任务。例如，宽的动态执行核心、先进的智能Cache、智能存储器存取和先进的数字媒体增强技术。

3. 多核技术

多核（Multi-core）技术是在一个集成电路芯片上制作了两个或多个处理器执行核心，是另一种提升IA-32处理器硬件多线程能力的技术。

Intel公司的奔腾处理器系列基于NetBurst微结构实现多核技术。例如，Intel Pentium 至尊版处理器是第一个引入多核技术的 IA-32 系列处理器，它有两个物理处理器核心，每个处理器核心都包含超线程技术，共支持 4 个逻辑处理器。Intel Pentium D 处理器也具有多核技术，它提供两个处理器核心，但不支持超线程技术。

Intel Core Duo 处理器是基于 Pentium M 微结构的多核处理器，Intel 酷睿系列处理器才是基于 Intel Core 微结构的多核处理器，例如，Intel Core 2 Duo 处理器支持双核，Intel Core 2 Quad 处理器则支持 4 核。

Intel 酷睿 2 系列之后是酷睿 i 系列处理器，并面向高、中、低端市场分成 i7、i5 和 i3 系列。酷睿 i 系列处理器支持大容量第 3 级高速缓冲存储器(L3 Cache)，内部集成主存控制器和图形处理器(显示卡)等，性能进一步提升。例如，2013 年推出的第 4 代 i7 系列具有 4 个处理器核心，支持 8 个线程，时钟频率可达 3.90GHz，L3 Cache 可达 8MB，集成 Intel HD Graphics 4600 图形处理器。

另外，为了满足移动设备(笔记本电脑和智能手机)的低功耗需要，Intel 公司从 2008 年开始推出 Atom(凌动)处理器。例如，2013 年推出的 E3858 凌动处理器，具有 2 个处理器核心，时钟频率为 1.91GHz，L3 Cache 达 2MB，集成 Intel HD Graphics 图形处理器，功耗为 10W(瓦)。

Intel 公司充分利用集成电路生产的先进技术和处理器结构的革新技术，推出了多种 Intel 80x86 系列处理器芯片。就目前的发展来看，Intel 公司正在利用单芯片多处理器技术生产双核、4 核等多核处理器，并逐渐推广支持 64 位处理器和 64 位软件的微型计算机。

1.3 微型计算机的系统组成

微型计算机系统包括硬件和软件两大部分。硬件(Hardware)是指构成计算机的实在的物理设备，是看得见、摸得着的物体，就像人的躯体。软件(Software)一般是指在计算机上运行的程序(广义的软件还包括由计算机管理的数据和有关的文档资料)，是指示计算机工作的命令，就像人的思想。微型计算机主要是指微型计算机的硬件系统，当然其核心是处理器。

1.3.1 冯·诺伊曼计算机结构

美国宾夕法尼亚大学摩尔学院的 J. W. Mauchly(莫克利)和 J. P. Eckert(埃克特)制造了世界上第一台通用电子数字计算机 ENIAC，在第二次世界大战中已经投入运行，但在 1946 年才得以公开。ENIAC 计算机有条件转移指令，可以编程，这与以往的计算器截然不同。ENIAC 只有很少的存储空间，其编程通过手工插拔电缆和拨动开关完成，通常需要半小时到一天的时间。莫克利和埃克特还提出了改进程序输入方式的设想，希望能够像存储数据那样存储程序代码。

1944 年，冯·诺伊曼(Von Neumann)被 ENIAC 项目吸引，并在一份备忘录中提出了能够存储程序的计算机设计构想。Herman Goldstine 发表了这份备忘录，并冠以冯·诺伊曼的名字。这样，术语"冯·诺伊曼计算机"被广泛引用，它代表存储程序的计算机结构，并成为现代计算机的基本特征。冯·诺伊曼计算机的基本思想是：

- 采用二进制形式表示数据和指令，指令由操作码和地址码组成。
- 将程序和数据存放在存储器中，计算机在工作时从存储器取出指令加以执行，自动完成计算任务。这就是"存储程序"和"程序控制"(简称存储程序控制)的概念。
- 指令的执行是顺序的，即一般按照指令在存储器中存放的顺序执行，程序分支由转移指令实现。
- 计算机由存储器、运算器、控制器、输入设备和输出设备 5 大基本部件组成，并规定了 5 部分的基本功能。

1. 组成部件

冯·诺伊曼计算机由 5 大部件组成：控制器、运算器、存储器、输入设备和输出设备。控制器是整个计算机的控制核心；运算器是对信息进行运算处理的部件；存储器用来存放数据和程序；输入设备将数据和程序转换成计算机内部所能识别和接受的信息方式，并顺序地把它们送入存储器中；输出设备将计算机处理的结果以人们或其他机器能接受的形式送出。

原始的冯·诺伊曼计算机在结构上是以运算器为中心的，但演变到现在，数字电子计算机已经转向以存储器为中心，如图 1-1 所示。由图 1-1 可知，计算机各部件之间的联系是通过两种信息流实现的。虚线代表数据流，实线代表控制流。数据由输入设备输入，存入存储器中；在运算过程中，数据从存储器读出，送到运算器进行处理；处理的结果存入存储器，或经输出设备输出；而这一切则是由控制器执行存于存储器中的指令实现的。

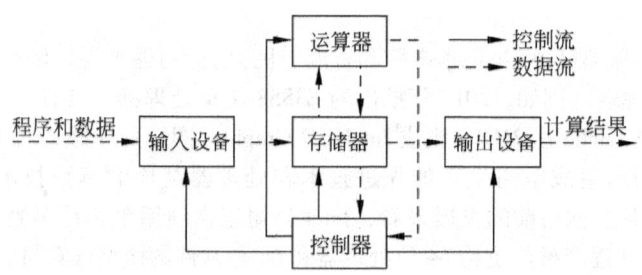

图 1-1 冯·诺伊曼计算机结构

现代计算机在很多方面都对冯·诺伊曼计算机结构进行了改进，例如，在现代计算机中，5 大部件成为 3 个硬件子系统：处理器、存储系统和输入输出系统，参见图 1-2。处理器（中央处理单元，CPU）包括运算器和控制器，是信息处理的中心部件。存储系统由寄存器、高速缓冲存储器、主存储器和辅助存储器几个层次构成。处理器和存储系统在信息处理中起主要作用，是计算机硬件的主体部分，通常被合称为主机。输入（Input）设备和输出（Output）设备统称为外部设备，简称为外设或 I/O 设备。输入输出系统的主体是外设，还包括外设与主机之间相互连接的接口电路。

2. 二进制编码

冯·诺伊曼计算机采用二进制形式表示数据（Data）和指令（Instruction）。这说明现实中的一切数据（信息），包括控制计算机操作的指令，在计算机中都是一串"0"和"1"数码。这串数码是按照一定规律（即二进制编码规则）组合起来的。不同的信息用不同的数码表示，同样的信息也可以按照不同的编码规则用不同的数码表示，以便计算机进行不同的处理。

指令是控制计算机操作的命令，是处理器不需要翻译就能识别（直接执行）的"母语"，即机器语言。程序虽然可以用 C、C++ 或 Java 等高级语言编写，但需要由编译程序或解释程序翻译成指令，才可以由处理器执行，所以程序是由指令构成的。

指令的二进制编码规则形成了指令的代码格式，指令由操作码和地址码组成。指令的操作码（Opcode）表明指令的操作，例如，数据传送、加法运算等基本操作。操作数（Operand）是参与操作的数据，主要以寄存器或存储器地址形式指明数据的来源，所以也称为地址码。例如，数据传送指令的源地址和目的地址，加法指令的加数、被加数及和值，它们都是操作数。

二进制只支持"0"和"1"两个数码，可以表示电源的关（Off）和开（On）等两种状态，对应数字信号的低电平（Low）和高电平（High）。数字计算机中信息的最基本单位就是二进制位（所以，计算机专业书籍等文献中的"位"常常是二进制位，而不是日常生活中的十进制位），或称为比特

(binary digit, bit)。4个二进制位称为半字节(Nibble)，8个二进制位构成一个字节(Byte)。IBM PC 系列机以 16 位结构的 Intel 8086 和 80286 作为处理器并获得广泛应用，所以 Intel 80x86 系列处理器以 16 位为一个字(Word)，这样 32 位称为双字(Double Word)，64 位称为 4 字(Quad Word)。

数据用二进制位表达时，仍然按日常书写习惯低位在右边、高位在左边。最低位常称为最低有效位(Least Significant Bit，LSB)，即 D_0 位；最高位则称为最高有效位(Most Significant Bit，MSB)，对应字节、字、双字和 4 字数据依次是 D_7、D_{15}、D_{31} 和 D_{63}。二进制(Binary)表达不直观也不方便，所以通常用易于与其相互转换的十六进制(Hexadecimal)表达。本书将借用汇编语言通常使用的方法，用后缀字母 H(大小写均可)表示十六进制数据(高级语言通常用前缀 0x 表示)，而二进制数据用后缀字母 B(大小写均可)表示。一个十六进制位对应 4 个二进制位，即 0H = 0000B，1H = 0001B，…，9H = 1001B，AH = 1010B，…，FH = 1111B。

3. 存储程序和程序控制

存储程序是把指令以代码的形式事先输入到计算机的主存储器中，这些指令按一定的规则组成程序。程序控制是指当计算机启动后，程序会控制计算机按规定的顺序逐条执行指令，自动完成预定的信息处理任务。因此，程序和数据在执行前需要存放在主存储器中，在执行时才从主存储器进入处理器。

主存储器是一个很大的信息存储库，被划分成许多存储单元。为了区分和识别各个存储单元，并按指定位置进行存取，给每个存储单元编排一个唯一的编号，称为存储单元地址(Memory Address)。在现代计算机中，主存储器是字节可寻址的(Byte Addressable)，即主存储器的每个存储单元具有一个地址，保存一个字节(8 个二进制位)的信息。对存储器的基本操作是按照要求向指定地址(位置)存进(即写入，Write)或取出(即读出，Read)信息。只要指定位置就可以进行存取的方式，称为随机存取。

处理器的主要功能是从主存储器读取指令(简称取指)，翻译指令代码的功能(简称译码)，然后执行指令所规定的操作(简称执行)。当一条指令执行完以后，处理器会自动地去取下一条将要执行的指令，重复上述过程直到整个程序执行完毕。处理器就是在重复进行"取指-译码-执行周期"(Fetch-Decode-Execute Cycle)的过程中完成了一条条指令的执行，实现了程序规定的任务。

处理器中包含一个程序计数器(Program Counter，PC)，处理器利用它确定下一条要执行的指令在主存储器中的存放地址。程序计数器 PC 具有自动增加数量(增量)的能力，指示处理器按照地址顺序执行指令，即程序的顺序执行。而指令集中的转移指令能够改变程序计数器 PC 内的数值，从而改变程序的执行顺序，实现分支、循环、调用等程序结构。

1.3.2 微型计算机的硬件系统

为简化各个部件的相互连接，现代计算机广泛应用总线结构。采用总线连接系统中的各个功能部件使得微机系统具有组合灵活、扩展方便的特点。其构成框图如图 1-2 所示。

1. 微处理器

微机的核心是微处理器，也就是微机的中央处理单元。它是采用大规模集成电路技术生产的半导体芯片，芯片内集成了控制器、运算器和若干高速

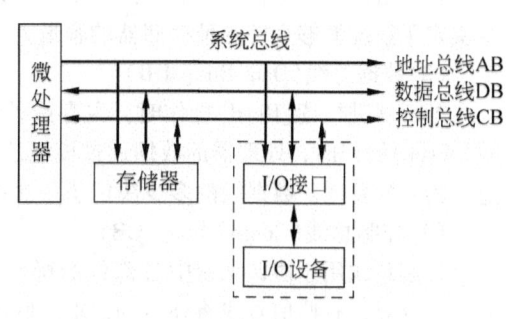

图 1-2 微型计算机的系统组成

存储单元(即寄存器)。高性能处理器内部非常复杂,例如,运算器中不仅有基本的整数运算器,还有浮点处理单元甚至多媒体数据运算单元;控制器还会包括存储管理单元、代码保护机制等。处理器及其支持电路构成了微机系统的控制中心,对系统的各个部件进行统一的协调和控制。

2. 存储器

存储器(Memory)是存放程序和数据的部件。高性能微机的存储系统由处理器内部的寄存器(Register)、高速缓冲存储器(Cache)、主板上的主存储器和以外设形式出现的辅助存储器构成。

微机的主存储器(简称主存或内存)由半导体存储器芯片组成,安装在机器内部的电路板上,相对辅助存储器来说,主存储器造价高、速度快,但容量小,主要用来存放当前正在运行的程序和正待处理的数据。微机的辅助存储器(简称辅存或外存)主要由磁盘、光盘存储器等构成,以外设的形式安装在机器上,相对主存储器来说,辅助存储器造价低、容量大、信息可长期保存,但速度慢,主要用来长久保存程序和数据。

从读写功能来区分,存储器分为可读可写的随机存取存储器(Random Access Memory,RAM)和只读存储器(Read Only Memory,ROM)。构成主存时既需要 RAM 也需要 ROM,但注意半导体 RAM 芯片在断电后原存放信息将会丢失,而 ROM 芯片中的信息可在断电后长期保存。磁盘存储器通常都是 RAM,常见的光盘(即 CD-ROM)却是 ROM。

3. I/O 设备和 I/O 接口

I/O 设备是指微机上配备的输入设备和输出设备,也称外部设备或外围设备(简称外设,Peripheral),其作用是让用户与微机实现交互。

微机上配置的标准输入设备是键盘,标准输出设备是显示器,二者合称为控制台。微机还可选择鼠标器、打印机、扫描仪等 I/O 设备。作为外部存储器驱动装置的磁盘驱动器,既是输出设备又是输入设备。

由于各种外设的工作速度、驱动方法差别很大,无法与处理器直接匹配,所以不可能将它们直接连接到微机主机上。这就需要有一个 I/O 接口来充当外设和主机间的桥梁,通过该接口电路来完成信号变换、数据缓冲、联络控制等工作。在微机中,较复杂的 I/O 接口电路常制成独立的电路板,也常称为接口卡(Card),使用时将其插在微机主板上。

4. 系统总线

总线(Bus)是用于多个部件相互连接、传递信息的公共通道,物理上就是一组共用导线。任一时刻在总线上只能传送一种信息,也就是只能有一个部件在发送信息,但可以有多个部件在接收信息。这里的系统总线(System Bus)是指微机系统中,处理器与存储器和 I/O 设备进行信息交换的公共通道。总线有几十条到上百条信号线,这些总线信号一般可分为 3 组。

(1)地址总线(Address Bus,AB)

在该组信号线上,处理器单向输出将要访问的主存单元或 I/O 端口的地址信息。地址线的多少决定了系统能够直接寻址存储器的容量大小和外设端口范围。

(2)数据总线(Data Bus,DB)

处理器进行读(Read)操作时,主存或外设的数据通过该组信号线输入处理器;处理器进行写(Write)操作时,处理器的数据通过该组信号线输出到主存或外设。数据总线可以双向传输信息,为双向总线。数据线的多少决定了一次能够传送数据的位数。

(3)控制总线(Control Bus,CB)

控制总线用于协调系统中各部件的操作。其中,有些信号线将处理器的控制信号或状态信号送往外界;有些信号线将外界的请求或联络信号送往处理器;个别信号线兼有以上两种情况。控制总线决定了总线的功能强弱、适应性的好坏。各类总线的特点主要取决于其控制总线。

1.3.3 PC 微机结构

1. 16 位 IBM PC/AT 微机结构

1981 年,以生产大型机著称的蓝色巨人 IBM 公司从 8 位 Apple-II 微机中看到了市场潜力,选用 Intel 公司的 8088 处理器和 Microsoft 公司的 DOS 操作系统开发了 IBM PC;1982 年,将它进一步扩展为 IBM PC/XT(eXpanded Technology)。1984 年,Intel 公司推出新一代 16 位处理器 80286,IBM 以它为核心组成 16 位增强型个人计算机 IBM PC/AT(Advanced Technology)。现在,IBM PC/XT/AT 被统称为 16 位 IBM PC 系列机。由于 IBM 公司在发展 PC 时采用了技术开放的策略,使得许多公司围绕 PC 研制生产了大量的配套产品和兼容机,并提供了巨大的软件支持,使得 PC 风靡世界。

用户通过键盘、鼠标和显示器等外设使用微机,而其核心则是机箱内的主机电路板。IBM PC/AT 主板电路结构如图 1-3 所示,主要由 4 部分组成。

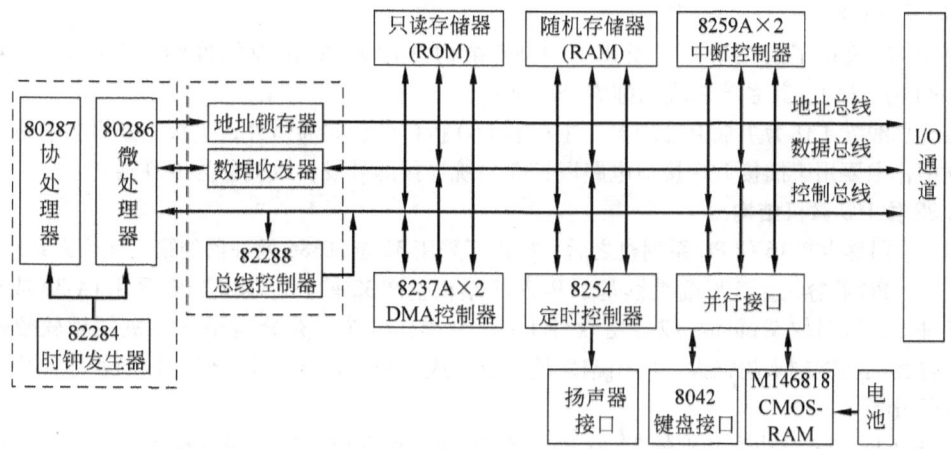

图 1-3 IBM PC/AT 主板结构

(1) 微处理器

IBM PC/AT 选用 80286 作 CPU。80286 采用实地址工作方式时,与 8086 完全相同,但运行速度更快。80286 还可以采用功能更强的保护工作方式。

在 IBM PC/AT 主板中,80286 与总线控制器 82288 以及地址锁存和数据接收发送器件共同形成了系统总线,时钟发生器 82284 向系统提供 8MHz 的工作时钟,用户可以选用数值运算协处理器 80287 来提高微机系统的浮点运算能力。

(2) 主存储器

微机主存由半导体存储芯片 ROM 和 RAM 构成。ROM 部分主要是固化 ROM-BIOS。BIOS(Basic Input/Output System)表示"基本输入输出系统",是微机软件系统最底层的程序。它由诸多子程序组成,主要用来驱动和管理键盘、显示器、打印机、磁盘、时钟、串行通信接口等基本的输入输出设备。操作系统通过对 BIOS 的调用驱动各硬件设备,用户也可以在应用程序中调用 BIOS 中的许多功能。

ROM 空间包含机器复位后初始化系统的程序,接着将操作系统引导到 RAM 空间执行。由于大量应用程序都需要 RAM 主存空间,因此通用微机的主存主要由 RAM 芯片构成。

(3) I/O 接口

为了增强处理器功能,微机主板以 I/O 操作形式设置了两个中断控制器 8259A、两个 DMA

控制器 8237A 和定时控制器 8254 等 I/O 接口电路。

中断(Interrupt)是处理器正常执行程序的流程被某种原因打断并暂时停止,转向执行事先安排好的一段处理程序(中断服务程序),待该处理程序结束后仍返回被中断的指令处继续执行的过程。中断来自处理器内部就是内部中断,也称为异常(Exception);中断来自外部就是外部中断。例如,指令的调试需要利用中断,PC 以中断方式响应键盘输入。

DMA(Direct Memory Access,直接存储器存取)是指主存储器和外设间直接的、不通过处理器的高速数据传送方式。例如,磁盘与主存的大量数据传送就采用 DMA 方式。

微机系统的许多操作都需要系统的定时控制,例如,机器的时钟、机箱内扬声器的声频振荡信号。

通过并行接口电路,PC 可以实现键盘接口、扬声器发声等控制功能,还可以读取键盘按键代码以及 CMOS-RAM 中的系统配置参数和实时时钟。利用 CMOS 工艺生产的 RAM 芯片用电极省,所以可采用后备电池供电,这样在关机情况下可保持其中的数据。

(4) 系统总线

由于 PC 获得了广泛应用,所以 IBM AT 结构常称为 PC 工业标准结构(Industry Standard Architecture, ISA),其系统总线则称为 ISA 总线。

系统总线除了作为主板上处理器、主存和 I/O 接口的公共通道外,主板上还设置有许多系统总线插槽,主要用于插接 I/O 接口电路以扩充系统连接的外设,故被称为 I/O 通道。

2. 32 位 PC 微机结构

IBM 公司继生产 16 位 PC 系列机之后,推出了采用 32 位 80386 处理器的第二代个人系统 PS/2。与此同时,PC 兼容机生产厂商继续基于 PC/AT 结构生产 32 位 PC。32 位 PC 采用 IA-32 或与其兼容的处理器,以微软 Windows 或自由软件 Linux 为操作系统,充分运用计算机领域软硬件新技术,使得微机功能越来越强大,应用越来越广泛,成为我们日常工作、学习以及娱乐当中不可或缺的电子设备。

以 IBM PC/AT 结构为基础的 32 位 PC,在 20 年发展和应用历史中形成了多种主板结构和形式,但它们的基本组成相似,图 1-4 为 Pentium 系列处理器的主板结构图。

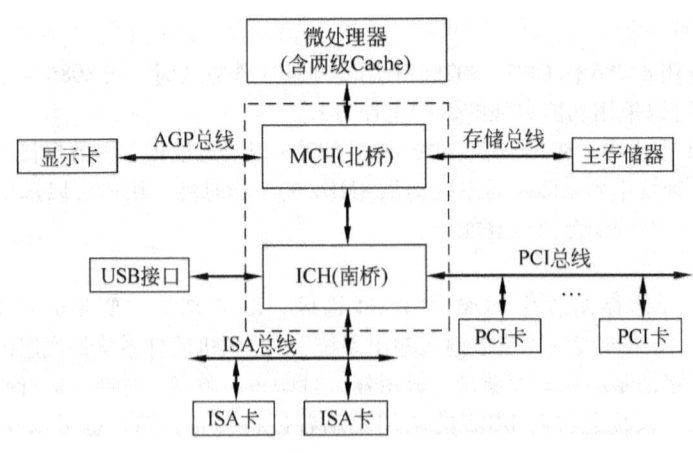

图 1-4　32 位 PC 主板结构

(1) 微处理器

32 位 PC 机采用 Intel IA-32 处理器或与其兼容的处理器,内部还包含一级或二级高速缓冲存储器。

处理器的工作频率(即处理器内频、主频)从80386的25MHz、80486的66MHz、Pentium的133MHz，到2006年Pentium 4的3.8GHz，发展非常迅猛。CPU外部总线的基本工作频率(即处理器外频、主板频率)也不断提高，80386时代采用25MHz，80486时代主要采用33MHz，Pentium采用66MHz，当前处理器外频有100MHz、133MHz和166MHz等规格。于是，在处理器内频和外频之间就形成了倍频关系：内频 = 外频 × 倍频。

Pentium 4又引入前端总线(指处理器和控制芯片组之间总线的工作频率)的概念。在Pentium 4之前，每个时钟周期内处理器与控制芯片组之间传输一个数据，处理器外频就是前端总线频率。Pentium 4采用新的总线传输技术，使得每个时钟周期可以传输4个数据。这样，当外频为100MHz时，处理器前端系统总线的频率就是400MHz。如果每个时钟周期传输8个数据，前端总线频率则达到800MHz。

为了减少由于高频率带来的功耗和降低发热量，处理器的工作电压大幅度下降，并从133MHz的Pentium处理器开始，在处理器芯片上安装散热片和风扇对其进行冷却降温。

(2)控制芯片组

如果把处理器看作主板的"大脑"，则控制芯片组可以说是主板的"心脏"。控制芯片组提供主板上的关键逻辑电路，包括Cache控制单元、主存控制单元、处理器到PCI总线的控制电路(称为桥，Bridge)、电源管理单元、中断控制器、DMA控制器和定时计数器等。控制芯片组决定着主板的特性，例如，支持的处理器类型、使用的主存类型和容量等。

IBM PC系列机由于芯片集成度不高，所以这些功能要靠多个单独的芯片完成，如中断控制器8259A、DMA控制器8237A、定时计数器8253/8254。80386及以上的主板开始采用芯片组，主板上芯片个数也在逐渐减少。Pentium主板广泛采用Intel 430和440系列芯片组，并形成了所谓的"南北桥"分控体系。Pentium II和III配合Intel 810/815/820芯片组，Pentium 4采用Intel 850等芯片组。

Intel 8xx芯片组改用"加速中心结构"，内存控制中心MCH和输入输出控制中心ICH共享线路和数据，系统的其他设备通过各自专属的总线与MCH和ICH芯片连接。MCH(即传统意义上的北桥芯片)主要控制L2 Cache、内存、加速图形端口(AGP)显示卡等；ICH(即传统意义上的南桥芯片)主要控制硬盘驱动IDE接口、外设互连总线PCI接口、通用串行总线(Universal Serial Bus, USB)接口，产生ISA总线，具有键盘控制模块KBC和实时时钟模块RTC等。

芯片组中的南桥芯片还提供对串口、并口、软盘驱动器接口的支持。它支持两个UART 16550串口，支持一个标准模式SPP、增强模式EPP和扩充模式ECP的并口，支持一个720KB/1.44MB/2.88MB格式的3.5英寸软盘驱动器接口和一个360KB/1.2MB格式的5.25英寸软盘驱动器接口。

(3)主存储器

微机系统中的容量和主存速度一直是提高微机整体性能的瓶颈。在16位PC系列机时代，主存采用双列直插式封装(Dual In-line Package, DIP)插座的动态随机存储器(Dynamic Random Access Memory, DRAM)，芯片个数很多，占用主板上的很大面积，但容量也不过是64KB或1MB。32位PC机将多个内存芯片直接焊接在一块小的印刷电路板上，形成内存条，然后将其插在主板预留的2~4个主存插槽上。主板上的主存容量从最初的4MB，逐渐发展到2013年的4GB或以上。

为了提高存储系统的存取速度，一方面，微机生产厂商采用存取速度更快的DRAM芯片组成内存系统，例如，快页模式(Fast Page Mode, FPM) DRAM芯片、扩展数据输出(Extended Data Output, EDO) DRAM芯片、同步DRAM(Synchronous DRAM, SDRAM)芯片、双数据传输率

(Double Data Rate，DDR)SDRAM 芯片；另一方面，在处理器与主存之间加入由快速静态随机存储器(SRAM)组成的高速缓冲存储器。在80386主板上，提供了单级Cache。80486芯片内部已经集成了8KB容量的Cache，同时主板上还支持第二级Cache。Pentium处理器内部集成有片上Cache，同时主板上通常具有256KB或512KB的第二级Cache。Pentium II及以后的处理器将两级Cache都集成在了处理器芯片上，Pentium 4还支持第三级Cache。

(4) 系统总线

微机系统中大量的数据要经过总线进行传输，总线是制约整个微机系统性能的关键。

16位PC机采用16位ISA系统总线连接各个功能部件。32位PC上使用过32位EISA(Extended ISA，扩展ISA)总线、视频电子标准协会(Video Electronics Standards Association)针对80486处理器引脚开发的32位局部总线VESA，现在则使用外设部件互连(Peripheral Component Interconnection，PCI)总线及其64位PCI-X扩展总线连接I/O接口卡。在需要大量数据传输的主存与处理器之间设置了专用的存储总线，同样系统与显示接口卡之间也设计了专用总线——加速图形端口(Accelerated Graphics Port，AGP)，后来为PCI-Express总线，用于支持3D图形显示卡。早期的32位PC机为了使用ISA接口卡，还保留了低速的ISA总线。

(5) 扩展槽和外设接口

主板上有多个用于扩展功能的扩展槽，例如，内存条插槽、深褐色AGP总线插槽、白色PCI总线插槽，还有连接硬盘和光盘驱动器的IDE插槽等。

在主板后面直接向主机箱外部提供了PS/2键盘接口和PS/2鼠标接口、一个使用25针D型插座的并行打印机接口LPT，以及两个主要采用9针D型插头的串行通信接口，这两个串行通信接口分别标识为COM1和COM2。这些连接各种外设的接口各不相同、互不通用，于是，1994年Intel、Compaq和Microsoft等公司联合推出通用串行总线(Universal Serial Bus，USB)接口。另一种更高速的串行总线接口是IEEE 1394，主要用于连接视频设备、信息家电产品等。

1.3.4 计算机系统的层次结构

现代计算机系统是由软件和硬件构成的一个十分复杂的系统。为了方便计算机的应用、开发和设计，可以将计算机系统划分成多个层次或级别(Level)。一个层次对应一类人员看到的计算机特性，它需要下层提供支持，同时又为上层提供服务。如图1-5所示。

最上层是用户层，是计算机用户看到的计算机，也是我们最熟悉的计算机。计算机系统呈现给用户的是各种各样的可执行程序和数据文件，例如，Word文字处理软件、多媒体播放器以及游戏程序等。

第5层是高级语言层，面向软件程序员，包括C、C++、Java、FORTRAN、BASIC等。程序员进行程序设计时，需要操作系统、编译程序等软件支持，而不用太多了解下层尤其是硬件的情况。

第4层是系统程序员看到的汇编语言层。汇编语言程序员需要利用操作系统提供的功能，掌握指令系统，理解主存储器的组织，但不用关心指令如何由硬件实现。

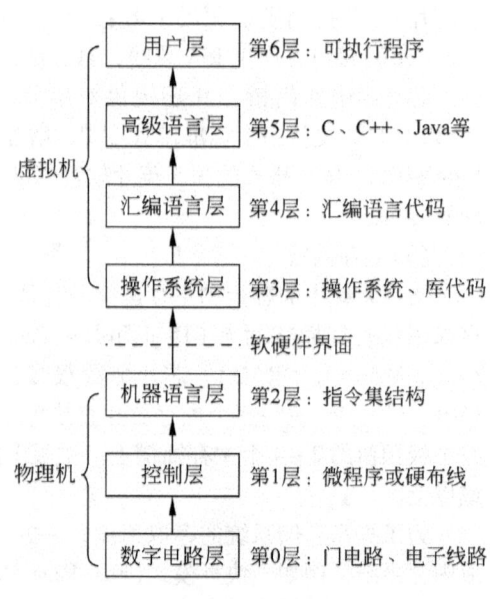

图1-5 计算机系统的层次结构

第3层是操作系统层。操作系统是最主要的系统程序，所以这一层也称为系统软件层。它不仅以库代码形式向程序员提供功能调用，而且也向系统管理员提供各种控制命令，还直接面向用户提供各种实用软件。

第2层是机器语言层，由处理器直接识别的指令组成，面向系统结构设计师。该层具有承上启下的功能，典型特征是计算机的指令集结构(ISA)。它一方面为上层软件提供硬件指令支持，另一方面是下层硬件实现的目标。

第1层是控制层，面向硬件设计师。这一层可以由微程序(Microprogram)实现，也可以由硬布线(Hardwire)实现。硬布线即硬件线路，它使用数字逻辑器件生成控制信号，速度较快。微程序用由硬件实现的微指令(微代码，Microcode)编写，方便修改，但相对硬布线执行速度略慢。这一层也常称为微程序层。Intel 公司所谓的微结构(Microarchitecture)也属于控制层。

所有数字计算机都建立在由逻辑门电路和电子线路组成的物理器件的基础上，是计算机的具体物理实现，这就是第0层——数字电路层。

不同的人员看到不同的计算机。通常，将用软件实现的机器称为虚拟机(Virtual Machine)，以区别由硬件实现的实际机器，即物理机。将计算机系统层次化，利用了人们将复杂问题逐步简化的思想，它类似于结构化程序设计中采用的自顶向下、逐步求精的算法分析和设计方法，具有普遍意义。

1. 计算机程序设计语言

利用计算机解决实际问题，一般要编制程序。程序设计语言就是程序员用来编写程序的语言，它是人与计算机之间交流的工具。程序设计语言也可以从高到低分为高级语言、汇编语言和机器语言三个层次。

- 高级语言(High Level Language)是从20世纪50年代中期开始逐步发展起来的面向问题的程序设计语言。高级语言与具体的计算机硬件无关，其表达方式接近于所描述的问题，易为人们接受和掌握。用高级语言编写程序要比低级语言容易得多，并大大简化了程序的编制和调试，使编程效率得到大幅度的提高。高级语言的显著特点是独立于具体的计算机硬件，通用性和可移植性好。

  目前，计算机高级语言已有上百种之多，得到广泛应用的有十几种，每一种高级语言都有其最适用的领域。用任何一种高级语言编写的程序都要通过编译程序(Compiler)翻译成机器语言程序(称为目标程序)后计算机才能执行，或者通过解释程序边解释边执行。

- 汇编语言(Assembly Language)是为了便于理解与记忆，将机器指令用助记符代替而形成的一种语言。汇编语言的语句通常与机器指令对应，因此，汇编语言与具体的计算机有关，属于低级语言(Low Level Language)。由于汇编语言采用了助记符，因此，它比机器语言直观，容易理解和记忆，用汇编语言编写的程序也比机器语言程序易阅读、易排错。高级语言程序通常也需要翻译成汇编语言程序，再进一步翻译成机器语言代码。汇编语言程序翻译成机器语言的过程称为汇编，完成汇编工作的程序就是汇编程序(Assembler)。

  汇编语言本质上就是机器语言，它可以直接、有效地控制计算机硬件，因而容易产生运行速度快、指令序列短小的高效率目标程序。这些优点使得汇编语言在程序设计中占有重要的位置，是不可取代的。但相对于高级语言的简单和易学，汇编语言的缺点也是很明显的。它与处理器密切相关，要求程序员比较熟悉计算机硬件系统并考虑许多细节问题，这样导致编写程序繁琐，调试、维护、交流和移植困难。因此，有时可以采用高级语言和汇编语言混合编程的方法，互相取长补短，以便更好地解决实际问题。

- 机器语言(Machine Language)是底层的计算机语言，对应机器指令，每一条机器指令都是二进制形式的指令代码。用机器语言编写的程序，计算机硬件可以直接识别。但对于不同的计算机硬件(指令集结构)，其机器语言是不同的。用机器语言编写程序的难度比较大，容易出错，而且程序的直观性比较差，也不容易移植。

2. 软件与硬件的等价性原理

现代计算机是一个十分复杂的软硬件结合而成的整体。但是，计算机系统中并没有一条硬性准则来明确指定什么必须由硬件完成，什么必须由软件来完成。这是因为，原则上说任何一个由软件所完成的操作也可以直接由硬件来实现，任何一条由硬件所执行的指令也能用软件来完成。这就是所谓的软件与硬件的等价性原理。

但是，软件与硬件的等价性原理是指软硬件在逻辑功能上的等价，并不意味着在现实中性能和成本的等价。软件易于实现各种逻辑和运算功能，但是往往速度较慢，甚至不能满足时间要求。硬件则可以高速实现逻辑和运算功能，但是难以实现复杂功能或计算，甚至无法实现。对于某一功能，究竟采用硬件方案还是软件方案，既取决于硬件的价格、速度、变更周期，也取决于软件开发成本、速度和生存周期等因素。学习计算机系统结构的知识将帮助我们做出更好的选择。

例如，在早期计算机和低档处理器中，由硬件实现的指令较少，像乘法操作就由一个子程序(软件)实现。但是，如果用硬件线路直接完成，则速度较快。另一方面，由硬件线路直接完成的操作，却可以由控制器中微指令编制的微程序来实现，把某种功能从硬件转移到微程序上。另外，还可以把许多复杂的、常用的程序硬件化，制作成所谓的固件(Firmware)。固件是介于传统的软件和硬件之间的实体，功能上类似于软件，但形态上却是硬件。现在，通常将固件归为硬件。

微程序是计算机硬件和软件相结合的重要形式。从形式上看，用微指令编写的微程序与用机器指令编写的系统程序差不多。微程序深入到机器的硬件内部，以实现机器指令操作为目的，控制着信息在计算机各部件之间流动。微程序也基于存储程序的原理，存放在控制存储器中，所以它也是借助软件方法实现计算机工作自动化的一种形式。

以上充分说明软件和硬件是相辅相成的。一方面，硬件是软件的物质支柱，正是在硬件高度发展的基础上才有了软件的生存空间和活动场所；没有大容量的主存和辅存，大型软件将发挥不了效益；而没有软件的"裸机"也毫无用处，相当于没有灵魂的人的躯壳。另一方面，软件和硬件相互融合、相互渗透、相互促进的趋势越来越明显，硬件软化可以增强系统功能和适应性，而软件硬化则能有效发挥硬件成本日益降低的潜力。

3. 计算机的结构、组成与实现

具有承上启下作用的机器语言层(常被称为传统机器层)，是早期程序员(即机器语言程序员)所看到的计算机属性。计算机结构(Computer Architecture)的经典定义由 Amdahl(阿姆达尔)于 1964 年推出 IBM 360 系列计算机时提出：The structure of a computer that a machine language programmer must understand to write a correct (timing independent) program for that machine。(计算机结构是指为机器编写正确的(时间无关的)程序、机器语言程序员必须理解的一种结构。)

计算机结构的经典定义确定了计算机系统中软件和硬件的接口，即指令集结构。它包括指令集(指令系统)、指令格式、数据类型、寄存器、寻址方式、主存访问方式和 I/O 机制等。机器语言和汇编语言程序员以及编译程序和操作系统等系统程序员在了解这些属性后，才能编写出运行正确的程序。学习计算机结构有助于了解如何设计计算机，在软件方案和硬件方案中如何进行取舍、如何编写处理器相关的、性能更优的程序，如何设计外部设备以及外设驱动程序等。

计算机组成(Computer Organization)也称为计算机组织，是计算机结构的逻辑实现(逻辑设计)，对应计算机层次结构的控制层。它包括计算机各部件的功能以及各部件的联系，涉及如何控制计算机、信号产生方式、存储器类型等。学习计算机组成有助于理解计算机是如何工作的，即计算机的工作原理。

计算机实现(Computer Implementation)是计算机组成的物理实现，对应数字电路层。它包括处理器、主存等部件的物理结构、器件的集成度和速度、部件连接、信号传输以及电源、冷却和组装技术等，主要利用器件技术进行物理实现。

计算机的结构、组成和实现是三个不同的概念。例如，计算机结构决定是否设置浮点开方指令，计算机组成选择采用微程序、硬布线或固件方式实现开方指令，而具体的物理实现方案则属于计算机实现范畴。但是，计算机的结构、组成和实现相互间有着十分密切的依赖关系，有时区别并不明显。一种计算机结构可以有多种计算机组成，一种计算机组成又可以有多种物理实现。所以，现在人们往往笼统地使用计算机系统结构(体系结构)这个概念，它既包括经典的指令集结构，也包括计算机组成和实现。

4. 软件兼容与系列机和兼容机

集成电路生产能力的不断提高和计算机革新技术的大量涌现，使得计算机不断更新换代。为了最大限度地保护已有的科研成果，尤其是开发成本不断增加的软件资源，程序设计人员提出了软件兼容(Software Compatibility)的要求。软件兼容是指同一个软件可以不加修改地运行于体系结构相同的各档机器，结果一样但运行时间可能不同。

软件兼容可从机器性能和推出时间分成向上(向下)兼容和向前(向后)兼容，如图1-6所示。向上兼容是指软件能够在更高档次机器上保持兼容；向下兼容则是指软件能够在较低档次机器上保持兼容。向后兼容是指软件能够在此后生产的机器上保持兼容；向前兼容则是指软件能够在此前生产的机器上保持兼容。

系列机是指同一个厂家生产的具有相同计算机结构，但具有不同组成和实现的一系列(Family)不同档次、不同型号的机器。例如，IBM公司先后推出的IBM PC、IBM PC/XT和IBM PC/AT就是16位IBM PC系列机。兼容机是指不同厂家生产的具有相同计算机结构(不同的组成和实现)的计算机。例如，32位PC机就是以IBM PC/AT的结构为基础生产的IBM PC/AT兼容机。系列机和兼容机保证了软件兼容，同时也是"一种计算机结构可以有多种计算机组成，一种计算机组成又可以有多种物理实现"的体现。

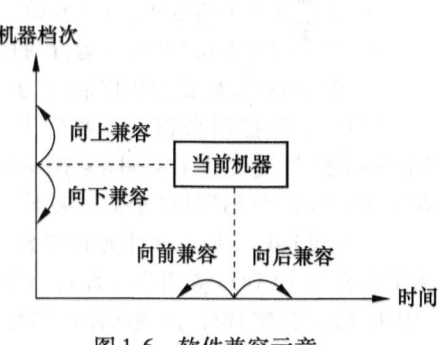

图1-6 软件兼容示意

为了保证软件的向上向下、向前向后兼容，系列机和兼容机必须保持结构不变，但这又限制了计算机结构的发展。事实上，为了提高性能和扩大应用领域，后续推出的各档机器必然会对原有计算机结构进行改进。例如，32位PC就陆续增加了对浮点处理指令、多媒体指令等的支持。所以，可以对系列机和兼容机的向下、向前兼容不作要求，有时向上兼容也可能做不到，但一定要保证向后兼容。系列机和兼容机需要在保证向后兼容的前提下，不断改进其组成和实现，延续该计算机结构的生命。

兼容还是一个广泛的概念，包括软件兼容、硬件兼容、系统兼容等。兼容具有巨大的意义，它使机器便于推广，也方便了用户使用计算机。

1.3.5 微型计算机的软件系统

完整的微型计算机系统包括硬件和软件,软件又分成系统软件和应用软件。系统软件是为了方便使用、维护和管理计算机系统的程序及其文档,其中最重要的是操作系统。应用软件是解决某个问题的程序及其文档,大到用于处理某专业领域问题的程序,小到完成一个非常具体工作的程序。

1. 操作系统

操作系统(Operating System,OS)管理着系统的软硬件资源,为用户提供使用机器的交互界面,为程序员使用资源提供可供调用的驱动程序,为其他程序构建稳定的运行平台。

在早期的16位IBM PC系列机和兼容机上,主要采用磁盘操作系统(Disk Operating System, DOS)。DOS是单用户单任务操作系统,通常只有一个用户的一个应用程序在机器上执行。DOS 操作系统相对比较简单,但允许程序员访问任意资源,尤其是允许执行输入输出指令。在第7和 8 章中,将利用 DOS 环境进行实验。读者可以使用 MS-DOS(例如,其最终版本 MS-DOS 6.22)启动机器并运行于实地址方式,多数情况也可以使用 Windows 操作系统的模拟 DOS 环境。模拟 DOS 环境虽不是真正的 DOS 平台,但兼容绝大多数 DOS 应用程序,同时可以借助 Windows 的强大功能和良好保护。

32 位 PC 主要使用 Windows 或 Linux 操作系统,本书基于 Windows 操作系统平台。32 位 Windows 操作系统有多个版本,依次是 Windows 98、Windows 2000、Windows XP、Windows 7、Windows 8 等。Windows 操作系统除提供图形操作界面外,还提供控制台环境。32 位控制台环境具有类似于 DOS 的外观和操作,也是采用键盘直接输入命令,所以被称为"命令提示符"。但控制台功能更多,例如支持汉字输入输出等。

本书主要利用 32 位控制台学习和实践汇编语言程序设计。在 32 位 Windows 图形界面下,有两种方法打开 32 位控制台窗口:

- 从桌面左下角依次展开"开始→(所有)程序→附件→命令提示符"。
- 在桌面左下角"开始→运行"打开的对话框中,输入 CMD 命令。使用 PC Windows 键盘的 Windows 旗帜键也可以展开"开始"菜单,组合字母 R 键就可以打开"运行"对话框。

打开 32 位控制台窗口,实际上是执行了 Windows 的控制台程序 CMD.EXE。它保存于 Windows 所在文件夹(Windows 用% SystemRoot% 表示, XP 以及 7 和 8 版本是安装分区的 WINDOWS)的 SYSTEM32 子文件夹下。

32 位 Windows 所在文件夹的 SYSTEM32 子文件夹下,还有一个 COMMAND.COM 文件,它是为了兼容 16 位 DOS 应用程序而存在的,可以说这才是一个模拟 DOS 环境。由于 32 位控制台 (CMD.EXE 程序)窗口外观和操作都与原来的 DOS 操作系统类似,所以绝大多数人都简单地称之为 DOS 窗口,甚至不知道 16 位模拟 DOS 环境(COMMAND.COM 程序)的存在。绝大多数情况下,标准的 16 位 DOS 应用程序都可以在 32 位控制台运行,不过有些程序还是有差别的。

要打开 16 位模拟 DOS 窗口,需要在"运行"对话框中输入 COMMAND 命令。DOS 窗口中提示为"Microsoft(R) Windows DOS",版权时间是 1990—2001 年,说明从 2001 年以后没有再更新。

在 64 位 Windows 操作系统中,控制台也是 64 位的,执行的程序名称还是 CMD.EXE,兼容 32 位应用程序。不过,64 位 Windows 不兼容 16 位 DOS 应用程序,所以操作系统中不存在 COMMAND.COM 文件了。运行 16 位 DOS 应用程序需要使用虚拟机软件模拟 DOS 环境,例如简单的 DOSBox 或者功能强大的 Vmware 虚拟机。

2. 汇编程序

为了便于理解微机的工作原理,本书采用汇编语言编写程序,当然这些程序也都可以利用 C

或 C++ 语言实现。支持 Intel 80x86 处理器的汇编程序有很多。在 DOS 和 Windows 操作系统下，最流行的是微软公司的宏汇编程序 MASM，Borland 公司的 TASM 也很常用，两者相差不大。在 Linux 操作系统下，标准的汇编程序是 GAS，NASM 也较常用。

20 世纪 80 年代初，微软公司推出 MASM 1.0。MASM 4.0 支持 80286/80287 的处理器和协处理器；MASM 5.0 支持 80386/80387 处理器和协处理器，并加进了简化段定义伪指令和存储模式伪指令，汇编和连接的速度更快。MASM 6.0 是 1991 年推出的，支持 80486 处理器，它对 MASM 进行重新组织，并提供了许多类似高级语言的新特点。MASM 6.0 之后又有一些改进，推出了 MASM 6.11，利用它的免费补丁程序可以升级到 MASM 6.14，MASM 6.14 支持 MMX Pentium、Pentium II 及 Pentium III 指令系统。MASM 6.11 是最后一个独立发行的 MASM 软件包，这以后的 MASM 都存在于 Visual C++ 开发工具中，例如，Visual C++ 6.0 是 MASM 6.15，可以支持 Pentium 4 的 SSE2 指令系统。Visual C++ .NET 2003 中包含 MASM 7.10，但没有什么大的更新。Visual C++ .NET 2005 提供的 MASM8.0 才支持 Pentium 4 的 SSE3 指令系统，同时还提供了一个 ML64.EXE 程序用于支持 64 位指令系统。

本书主要采用 MASM 6.15，并精心构造了用于 32 位控制台环境和用于 16 位模拟 DOS 环境开发汇编语言程序的文件(这里以及本书后面所提到的文件都可从"前言"中提到的网站上下载)。

3. 文件路径

文件路径是操作系统中很重要的一个概念，对正确使用 32 位控制台环境和 16 位 DOS 环境起着关键作用，也有助于理解 Windows 文件系统。

操作系统以目录(Directory)形式管理磁盘上的文件(Windows 为了使普通用户容易理解，使用了"文件夹"这个通俗的说法表示专业术语"目录")。当指明某个文件时，为了区别于同名的其他文件，有必要说明该文件所在分区、根目录、各级子目录。分区和目录就是文件的路径(Path)。32 位控制台和 DOS 环境利用向右的斜线"\"分隔各级目录。例如，位于硬盘 D 分区根目录 MASM 的 PROGS 子目录中的文件 EG0201.ASM 表示如下：

d:\masm\progs\eg0201.asm

文件的完整路径称为绝对路径。采用这种指明文件的方法保证了唯一性，但未免有些烦琐。所以，经常使用相对路径指明文件。采用相对路径时，首先必须明确相对的位置，即当前所在的目录，简称当前目录(Current Directory)。实际上，在闪烁的 32 位控制台或 DOS 提示符"_"前的路径就是当前目录所在位置。例如，如果 D 分区当前目录是根目录 MASM，则上述 EG0201.ASM 文件可以如下指明：

progs\eg0201.asm

再如，若 PROGS 为当前目录，则 MASM 目录中 BIN 子目录下的 ML.EXE 文件可以如下指明：

..\bin\ml.exe

这里的两个小数点".."表示当前目录的上级目录。另外，还经常使用"\"表示当前分区的根目录，用一个小数点"."表示当前目录。

那么，32 位控制台和 DOS 环境下如何改变当前目录呢？这就要用到内部命令 CD(Change Directory)。例如，进入 32 位控制台或模拟 DOS 环境后，可以首先键入分区字母加一个冒号，从而进入所需要的磁盘分区，然后键入 CD 命令，并用空格隔开需要进入的当前目录，如下所示：

d:

cd \masm

4. 内部命令和外部命令

内部命令是 32 位控制台或 DOS 环境本身具有的、直接支持的命令。进入 32 位控制台或

DOS 环境后，只要键入其内部命令的关键字加上需要的参数就可以使用内部命令，例如，常用的内部命令有改变目录 CD、文件列表 DIR、文件拷贝 COPY、清除屏幕 CLS、退出 EXIT 等。利用帮助命令 HELP 可以查看所有的内部命令及其使用方法，也可以用命令加 "/?" 参数查询该命令的使用方法。

外部命令也是 32 位控制台或 DOS 环境提供的命令，但它与其他可执行文件一样以文件形式保存在磁盘上，存放在 Windows 操作系统所在目录的 system32 子目录下。当需要执行这些文件时，需要先键入绝对路径或相对路径，然后键入文件名，其次用空格分隔键入的参数。如果没有指明路径，32 位控制台或 DOS 环境将在当前目录下查找该文件；如果没有，则在事先设置的搜索路径中依次查找；如果仍然没有查找到该文件，则将显示 "'XX' 不是内部或外部命令，也不是可运行的程序或批处理文件"（'XX' is not recognized as an internal or external command, operable program or batch file）。使用内部命令 PATH 可以查看和设置当前的搜索路径。如果指明的路径不正确，虽然文件存在但却会提示没有，或者执行另外一个同名的文件。

32 位控制台和 DOS 都支持扩展名为 EXE 的可执行文件，DOS 还支持扩展名为 COM 的可执行文件。批处理文件使用扩展名 BAT，它实际上是一个纯文本文件，其中编辑有依次执行的可执行文件名，在 32 位控制台和 DOS 环境都可以应用。如果执行外部命令时没有键入扩展名，则 32 位控制台或 DOS 环境依次以 BAT、COM 和 EXE 为扩展名，先查找到哪个文件就执行哪个文件。

5. 进入 MASM 目录的批处理文件

执行 32 位控制台和 DOS 环境的应用程序时，通常需要首先进入相应环境，然后在提示符下输入可执行文件名。在 32 位 Windows 窗口环境下，直接运行（例如，双击启动）32 位控制台和 DOS 环境的程序，常会在屏幕上一闪而过。

为了操作方便，可以在 Windows 窗口环境中建立一个快速进入 32 位控制台或模拟 DOS 环境并将 MASM 目录（建议在 D:\MASM）作为当前目录的批处理文件 WIN32.BAT，文件内容可以是：

```
@ echo off
@ set PATH=D:\MASM;D:\MASM\BIN;%PATH%
%SystemRoot%\system32\cmd.exe
@ echo on
```

第 1 行命令表示不显示下面各行信息。第 2 行设置当前 WIN32.BAT 文件所在的 D 分区 MASM 目录和其下的 BIN 子目录作为搜索路径，以便实际操作时能够执行这些目录下的文件。第 3 行命令执行操作系统所在根目录提供的 CMD.EXE 进入 32 位控制台窗口（并将该文件所在的目录作为当前目录）。第 4 行命令表示以后输入的命令将显示出来。

利用同样的方法可以建立快速进入模拟 DOS 并将 MASM 目录作为当前目录的批处理文件 DOS16.BAT，只需将上述文件中的 CMD.EXE 修改为 COMMAND.COM 即可。不过，在 Windows 7 中，窗口上还是显示执行了 CMD.EXE 程序。

如果希望打开的 32 位控制台或 16 位模拟 DOS 窗口能够使用鼠标操作，可以在其左上角点击展开控制菜单，选择其中的"属性"命令，在"选项"对话框中将"编辑选项"的"快速编辑模式"设为未选中状态。这样，在这个命令行窗口运行支持鼠标操作的程序时就可以使用鼠标操作了。

第 1 章总结

本章首先简单地回顾了微处理器的发展概况，接着比较详细地介绍了 Intel 80x86 系列微处理器的主要特点，然后重点讲述了微型计算机的系统组成。

微型计算机是目前最典型的计算机应用形式，其核心是微处理器（常称为处理器、CPU），字长、时钟频率、集成度是处理器的基本技术参数。微处理器有 8、16、32 和 64 位字长，分成通用微处理器和专用微处理器两类。

摩尔定律反映了集成电路生产技术的飞速发展，但计算机系统结构的革新同样极大地提高了处理器性能。最有说服力的实例就是 Intel 80x86 系列处理器的发展。16 位 80x86 处理器的广泛应用得益于 IBM PC 系列机，各代 IA-32 处理器反过来推动了 32 位 PC 的普及，Intel 64 位和多核技术处理器必将带来微型计算机性能的进一步提高。

采用二进制表达数据和指令，数据和指令事先保存在存储器中，按顺序执行程序来控制计算机工作，这是冯·诺伊曼计算机的基本设计思想。现代计算机将传统的冯·诺伊曼计算机的 5 大功能部件改进成 3 个子系统：处理器、存储系统和输入输出系统。

采用总线连接各个部件组成计算机系统是一种非常有效的方法，它可以简化系统结构，方便系统设计，利于系统扩展等。总线信号分成地址总线、数据总线和控制总线 3 组，当然还要有电源和地线。

可以将计算机系统进行分层，以便于理解和应用。各种高级程序设计语言方便程序员开发应用程序，而低层的汇编语言有利于理解计算机工作原理，编写系统和硬件相关的程序。汇编语言的主体内容是计算机的指令集，指令集结构(ISA)是计算机层次结构中的软硬件分界线。属于一个系列的计算机以及与其兼容的计算机都具有相同的计算机结构，但它们的逻辑组成和实现技术不同，目的是保持软件兼容，更好地继承软件资源。

本书的操作系统平台是 Windows 的 32 位控制台环境和 16 位 DOS 环境，使用 MASM 汇编程序。希望读者熟悉文件路径的概念，掌握外部命令(可执行文件)的执行方法，并能够快速进入 MASM 目录。

在介绍 Intel 80x86 处理器和微型计算机结构的过程中，本章逐渐引出了大量概念和专业术语，例如，指令系统(指令集)、保护方式、浮点处理单元、Cache、指令流水线、CISC 和 RISC、超标量和动态执行、SIMD 多媒体指令、指令级并行和线程级并行、单芯片多核心以及中断、DMA 等。希望读者能对它们有一个认识，后续章节将会详细展开这些内容。

第 1 章习题

1.1 简答题

(1) 计算机字长指的是什么？
(2) 总线信号分成哪三组？
(3) PC 机主存采用 DRAM 还是 SRAM？
(4) Cache 是什么意思？
(5) ROM-BIOS 是什么？
(6) 中断是什么？
(7) 32 位 PC 机主板的芯片组是什么？
(8) MASM 是指什么？
(9) 处理器的"取指-译码-执行周期"是指什么？
(10) 在计算机系统层次结构中，哪个层次起着承上启下、软硬件接口的作用？

1.2 判断题

(1) 软件与硬件的等价性原理说明软硬件在功能、性能和成本等方面是等价的。
(2) IA-64 结构是 IA-32 结构的 64 位扩展，也就是 Intel 64 结构。
(3) 8086 的数据总线为 16 位，也就是说 8086 的数据总线的个数或者说条数、位数是 16。
(4) 微机主存只要使用 RAM 芯片就可以了。
(5) 处理器并不直接连接外设，而是通过 I/O 接口电路与外设连接。

(6) 处理器是微机的控制中心,内部只包括 5 大功能部件的控制器。
(7) Windows 的模拟 DOS 环境与控制台环境是一样的。
(8) 16 位 IBM PC/AT 采用 ISA 系统总线。
(9) IA-32 处理器吸取了 RISC 技术特长。RISC 是指复杂指令集计算机。
(10) 处理器进行读操作,就是把数据从处理器内部读出传送给主存或外设。

1.3 填空题
(1) CPU 是英文_____的缩写,中文译为_____,微型机采用_____芯片构成 CPU。
(2) Intel 8086 支持_____容量主存空间,80486 支持_____容量主存空间。
(3) 16 位二进制共有_____个编码组合,如果一位对应处理器的一个地址信号,16 位地址信号共能寻址_____容量主存空间。
(4) DOS 主要支持两种可执行文件,它们的扩展名分别是_____和_____。
(5) 英文缩写 ISA 常表示 PC 工业标准结构(Industry Standard Architecture)总线,也表示指令集结构,后者的英文原文是_____。
(6) Windows 的文件夹对应的专业术语是_____。
(7) Pentium 系列处理器的多媒体指令有_____、SSE、SSE2 和_____类指令。
(8) Pentium 处理器采用_____位数据总线与主存相连。
(9) 最初由_____公司采用 Intel 8088 处理器和_____操作系统推出 PC 机。
(10) 处理器执行指令的过程,可以简单地分为 3 个阶段,即_____、译码和_____周期。

1.4 说明微型计算机系统的硬件组成及各部分的作用。
1.5 什么是通用微处理器、单片机(微控制器)、DSP 芯片、嵌入式系统?
1.6 简述 Intel 80x86 系列处理器在指令集方面的发展。
1.7 区别如下概念:助记符、汇编语言、汇编语言程序和汇编程序。
1.8 区别如下概念:路径、绝对路径、相对路径、当前目录。系统磁盘上存在某个可执行文件,但在 DOS 环境输入其文件名却提示没有这个文件,是什么原因?
1.9 什么是摩尔定律?它能永久成立吗?
1.10 冯·诺伊曼计算机的基本设计思想是什么?
1.11 计算机系统通常划分为哪几个层次?普通计算机用户和软件开发人员对计算机系统的认识一样吗?
1.12 什么是系列机和兼容机?怎样理解计算机中的"兼容"特性?例如,可以以 PC 机为例,谈谈你对软件兼容(或兼容性)的认识,说明为什么 PC 机具有如此强大的生命力。
1.13 Intel 公司最新的 80x86 处理器是什么?请通过查阅相关资料(如 Intel 公司网站),说明其主要特点和采用的新技术。
1.14 说明高级语言、汇编语言、机器语言三者的区别,谈谈你对汇编语言的认识。
1.15 为了更好地进行编程实践,请进入 Windows 操作系统下的控制台环境(或 MS-DOS 模拟环境),练习常用命令。

第2章 处理器结构

处理器是微型计算机系统的硬件核心,其主要特性由指令集结构ISA反映。本章学习IA-32处理器指令集结构的基本内容,即功能结构、常用寄存器、存储器组织模型和工作方式。之后,本章引出使用汇编语言进行程序设计的基础知识,并在学习数据寻址方式的过程中加以运用。

2.1 处理器的功能结构

从应用角度看,处理器内部由多个功能部件组成,本节从简单到复杂逐渐展开各部件功能,讲解处理器的工作原理。

2.1.1 处理器的基本结构

低端处理器一般由算术逻辑单元、寄存器和指令处理单元等几部分组成,典型的8位处理器的基本结构如图2-1所示。

1. 算术逻辑单元

算术逻辑单元(Arithmetic Logic Unit,ALU)是计算机的运算器,负责处理器所能进行的各种运算,主要就是算术运算和逻辑运算。

基本的ALU由加法器电路构成,操作的数据来自通用寄存器或主存,运算结果返回寄存器或主存。对如图2-1所示的累加器结构的处理器来说,一个操作数总是由称为累加器(Accumulator)的寄存器提供,而另一个操作数通过暂存器来提供;运算后,结果被返回到累加器。反映运算结果的辅助信息(例如,有无进借位、是否为零、是否为负等)则被记录在标志(Flag)寄存器里,程序可以根据标志的状态决定下一步的走向,故标志寄存器内容也被称为程序状态字(PSW)。

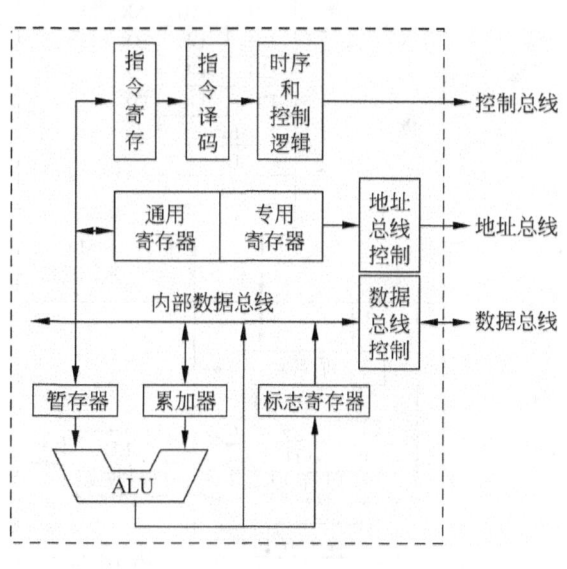

图2-1 8位CPU的基本组成

2. 寄存器

处理器内部需要高速存储单元,用于暂时存放程序执行过程中的代码和数据,这些存储单元称为寄存器(Register)。处理器内部设计有多种寄存器,每种寄存器还可能有多个。从应用的角度可以将寄存器分成两类:透明寄存器和可编程寄存器。

有些寄存器对应用人员来说不可见、不能直接控制,例如,保存指令代码的指令寄存器,称为透明寄存器。这里的"透明"是计算机学科中常用的一个专业术语,表示实际存在但从某个角度看好像没有。运用"透明"思想可以使我们抛开不必要的细节,而专注于关键问题。

底层语言程序员需要掌握可编程(Programmable)寄存器,它们具有引用名称,供编程使用,还可以进一步分成通用寄存器和专用寄存器两类。

- 通用寄存器：这类寄存器在处理器中数量较多、使用频度较高，具有多种用途。例如，它们可用来存放指令需要的操作数据，又可用来存放地址以便在主存或 I/O 接口中指定操作数据的位置。
- 专用寄存器：这类寄存器只用于特定目的。例如，程序计数器（Program Counter，PC）用于记录将要执行指令的主存地址，标志寄存器用于保存指令执行的辅助信息。

3. 指令处理单元

指令处理单元指处理器的控制单元，它控制指令的执行和信息的传输。指令执行的过程是：首先，指令处理单元将指令从主存取出，并通过总线传输到处理器内部的指令寄存器（取指）；其次，指令处理单元通过指令译码电路获得指令的功能（译码）；最后，指令处理单元的时序和控制逻辑按一定的时间顺序发出和接收相应信号，完成指令所要求的操作（执行），如读取数据、控制 ALU 进行运算、保存结果等。

2.1.2 8086 的功能结构

16 位处理器 Intel 8086 同样具有 ALU、寄存器和指令处理 3 个基本单元，但为了更好地体现 8086 的特点，Intel 公司按两大功能模块描绘了它的内部结构，如图 2-2 所示。

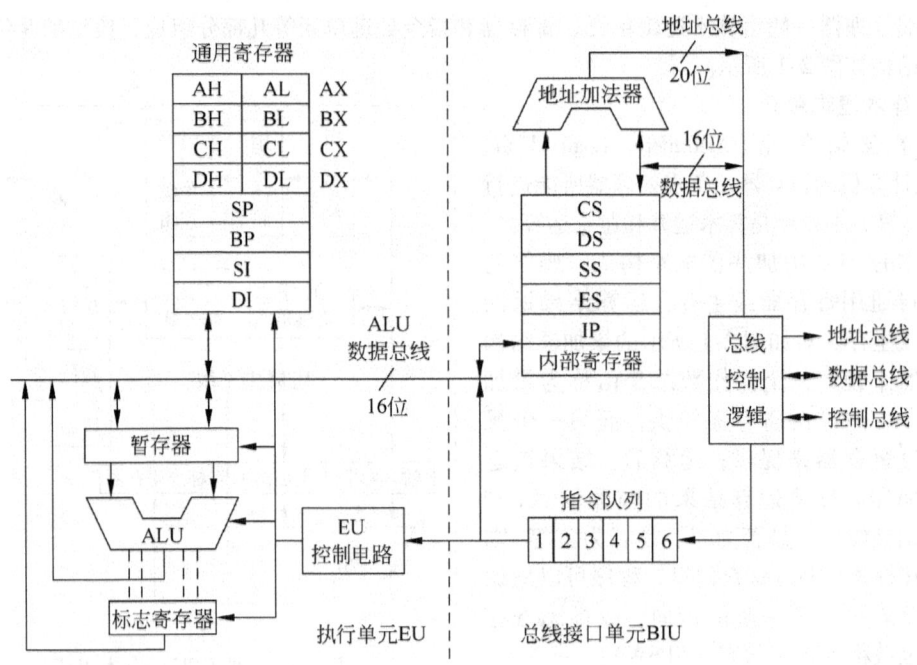

图 2-2　8086 的内部结构

1. 总线接口单元和执行单元

图 2-2 右半部分是总线接口单元（Bus Interface Unit，BIU）。它由 6 个字节的指令队列（即指令寄存器）、指令指针 IP（等同于程序计数器 PC 的功能）、段寄存器（CS、DS、SS 和 ES）、地址加法器和总线控制逻辑等构成，管理着 8086 与系统总线的接口，负责处理器对存储器和外设进行访问。8086 引脚由 16 位双向数据总线、20 位地址总线和若干控制总线组成。8086 所有的对外操作必须通过 BIU 和这些总线进行，例如，从主存中读取指令、从主存或外设读取数据、向主存或外设写出数据等操作。

图 2-2 左半部分是执行单元（Execution Unit，EU）。它由 ALU、通用寄存器、标志寄存器和

进行指令译码的控制电路等构成,负责指令译码、数据运算和指令执行。

8086 中完成一条指令的功能分成了两个主要阶段:取指和执行。

取指是从主存储器中取出指令代码进入处理器。在 8086 处理器中,指令在存储器中的地址由代码段寄存器 CS 和指令指针 IP 共同提供,再由地址加法器得到 20 位存储器地址。总线接口单元 BIU 负责从存储器取出这个指令代码,送入指令队列。

执行是指译码指令并发出有关控制信号实现指令功能。在 8086 处理器中,执行单元 EU 从指令队列中获得预先取出的指令代码,在 EU 控制电路中进行译码,然后发出控制信号由算术逻辑单元进行数据运算、数据传送等操作。指令执行过程需要的操作数据有些来自处理器内部的寄存器,有些来自指令队列,还有些来自存储器和外设。如果需要来自外部存储器或外设的数据,则执行单元 EU 控制总线接口单元 BIU 从外部获取。

2. 指令预取

8086 处理器维护着长度为 6 个字节的指令队列,该队列按照"先进先出"(First In First Out, FIFO)的方式进行工作。当指令队列中出现空缺时,BIU 会自动取指弥补这一空缺;而当程序不能按顺序执行即发生转移(出现分支)时,BIU 又会废除已经取出的指令,通过重新取指来形成新的指令队列。

在 8086 处理器中,指令的读取是在 BIU 单元,而指令的执行是在 EU 单元。因为 BIU 和 EU 两个单元相互独立,分别完成各自操作,所以可以并行操作。换句话说,在 EU 单元对一个指令进行译码执行时,BIU 单元可以同时对后续指令进行读取,所以,8086 处理器的指令读取实际上是指令预取(Prefetch)。

由于要译码执行的指令已经预取到了处理器内部的指令队列,所以 8086 不需要等待取指操作就可以从指令队列获得指令进行译码执行。而对于简单的 8 位处理器来说,在指令译码前必须等待取指操作的完成。因为取指是处理器最频繁的操作,每条指令都要读取指令代码一到数次(与指令代码的长度有关),所以 8086 的这种结构和操作方式节省了处理器的大量取指时间,提高了工作效率。这就是最简单的指令流水线技术。同时也看到,程序转移将使预取指令作废,降低了流水线效率。

2.1.3 80386 的功能结构

随着处理器功能的增强,其内部集成了更多功能单元,出现了新的实现技术。

80386 的内部结构由 6 个功能部件组成:总线接口单元、指令预取单元、指令译码单元、执行单元、分段单元和分页单元,如图 2-3 所示。这些单元可以并行工作,对多条指令进行流水线处理。

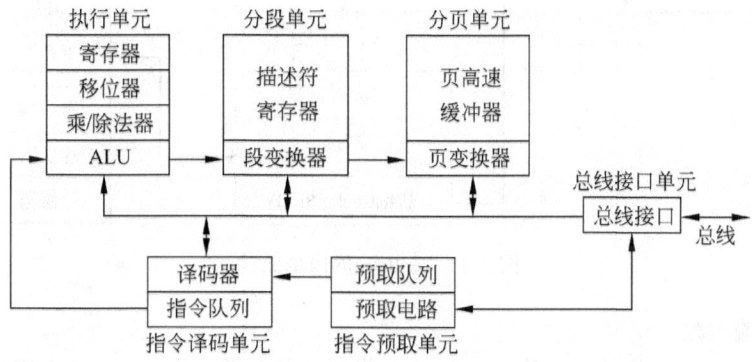

图 2-3　80386 的内部结构

总线接口单元为处理器提供与外部的接口。它接收内部的取指令请求（来自指令预取单元）和传送数据请求（来自执行单元），判断哪个请求需要首先处理，发出或处理进行总线操作的信号，读取指令和读写数据。另外，它还控制同外部的其他需要使用总线的处理器的接口操作。

指令预取单元进行先行读取指令。只要总线接口单元未执行指令的总线操作，且指令预取队列有空，它就利用总线的空闲时间通过总线接口单元按顺序预取指令，放在指令预取队列中。指令预取队列的容量为 16 个字节。

指令译码单元从指令预取队列中取来指令，译码成微指令代码，经译码后的指令存放在指令队列中。指令队列是先进先出的，可存放 3 条译码后的指令。一条指令的译码时间是一个时钟周期。

执行单元从指令队列中取来已经译码的指令进行执行。执行单元除包括各种 32 位通用寄存器和算术逻辑单元 ALU 外，还改进了执行乘法和除法指令的乘法器和除法器电路，新增了加快数据移位等操作的移位器电路。

分段单元把程序中使用的地址（即逻辑地址）变换成线性地址并进行保护检查，变换过程中要利用描述符寄存器加速转换。分页单元将线性地址变换成处理器对外的物理地址，其中页高速缓冲器也是用于加速转换的。如果不使用分页操作，线性地址就是物理地址。分段和分页是两种存储器管理的方法，所以这两个单元组成了存储管理单元（Memory Manage Unit，MMU）。

在 80386 处理器中，完成一条指令的功能最多需要经过 5 个阶段：取指、译码、取操作数、执行和保存操作数。总线接口单元、指令预取单元、指令译码单元和执行单元一起构成了指令流水线，分段单元、分页单元及总线接口单元则构成了地址变换的流水线。由于把指令处理的过程分解得更细，使其具有更多个阶段，所以多条指令进入指令流水线的各个阶段可以重叠执行，进一步提高了处理器性能。

2.1.4 Pentium 的功能结构

从 80486 开始，IA-32 处理器主要通过微结构的革新增强其性能。Pentium 的功能结构如图 2-4 所示，它在微结构上的主要改进有以下几个方面。

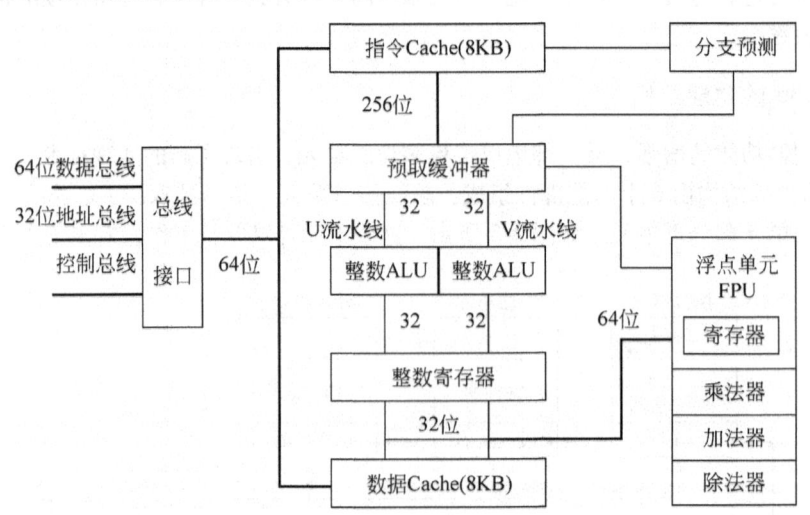

图 2-4 Pentium 的内部结构

1. 超标量流水线

超标量是 Pentium 采用的核心技术。Pentium 设计了两条指令流水线，分别称为 U 流水线和 V

流水线。所有整数指令都可以在 U 流水线上执行，只有简单的整数指令可以在 V 流水线上执行，复杂指令只能由 U 流水线执行微代码序列（微程序）；浮点指令都在 U 流水线上执行，但浮点交换指令也可以在 V 流水线上执行。这样，在一定条件下，Pentium 允许在一个时钟周期中同时运行两条整数指令，或者运行一条浮点指令（但浮点交换指令可以与另一条浮点指令配对同时执行）。对于只有一条指令流水线的处理器（如 80486），理想状态下每个时钟周期只能完成一条指令的执行；但采用超标量技术的 Pentium 处理器却可以完成两条指令的执行，显然，性能又有了提高。

2. 分离 Cache

80486 芯片中集成有 8KB 容量的高速缓冲存储器（Cache），采用既高速缓冲指令又高速缓冲数据的统一 Cache 结构。Pentium 芯片中则有两个 8KB 容量的 Cache，一个用于高速缓冲指令的指令 Cache，另一个用于高速缓冲数据的数据 Cache，即分离的 Cache 结构。采用指令和数据分开的两个 Cache 是为了更好地与 Pentium 的超标量流水线配合，以减少指令预取和操作数存取所引起的存储器冲突。数据 Cache 有两个 32 位数据接口，分别通向 U 流水线和 V 流水线，以便能够同时与两个独立工作的流水线进行数据交换。

按照冯·诺伊曼的计算机设计思想，数据和指令存放在一个共用的主存储器中。在这种主存结构下，处理器读取指令时不能读写操作数，读写操作数时也不能读取指令。实际上，数据和指令也可以存储在不同的物理空间中，以便于处理器同时访问指令和操作数，这被称为"哈佛结构"。这个名称源于 Howard Aiken 在美国哈佛建造了名为 Mark-I 的电子机械计算机（与世界上第一台数字计算机 ENIAC 同一个时期），此后开发的 Mark-III 和 Mark-IV 电子管计算机就将数据和指令存储在不同的物理空间中。一些嵌入式计算机的专用处理器常采用哈佛结构，计算机领域也用它表示数据和指令分开存放的高速缓冲器结构。

3. 动态分支预测

程序分支是影响指令流水线效率的重要原因。80486 使用简单的静态分支预测技术，不依靠分支指令的执行情况就预测程序的执行顺序。Pentium 利用分支目标缓冲器（Branch Target Buffer，BTB）来记录分支指令的执行情况，并据此预测程序的执行顺序，这就是动态分支预测。每当处理器执行条件转移指令时，BTB 就记下这条转移指令和目标指令的地址，同时预测分支是否发生，并记忆预测的结果，以提高下次预测的正确率。在预测正确时，将不会使指令流水线停顿，从而提高了指令流水线的性能。

4. 其他方面

Pentium 的浮点处理单元在 80486 的基础上进行了彻底的改进，不仅有专门的浮点加法器、乘法器和除法器，而且浮点指令的执行也是高度流水线的，并与整数指令流水线成为一体。因此，Pentium 的浮点处理单元较以前有了很大的性能提高。

Pentium 还有许多其他的技术改进，例如，将常用指令直接由硬件线路实现（硬布线技术），而不是首先译码成一个或多个微代码（微程序技术）；对于复杂指令的微代码算法也进行了改进，使得指令的执行速度大大提高。

Pentium 还加入了 80386SL 具有的节能特性，设计有系统管理方式，电源电压可以是 3.3V，这些都降低了处理器的功耗，使得普通台式 PC 机也具有了绿色节能功能。

现代 IA-32 处理器应用了许多革新技术，最新的发展详见第 9 章。

2.2 寄存器

寄存器就是暂时存放数据的地方。对应用人员尤其是程序员来说，处理器被抽象为可编程寄存器。我们通过编写程序、由处理器执行指令直接控制寄存器，而其他部件却无法直接控制。

IA-32 处理器通用指令(整数处理指令)的基本执行环境包括 8 个 32 位通用寄存器、6 个 16 位段寄存器、32 位标志寄存器和指令指针,如图 2-5 所示(图中数字 31、15、7、0 等依次用于表达二进制位 D_{31}、D_{15}、D_7、D_0)。

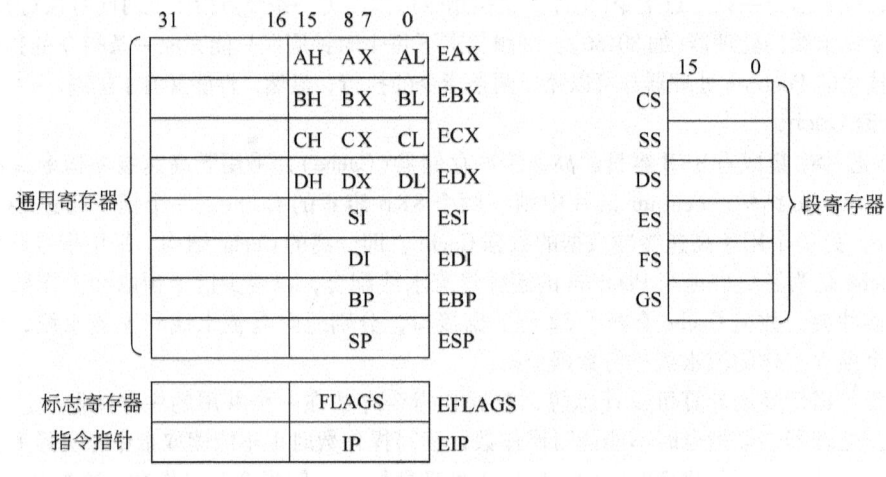

图 2-5 IA-32 常用寄存器

2.2.1 通用寄存器

通用寄存器(General-Purpose Register)一般是指处理器最常使用的整数通用寄存器,可用于保存整数数据、地址等。IA-32 处理器只有 8 个 32 位通用寄存器,数量有限。

IA-32 处理器的 8 个 32 位通用寄存器分别被命名为 EAX、EBX、ECX、EDX、ESI、EDI、EBP 和 ESP,它们是在原 8086 支持的 16 位通用寄存器的基础上扩展而得到的。上述 8 个名称中去掉表达扩展含义的字母 E(Extended),就是 8 个 16 位通用寄存器的名称:AX、BX、CX、DX、SI、DI、BP 和 SP,分别表示相应 32 位通用寄存器低 16 位部分。其中,前 4 个通用寄存器 AX、BX、CX 和 DX 还可以进一步分成高字节 H(High)和低字节 L(Low)两部分,这样又有了 8 个 8 位通用寄存器:AH 和 AL、BH 和 BL、CH 和 CL、DH 和 DL。

编程中可以使用 32 位寄存器(如 ESI),也可以只使用其低 16 位部分(名称中去掉字母 E,如 SI)。对前 4 个 32 位通用寄存器(如 EAX),可以使用全部 32 位:$D_{31} \sim D_0$(EAX),可以使用低 16 位:$D_{15} \sim D_0$(AX),还可以将低 16 位再分成两个 8 位使用:$D_{15} \sim D_8$(AH)和 $D_7 \sim D_0$(AL)。存取 16 位寄存器时,相应的 32 位寄存器的高 16 位不受影响;存取 8 位寄存器时,相应的 16 位和 32 位寄存器的其他位也不受影响。这样,Intel 80x86 处理器一方面保持了相互兼容,另一方面也可以方便地支持 8、16 和 32 位操作。

通用寄存器是多用途的,可以保存数据、暂存运算结果,也可以存放存储器地址、作为变量的指针。但每个寄存器又有它们各自的特定作用,并因而得名。程序中通常也按照其含义使用它们。

- EAX——累加器(Accumulator),使用频度最高,用于算术运算、逻辑运算以及与外设传送信息等。
- EBX——基址寄存器(Base Address Register),常用来存放存储器地址,以方便指向变量或数组中的元素。
- ECX——计数器(Counter),作为循环操作等指令中的计数器。

- EDX——数据寄存器(Data Register)，可用来存放数据，其中低16位DX常用来存放外设端口地址。
- ESI——源变址寄存器(Source Index Register)，用于指向字符串或数组的源操作数。源操作数是指被传送或参与运算的操作数。
- EDI——目的变址寄存器(Destination Index Register)，用于指向字符串或数组的目的操作数。目的操作数是指保存传送结果或运算结果的操作数。
- EBP——基址指针寄存器(Base Pointer Register)，默认情况下指向程序堆栈区域的数据，主要用于在子程序中访问通过堆栈传递的参数和局部变量。
- ESP——堆栈指针寄存器(Stack Pointer Register)，专用于指向程序堆栈区域顶部的数据，在涉及堆栈操作的指令中会自动增加或减少。

堆栈(Stack)是一个特殊的存储区域，它采用先进后出(First In Last Out, FILO)或称为后进先出(Last In First Out, LIFO)的操作方式存取数据。调用子程序时，它用于暂存数据、传递参数、存放局部变量，也可以用于临时保存数据。堆栈指针会随着处理器执行有关指令自动增大或减小，所以ESP不应该再用于其他目的，这样，ESP可归类为专用寄存器；但是，ESP又可以像其他通用寄存器一样灵活地改变。

2.2.2 标志寄存器

标志(Flag)用于反映指令执行结果或控制指令执行形式。许多指令的执行要利用某些标志，不少指令执行之后将影响有关的状态标志位。当然，也有很多指令与标志无关。处理器中用一个或多个二进制位表示一种标志，其0或1的不同组合表示标志的不同状态。Intel 8086支持的标志形成了一个16位的标志寄存器FLAGS。以后各代80x86处理器支持的标志有所增加，形成了32位的EFLAGS标志寄存器，如图2-6所示(图上方的数字表示该标志在标志寄存器中的位置)。EFLAGS标志寄存器包含一组状态标志、一个控制标志和一组系统标志，其初始状态为00000002H(也就是D_1位为1，其他位全部为0。H表示这是用十六进制表达的数据)，其中位1、3、5、15和22~31被保留，软件不应该使用它们或依赖于这些位的状态。

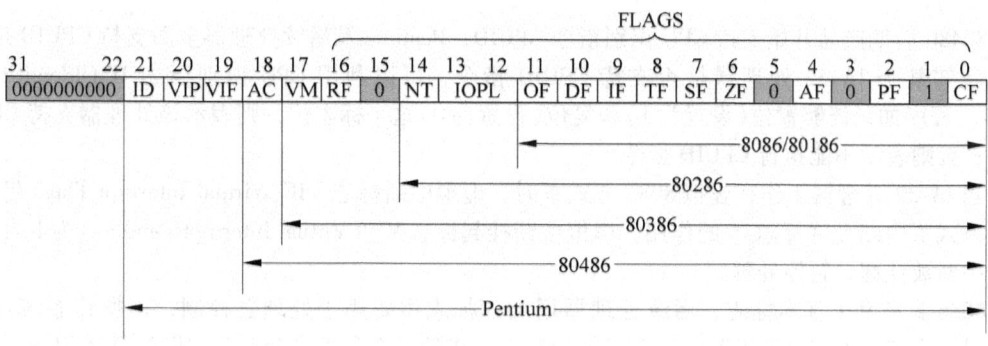

图2-6 标志寄存器EFLAGS

1. 状态标志

状态标志是最基本的标志，用来记录指令执行结果的辅助信息。加减运算和逻辑运算指令是主要设置状态标志的指令，其他有些指令的执行也会相应地设置它们。状态标志有6个，处理器主要使用其中5个构成各种条件，分支指令判断这些条件实现程序分支。

它们从低位到高位是：进位标志(Carry Flag, CF)、奇偶标志(Parity Flag, PF)、调整标志

（Adjust Flag，AF）、零标志（Zero Flag，ZF）、符号标志（Sign Flag，SF）、溢出标志（Overflow Flag，OF）。

2. 控制标志

IA-32 处理器只有一个控制标志：方向标志 DF（Direction Flag）。

方向标志 DF 仅用于串操作指令中，控制地址的变化方向。如果设置 DF=0，每次串操作后的存储器地址就自动增加，即从低地址向高地址处理数据串；如果设置 DF=1，每次串操作后的存储器地址就自动减少，即从高地址向低地址处理数据串。处理器执行 CLD 指令设置 DF=0，执行 STD 指令设置 DF=1。

3. 系统标志

系统标志用于控制操作系统或核心管理程序的操作方式，应用程序不应该修改它们。

中断允许标志 IF（Interrupt-enable Flag）或简称中断标志，用于控制外部可屏蔽中断是否可以被处理器响应。若设置 IF=1（执行 STI 指令），则允许中断；如果设置 IF=0（执行 CLI 指令），则禁止中断。可屏蔽中断主要用于外设与主机交换数据（详见第 7 章）。

陷阱标志 TF（Trap Flag）也常称为单步标志，用于控制处理器是否进入单步操作方式。若设置 TF=1，则处理器单步执行指令，即处理器在每条指令执行结束时，便产生一个内部中断。利用这个内部中断，可以方便地对程序进行逐条指令的调试。这种逐条指令调试程序的方法称为单步调试，这种内部中断称为单步中断。若设置 TF=0，则处理器正常工作。

80286 引入保护方式，将程序分成 4 个特权层（级别），以便实现特权保护功能。I/O 特权层标志 IOPL（I/O Privilege Level）共 2 位，其编码表示 4 个特权级别，用来指定任务的 I/O 操作（外设输入输出）处于 4 个特权级别的哪一层。任务嵌套标志 NT（Nested Task）为 1 表示当前执行的任务嵌套于另一个任务中，执行完毕该任务时应返回原来的任务。

80386 提供虚拟 8086 方式，于是增加了虚拟 8086 方式标志 VM（Virtual 8086 Mode）。当 IA-32 处理器处于保护方式时，设置 VM=1 将使处理器进入虚拟 8086 方式，以便在保护方式下执行原 8086 实地址方式的程序。恢复标志 RF（Resume Flag）控制处理器响应调试异常。

80486 新增了对齐检测标志 AC（Alignment Check），用于设置是否在存储器访问时进行数据对齐检测。

80486 后期产品开始支持 CPU 识别指令 CPUID，Pentium 及后续处理器全面支持 CPUID 指令。为了获知某个 IA-32 处理器是否支持 CPUID 指令，可以利用 CPU 识别标志 ID（Identification Flag）。程序如果能够置位（设置为 1）和复位（设置为 0）这个标志位，则表示该处理器支持 CPUID 指令；否则表示不能执行 CPUID 指令。

当 IA-32 处理器工作在虚拟 8086 方式下时，虚拟中断标志 VIF（Virtual Interrupt Flag）起到实地址方式下中断允许标志 IF 的作用，虚拟中断挂起标志 VIP（Virtual Interrupt Pending）为 1 表示有一个中断被挂起，暂停处理。

8086 具有 9 个基本标志，后续处理器增加的标志主要用于处理器控制，由操作系统使用。以上只是介绍了 IA-32 处理器中每个标志的意义，在学习指令时将会涉及它们的具体用法。其中状态标志比较关键，它是汇编语言程序设计中必须特别注意的一个方面。

2.2.3 专用寄存器

除 8 个通用寄存器外，IA-32 处理器的其他可编程寄存器都可以称为专用寄存器。专用寄存器往往只用于特定指令或场合。

1. 指令指针

程序由指令组成，指令存放在主存储器中。处理器需要一个专用寄存器表示将要执行的指令在主存的位置，这个位置用存储器地址表示，存储器地址保存在程序计数器 PC 中。在 IA-32 处理器中，程序计数器对应 32 位指令指针寄存器 EIP。

在 80x86 处理器的 16 位实地址工作方式，保存程序代码的一个区域不超过 64KB，该区域中的指令位置只需要 16 位就可以表达，所以只使用指令指针的低 16 位部分 IP，EIP 中的高 16 位必须是 0。

EIP 不能由指令直接修改，它在执行控制转移指令（如跳转、分支、调用和返回指令）、出现中断或异常时被处理器自动改变。

2. 段寄存器

在程序中，有可以执行的指令代码，还有指令操作的各类数据等。遵循模块化程序设计思想，希望将相关的代码安排在一起，相关的数据安排在一起，于是段（Segment）的概念自然就出现了。一个段安排一类代码或数据。程序员在编写程序时，可以很自然地把程序的各部分放在相应的段中。对应用程序来说，主要涉及三类段：存放程序中指令代码的代码段（Code Segment）、存放当前运行程序所用数据的数据段（Data Segment）和指明程序使用的堆栈区域的堆栈段（Stack Segment）。

为了表明段在主存中的位置，16 位 80x86 处理器设计有 4 个 16 位段寄存器：代码段寄存器 CS、堆栈段寄存器 SS、数据段寄存器 DS 和附加段寄存器 ES。其中，附加段（Extra Segment）也是用于存放数据的数据段，专为处理数据串设计的串操作指令必须使用附加段作为其目的操作数的存放区域。IA-32 处理器又增加了两个同样是 16 位的段寄存器：FS 和 GS，它们都属于数据段性质的段寄存器。

3. 其他寄存器

简单的数据处理、实时控制领域一般使用整数，而科学计算等工程领域还要使用实数。在计算机中，采用浮点数据格式表达实数。进行浮点数据处理的硬件电路比整数处理单元复杂，称之为浮点处理单元（Floating-Point Unit，FPU）。与整数处理单元类似，浮点处理单元也采用一些寄存器协助完成处理浮点数的指令操作。对程序员来说，组成 IA-32 浮点执行环境的寄存器主要是 8 个浮点数据寄存器（$FPR_0 \sim FPR_7$），以及浮点状态寄存器、浮点控制寄存器、浮点标记寄存器等。

要快速处理大量的图形图像、声频、动画和视频等多种媒体形式的数据，整数和浮点指令已经很难胜任。IA-32 处理器从奔腾开始，陆续加入了多媒体指令。配合处理整型多媒体数据的 MMX 技术支持 8 个 64 位的 MMX 寄存器（$MM_0 \sim MM_7$）；配合处理浮点多媒体数据的 SSE 技术支持 8 个 128 位的 SIMD 浮点数据寄存器（$XMM_0 \sim XMM_7$）和控制状态寄存器（MXCSR）。

编写系统程序时，要理解处理器工作原理，进而需要了解系统专用寄存器。在保护方式下，这些寄存器由系统程序控制，通过一类所谓的"特权"指令来操作。例如，指向系统中特殊段的系统地址寄存器：全局描述符表寄存器 GDTR、中断描述符表寄存器 IDTR、局部描述符表寄存器 LDTR 和任务状态段寄存器 TR，它们用于支持存储管理。另外，还有 5 个控制寄存器 $CR_n (n = 0 \sim 4)$，用于保存影响系统中所有任务的机器状态；以及用于内部调试的 8 个调试寄存器 $DR_n (n = 0 \sim 7)$ 等。

2.3 存储器组织

指令和数据存放在存储器中。处理器从存储器读取指令，在执行指令的过程中读写数据。处理器通过地址总线访问的存储器称为物理存储器。物理存储器以字节为基本存储单位，每个存储单元分配一个唯一的地址，这个地址就是物理地址（Physical Address）。物理地址空间从 0 开始顺序编排，直到处理器支持的最大存储单元。8086处理器只支持1MB存储器，其物理地址空间是$0 \sim 2^{20}-1$，用5位十六进制数表达物理地址是00000H~FFFFFH。IA-32处理器支持4GB存储器，其物理地址空间是$0 \sim 2^{32}-1$，需用8位十六进制数表达物理地址：00000000H~FFFFFFFFH。

操作系统的主要功能之一是存储管理，即动态地为多个任务分配存储空间。存储管理单元提供分段和分页管理机制，以便有效和可靠地进行存储管理。几乎所有操作系统和核心程序都利用存储管理单元进行存储管理。

2.3.1 存储模型

利用存储管理单元进行存储管理，程序并不直接寻址物理存储器。IA-32处理器提供了3种存储模型(Memory Model)，用于程序访问存储器。

1. 平展存储模型

平展存储模型(Flat Memory Model)下，对程序来说存储器是一个连续的地址空间，称为线性地址空间。程序需要的代码、数据和堆栈都包含在这个地址空间中。线性地址空间也以字节为基本存储单位，即每个存储单元保存一个字节且具有一个地址，这个地址称为线性地址(Linear Address)。IA-32处理器支持的线性地址空间是$0 \sim 2^{32}-1$(4GB容量)。

2. 段式存储模型

段式存储模型(Segmented Memory Model)下，对程序来说存储器由一组独立的地址空间组成，独立的地址空间称为段(Segment)。通常，代码、数据和堆栈位于分开的段中。程序利用逻辑地址(Logical Address)寻址段中的每个字节单元。IA-32处理器支持16384(2^{14})个各种大小和类型的段，每个段都可以达到4GB容量。

在处理器内部，所有的段都被映射到线性地址空间。程序访问一个存储单元时，处理器会将逻辑地址转换成线性地址。使用段式存储模型的主要目的是增加程序的可靠性。例如，将堆栈安排在分开的段中，可以防止堆栈区域增加时侵占代码或数据空间。

3. 实地址存储模型

实地址存储模型(Real-address Mode Memory Model)是8086处理器的存储模型。IA-32处理器之所以支持这种存储模型，是为了兼容原来为8086处理器编写的程序。实地址存储模型是段式存储模型的特例，其线性地址空间最大为1MB容量，由最大为64KB的多个段组成。

2.3.2 工作方式

编写程序时，程序员需要明确处理器执行代码的工作方式和使用的存储模型。IA-32处理器支持3种基本的工作方式(操作模式)：保护方式、实地址方式和系统管理方式。工作方式决定了可以使用的指令和特性，其存储管理方法各有不同。

1. 保护方式

保护方式(Protected Mode)是IA-32处理器固有的工作状态。在保护方式下，IA-32处理器能够发挥其全部功能，可以充分利用其强大的段页式存储管理以及特权与保护能力。保护方式下，IA-32处理器可以使用全部32条地址总线，可寻址4GB物理存储器。

IA-32处理器从硬件上实现了特权的管理功能，方便操作系统使用。它为不同程序设置了4个特权层(Privilege Level)：0~3(数值小表示特权级别高，所以特权层0级别最高)。例如，操作系统使用特权层1；特权层0用于操作系统中负责存储管理、保护和存取控制部分的核心程序；应用程序使用特权层3；特权层2可专用于应用子系统(数据库管理系统、办公自动化系统和软件开发环境等）。这样，操作系统、系统核心程序、其他系统软件以及应用程序可以根据需要分别处于不同的特权层而得到相应的保护。当然，如无必要则不一定使用所有的特权层。

保护方式具有直接执行实地址 8086 软件的能力，这个特性称为虚拟 8086 方式（Virtual-8086 Mode）。虚拟 8086 方式并不是处理器的一种工作方式，只是提供了一种在保护方式下类似于实地址方式的运行环境。

处理器工作在保护方式时，可以使用平展或段式存储模型；处理器工作在虚拟 8086 方式时，只能使用实地址存储模型。

2. 实地址方式

通电或复位后，IA-32 处理器处于实地址方式（Real-address Mode，简称实方式）。它实现了与 8086 相同的程序设计环境，但有所扩展。实地址方式下，IA-32 处理器只能寻址 1MB 物理存储器，每个段最大不超过 64KB，但可以使用 32 位寄存器、32 位操作数和 32 位寻址方式，相当于可以进行 32 位处理的快速 8086。

实地址方式具有最高特权层 0，而虚拟 8086 方式处于最低特权层 3。所以，虚拟 8086 方式的程序都要经过保护方式确定的所有保护性检查。

实地址工作方式只能支持实地址存储模型。

3. 系统管理方式

系统管理方式（System Management Mode，SMM）为操作系统和核心程序提供节能管理和系统安全管理等机制。进入系统管理方式后，处理器首先保存当前运行程序或任务的基本信息，然后切换到一个分开的地址空间，执行系统管理相关的程序。退出 SMM 方式时，处理器将恢复原来程序的状态。

处理器在系统管理方式切换到的地址空间，称为系统管理 RAM，使用类似于实地址的存储模型。

2.3.3 逻辑地址

处理器通过地址总线引脚发送物理地址访问存储器，但进行程序设计时采用逻辑地址，逻辑地址由段基地址和偏移地址组成。段基地址（简称段地址）确定段在主存中的起始地址。以段基地址为起点，段内的位置可以用距离该起点的位移量表示，称为偏移（Offset）地址。逻辑地址常借用 MASM 汇编程序的方法，使用英文冒号"："分隔段基地址和偏移地址。这样，存储单元的位置就可以用"段基地址:偏移地址"指明。某个存储单元可以处于不同起点的逻辑段中（当然对应的偏移地址也就不同），所以可以有多个逻辑地址，但只有一个唯一的物理地址。编程使用的逻辑地址由处理器映射为线性地址，在输出之前转换为物理地址。

1. 基本段

编写应用程序时，通常涉及 3 类基本段：代码段、数据段和堆栈段。

代码段中存放程序的指令代码。程序的指令代码必须安排在代码段，否则将无法正常执行。程序利用代码段寄存器 CS 获得当前代码段的段基地址，指令指针寄存器 EIP 指示代码段中指令的偏移地址。处理器利用 CS:EIP 取得下一条要执行的指令。CS 和 EIP 不能由程序直接设置，只能通过执行控制转移指令、外部中断或内部异常等间接改变。

数据段存放当前运行程序所用的数据。一个程序可以使用多个数据段，以便于安全有效地访问不同类型的数据。例如，程序的主要数据存放在一个数据段（默认由 DS 指向），只读的数据存放在另一个数据段，动态分配的数据安排在第 3 个数据段。使用数据段，程序必须设置 DS、ES、FS 和 GS 段寄存器。数据的偏移地址由各种存储器寻址方式计算出来。

堆栈段是程序使用的堆栈所在的区域。程序利用 SS 获得当前堆栈段的段基地址，堆栈指针寄存器 ESP 指示堆栈栈顶的偏移地址。处理器利用 SS:ESP 操作堆栈中的数据。

2. 段选择器

逻辑地址的段基地址部分由 16 位的段寄存器确定。段寄存器保存 16 位的段选择器（Segment Selector）。段选择器是一种特殊的指针，指向对应的段描述符（Descriptor），段描述符包括段基地址，由段基地址就可以指明存储器中的一个段。段描述符是保护方式引入的数据结构，用于描述逻辑段的属性。每个段描述符有 3 个字段，包括段基地址、段长度和该段的访问权字节（说明该段的访问权限，用于特权保护）。

根据存储模型不同，段寄存器的具体内容也有所不同。编写应用程序时，程序员利用汇编程序的命令创建段选择器，而由操作系统创建具体的段选择器内容。如果编写系统程序，则程序员可能需要直接创建段选择器。

平展存储模型下，6 个段寄存器都指向线性地址空间的地址 0 位置，即段基地址等于 0。应用程序通常设置两个重叠的段：一个用于代码，一个用于数据和堆栈。CS 段寄存器指向代码段，其他段寄存器都指向数据和堆栈段。

当使用段式存储模型时，段寄存器保存不同的段选择器，指向线性地址空间不同的段，如图 2-7 所示。某个时刻，程序最多可以访问 6 个段。CS 指向代码段，SS 指向堆栈段，DS 等其他 4 个段寄存器指向数据段。

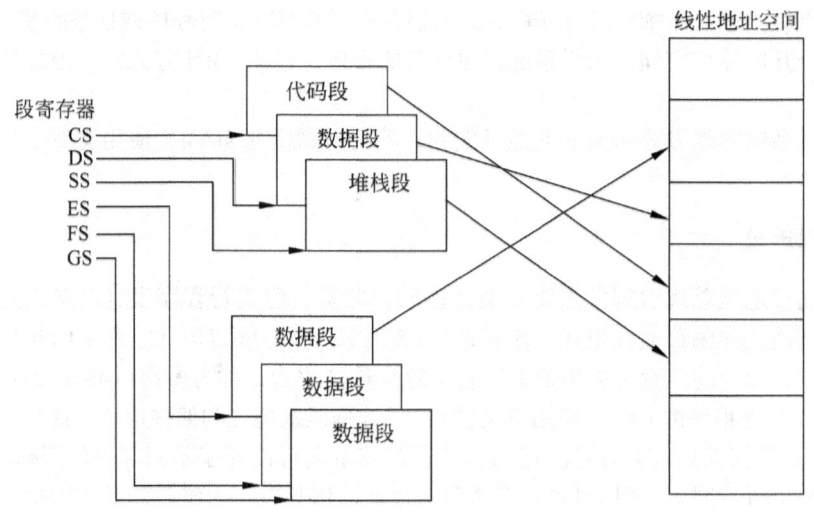

图 2-7 段式存储模型

实地址存储模型的主存空间只有 1MB（$=2^{20}$字节），仅使用地址总线的低 20 位，其物理地址范围为 00000H～FFFFFH。实地址存储模型也进行分段管理，但有两个限制：每个段最大为 64KB，段只能开始于低 4 位地址全为 0 的物理地址处。这样，实地址方式的段寄存器直接保存段基地址的高 16 位。

3. 保护方式的地址转换

平展存储模型的段基地址为 0，偏移地址等于线性地址。段式存储管理的段基地址和偏移地址都是 32 位，段基地址加上偏移地址形成线性地址。段式存储管理的每个段可达 4GB。

在平展或段式存储模型下，线性地址将被直接或通过分页机制映射到物理地址。不使用分页机制时，线性地址与物理地址一一对应，线性地址不需转换就被发送到处理器地址总线上。使用分页机制时，线性地址空间被分成大小一致的块，称为页（Page）。页在硬件支持下由操作系统或核心程序管理，构成虚拟存储器，并转换到物理地址空间。分页机制对应用程序是不可见的，应用程序看到的都是线性地址空间。

从 Pentium Pro 开始，IA-32 处理器可以支持 64GB 扩展物理存储器，但程序并不直接访问这些存储空间，仍然只使用 4GB 线性地址空间。处理器必须工作在保护方式，并且操作系统提供虚拟存储管理，才能使用 64GB 扩展物理存储器。

4. 实地址方式的地址转换

实地址存储模型限定每个段不超过 64KB（$=2^{16}$ 字节），所以段内的偏移地址可以用 16 位数据表示；还规定段起点的低 4 位地址全为 0（用十六进制表达是 xxxx0H 形式），即模 16 地址（可被 16 整除的地址），省略低 4 位 0（对应十六进制是一位 0），所以段基地址也可以用 16 位数据表示。

逻辑地址包含"段基地址：偏移地址"，实地址存储模型都用 16 位数表示，范围是 0000H～FFFFH。根据实地址存储模型，只要将逻辑地址中的段基地址左移 4 位（十六进制一位），加上偏移地址就得到 20 位物理地址，如图 2-8 所示。例如，逻辑地址"1460H：0100H"表示物理地址 14700H，其中段基地址 1460H 表示该段起始于物理地址 14600H，偏移地址为 0100H。同一个物理地址可以有多个逻辑地址形式。物理地址 14700H 还可以用逻辑地址"1380H：0F00H"表示，该段起始于 13800H。

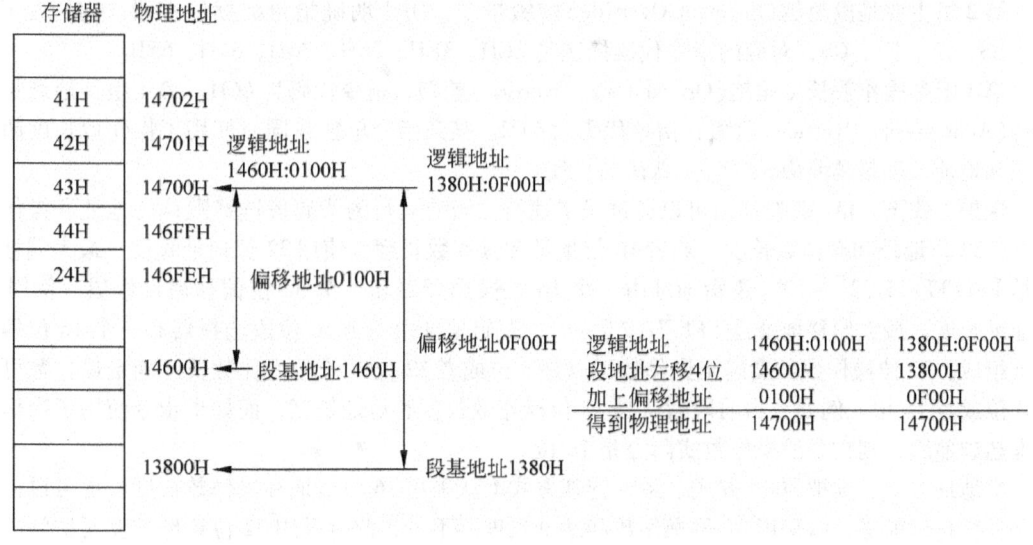

图 2-8 实地址存储模型的逻辑地址和物理地址

2.4 汇编语言基础

学习了通用指令的基本执行环境后，我们开始学习汇编语言。利用汇编语言编写程序的主要优点是可以直接、有效地控制硬件，也便于理解计算机工作原理。本节介绍 MASM 下的语句格式、源程序框架和开发过程，为后续章节编写汇编语言程序打下基础。

2.4.1 指令代码格式

指令由操作码和操作数（地址码）组成。指令代码格式（Instruction Code Format）说明如何用二进制编码指令，它是处理器设计的一个方面，也称机器代码（Machine Code）格式。IA-32 处理器是典型的复杂指令集计算机(CISC),其指令系统采用可变长度指令格式,指令编码非常复杂。这一方面是为了向后兼容8086指令,另一方面是为了向编译程序提供更有效的指令。图2-9是IA-32处理器指令代码的一般格式。它包括几个部分:可选的指令前缀、1~3字节的主要操作码、可选的寻址方式域(包括ModR/M和SIB字段)、可选的位移量和可选的立即数。指令前缀和主要操作码字段对应指令的操作码部分,其他字段对应指令的操作数部分。

0~4字节	1~3字节	0或1字节	0或1字节	0、1、2或4字节	0、1、2或4字节
指令前缀	操作码	ModR/M	SIB	位移量	立即数

图2-9 IA-32处理器的指令代码格式

1. 指令前缀

指令前缀(Prefix)是指令之前的辅助指令(或称前缀指令),用于扩展指令功能。每个指令之前可以有0~4个前缀指令,顺序任意,并可以分成4组。

第1组有LOCK前缀指令(指令代码为F0H),用于控制处理器总线产生锁定操作。使用LOCK前缀后,在指令的执行过程中,不允许其他处理器访问共享存储器中的数据,从而保证了数据的唯一性。第1组中还包括仅用于串操作指令的重复前缀指令:REP、REPE/REPZ、REPNE/REPNZ,用于控制串操作指令重复执行。

第2组主要是段超越(Segment Override)前缀指令,用于明确指定数据所在段。它们是CS、DS、SS、ES、FS、GS,对应的指令代码依次是2EH、3EH、36H、26H、64H、65H。

第3组是操作数长度超越(Operand-size Override)前缀,指令代码为66H。第4组是地址长度超越(Address-size Override)前缀,指令代码为67H。某条指令单独或同时使用了操作数长度超越前缀和地址长度超越前缀,将改变默认的长度。

保护方式下,IA-32处理器可以通过段描述符为当前运行的代码段选择默认的地址和操作数长度:32位地址和操作数长度,或者16位地址和操作数长度。使用32位地址长度,最大偏移地址是FFFFFFFFH($2^{32}-1$),逻辑地址由一个16位段选择器和一个32位偏移地址组成。使用16位地址长度,最大偏移地址是FFFFH($2^{16}-1$),逻辑地址由一个16位段选择器和一个16位偏移地址组成。32位操作数长度确定操作数可以是8位或者32位;16位操作数长度确定操作数可以是8位或者16位。例如,当前段默认是32位操作数长度和地址长度,而如果指令使用了操作数长度超越前缀,则指令的操作数实际上是16位。

实地址方式、虚拟8086方式、系统管理方式默认采用16位地址和操作数长度,也可以使用两个长度超越前缀,以采用32位操作数和地址长度。不过,此时采用32位地址长度所访问的线性地址最大是000FFFFFH($2^{20}-1$)。

2. 操作码和操作数

指令执行的操作(如加、减、传送等)编码称为操作码。主要操作码是1~3个字节,有些还用到ModR/M中的3位。

IA-32处理器设计有多种存取操作数的方法,所以操作数的编码(地址码)也比较复杂。寻址方式的ModR/M和SIB字段提供操作数地址信息。例如,它们指明操作数是在指令代码中还是在寄存器或存储器中。如果操作数在指令代码中,立即数字段就是所需要的操作数;如果操作数在存储器中,则需要进一步指明采用何种方式访问存储器,有时还需要相对基地址的位移量。

IA-32处理器除上述一般指令格式外,还有一些特殊的编码格式。有关指令代码的详细编码组合已经超出本教材的范围,具体可以阅读参考文献。下面以程序中使用最多的同时也是指令系统中最基本的数据传送指令为例进行简单说明。

数据传送指令的助记符是 MOV(取自 Move)，其功能是将数据从一个位置传送到另一个位置，类似于高级语言的赋值语句。如下所示：

```
mov dest,src
```

src 表示要传送的数据或数据所在的位置，称为源(Source)操作数，写在逗号之后。dest 表示数据将要传送到的位置，称为目的(Destination)操作数，写在逗号之前。

例如，将寄存器 EBX 的数据传送到寄存器 EAX 的指令可以书写为：

```
mov eax,ebx
```

这个指令的机器代码是：8B C3(十六进制)。其中，8B 是操作码，C3 表达操作数。如果使用 16 位操作数形式，即指令"MOV AX, BX"，那么它的机器代码是：66 8B C3，这里的 66 就是操作数长度超越前缀。

再如，将由 EBX 指明偏移地址的存储器内的数据传送到 EAX，可以书写为：

```
mov eax,[ebx]
```

这个指令的机器代码是：8B 03(十六进制)。其中，03 字节由 ModR/M 字段生成。如果数据不在默认的 DS 数据段，则需要使用段超越前缀显式说明。指令"MOV EAX, ES：[EBX]"中用"ES:"表达数据在 ES 段，它的机器代码是：26 8B C3，这里的 26 就是 ES 段超越前缀。

IA-32 支持复杂的数据寻址方法，例如：

```
mov eax,[ebx+esi*4+80h]
```

这个指令中，数据来自主存数据段，偏移地址由 ESI 内容乘以 4 加 EBX 再加位移量 80H 组成。它的机器代码是：8B 84 B3 80 00 00 00。其中 84 由 ModR/M 字段生成，B3 由 SIB 字段生成，后面 4 个字节表达位移量 00000080H。

2.4.2 语句格式

像其他程序设计语言一样，汇编语言对语句格式、程序结构以及开发过程等也有相应的要求，它们本质上相同、方法上相似、具体内容各有特色。

汇编语言源程序由语句序列构成，每条语句一般占一行，每行不超过 132 个字符(从 MASM 6.0 开始每行不超过 512 个字符)。语句有相似的两种，一般都由分隔符分成的 4 个部分组成。

表达处理器指令的语句称为执行性语句。执行性语句汇编后对应一条指令代码。由处理器指令组成的代码序列是程序设计的主体。执行性语句的格式如下：

```
标号：  处理器指令助记符  操作数,操作数      ;注释
```

表达汇编程序命令的语句称为说明性(指示性)语句。说明性语句指示源程序如何汇编、变量如何定义、过程如何设置等。相对于真正的处理器指令(也称为真指令、硬指令)，汇编程序命令也称为伪指令(Pseudoinstruction)、指示符(Directive)。说明性语句的格式如下：

```
名字    伪指令助记符   参数,参数,……      ;注释
```

1. 标号与名字

在执行性语句中，冒号前的标号表示处理器指令在主存中的逻辑地址，主要用于指示分支、循环等程序的目的地址，可有可无。说明性语句中的名字可以是变量名、段名、子程序名等，反映变量、段和子程序等的逻辑地址。标号采用冒号分隔处理器指令，名字采用空格或制表符分隔

伪指令，据此也可以区分两种语句。

标号和名字是符合汇编程序语法的用户自定义的标识符(Identifier)。标识符(也称为符号,Symbol)最多由 31 个字母、数字及规定的特殊符号(如_、$、?、@)组成，但不能以数字开头（与高级程序设计语言一样）。在一个源程序中，用户定义的每个标识符必须是唯一的，而且不能是汇编程序采用的保留字。保留字(Reserved Word)是编程语言本身需要使用的各种具有特定含义的标识符，也称为关键字(Key Word)，汇编程序中的保留字主要有处理器指令助记符、伪指令助记符、操作符、寄存器名以及预定义符号等。例如，msg、var2、buf、next、again 都是合法的用户自定义标识符。而 8var、eax、mov、byte 则是不符合语法（非法）的标识符，原因是：8var 以数字开头，其他是保留字。

默认情况下，汇编程序不区别包括保留字在内的标识符的字母大小写。换句话说，汇编语言是大小写不敏感的。例如，寄存器名 EAX 还可以书写成 eax、Eax 等，而变量名 msg 还可以以 Msg、MSG 等形式出现。如果使用汇伪指令（例如"OPTION CASEMAP：NONE"）告知 MASM 要区分标识符的大小写，则用户自定义标识符的大小写不同。本书的原则是文字说明通常采用大写字母形式，而语句中一般采用小写字母形式。

2. 助记符

助记符(Mnemonics)是帮助记忆指令的符号，反映指令的功能。处理器指令助记符可以是任何一条处理器指令，表示一种处理器操作。同一系列的处理器指令随版本的升级会增加，不同系列的处理器的指令系统不尽相同。伪指令助记符由汇编程序定义，表达一个汇编过程中的命令，随着汇编程序版本升级，伪指令会增加，功能也会增强。

例如，前面我们介绍的数据传送指令，其助记符是 MOV。调用子程序（对应高级语言的函数或过程）的处理器指令是调用指令，其助记符是 CALL。

汇编语言源程序中使用最多的字节变量定义伪指令，其助记符是 BYTE（或 DB，取自 Define Byte），功能是在主存中分配若干的存储空间，用于保存变量值，该变量以字节为单位存取。例如，可以用 BYTE 伪指令定义一个字符串，并使用变量名 MSG 表达其在主存中的逻辑地址：

```
msg    byte 'Hello,Assembly !',13,10,0
```

字符串最后的"0"表示字符串结束（C 和 C++ 语言中隐含以 NULL（即 0）作为字符串结尾）。变量名 MSG 包含有段基地址和偏移地址，例如，可以用一个 MASM 操作符 OFFSET 获得其偏移地址，保存到 EAX 寄存器。汇编语言指令如下：

```
mov eax,offset msg    ;EAX 获得 MSG 的偏移地址
```

MASM 操作符(Operator)是对常量、变量、地址等进行操作的关键字。例如，进行加减乘除运算的操作符（也称运算符）与高级语言一样，依次是符号：+、-、*和/。

3. 操作数和参数

处理器指令的操作数表示参与操作的对象，可以是一个具体的常量，也可以是保存在寄存器中的数据，还可以是一个保存在存储器中的变量。在双操作数的指令中，目的操作数写在逗号前，用来存放指令操作的结果；对应地，逗号后的操作数就称为源操作数。

例如，在指令"MOV EAX, OFFSET MSG"中，EAX 是寄存器形式的目的操作数，OFFSET MSG 是常量形式的源操作数，经汇编后转换为一个具体的偏移地址。

伪指令的参数可以是常量、变量名、表达式等，可以有多个，参数之间用逗号分隔。例如，在"'Hello, Assembly !', 13, 10, 0"示例中，参数包括用单引号表达的字符串"Hello, Assembly !"、常量 13 和 10（这两个常量在 ASCII 码表中表示回车和换行控制字符，其作用相当于 C 语言的

4. 注释

"\n"）、一个数值 0(作为字符串结尾)。

语句中分号后的内容是注释，它通常是对指令或程序片段功能的说明，是为了便于阅读程序而加上的，不是必须有的。必要时，一个语句行也可以由分号开始作为阶段性注释。汇编程序在翻译源程序时将跳过该部分，不对它们做任何处理。建议大家一定要养成书写注释的良好习惯。

语句的 4 个组成部分要用分隔符分开。标号后的冒号、注释前的分号以及操作数间和参数间的逗号都是规定使用的分隔符，其他部分通常采用空格或制表符作为分隔符。多个空格和制表符的作用与一个相同。另外，MASM 还支持续行符"\"，表示本行内容与上一行内容属于同一个语句。注释可以使用英文书写，在支持汉字的编辑环境当然也可以使用汉字进行程序注释，但注意分隔符都必须使用英文标点，否则无法通过汇编。

良好的语句格式有利于编程，尤其是便于阅读源程序。在本书的汇编语言源程序中，标号和名字从首列开始书写，通过制表符对齐各个语句行的助记符，助记符之后用空格分隔操作数和参数部分(对于多个操作数和参数，按照语法要求使用逗号分隔)，再利用制表符对齐注释部分。

2.4.3 源程序框架

对应存储空间的分段管理，用汇编语言编程时也常将源程序分成代码段、数据段或堆栈段。需要独立运行的程序必须包含一个代码段，并指示程序执行的起始位置。需要执行的可执行性语句必须位于某一个代码段内。说明性语句通常安排在数据段，或根据需要位于其他段。

MASM 各版本支持多种汇编语言源程序格式。本书使用 MASM 6.x 版本的简化段定义格式，利用作者创建的包含文件和子程序库，引出一个简单的源程序框架。程序模板如下：

```
;eg0000.asm in Windows Console
        include io32.inc       ;包含 32 位输入输出文件
        .data                  ;定义数据段
        ……                     ;数据定义(数据待填)
        .code                  ;定义代码段
start:                         ;程序执行起始位置
        ……                     ;主程序(指令待填)
        exit 0                 ;程序正常执行结束
        ……                     ;子程序(指令待填)
        end start              ;汇编结束
```

随着教学内容的深入，本书将逐渐展开源程序框架的每个部分。学习初期，大家可以暂时不去深究。在今后的示例程序中，本书也只是表明数据段如何定义数据以及代码段如何编写程序。大家只要根据这个程序模板(EG0000.ASM)，填入内容就可以形成源程序文件。另外请大家注意，利用这个程序模板需要在当前目录保存有本书提供的 IO32.INC 和 IO32.LIB 文件。

1. 包含伪指令

MASM 提供源文件包含伪指令 INCLUDE，用于声明常用的常量定义、过程说明、共享的子程序库等内容(相当于 C 和 C++ 语言中包含头文件的作用)。IO32.INC 是配合本书的包含文件，它是文本类型的文件，可以用任何一个文本编辑软件打开。其中前 3 个语句是：

```
.686
.model flat,stdcall
option casemap:none
```

第一个语句".686"是 MASM 汇编程序的处理器选择伪指令,声明采用 Pentium Pro(原被称为 80686 处理器)支持的指令系统。这是因为,MASM 在默认情况下只汇编 16 位 8086 处理器的指令,如果程序员需要使用 80186 及以后处理器增加的指令,必须使用处理器选择伪指令,如表 2-1 所示。本书讲解 IA-32 处理器,所以源程序必须加上".386"及以上处理器的选择伪指令。

表 2-1 处理器选择伪指令

伪指令	功能	伪指令	功能
.8086	仅接受 8086 指令(默认状态)	.387	接受 80387 数学协处理器指令
.186	接受 80186 指令	.No87	取消使用协处理器指令
.286	接受除特权指令外的 80286 指令	.586	接受除特权指令外的 Pentium 指令
.286P	接受全部 80286 指令,包括特权指令	.586P	接受全部 Pentium 指令
.386	接受除特权指令外的 80386 指令	.686	接受除特权指令外的 Pentium Pro 指令
.386P	接受全部 80386 指令,包括特权指令	.686P	接受全部 Pentium Pro 指令
.486	接受除特权指令外的 80486 指令,包括浮点指令	.MMX	接受 MMX 指令
.486P	接受全部 80486 指令,包括特权指令和浮点指令	.K3D	接受 AMD 处理器的 3D 指令
.8087	接受 8087 数学协处理器指令	.XMM	接受 SSE、SSE2 和 SSE3 指令
.287	接受 80287 数学协处理器指令		

注:.586 / .586P 由 MASM 6.11 引入;
.686 / .686P / .MMX 由 MASM 6.12 引入;
.K3D 由 MASM 6.13 引入;
.XMM 由 MASM 6.14 引入,MASM 6.15 支持 SSE2 指令,MASM 8.0 支持 SSE3 指令。

第二个语句".MODEL"确定程序采用的存储模型。编写 Windows 操作系统下的 32 位程序时,只能选择 FLAT 平展模型。如果编写 DOS 操作系统下的应用程序,还可以选择其他 6 种模型:小型程序可以选用 SMALL 模型、大型程序选择 LARGE 模型,还有微型 TINY、中型 MEDIUM、紧凑 COMPACT 和巨型 HUGE 模型。

程序需要使用 Windows 提供的系统函数,它的应用程序接口(Application Program Interface,API)采用标准调用规范"STDCALL"。MASM 汇编程序还支持 C 语言调用规范,其关键字是"C"。

使用简化段定义的源程序格式,必须有存储模型语句,且位于所有简化段定义语句之前。另外,程序默认采用 32 位地址和操作数长度,需要将 .386 及以后的处理器选择伪指令书写在 MODEL 存储模型语句之前。如果将 32 位处理器选择伪指令书写在 MODEL 存储模型语句之后,该程序将默认采用 16 位地址和操作数长度。

第三个语句"OPTION CASEMAP:NONE"告知 MASM 要区分标识符的大小写,这是因为 Windows 的 API 函数区别大小写。汇编程序 ML.EXE 的参数"/Cp"具有同样的效果,也是告知 MASM 不要更改用户定义的标识符的大小写。

2. 段的简化定义

在简化段定义(Simplified Segment Definition)的源程序格式中,".DATA"和".CODE"伪指令分别定义了数据段和代码段,一个段的开始自动结束上一个段。堆栈段用伪指令".STACK"创建。通常堆栈由 Windows 操作系统维护,用户不必设置。

程序模板中定义了一个标号 START(也可以使用其他标识符),在最后的汇编结束 END 指令需要利用它作为参数,以指明程序开始执行的位置。

应用程序执行结束,应该将控制权交还操作系统。另外,还要给操作系统提供一个返回代码,可以用语句"EXIT 0"实现此功能,其中数值 0 就是返回代码,通常用 0 表示执行正确。

源程序的最后需要有一条汇编结束 END 语句,这之后的语句不会被汇编程序所汇编。因此,汇编结束表示汇编程序到此结束将源程序翻译成目标模块代码的过程,而不是指程序终止执行。

END 伪指令后面可以有一个"标号"性质的参数，用于指定程序开始执行于该标号所指示的指令。

现在用上述程序格式，编写一个在屏幕上显示信息的程序。

【例2-1】 信息显示程序

在数据段给出字符串形式的信息，采用字节定义伪指令 BYTE 实现：

```
        ;数据段
msg     byte 'Hello,Assembly!',13,10,0     ;定义要显示的字符串
```

在代码段编写显示字符串的程序：

```
;代码段
mov eax,offset msg          ;指定字符串的偏移地址
call dispmsg                ;调用 I/O 子程序显示信息
```

这里使用了字符串显示子程序 DISPMSG，它需要在调用前设置 EAX 等于字符串在主存的偏移地址。

将上述语句填入程序模板（EG0000.ASM）预留的位置，即将数据段内容填入数据段定义指令 .DATA 之后，将代码段内容填入程序的 START 标号之后，就编制了一个完整的 MASM 汇编语言源程序 EG0201.ASM（除非有特别说明，否则本书例题都可以如此处理）：

```
;eg0201.asm
        include io32.inc                ;包含 32 位输入输出文件
        .data                           ;数据段
msg     byte 'Hello,Assembly!',13,10,0  ;定义要显示的字符串
        .code                           ;代码段
start:                                  ;程序起始位置
        mov eax,offset msg              ;指定字符串的偏移地址
        call dispmsg                    ;调用 I/O 子程序显示信息

        exit 0                          ;程序正常执行结束
        end start                       ;汇编结束
```

3. 输入输出子程序库

使用一种编程语言进行程序设计时，程序员可以利用其开发环境提供的各种功能，如函数、程序库。如果这些功能无法满足程序员的要求，还可以直接利用操作系统提供的程序库，再不行的话就只有自己编写特定的程序了。汇编语言作为一种低级程序设计语言，汇编程序通常并没有为其提供任何函数或程序库，所以必须利用操作系统的编程资源。显然，这是进行程序设计尤其是采用汇编语言进行程序设计应该掌握的一个方面。但是，对于初学者来说，这就有些勉为其难了。为此，本书提供了一个输入输出子程序库，实现了主要的键盘输入和显示器输出功能。

开发 32 位 Windows 控制台应用程序使用 IO32.LIB 子程序库文件和 IO32.INC 包含文件，注意要在源程序开始使用包含命令 INCLUDE 声明。常用的子程序参见表 2-2，详见附录。

表 2-2 常用 I/O 子程序

C 语言格式符	子程序名	参数及功能说明
printf("%s", a)	DISPMSG	入口参数：EAX = 字符串地址　功能说明：显示字符串（以 0 结尾）
printf("%c", a)	DISPC	入口参数：AL = 字符的 ASCII 码　功能说明：显示一个字符
printf("\n")	DISPCRLF	功能说明：光标回车换行，到下一行首位置
	DISPRD	功能说明：显示 8 个 32 位通用寄存器内容（十六进制）
	DISPRF	功能说明：显示 6 个状态标志的状态

(续)

C 语言格式符	子程序名	参数及功能说明
printf("%lX", a)	DISPHD	入口参数：EAX = 32 位数据　　功能说明：以十六进制形式显示 8 位数据
printf("%lu", a)	DISPUID	入口参数：EAX = 32 位数据　　功能说明：显示无符号十进制整数
printf("%ld", a)	DISPSID	入口参数：EAX = 32 位数据　　功能说明：显示有符号十进制整数
scanf("%s", &a)	READMSG	入口参数：EAX = 缓冲区地址　　功能说明：输入一个字符串（回车结束） 出口参数：EAX = 实际输入的字符个数（不含结尾字符 0），字符串以 0 结尾
scanf("%c", &a)	READC	出口参数：AL = 字符的 ASCII 码　　功能说明：输入一个字符（回显）
scanf("%lX", &a)	READHD	出口参数：EAX = 32 位数据　　功能说明：输入 8 位十六进制数据
scanf("%lu", &a)	READUID	出口参数：EAX = 32 位数据　　功能说明：输入无符号十进制整数（$\leq 2^{32} - 1$）
scanf("%ld", &a)	READSID	出口参数：EAX = 32 位数据　　功能说明：输入有符号十进制整数（$-2^{31} \sim 2^{31} - 1$）

本书的输入输出子程序库使用 READ 开头表示键盘输入、DISP 开头表示显示器输出，通过后缀字母区别数据类型。C 语言支持格式输入 scanf 和格式输出 printf 函数，利用格式符控制输入输出数据的类型，表中进行了对比，其中 a 表示相应类型的变量。

调用这些子程序的格式如下：

```
MOV EAX,入口参数
CALL 子程序名
```

例如，在当前光标位置显示字符串的功能是 DISPMSG 子程序。使用这个子程序，需要定义以 0 结尾的字符串，调用前将 EAX 赋值为该字符串的偏移地址，使用 CALL 指令实现调用：

```
mov eax,offset msg
call dispmsg
```

在学习初期，大家可以利用这个子程序库实现简单的输入输出。在第 4 章的学习过程中，本书将展开这些子程序编写的技术和方法。最后，大家还可以补充和完善这个子程序库，或者创建其他子程序库。

2.4.4 开发过程

源程序的开发过程都需要编辑、编译（汇编）、连接等步骤，如图 2-10 所示。首先，用一个文本编辑器形成一个以 .ASM 为扩展名的源程序文件；然后，用汇编程序翻译源程序，将 .ASM 文件转换为 .OBJ 目标模块文件；最后，用连接程序将一个或多个目标文件（含 .LIB 库文件）连接成一个 .EXE 可执行文件。

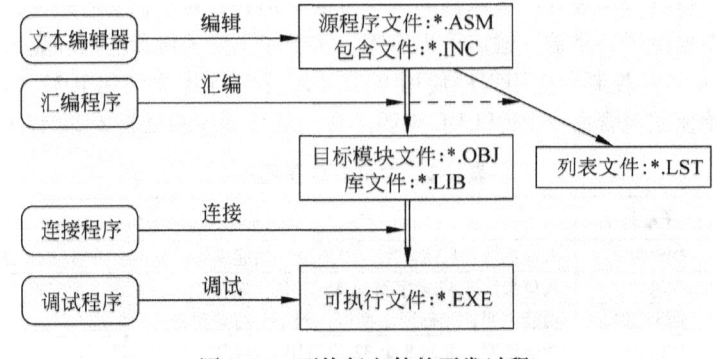

图 2-10　可执行文件的开发过程

1. 开发软件

开发汇编语言程序，首先需要安装开发软件。微软 MASM 原是为开发 DOS 应用程序设计的，独立的 MASM 软件包不适合开发 32 位应用程序。现在的 MASM 软件集成于 Visual C++ 集成开发环境中，对于初学者来说又显得过于庞大和复杂。本书从 MASM 6.11 和 Visual C++ 6.0 集成开发环境中抽取有关文件构造了一个基本的 MASM 开发软件包，主要包含如下程序：

1) BIN 子目录保存进行汇编、连接及配套的程序文件，包括：
- MASM 6.15 的汇编程序 ML.EXE 和配套的汇编错误信息文件 ML.ERR。这些程序取自 Visual C++ 6.0，用于汇编 32 位和 16 位汇编语言程序。
- 32 位连接程序 LINK32.EXE 和配套的动态库文件 MSPDB60.DLL，32 位子程序库创建、管理文件 LIB32.EXE，32 位可执行程序、目标模块等二进制文件的结构显示和反汇编程序 DUMPBIN.EXE，使用 Windows 基本 API 函数所需要的开发导入库文件 KERNEL32.LIB 等。这些程序取自 Visual C++ 6.0，用于开发 32 位 Windows 应用程序。本书将其中的连接程序和库管理程序文件名后增加了"32"，以便与 16 位相应程序区别。由于库管理程序、反汇编程序要调用连接程序，且仍然使用"LINK.EXE"文件名，所以 32 位连接程序有名为"LINK32.EXE"和"LINK.EXE"的两个文件，但实际上是相同的。
- 16 位连接程序 LINK16.EXE，16 位子程序库创建、管理文件 LIB16.EXE。这些程序取自 MASM 6.11，用于开发 16 位 DOS 应用程序。

2) HELP 子目录是 MASM 6.11 所包含的有关帮助文件，输入 QH.BAT 就可以查看。

3) PROGS 子目录存放本书所有示例程序。

4) MASM 主目录主要是本书作者提供的包含文件、库文件、批处理文件等，包括：
- 本书作者编写的 32 位 Windows 控制台环境的输入输出子程序库文件 IO32.LIB 和配套的包含文件 IO32.INC，16 位 DOS 环境的输入输出子程序库文件 IO16.LIB 和配套的包含文件 IO16.INC。
- 本书作者编辑的方便操作的多个批处理文件。例如，WIN32.BAT 是进入 32 位控制台的快捷方式，DOS16.BAT 是进入 16 位模拟 DOS 的快捷方式。再如，MAKE32.BAT 用于创建 32 位 Windows 控制台应用程序，MAKE16.BAT 用于创建 16 位 DOS 应用程序。

建议将本书配套的 MASM 软件包安装到硬盘 D 分区的 MASM 目录（否则最好将 WIN32.BAT 和 DOS16.BAT 中设置路径命令的"D:\MASM"相应修改为安装所在的分区和目录），并要求用户将正在进行创建的汇编语言程序也存放在 MASM 主目录中，开发过程中生成的各种文件自然也存放于此，以避免指明文件路径的麻烦和出现找不到文件的错误。

这样，在 Windows 资源管理器中双击批处理文件即可直接进入 MASM 目录，用一个简单的命令就可以生成可执行文件（假设源程序文件名是 EG0201.ASM，扩展名一定是 ASM）：

```
MAKE32 eg0201
```

当然，大家还可以使用其他开发软件包，例如，Steve Hutchesson 的免费集成软件包 MASM32（http://www.movsd.com）。

2. 源程序的编辑

源程序文件的形成（编辑）可以使用任何一个文本编辑器，但使用功能完善的编辑软件会提高编程效率。例如，对简单的源程序，可以使用 Windows 提供的记事本（Notepad）、DOS 中的全屏幕文本编辑器 EDIT 或者 Word。大家也可以使用自己熟悉的其他程序开发工具中的编辑环境（如 Visual C++ 或 Turbo C）的编辑器。一些专用于各种源程序文件编写的文本编辑软件也非常好用,如 UltraEdit32(http://www.ultraedit.com)。

源程序文件是无格式文本文件,注意保存为纯文本类型,MASM 要求其源程序文件要以.ASM 为扩展名。现在可以将例 2-1 的源程序输入编辑器,并以 EG0201.ASM 为文件名保存在 MASM 程序目录下。为了便于操作,本书要求将源程序文件保存在 MASM 目录下,开发过程中生成的可执行程序等文件也将保存在 MASM 目录下,开发完成后的程序可以放到另外一个目录下保存(例如,用 PROGS 子目录保存示例程序)。为了便于管理,本书中的源程序文件的命名规则是:EG 表示例题,EX 表示习题,前两个数字表示程序所在章号,后两个数字表示例题或习题序号,数字后的字母表示同一个程序的不同格式或解答。

3. 源程序的汇编

汇编是将汇编语言源程序翻译成由机器代码组成的目标模块文件的过程。MASM 6.x 提供的汇编程序是 ML.EXE。进入已建立的 MASM 目录,键入如下命令及相应参数即可以完成源程序的汇编:

```
BIN\ML /c /coff eg0201.asm
```

其中,命令"BIN\ML"指出运行当前目录下 BIN 子目录的 ML 程序,参数"/c"(小写字母,ML.EXE 的参数是大小写敏感的)表示仅利用 ML 实现源程序的汇编,参数"/coff"(小写字母)表示生成 COFF(Common Object File Format)格式的目标模块文件。COFF 是 32 位 Windows 和 UNIX 操作系统使用的目标文件格式。上述两个参数必须有,注意参数之间一定要用空格分隔。参数也可以使用短线引导,例如:

```
BIN\ML -c -coff eg0201.asm
```

如果源程序中没有语法错误,MASM 将自动生成一个目标模块文件(EG0201.OBJ),否则 MASM 将给出相应的错误信息。这时应根据错误信息,重新编辑修改源程序文件后,再进行汇编。

4. 目标文件的连接

连接程序能把一个或多个目标文件和库文件合成一个可执行文件。在 MASM 目录下有 EG0201.OBJ 文件,键入如下命令实现目标文件的连接:

```
BIN\LINK32 /subsystem:console eg0201.obj
```

其中,参数"/subsystem:console"必须有,表示生成 Windows 控制台(Console)环境的可执行文件。如果生成图形窗口的可执行文件,则应该使用"/subsystem:windows"参数。

如果连接过程没有错误,将自动生成一个可执行文件(EG0201.EXE),否则连接程序将给出错误信息。这时应根据错误信息相应修正,再进行汇编和连接。

软件开发的主要步骤是编译(汇编)和连接。为了方便操作,可以编辑一个批处理文件 MAKE32.BAT,将其中的汇编和连接以及需要的参数事先设置好,例如:

```
@ echo off
REM make32.bat, for assembling and linking 32-bit Console programs (.EXE)
BIN\ML /c /coff /Fl %1.asm
if errorlevel 1 goto terminate
BIN\LINK32 /subsystem:console %1.obj
if errorlevel 1 goto terminate
DIR %1.*
:terminate
@ echo on
```

@echo off 表示不显示下面的命令，@echo on 则表示显示命令。REM 开头表示这是一个注释行。ML 的参数"/Fl"表示生成列表文件(稍后介绍)。汇编和连接命令中使用"%1"代表输入的第一个文件名(不需要输入英文句号及扩展名)。如果汇编和连接过程中没有错误，将在 MASM 目录生成列表文件、目标文件和可执行文件等文件，并使用 DIR 命令进行显示。如果汇编或连接有错误，"if-goto"命令将跳转到 terminate 位置，结束处理。

汇编程序 ML 和连接程序 LINK 支持很多参数，以便控制汇编和连接过程，用"/?"参数就可以看到帮助信息。例如，ML 可以用空格分隔多个 ASM 源程序文件，以便一次性汇编多个源文件。LINK 也可以将多个模块文件连接起来(用加号"+"分隔)，形成一个可执行文件；还可以带 LIB 库文件进行连接。再如，要在调试程序中直接使用程序定义的各种标识符，可在 ML 命令增加参数"/Zi"，在 LINK32 命令增加参数"/debug"，表示生成调试用的符号信息。

5. 可执行文件的运行

运行 Windows 控制台(或模拟 DOS 环境)的可执行文件，需要首先进入控制台(或模拟 DOS)环境，然后在命令行提示符下输入文件名(可以省略扩展名)、按下回车键：

```
eg0201.exe
```

操作系统装载该文件进入主存，开始运行。如果发现运行错误，可以从源程序开始进行静态排错，也可以利用调试程序进行动态排错。一般不要在 Windows 资源管理器下双击文件名启动 Windows 控制台(或 DOS)可执行文件，这样往往看不到运行的显示结果，屏幕显示只是一闪而过。

6. 列表文件

列表文件(List File)是一种文本文件，扩展名为 .LST，含有源程序和目标代码，对大家学习汇编语言和发现错误很有用。创建列表文件时，需要 ML 汇编程序使用"/Fl"参数(大写字母 F，接着小写字母 l，不是数字 1)，例如，输入如下命令：

```
BIN\ML /c /coff /Fl eg0201.asm
```

该命令除产生模块文件 EG0201.OBJ 外，还将生成列表文件 EG0201.LST。列表文件有两部分内容，第一部分是源程序及其代码，如下所示：

```
eg0201.asm                     Page 1 - 1
00000000                           .data
00000000  48 65 6C 6C 6F      msg  byte 'Hello,Assembly!',13,10,0   ;字符串
          2C 20 41 73 73
          65 6D 62 6C 79
          21 0D 0A 00
00000000                           .code
00000000                       start:
00000000  B8 00000000 R            mov eax,offset msg              ;显示
00000005  E8 00000000 E            call dispmsg
                                   exit 0
00000011                           end start
```

在第一部分中，最左列是数据或指令在该段从 0 开始的相对偏移地址(十六进制数形式)，中间是存放在主存的数据或指令的机器代码(以字节为单位，从低地址开始，十六进制数形式)，最右列则是汇编语言语句。机器代码后有字母"R"表示该指令的立即数或位移量现在不能确定或只是相对地址，它将在程序连接或进入主存时才能定位。调用指令代码后的字母"E"表示子程序来自外部(External)。如果程序中有错误(Error)或警告(Warning)，也会在相应位置提示。Error

是比较严重的语法错误，不能产生机器代码或产生的代码无法正确运行；Warning 一般是不太关键的语法错误，有些警告并不影响程序的正确性。

列表文件的第二部分是各种标识符的说明，部分内容如下所示：

```
eg0201.asm                    Symbols 2 -1
Macros:
       Name                   Type
exit ...................     Proc
Segments and Groups:
       Name                   Size      Length      Align    Combine    Class
FLAT ...................     GROUP
_DATA ..................     32 Bit    00000014    Para     Public     'DATA'
_TEXT ..................     32 Bit    00000011    Para     Public     'CODE'
```

这部分列表文件中，罗列了程序中使用的宏(Macros)、段和组(Segments and Groups)，以及标号、变量名、子程序名等符号(Symbols)的有关信息。这些信息包括类型(Type)、段的操作数和地址长度(Size)、段的字节数量(Length)、变量的初始数值(Value)等。

学习程序设计和进行实际的程序开发，往往离不开调试程序，有时还会用到反汇编程序等工具软件，本书不再详细展开，请读者参阅相关资料。

2.5 数据寻址方式

指令由操作码和操作数两部分组成。操作码说明处理器要执行哪种操作，如传送、运算、移位、跳转等操作，它是指令中不可缺少的组成部分。操作数是指令执行的参与者，也就是各种操作的对象。有些指令不需要操作数，通常的指令都有 1 个或 2 个操作数，也有个别指令有 3 个甚至 4 个操作数。多数操作数需要显式指明，有些操作数隐含使用。

笼统地说，数据来自主存或外设，但数据可能事先已经保存在处理器的寄存器中，也可能与指令操作码一起进入了处理器。主存和外设在汇编语言中被抽象为存储器地址或 I/O 地址，而寄存器虽然以名称表达，但机器代码中同样用地址编码区别寄存器，所以指令的操作数需要通过地址指示。这样，通过地址才能查找到数据本身，这就是数据寻址方式(Data-addressing Mode)。对处理器的指令系统来说，绝大多数指令采用相同的寻址方式。寻址方式对理解处理器工作原理和指令功能，以及进行汇编语言程序设计都至关重要。

在汇编语言中，操作码用助记符表示，操作数则由寻址方式体现。IA-32 处理器只有输入输出指令与外设交换数据，我们将在第 7 章展开。除外设数据外的数据寻址方式有以下 3 类：

- 用常量表达的具体数值(立即数寻址)。
- 用寄存器名表示的其中内容(寄存器寻址)。
- 用存储器地址代表的保存的数据(存储器寻址)。

2.5.1 立即数寻址方式

在立即数寻址(或立即寻址)方式中，指令需要的操作数紧跟在操作码之后作为指令机器代码的一部分，并随着处理器的取指操作从主存进入指令寄存器。这种操作数用常量形式直接表达，从指令代码中立即得到，称之为立即数(Immediate)。立即数寻址方式只用于指令的源操作数，在传送指令中常用来给寄存器和存储单元赋值。

例如，将数据 33221100H 传送到 EAX 寄存器的指令可以书写为：

```
mov eax,33221100h
```

这个指令的机器代码(十六进制)是 B8 00 11 22 33,其中头一个字节(B8)是操作码,后面 4 个字节就是立即数本身:33221100H。注意,IA-32 处理器规定:数据高字节存放于存储器高地址单元,数据低字节存放于存储器低地址单元,如图 2-11 所示。

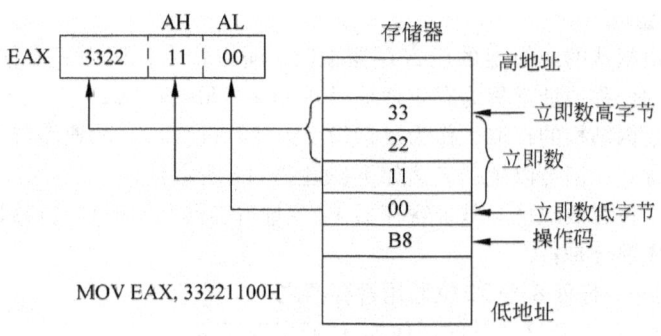

图 2-11 立即数寻址

2.5.2 寄存器寻址方式

指令的操作数存放在处理器的寄存器中,就是寄存器寻址方式。通常直接使用寄存器名表示它保存的数据,即寄存器操作数。绝大多数指令采用通用寄存器寻址(IA-32 处理器是 EAX、EBX、ECX、EDX、ESI、EDI、EBP 和 ESP),部分指令支持专用寄存器,如段寄存器、标志寄存器等。寄存器寻址方式简单快捷,是最常使用的寻址方式。

在上面的指令"MOV EAX, 33221100H"中,源操作数是立即数寻址,但目的操作数 EAX 就是寄存器寻址。再如,将寄存器 EAX 的内容传送给 EBX 的指令是:

```
mov ebx,eax
```

这个指令的源操作数和目的操作数都采用寄存器寻址。

2.5.3 存储器寻址方式

数据很多时候都保存在主存储器中。尽管可以事先将它们取到寄存器中再进行处理,但指令也需要能够直接寻址存储单元进行数据处理。寻址主存中存储的操作数就称为存储器寻址方式,也称为主存寻址方式。编程时,存储器地址使用包含段选择器和偏移地址的逻辑地址。

1. 段寄存器的默认和超越

段寄存器(段选择器)有默认的使用规则,如表 2-3 所示。寻址存储器操作数时,段寄存器不用显式说明,数据就在默认的段中,一般是 DS 段寄存器指向的数据段;如果采用 EBP(BP)或 ESP(SP)作为基地址指针,则默认使用 SS 段寄存器指向堆栈段。

表 2-3 段寄存器的使用规定

访问存储器方式	默认的段寄存器	可超越的段寄存器	偏移地址
读取指令	CS	无	EIP
堆栈操作	SS	无	ESP
一般的数据访问(下列除外)	DS	CS、ES、SS、FS 和 GS	有效地址 EA
EBP 或 ESP 为基地址的数据访问	SS	CS、ES、DS、FS 和 GS	有效地址 EA
串指令的源操作数	DS	CS、ES、SS、FS 和 GS	ESI
串指令的目的操作数	ES	无	EDI

如果不使用默认的段寄存器,则需要书写段超越指令前缀显式说明。段超越指令前缀是一种只能跟随在具有存储器操作数的指令之前的指令,其助记符是段寄存器名后跟英文冒号,即 CS:、SS:、ES:、FS: 或 GS:。

2. 偏移地址的组成

因为段基地址由默认的或指定的段寄存器指明,所以指令代码中只有偏移地址即可。存储器操作数寻址使用的偏移地址常称为有效地址(Effective Address, EA)。

为了方便各种数据结构的存取,作为复杂指令集计算机(CISC)的典型代表,IA-32 处理器设计了多种主存寻址方式,但可以统一表达如下(如图 2-12 所示):

$$32 \text{ 位有效地址} = \text{基址寄存器} + (\text{变址寄存器} \times \text{比例}) + \text{位移量}$$

其中的 4 个组成部分是:

- 基址寄存器——任何 8 个 32 位通用寄存器之一。
- 变址寄存器——除 ESP 之外的任何 32 位通用寄存器之一。
- 比例——可以是 1、2、4 或 8(因为操作数的长度可以是 1、2、4 或 8 字节)。
- 位移量——可以是 8 或 32 位有符号值。

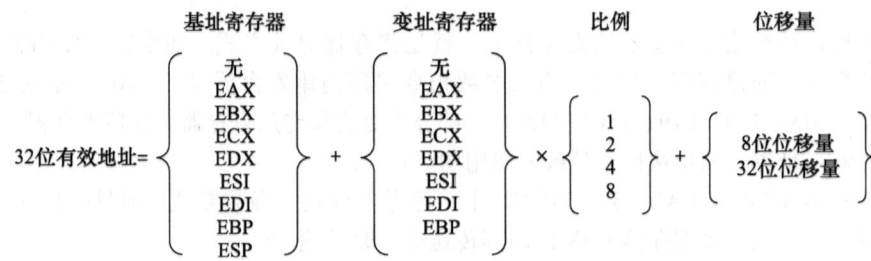

图 2-12　IA-32 处理器的存储器寻址

如果使用 16 位存储器寻址方式,其组成公式是:

$$16 \text{ 位有效地址} = \text{基址寄存器} + \text{变址寄存器} + \text{位移量}$$

其中,基址寄存器只能是 BX 或 BP,变址寄存器只能是 SI 或 DI,位移量是 8 或 16 位有符号值。

3. 直接寻址

有效地址只有位移量部分,且直接包含在指令代码中,就是存储器的直接寻址方式。直接寻址常用于存取变量。

例如,将变量 COUNT 的内容传送给 ECX 的指令是:

```
mov ecx,count
```

在汇编语言中,直接书写变量名就是在其偏移地址(有效地址)的存储单元读写操作数。假设操作系统为变量 COUNT 分配的有效地址是 00405000H,则该指令的机器代码是:8B 0D 00 50 40 00,反汇编的指令形式为:MOV ECX, DS:[405000H],其源操作数采用直接寻址方式。MASM 汇编程序使用中括号表示偏移地址。图 2-13 演示了该指令的执行过程:该指令代码中数据的有效地址(图中第①步)与数据段寄存器 DS 指定的段基地址一起构成操作数所在存储单元的线性地址(图中第②步)。该指令的执行结果是将逻辑地址"DS:00405000H"单元的内容传送至 ECX 寄存器(图中第③步)。图中假设程序工作在 32 位保护方式,平展存储模型中 DS 指向的段基地址等于 0。

处理器结构

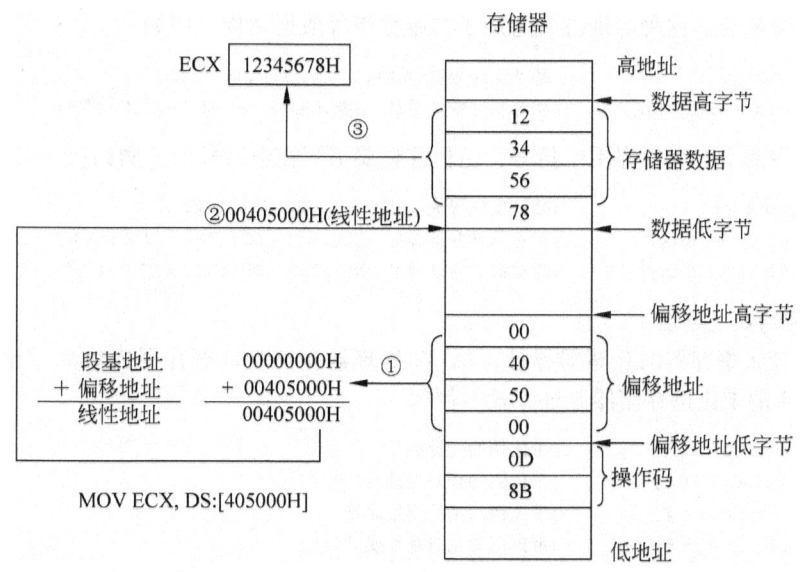

图 2-13 存储器直接寻址

4. 寄存器间接寻址

有效地址存放在寄存器中，就是采用寄存器间接寻址存储器操作数。MASM 汇编程序要求用英文中括号将寄存器括起来。例如，下面的前一条指令的源操作数、后一条指令的目的操作数都是寄存器间接寻址方式：

```
mov edx,[ebx]
mov [esi],ecx
```

在寄存器间接寻址中，寄存器的内容是偏移地址，相当于一个地址指针。指令"MOV EDX, [EBX]"执行时，如果 EBX = 405000H，则该指令等同于"MOV EDX, DS：[405000H]"。

利用寄存器间接寻址，可以方便地对数组的元素或字符串的字符进行操作。也就是说，将数组或字符串首地址(或末地址)赋值给通用寄存器，利用寄存器间接寻址就可以访问到数组或字符串头一个(或最后一个)元素或字符，再加减数组元素所占的字节数(对 ASCII 码字符串来说，每个字符占一个字节)就可以访问到其他元素或字符。

5. 寄存器相对寻址

寄存器相对寻址的有效地址是寄存器内容与位移量之和。例如：

```
mov esi,[ebx+4]
```

在这条指令中，源操作数的有效地址由 EBX 寄存器内容加位移量 4 得到，默认与 EBX 寄存器配合的是 DS 指向的数据段。再如：

```
mov edi,[ebp-08h]
```

在该指令中，源操作数的有效地址等于 EBP-8，与之配合的默认段寄存器为 SS。

像寄存器间接寻址一样，利用寄存器相对寻址也可以方便地对数组的元素或字符串的字符进行操作。方法是：用数组或字符串首地址作为位移量，赋值寄存器等于数组元素或字符所在的位置量。

6. 变址寻址

使用变址寄存器寻址操作数称为变址寻址。在变址寄存器不带比例(或者认为比例为1)的情况下，需要配合使用一个基址寄存器(称为基址变址寻址方式)，还可以再包含一个位移量(称为相对基址变址寻址方式)，存储器操作数的有效地址由基址寄存器的内容加上变址寄存器的内容或再加上位移量构成。这种寻址方式适用于二维数组等数据结构。例如：

```
mov edi,[ebx+esi]              ;基址变址寻址,功能:EDI=DS:[EBX+ESI]
mov eax,[ebx+edx+80h]          ;相对基址变址寻址,功能:EAX=DS:[EBX+EDX+80H]
```

MASM 允许两个寄存器都用中括号，但位移量要书写在中括号前，例如：

```
mov edi,[ebx][esi]             ;基址变址寻址,功能:EDI=DS:[EBX+ESI]
mov eax,80h[ebx+edx]           ;相对基址变址寻址,功能:EAX=DS:[EBX+EDX+80H]
mov eax,80h[ebx][edx]          ;相对基址变址寻址,功能:EAX=DS:[EBX+EDX+80H]
```

7. 带比例的变址寻址

对应使用变址寄存器的存储器寻址，IA-32 处理器支持变址寄存器内容乘以比例 1（可以省略）、2、4 或 8 的带比例存储器寻址方式。例如：

```
mov eax,[ebx*4]                ;带比例的变址寻址
mov eax,[esi*2+80h]            ;带比例的相对变址寻址
mov eax,[ebx+esi*4]            ;带比例的基址变址寻址
mov eax,[ebx+esi*8-80h]        ;带比例的相对基址变址寻址
```

主存以字节为可寻址单位，所以地址的加减是以字节为单位，比例 1、2、4 和 8 分别对应 8、16、32 和 64 位数据的字节个数，从而方便以数组元素为单位寻址相应数据。

2.5.4 各种数据寻址方式总结

至此，大家了解了绝大多数指令采用的数据寻址方式，下面做一个简单总结，以方便读者在以后的编程实践中掌握它们的具体应用。

1. 立即数寻址

立即数寻址只能用于源操作数。IA-32 处理器支持 32 位立即数（本书用符号 i32 表示），它同样也支持 16 位立即数 i16 和 8 位立即数 i8，本书将这些立即数统一用 imm 符号表示。

2. 寄存器寻址

寄存器寻址主要是指通用寄存器，可以单独或同时用于源操作数和目的操作数。IA-32 处理器的通用寄存器 reg 包括 8 个 32 位通用寄存器 r32：EAX、EBX、ECX、EDX、ESI、EDI、EBP 和 ESP；8 个 16 位通用寄存器 r16：AX、BX、CX、DX、SI、DI、BP 和 SP；8 个 8 位通用寄存器 r8：AH、AL、BH、BL、CH、CL、DH 和 DL。部分指令可以使用专用寄存器，如段寄存器 seg：CS、DS、SS、ES、FS、GS。

3. 存储器寻址

存储器寻址的数据在主存，利用逻辑地址指示。段基地址由默认或指定的段寄存器指出，指令代码只表达偏移地址（称为有效地址），有多种存储器寻址方式。存储器操作数可以是 32 位、16 位或 8 位数据，依次用符号 m32、m16、m8 表示，统一用 mem 表示。

典型的指令操作数有两个，一个书写在左边（称为目的操作数 dest），另一个用逗号分隔书写在右边（称为源操作数 src）。数据寻址方式在指令中并不是任意组合的，而是有规律且符合逻辑。例如，绝大多数指令（数据传送、加减运算、逻辑运算等常用指令）都支持如下组合（如图 2-14 所示）：

指令助记符 reg,imm/reg/mem

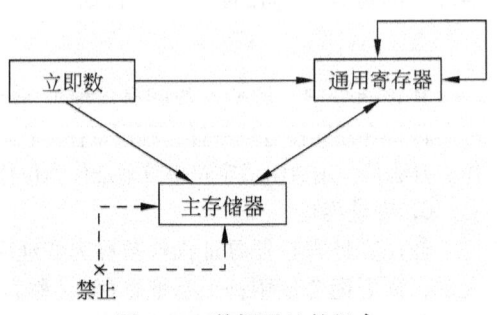

图 2-14　数据寻址的组合

指令助记符 mem,imm/reg

在这两个操作数中,源操作数可以由立即数、寄存器或存储器寻址,而目的操作数只能是寄存器或存储器寻址,并且两个操作数不能同时为存储器寻址方式。

【例2-2】 数据寻址程序

```
                ;数据段
00000000        12345678                count dword 12345678h,9abcdef0h,0,0,3721h
                9ABCDEF0
                00000000
                00000000
                00003721
                ;代码段
00000000        B8 33221100             mov eax,33221100h           ;EAX=33221100H(立即数寻址)
00000005        8B D8                   mov ebx,eax                 ;EBX=EAX(寄存器寻址)
00000007        8B 0D 00000000 R        mov ecx,count               ;ECX=12345678H(直接寻址)
0000000D        BB 00000000 R           mov ebx,offset count        ;EBX=count变量的有效地址(立即数寻址)
00000012        8B 13                   mov edx,[ebx]               ;EDX=12345678H(寄存器间接寻址)
00000014        8B 73 04                mov esi,[ebx+4]             ;ESI=9ABCDEF0H(寄存器相对寻址)
00000017        BE 00000004             mov esi,4                   ;ESI=4(立即数寻址)
0000001C        8B BE 00000000 R        mov edi,count[esi]          ;EDI=9ABCDEF0H(寄存器相对寻址)
00000022        8B 3C 1E                mov edi,[ebx+esi]           ;EDI=9ABCDEF0H(基址变址寻址)
00000025        8B 0C B3                mov ecx,[ebx+esi*4]         ;ECX=3721H(带比例的基址变址寻址)
00000028        8B 54 B3 FC             mov edx,[ebx+esi*4-4]       ;EDX=0(带比例的相对基址变址寻址)
0000002C        8B EC                   mov ebp,esp                 ;EBP=ESP(寄存器寻址)
0000002E        E8 00000000 E           call disprd                 ;显示8个32位通用寄存器的内容
```

这个示例程序的数据段用双字变量定义伪指令 DWORD(或 DD,即 Define Double-word)定义了一个具有5个32位数据的变量,用变量名 COUNT 指示头一个数据的地址。在代码段的注释中,给出了每条指令执行后的结果,以及源操作数采用的数据寻址方式,目的操作数都使用寄存器寻址。

程序最后显示了8个32位通用寄存器的内容。这是通过调用输入输出子程序库中的子程序 DISPRD 实现的。大家也可以在任何位置调用该子程序来显示程序执行到该位置时通用寄存器的内容,以便与自己分析的结果进行对比。

编写运行在32位 Windows 控制台环境的应用程序时,必须接受操作系统的管理,不能违反其保护规则。例如,不应也不能修改段寄存器的内容,进行数据寻址的地址必须在规定的数据段区域内。在上面的示例程序中,如果随意设置作为地址指针 EBX 或 ESI 的数值,将导致非法访问。尽管汇编和连接过程中没有语法错误,但运行时将会提示运行错误。

要观察程序的动态执行情况,需要利用调试程序,例如,Visual C++ 集成开发工具的调试环境或者像 WinDbg(Microsoft Debugging Tools for Windows)那样单独使用的调试程序。Visual C++ 集成开发工具中有一个 DUMPBIN.EXE 文件,可以对二进制代码文件(如可执行文件(.EXE)、目标模块文件(.OBJ)、静态库文件(.LIB)等)进行反汇编并查看其结构等信息。DUMPBIN.EXE 有很多参数,其中参数"/disasm"表示反汇编。为了保存其反汇编结果,可以利用它的"/OUT:"参数,例如:

```
BIN\DUMPBIN /disasm eg0202.exe /OUT:eg0202.das
```

将生成一个包含反汇编代码的文本文件 EG0202.DAS,可以使用文本编辑器打开它来查看。

第2章总结

本章展开 IA-32 处理器指令集结构的基本内容,即功能结构、常用寄存器、存储器组织模型、工作方式、指令格式和数据寻址方式。这些内容构成了通用指令的执行环境,也是汇编语言程序员必须了解或掌握的内容。本章后面介绍的汇编语言语句格式、源程序框架、开发过程是进行汇编语言程序设计的基础知识,为后续学习奠定了编程实践基础。

处理器是微型计算机系统的硬件核心,它是采用大规模集成电路技术制成的半导体芯片,内部集成了计算机的主要部件:控制器、运算器和寄存器,还有其他增强功能的部件:存储管理部件、Cache 等。

IA-32 处理器具有 8 个 32 位整数通用寄存器,其中包含 8 个 16 位通用寄存器和 8 个 8 位通用寄存器。应用程序主要涉及通用寄存器与专用寄存器的指令指针、段寄存器和标志寄存器。编程中使用的主要标志是 5 个状态标志:进位 CF、溢出 OF、零 ZF、符号 SF 和奇偶 PF。

存储器是计算机系统的重要资源。IA-32 处理器支持平展、段式和实地址存储模型,具有保护(含虚拟 8086)、实地址和系统管理工作方式(操作模式)。编写应用程序主要使用代码段、数据段和堆栈段,并采用逻辑地址访问主存储器。逻辑地址包括由段寄存器(段选择器)指向的段基地址和偏移地址两部分,两部分相加形成 32 位线性地址。

熟悉 IA-32 处理器指令集结构之后,开始学习汇编语言基础知识。汇编语言的语句有两种类型和 4 个组成部分。处理器指令或伪指令表明语句的功能,操作数或参数是指令使用的数据,标号和名字反映指令或变量等的存储器地址。注释虽不影响程序功能,却能够反映程序员的程序设计风格。程序分成数据段和代码段,需要指明开始执行的位置并在程序结束后返回操作系统。利用本书精心组织的 MASM 基本开发软件、输入输出子程序库,在源程序框架中填入数据和代码,可以较方便地完成汇编语言程序的开发。

寻址就是通过地址访问(存取、读写)。数据寻址方式有立即数寻址、寄存器寻址和存储器寻址。存储器寻址常用直接寻址访问变量,利用寄存器间接寻址和寄存器相对寻址访问数组或字符串。变址寻址可以带有比例,从而方便以数组元素为单位访问数组元素。用寄存器作为目的操作数,可以配合立即数、寄存器或存储器寻址的源操作数;而用存储器作为目的操作数,只能使用立即数或寄存器寻址的源操作数。

第2章习题

2.1 简答题

(1) ALU 是什么?
(2) 8086 的取指为什么可以称为指令预取?
(3) Pentium 的片上 Cache 采用统一存储结构还是分离存储结构?
(4) 堆栈的存取原则是什么?
(5) 标志寄存器主要保存哪方面的信息?
(6) 执行了一条加法指令后,发现 ZF = 1,说明结果是什么?
(7) 汇编语言中的标识符与高级语言中的变量和常量名的组成原则有本质的区别吗?
(8) 汇编语言的标识符大小写不敏感意味着什么?
(9) 在汇编语言源程序文件中,END 语句后的语句会被汇编吗?
(10) 为什么将查找操作数的方法称为数据寻"址"方式?

2.2 判断题

(1) 程序计数器 PC 或指令指针 EIP 寄存器属于通用寄存器。

(2) 处理器的指令译码是将指令代码翻译成它代表的功能的过程,与数字电路的译码器是不同的概念。
(3) EAX 也被称为累加器,因为它使用最频繁。
(4) 处理器的传送指令 MOV 属于汇编语言的执行性语句。
(5) 汇编语言的语句由明显的 4 部分组成,不需要分隔符区别。
(6) 80 减 90(80 – 90)需要借位,所以执行结束后,进位标志 CF = 1。
(7) MASM 汇编语言的注释以分号开始,但不能用中文分号。
(8) IA-32 处理器在实地址方式下,不能使用 32 位寄存器。
(9) 存储器寻址方式的操作数当然在主存了。
(10) 保护方式下,段基地址加偏移地址就是线性地址或物理地址。

2.3 填空题
(1) 寄存器 EDX 是_____位的,其中低 16 位的名称是_____,还可以分成两个 8 位的寄存器,其中 $D_8 \sim D_{15}$ 部分可以用名称_____表示。
(2) IA-32 处理器在保护方式下,段寄存器是_____位的。
(3) 逻辑地址由_____和_____两部分组成。代码段中下一条要执行的指令由 CS 和_____寄存器指示,后者在实地址模型中起作用的仅有_____寄存器部分。
(4) 进行 8 位二进制数加法:10111010 + 01101100,8 位结果是_____,标志 PF = _____。
(5) 在实地址工作方式下,逻辑地址"7380H:400H"表示的物理地址是_____,并且该段起始于_____物理地址。
(6) IA-32 处理器有 8 个 32 位通用寄存器,其中 EAX、_____、_____和 EDX 可以分成 16 位和 8 位操作;还有另外 4 个是_____、_____、_____和_____。
(7) IA-32 处理器复位后,首先进入的是_____工作方式。该工作方式的分段最大不超过_____。
(8) MASM 要求汇编语言源程序文件的扩展名是_____,汇编产生扩展名为 .OBJ 的文件称为_____文件,编写 32 位 Windows 应用程序应选择_____存储模型。
(9) 除外设数据外的数据寻址方式有 3 类,分别称为_____、_____和_____。
(10) 用 EBX 作为基地址指令,默认采用_____段寄存器指向的数据段;如果采用 BP、EBP 或 SP、ESP 作为基地址指针,默认使用_____段寄存器指向堆栈段。

2.4 处理器内部具有哪 3 个基本部分?8086 分为哪两大功能部件?其各自的主要功能是什么?
2.5 8086 怎样实现了最简单的指令流水线?
2.6 什么是标志?什么是 IA-32 处理器的状态标志、控制标志和系统标志?说明状态标志在标志寄存器 EFLAGS 中的位置和含义。
2.7 举例说明 CF 和 OF 标志的差异。
2.8 什么是 8086 中的逻辑地址和物理地址?逻辑地址如何转换成物理地址?请将如下逻辑地址用物理地址表达(均为十六进制形式):
  (1) FFFF:0   (2) 40:17   (3) 2000:4500   (4) B821:4567
2.9 IA-32 处理器有哪 3 类基本段?各有什么用途?
2.10 什么是平展存储模型、段式存储模型和实地址存储模型?
2.11 什么是实地址方式、保护方式和虚拟 8086 方式?它们分别使用什么存储模型?
2.12 汇编语句有哪两种?每个语句由哪 4 部分组成?
2.13 汇编语言程序的开发有哪 4 个步骤?并说明分别利用什么程序完成、产生什么输出文件。
2.14 在 MASM 汇编语言中,下面哪些是程序员可以自定义使用的标识符?
  FFH, DS, 0xvab, Again, next, @data, h_ascii, 6364b, .exit, small
2.15 给出 IA-32 处理器的 32 位寻址方式和 16 位寻址方式的组成公式,并说明各部分的作用。
2.16 说明下列指令中源操作数的寻址方式。假设 VARD 是一个双字变量。
  (1) mov edx, 1234h

(2) mov edx, vard
(3) mov edx, ebx
(4) mov edx, [ebx]
(5) mov edx, [ebx + 1234h]
(6) mov edx, vard[ebx]
(7) mov edx, [ebx + edi]
(8) mov edx, [ebx + edi + 1234h]
(9) mov edx, vard[esi + edi]
(10) mov edx, [ebp * 4]

2.17 按照本书说明创建 MASM 开发环境，通过编辑例 2-1 和例 2-2 程序且通过汇编、连接生成可执行程序和列表文件，掌握汇编语言的开发。

第3章 数据处理

计算机处理的对象是各种数据(Data)，也就是说处理器指令操作的对象是操作数(Operand)。计算机中的数据需要使用二进制的0和1组合表示，再利用处理器指令进行各种处理。本章首先介绍计算机中数值和字符的编码方法，并应用汇编语言的常量和变量理解计算机的数据表示；然后展开处理器进行数据处理的通用指令，也就是学习数据传送、算术运算、逻辑运算等基本指令。与此同时，通过阅读简单的程序理解指令功能和工作原理，熟悉汇编语言的编程方法，并开始编写一些功能简单的程序。

3.1 数据表示

计算机只能识别0和1两个数码，进入计算机的任何信息都要转换成0和1数码。IA-32整数指令支持的基本数据类型是8、16、32、64位无符号整数和有符号整数，也支持字符、字符串和BCD码操作。本节主要介绍这些数据类型的数据表示。

3.1.1 数制

人有10个手指，所以习惯了十进制计数。计算机的硬件基础是数字电路，它处理具有低电平和高电平两种稳定状态的脉冲信号，所以使用了二进制。为了便于表达二进制数，人们又常用到十六进制数。

1. 二进制

计算机中为便于存储及物理实现，采用二进制表达数值。二进制数的特点为：逢二进一，由0和1两个数码组成，基数为2，各个位权以2^k表示。

$$a_n a_{n-1} \cdots a_1 a_0 . b_1 b_2 \cdots b_m = a_n \times 2^n + a_{n-1} \times 2^{n-1} + \cdots + a_1 \times 2^1 + a_0 \times 2^0 + b_1 \times 2^{-1} + b_2 \times 2^{-2} + \cdots + b_m \times 2^{-m}$$

其中，a_i，b_j 非0即1。

二进制数的算术运算与十进制类似，只不过是逢二进一、借一当二，表3-1是二进制运算规则。图3-1采用4位二进制数，举例说明了二进制的加减乘除运算，注意，加、减法会出现进位或借位，乘积和被除数是双倍长的数据，除法有商和余数两个部分。

表 3-1 二进制运算规则

加法运算	减法运算	乘法运算
1 + 0 = 1	1 − 0 = 1	1 × 0 = 0
1 + 1 = 0(进位1)	1 − 1 = 0	1 × 1 = 1
0 + 0 = 0	0 − 0 = 0	0 × 0 = 0
0 + 1 = 1	0 − 1 = 1(借位1)	0 × 1 = 0

2. 逻辑运算

事件的假和真可以分别用数码0和1表示，这样事件之间的逻辑关系就可以利用二进制表达。同样，将数字电路的低电平用数码0表示、高电平用数码1表示，数字信号之间的逻辑关系

（或者说数字电路的逻辑功能）也可以利用二进制描述。当然，此时的数码0和1并不代表数值，而只是代表两种状态。它们的运算不再是普通代数而是逻辑代数，或者称为布尔代数（Boolean Algebra）。数学家布尔发明的逻辑代数起初并不为人熟知，后来成为数字电路的数学理论基础，从而获得广泛应用。数字电路也因此常被人称为逻辑电路。

```
        1101+0011=0000(进位1)                    1101-0011=1010
            1 1 0 1                                 1 1 0 1
          + 0 0 1 1                               - 0 0 1 1
          ─────────                               ─────────
          1 0 0 0 0                                 1 0 1 0
             a)加法                                   b)减法

        1101×0011=00100111              01001001÷1101=0101(余数1000)
            1 1 0 1                                    1 0 1
          × 0 0 1 1                           1101 ) 1 0 0 1 0 0 1
          ─────────                                - 1 1 0 1
            1 1 0 1                                ─────────
        + 1 1 0 1                                    0 1 0 1 0 1
        ───────────                                   - 1 1 0 1
          1 0 0 1 1 1                                ─────────
                                                         1 0 0 0
             c)乘法                                    d)除法
```

图 3-1 二进制数的算术运算

基本的逻辑运算（逻辑关系）有逻辑与（AND）、逻辑或（OR）、逻辑非（NOT）和逻辑异或（XOR），常分别使用符号 ∧、∨、~ 和 ⊕ 表示，表3-2 为基本逻辑运算的规则。二进制数的逻辑运算就是按位（各位独立）逻辑运算的过程（详见3.6.1节的逻辑运算指令）。

表 3-2　逻辑运算规则

逻辑与运算	逻辑或运算	逻辑非运算	逻辑异或运算
1∧0 = 0	1∨0 = 1	~0 = 1	1⊕0 = 1
1∧1 = 1	1∨1 = 1	~1 = 0	1⊕1 = 0
0∧0 = 0	0∨0 = 0		0⊕0 = 0
0∧1 = 0	0∨1 = 1		0⊕1 = 1

例如，4位二进制数的逻辑运算如下：

逻辑与：　　1101 ∧ 0011 = 0001

逻辑或：　　1101 ∨ 0011 = 1111

逻辑非：　　~1101 = 0010

逻辑异或：　1101 ⊕ 0011 = 1110

3. 十六进制

由于二进制数书写较长、难以辨认，因此常用易于与之转换的十六进制数来描述二进制数。十六进制数的基数是16，共有16个数码：0、1、2、3、4、5、6、7、8、9 和 A、B、C、D、E、F（也可以使用小写字母 a~f，依次表示十进制的 10~15），逢十六进一，各个位的位权为 16^k。

$$a_n a_{n-1} \cdots a_1 a_0 . b_1 b_2 \cdots b_m = a_n \times 16^n + a_{n-1} \times 16^{n-1} + \cdots + a_1 \times 16^1 + a_0 \times 16^0 + b_1 \times 16^{-1} + b_2 \times 16^{-2} + \cdots + b_m \times 16^{-m}$$

其中，a_i、b_j 为 0~F 中的一个数码。

十六进制数的加减运算也与十进制类似，但注意逢十六进一，借一当十六。例如：

$$23D9H + 94BEH = B897H,\quad A59FH - 62B8H = 42E7H$$

在涉及计算机学科知识的文献中，常使用十六进制数表达地址、数据、指令代码等，所以应该熟悉十六进制数的加减运算。

4. 数制之间的转换

1）二进制数、十六进制数转换为十进制数需按权展开。例如：

$$0011.1010B = 1 \times 2^1 + 1 \times 2^0 + 1 \times 2^{-1} + 0 \times 2^{-2} + 1 \times 2^{-3} = 3.625$$

$$1.2H = 1 \times 16^0 + 2 \times 16^{-1} = 1.125$$

2）十进制数的整数部分转换为二进制数和十六进制数可用除法，即把要转换的十进制数的整数部分不断除以二进制数或十六进制数的基数 2 或 16，并记下余数，直到商为 0 为止，再由最后一个余数起逆向取各个余数，则为该十进制数整数部分转换成的二进制数或十六进制数。

图 3-2 演示了转换 126 的过程，结果是：126 = 01111110B，126 = 7EH。

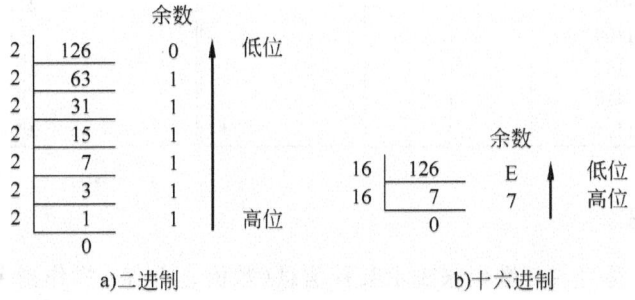

a）二进制　　　　b）十六进制

图 3-2　十进制整数的转换

3）十进制数的小数部分转换为二进制数和十六进制数则可分别乘以各自的基数，记录整数部分，直到小数部分为 0 为止。

图 3-3 演示了转换 0.8125 的过程，结果是：0.8125 = 0.1101B，0.8125 = 0.DH。

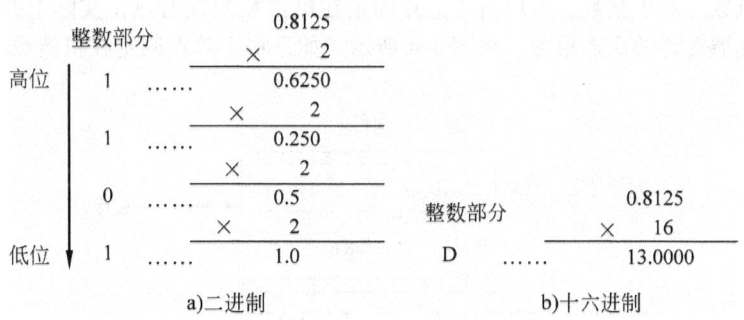

a）二进制　　　　b）十六进制

图 3-3　十进制小数的转换

小数部分的转换可能会发生总是无法乘到为 0 的情况，这时可选取一定位数（精度），当然也势必产生无法避免的转换误差。

4）二进制数和十六进制数之间具有对应关系：以小数点为基准，整数从右向左（从低位到高位）、小数从左向右（从高位到低位）每 4 个二进制位对应一个十六进制位，如表 3-3 所示，所以二进制数和十六进制数之间的相互转换非常简单。表 3-3 还给出了 BCD 码以及常用的二进制位权值。例如：

$$00111010B = 3AH,\quad F2H = 11110010B$$

表 3-3 不同进制间(含 BCD 码)的对应关系

十进制	二进制	十六进制	BCD 码	常用二进制位权
0	0000	0	0	$2^{-3} = 0.125$
1	0001	1	1	$2^{-2} = 0.25$
2	0010	2	2	$2^{-1} = 0.5$
3	0011	3	3	$2^{0} = 1$
4	0100	4	4	$2^{1} = 2$
5	0101	5	5	$2^{2} = 4$
6	0110	6	6	$2^{3} = 8$
7	0111	7	7	$2^{4} = 16$
8	1000	8	8	$2^{5} = 32$
9	1001	9	9	$2^{6} = 64$
10	1010	A		$2^{7} = 128$
11	1011	B		$2^{8} = 256$
12	1100	C		$2^{9} = 512$
13	1101	D		$2^{10} = 1024$
14	1110	E		$2^{15} = 32\ 768$
15	1111	F		$2^{16} = 65\ 536$

3.1.2 数值的编码

编码是用文字、符号或者数码来表示某种信息(数值、语言、操作指令、状态等)的过程。组合 0 和 1 数码就是二进制编码。用 0 和 1 数码的组合在计算机中表达的数值称为机器数,相应地,现实中真实的数值称为真值。对数值来说,主要有两种编码方式:定点格式和浮点格式。定点整数是本书的主要讨论对象,浮点实数将在第 9 章介绍。

1. 定点整数

定点格式固定小数点的位置表达数值,计算机中通常将数值表达成纯整数或纯小数,这种机器数称为定点数。对于整数,可以将小数点固定在机器数的最右侧,实际上并不用表达出来,这就是整数处理器支持的定点整数,如图 3-4 所示。如果将小数点固定在机器数的最左侧就是定点小数。

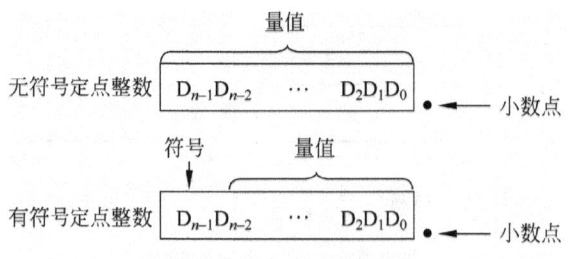

图 3-4 定点整数格式

定点整数如果不考虑正负,只表达 0 和正整数,就是无符号整数(简称无符号数)。在前面的数值转换和运算中,就默认采用无符号整数。8 位二进制数有 256 个编码,依次是:00000000、00000001、00000010、…、11111110、11111111,采用十六进制形式表示,依次是:00、01、02、…、FE、FF,所表达的无符号整数的真值依次是:0、1、2、…、254、255。N 位二进制数共有 2^N 个编码,表达的真值范围为:$0 \sim 2^N - 1$。因此,16 位和 32 位二进制数所能表示的无符号整数范围分别是:$0 \sim 2^{16} - 1$ 和 $0 \sim 2^{32} - 1$。

如果要表达数值正负,则需要占用一个位,通常用机器数的最高位(故称为符号位),并用0表示正数、1表示负数,这就是有符号整数(简称有符号数、带符号数)。

2. 补码

有符号整数有多种表达形式,计算机中默认采用补码(Complement)。采用补码,减法运算可以变换成加法运算,这样硬件电路只需设计加法器。

补码中,最高位表示符号:正数用0,负数用1;正数补码与无符号数一样,直接表示数值大小;负数补码是将对应正数补码取反(即将0变为1,1变为0),然后加1形成。例如:

正整数105用8位补码表示:
$$[105]_{补码} = 01101001B$$

负整数-105用8位补码表示:
$$[-105]_{补码} = [01101001B]_{取反} + 1 = 10010110B + 1 = 10010111B$$

一个负数的真值用机器数补码表示时,需要一个"取反加1"的过程。同样,将一个最高位为1的补码(即真值为负数)转换成真值时,也需要一个"取反加1"的过程。例如:

补码:11100000B

真值:$-([11100000B]_{求反} + 1) = -(00011111B + 1) = -00100000B = -2^5 = -32$

进行负数求补运算,在数学上等效于用带借位的0作减法(下面等式中用中括号表达借位)。例如:

真值:-8,补码:$[-8]_{补码} = [1]0B - 8 = [1]00000000B - 00001000B = 11111000B$

补码:11111000B,真值:$-([1]00000000B - 11111000B) = -00001000B = -8$

注意,求补只针对负数进行,正数不需要求补。另外,十六进制更便于表达,上述运算过程可以直接使用十六进制数。

由于符号要占用一个数位,所以8位二进制补码中只用7个数位表达数值,其所能表示的数值范围是:-128 ~ -1、0 ~ +127,对应的二进制补码是:10000000 ~ 11111111、00000000 ~ 01111111,若用十六进制表达是:80 ~ FF、00 ~ 7F。16位和32位二进制补码所能表示的数值范围分别是:$-2^{15} ~ +2^{15}-1$和$-2^{31} ~ +2^{31}-1$。用N位二进制编码有符号整数,表达的真值范围是:$-2^{N-1} ~ +2^{N-1}-1$。使用补码表达有符号整数,和无符号整数表达的数值个数一样,但范围不同。

3. 补码运算

数学家早已发现,对N位十进制做减法运算:被减数-减数=差,可以转换为加法:被减数+(10^N-减数),其中(10^N-减数)是10的补码,丢弃进位就是差值。例如,126-8=118。126+(10^3-8)=[1]118,不要进位就是结果:118。这个方法可以扩展到二进制运算,用于简化计算机的算术运算:

$[X]_{补码} + [Y]_{补码} = [X+Y]_{补码}$ $[X]_{补码} - [Y]_{补码} = [X]_{补码} + [-Y]_{补码} = [X-Y]_{补码}$

这样,利用无符号数加法结合补码表达,除可以实现无符号数加法之外,也可以实现无符号数减法,还可以实现有符号数的加法和减法操作。不过对于无符号数加减运算,需要利用进位或借位才能得到正确结果;而对于有符号数加减运算,如果出现溢出,则结果是错误的。这个问题将在加减法指令前详细讨论。

4. 原码和反码

原码和反码也是表达有符号整数的编码。正数的原码和反码与补码和无符号数一样,而负数的原码是对应正数原码的符号位改为1,负数的反码是对应正数反码的取反。所以,求负数的原码、反码和补码,都需要首先计算其对应正数的编码,然后取反符号位(设置为1)成为原码,

再取反其他位得到反码,最后加 1 就是补码。例如:

真值:32,机器数:[32]_{原码} = [32]_{反码} = [32]_{补码} = 00100000B = 20H

真值:-32,机器数:[-32]_{原码} = 10100000B = A0H, [-32]_{反码} = 11011111B = DFH,
[20H]_{补码} = 11100000B = E0H

使用原码和反码进行加减运算时比较麻烦,另外数值 0 都有两种表达形式。

3.1.3 字符的编码

在计算机中,各种字符需要用若干位的二进制码的组合表示,即字符的二进制编码。由于字节是计算机的基本存储单位,所以常以 8 个二进制位为单位表达字符。

1. BCD

一个十进制数位在计算机中用 4 位二进制编码来表示,这就是所谓的二进制编码的十进制数(Binary Coded Decimal,BCD)。常用的 BCD 码是 8421 BCD 码,它用 4 位二进制编码的低 10 个编码表示 0~9 这十个数字,参见前面的表 3-3。

BCD 码很容易实现与十进制真值之间的转换。例如:

BCD 码:0100 1001 0111 1000. 0001 0100 1001,十进制真值:4978.149

将 8 位二进制(即一个字节)的高 4 位设置为 0,仅用低 4 位表达一位 BCD 码,称为非压缩(Unpacked)BCD 码;而通常用一个字节表达两位 BCD 码,称为压缩(Packed)BCD 码。

BCD 码虽然浪费了 6 个编码,但能够比较直观地表达十进制数,也容易与 ASCII 码相互转换,便于输入、输出。另外,它还可以比较精确地表达数据。例如,对于一个简单的数据 0.2,采用浮点格式(详见第 9 章)无法精确表达,而采用 BCD 码可以只使用 4 位"0010"表达。最初的计算机支持十进制运算,IA-32 整数处理器中使用调整指令实现十进制运算。

2. ASCII

字母和各种字符也必须按特定的规则用二进制编码才能在计算机中表示。编码方式有多种,其中最常用的一种编码是 ASCII(American Standard Code for Information Interchange,美国标准信息交换码)。现在使用的 ASCII 码源于 20 世纪 50 年代,完成于 1967 年,由美国标准化组织(ANSI)定义在 ANSI X3.4-1986 中。

标准 ASCII 码用 7 位二进制编码,故有 128 个,如表 3-4 所示。微型机的存储单位为 8 位,表达 ASCII 码时,最高 D_7 位通常作为 0;通信时,D_7 位通常用作奇偶校验位。

ASCII 码表中的前 32 个和最后一个编码是不可显示的控制字符,用于表示某种操作。例如,0DH 表示回车 CR(Carriage Return),控制光标时就是使光标回到本行首位;0AH 表示换行 LF(Line Feed),就是使光标进入下一行,但列位置不变;07H 表示响铃 BEL(Bell);1BH(ESC)对应键盘上的 ESC 键(多数人称其为 Escape 键),ESC(Extra Services Control)字符常与其他字符一起发送给外设(如打印机),用于启动一种特殊功能,很多程序中使用它表示退出操作。

ASCII 码表中从 21H 开始的 94 个编码是可显示和打印的字符,其中包括数码(0~9)、英文字母、标点符号等。从表中可看到,数码 0~9 的 ASCII 码为 30H~39H,去掉高 4 位(或者说减去 30H)就是 BCD 码。大写字母 A~Z 的 ASCII 码为 41H~5AH,而小写字母 a~z 的 ASCII 码为 61H~7AH。大写字母和对应的小写字母相差 20H(32),所以大小写字母很容易相互转换。ASCII 码中,20H 表示空格。尽管它显示空白,但要占据一个字符的位置;它也是一个字符,表中用 SP 表示。熟悉这些字符的 ASCII 码规律对解决一些应用问题很有帮助,例如,英文字符就是按照其 ASCII 码大小进行排序的。

另外,PC 机还采用扩展 ASCII 码,主要用于表达各种制表用的符号等。扩展 ASCII 码的最

高 D_7 位为 1，以与标准 ASCII 码区别。

表 3-4 标准 ASCII 码及其字符

ASCII 码	字符	ASCII 码	字符	ASCII 码	字符	ASCII 码	字符
00H	NUL	20H	SP	40H	@	60H	`
01H	SOH	21H	!	41H	A	61H	a
02H	STX	22H	"	42H	B	62H	b
03H	ETX	23H	#	43H	C	63H	c
04H	EOT	24H	$	44H	D	64H	d
05H	ENQ	25H	%	45H	E	65H	e
06H	ACK	26H	&	46H	F	66H	f
07H	BEL	27H	'	47H	G	67H	g
08H	BS	28H	(	48H	H	68H	h
09H	HT	29H	)	49H	I	69H	i
0AH	LF	2AH	*	4AH	J	6AH	j
0BH	VT	2BH	+	4BH	K	6BH	k
0CH	FF	2CH	,	4CH	L	6CH	l
0DH	CR	2DH	-	4DH	M	6DH	m
0EH	SO	2EH	.	4EH	N	6EH	n
0FH	SI	2FH	/	4FH	O	6FH	o
10H	DLE	30H	0	50H	P	70H	p
11H	DC1	31H	1	51H	Q	71H	q
12H	DC2	32H	2	52H	R	72H	r
13H	DC3	33H	3	53H	S	73H	s
14H	DC4	34H	4	54H	T	74H	t
15H	NAK	35H	5	55H	U	75H	u
16H	SYN	36H	6	56H	V	76H	v
17H	ETB	37H	7	57H	W	77H	w
18H	CAN	38H	8	58H	X	78H	x
19H	EM	39H	9	59H	Y	79H	y
1AH	SUB	3AH	:	5AH	Z	7AH	z
1BH	ESC	3BH	;	5BH	[	7BH	{
1CH	FS	3CH	<	5CH	\	7CH	|
1DH	GS	3DH	=	5DH	]	7DH	}
1EH	RS	3EH	>	5EH	^	7EH	~
1FH	US	3FH	?	5FH	_	7FH	Del

3. Unicode

ASCII 码表达了英文字符，但却无法表达世界上所有语言的字符，尤其是非拉丁语系的语言（如中文、日文、韩文、阿拉伯文等）的字符。因此，各国也都定义了各自的字符集，但相互之间并不兼容。例如，1981 年我国制定了《信息交换用汉字编码字符集基本集 GB 2312—80》国家标准（简称国标码），规定每个汉字使用 16 位二进制编码（即两个字节）表达，共计 7445 个汉字和字符。实际应用中，为了保持与标准 ASCII 码兼容，不产生冲突，国标码两个字节的最高位被设置为 1，称为汉字的机内码。不过，汉字机内码可能与扩展 ASCII 码冲突（因它们的最高位都是 1），所以一些西文制表符有时会显示为莫名其妙的汉字。

为了解决世界范围的信息交流问题，1991 年国际上成立了统一码联盟（Unicode Consortium），制定了国际信息交换码 Unicode。在其网站上对"什么是 Unicode"给出了如下解答："Unicode 给每个字符提供了一个唯一的数字，不论是什么平台，不论是什么程序，不论是什么语言"。Unicode

使用 16 位编码,能够对世界上所有语言的大多数字符进行编码,并提供了扩展能力。Unicode 作为 ASCII 的超集,保持了与其兼容。Unicode 的前 256 个字符对应 ASCII 字符,16 位编码的高字节为 0、低字节等于 ASCII 码值。例如,大写字母 A 的 ASCII 码值是 41H,用 Unicode 编码是 0041H。

现在,Unicode 已经越来越被大家认同,很多程序设计语言和计算机系统都支持它。例如,Java 语言和 Windows 操作系统的默认字符集就是 Unicode。Unicode 标准还在发展,2010 年 10 月 11 日发布 Unicode 6.0.0 版本,详情请访问统一码联盟网站(http://www.unicode.org)。

3.2 常量表达

前一节学习了各种数值和字符的编码,那么它们在汇编语言中又是怎样应用的呢?本节先介绍如何用常量表示数值和字符,下节则说明怎样将它们保存在存储器中。

常量(Constant)是程序中使用的一个确定数值,不会随着程序的执行而改变,在汇编语言中有多种表达形式。

1. 常数

常数是指由十进制、十六进制和二进制形式表达的数值,如表 3-5 所示。各种进制的数据以后缀字母区分,默认不加后缀字母的是十进制数。十六进制常数若以字母 A~F 开头,则要添加前导 0 来避免与以这些字母开头的标识符混淆。例如,十进制数 10 用十六进制表达为 A,汇编语言需要表达成 0AH;如果不用前导 0,则将与寄存器名 AH 相混淆。在 C 和 C++ 语言中,十六进制数使用 0x 前导,因此就不会出现这个问题。

表 3-5 各种进制的常数

进制	数字组成	举例
十进制	由 0~9 数字组成,以字母 D 或 d 结尾(默认情况下可以省略)	100,255D
十六进制	由 0~9、A~F 组成,以字母 H 或 h 结尾 以字母 A~F 开头前面要用 0 表达,以避免与标识符混淆	64H,0FFH 0B800H
二进制	由 0 或 1 两个数字组成,以字母 B 或 b 结尾	01101100B

2. 字符和字符串

字符或字符串常量是用英文缩略号(形态上很像单引号)或双引号括起来的单个字符或多个字符,其数值是每个字符对应的 ASCII 码值。例如,'d'(=64H)、'Hello, Assembly!'。在支持汉字的系统中,也可以括起汉字,每个汉字是两个字节,为汉字机内码或 Unicode。

3. 符号常量

符号常量使用标识符表达一个数值。常量若使用有意义的符号名来表示,可以提高程序的可读性,同时更具有通用性。程序中可以多次使用符号常量,但修改时只需改变一处。例如,高级语言中把常用的数值定义为符号常量并保存为常量定义文件,通过包含该文件,程序中就可以直接使用它们。MASM 汇编语言当中也可以如此应用。

MASM 提供的符号定义伪指令有"等价 EQU"和"等号 ="。它们用来为常量定义符号名,格式为:

符号名　　EQU　数值表达式
符号名　　EQU　<字符串>
符号名　　=数值表达式

等价伪指令 EQU 给符号名定义一个数值或定义成另一个字符串,这个字符串甚至可以是一条处理器指令。例如:

数据处理   65

```
        NULL equ 0
        STD_INPUT_HANDLE = -10
        STD_OUTPUT_HANDLE = -11
        WriteConsole equ <WriteConsoleA>
```

EQU 用于数值等价时不能重复定义符号名,但"="允许有重复赋值。

4. 数值表达式

数值表达式是指用运算符(MASM 中统称为操作符,Operator)连接各种常量所构成的算式。汇编程序在汇编过程中计算表达式,最终得到一个确定的数值,所以也属于常量。由于表达式是在程序运行前的汇编阶段计算,所以组成表达式的各部分必须在汇编时就确定。汇编语言支持多种运算符,但主要应用算术运算符:+(加)、-(减)、*(乘)、/(除)。当然还可以运用圆括号表达运算的先后顺序。

【例3-1】 数据表达程序

```
                                ;数据段
00000000  64 64 64 64 64        const1 byte 100,100d,01100100b,64h,'d'
00000005  01 7F 80 80 FF FF     const2 byte 1,+127,128,-128,255,-1
0000000B  69 97 20 E0 32 CE     const3 byte 105,-105,32,-32,32h,-32h
00000011  30 31 32 33 34 35     const4 byte '0123456789','abcxyz','ABCXYZ'
          36 37 38 39 61 62
          63 78 79 7A 41 42
          43 58 59 5A
00000027  0D 0A 00              crlf byte 0dh,0ah,0
= 0000000A                      minint = 10
= 000000FF                      maxint equ 0ffh
0000002A  0A 0F FA F5           const5 byte minint,minint+5,maxint-5,maxint-minint
0000002E  10 56 15 EB           const6 byte 4*4,34h+34,67h-52h,52h-67h
                                ;代码段
00000010  B8 00000011 R         mov eax,offset const4
00000013  E8 00000000 E         call dispmsg
```

本示例程序用于说明各种数据的表达形式,用到了定义字节变量 BYTE 伪指令。左边是列表文件内容,右边才是源程序本身(编辑源程序文件时,不要把左边列表文件内容录入,下同)。

数据段的第一行用不同进制和形式表达了同一个数值:100(=64H),从这一行左边列表文件的 5 个"64"可以体会到。这说明无论在源程序中如何表达,在计算机内部都是二进制编码。

随后两行给出一些典型数据,用于对比,例如,真值 255 和 -1 的机器代码(8 位、字节量)都是 FFH,128 和 -128 都变换为 80H,原因在于它们采用不同的编码,前者是无符号数,后者是补码表达的有符号数。从第 3 行可以看出 105 的补码是 69H,-105 的补码是 97H(你能看出 -32、-32H 的补码分别是什么吗?)。

第 4 行定义字符串,对应左边列表文件内容是每个字符的 ASCII 码值。

随后定义两个数值 0DH 和 0AH,它们分别是 ASCII 表中的回车符和换行符,注意前导零不能省略(否则成为 DH 和 AH,与两个 8 位寄存器重名),数字 0 表示字符串结尾,调用显示功能时需要它。

符号常量 MININT 的数值为 10,MAXINT 的数值为 255,它们只是一个符号,并不占主存空间,应用时直接将其代表的内容替代。

接着 CONST6 用表达式定义,但实质还是一个常量,例如,表达式"4*4"计算后为 16,对应列表内容是 10(表示十六进制 10H,即十进制 16)。

代码段从 CONST4 开始显示，遇到 0 结束，所以程序运行后的显示结果是：0123456789abcxyzABCXYZ。

3.3 变量应用

程序运行中有很多随之发生变化的结果，需要在可读可写的主存开辟存储空间保存，这就是变量(Variable)。变量实质上是主存单元的数据，因而可以改变。变量需要事先定义(Define)才能使用，并具有属性，方便应用。

3.3.1 变量定义

变量定义为变量申请固定长度为单位的存储空间，还可以将相应的存储单元初始化。

1. 变量定义伪指令

变量定义伪指令是最常使用的汇编语言说明性语句，它的汇编语言格式为：

变量名　变量定义伪指令　初值表

变量名即汇编语句名字部分，是用户自定义的标识符，表示初值表首元素的逻辑地址。汇编语言使用这个符号表示地址，故有时被称为符号地址。变量名可以省略，在这种情况下，汇编程序将直接为初值表分配空间，没有符号地址。设置变量名是为了方便存取它指示的存储单元。

初值表是用逗号分隔的参数，由各种形式的常量以及特殊的符号"?"和 DUP 组成。其中，"?"表示初值不确定，即未赋初值。如果多个存储单元的初值相同，可以用复制操作符 DUP 进行说明。DUP 的格式为：

重复次数 DUP(重复参数)

变量定义伪指令有 BYTE、WORD、DWORD、FWORD、QWORD 和 TBYTE(早期版本依次是 DB、DW、DD、DF、DQ、DT，它们在新版本中也可以使用)，它们根据申请的主存空间单位分类，如表3-6所示。除了 BYTE、WORD、DWORD 等定义的简单变量外，汇编语言还支持复杂的数据变量，如结构(Structure)、记录(Record)、联合(Union)等。

表 3-6　变量定义伪指令

助记符	变量类型	变量定义功能
BYTE	字节	分配一个或多个字节单元；每个数据是字节量，也可以是字符串常量 字节量表示 8 位无符号数或有符号数、字符的 ASCII 码值
WORD	字	分配一个或多个字单元；每个数据是字量、16 位数据 字量表示 16 位无符号数或有符号数、16 位段选择器、16 位偏移地址
DWORD	双字	分配一个或多个双字单元；每个数据是双字量、32 位数据 双字量表示 32 位无符号数或有符号数、32 位段基地址、32 位偏移地址
FWORD	3 个字	分配一个或多个 6 字节单元 6 字节量常表示含 16 位段选择器和 32 位偏移地址的 48 位指针地址
QWORD	4 个字	分配一个或多个 8 字节单元 8 字节量表示 64 位数据
TBYTE	10 个字节	分配一个或多个 10 字节单元，表示 BCD 码、10 字节数据(用于浮点运算)

2. 字节量数据

用 BYTE 定义的变量是 8 位字节量(Byte-sized)数据。它可以表示无符号整数 0~255、补码表示的有符号整数 -128~+127、一个字符(ASCII 码值)，还可以表达压缩 BCD 码 0~99、非压缩 BCD 码 0~9 等。

【例 3-2】 字节变量程序

```
                              ;数据段
 = 0000000A                   minint = 10
00000000  00 80 FF 80 00 7F   bvar1 byte 0,128,255,-128,0,+127
00000006  01 FF 26 DA 38 C8   bvar2 byte 1,-1,38,-38,38h,-38h
0000000C  00                  bvar3 byte ?
0000000D  00000005 [          bvar4 byte 5 dup ('$')
           24
          ]
00000012  0000000A [          bvar5 byte minint dup(0),minint dup(minint,?)
           00
          ]
          0000000A [
           0A 00
          ]
00000030  00000002 [                byte 2 dup(2,3,2 dup(4))
           02 03
          00000002 [
           04
          ]
          ]
```

在数据表达的例 3-1 中已经应用到不少字节定义变量,可以再次观察、深入理解。本例重点说明无初值和重复初值的情况。变量 BVAR3 无初值,表示在主存为该变量保留相应的存储空间。既然有存储空间,就一定有内容,但内容应是任意、不定的,而事实上汇编程序是用 0 填充(像高级语言的编译程序一样)。本例通过 DUP 操作符为 BVAR4 定义了 5 个相同的数据,在左侧列表文件中用中括号表示。DUP 操作符可以嵌套,最后一个无变量名的变量初值依次是:02 03 04 04 02 03 04 04。

3. 字量数据

用 WORD 定义的变量是 16 位字量(Word-sized)数据。字量数据包含高低两个字节,可以表示更大的数据。实地址方式下的段基地址和偏移地址都是 16 位的,可以用 16 位变量保存。

【例 3-3】 字变量程序

```
                              ;数据段
 = 0000000A                   minint = 10
00000000  0000 8000 FFFF      wvar1 word 0,32768,65535,-32768,0,+32767
          8000 0000 7FFF
0000000C  0001 FFFF 0026      wvar2 word 1,-1,38,-38,38h,-38h
          FFDA 0038 FFC8
00000018  0000                wvar3 word ?
0000001A  2010 1020           wvar4 word 2010h,1020h
0000001E  00000005 [                word 5 dup(minint,?)
           000A 0000
          ]
00000032  3139 3832           wvar6 word 3139h,3832h
00000036  39 31 32 38         bvar6 byte 39h,31h,32h,38h
0000003A  00                        byte 0
                              ;代码段
00000000  B8 00000032 R       mov eax,offset wvar6
00000005  E8 00000000 E       call dispmsg
```

每个 WORD 伪指令定义的变量数据都是 16 位的,所以真值 1 和 -1 用字节量表达是 01H 和 FFH,用字量表达则是 0001H 和 FFFFH。对于有符号数据,最高位仍是符号位,负数真值 -38H 对应补码 FFC8H(=[1]0000H-0038H)。

16 位为两个字节,在以字节为基本存储单元的处理器主存中要占用两个连续的存储单元。例如,同样是无初值定义变量,前一个示例中的 BVAR3 占一个字节,本例中的 WVAR3 占两个字节。那么高低两个字节是怎样存放在主存的两个存储单元的呢?是低字节数据存放在低地址存储单元、高字节数据存放在高地址存储单元,还是低字节数据存放在高地址存储单元、高字节数据存放在低地址存储单元? IA-32 处理器采用前者,即"低对低、高对高",称为小端方式(Little Endian);有些处理器采用后者,称为大端方式(Big Endian)。列表文件左侧将字变量 WVAR6 的两个初值以字量数据显示,按习惯高位在前、低位在后,分别是 3139 和 3832。而字节变量 BVAR6 仍以字节量形式显示,所以两者存放的内容相同,如图 3-5 所示。这也可以从本程序执行后的屏幕显示结果(91289128)看出。

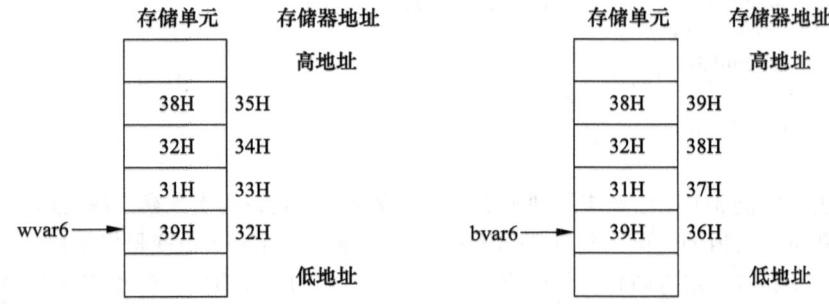

图 3-5 数据的存放顺序

4. 双字量数据

用 DWORD 定义的变量是 32 位双字量(Doubleword-sized)数据,占用 4 个连续的字节空间,采用小端方式存放。在 32 位平展存储模型中,32 位变量可用于保存 32 位偏移地址、线性地址或段基地址。

【例 3-4】 双字变量程序

```
                              ;数据段
 = 0000000A                   minint = 10
 00000000  00000000           dvar1 dword 0,80000000h,0ffffffffh,-80000000h,0,7fffffffh
            80000000
            FFFFFFFF
            80000000
            00000000
            7FFFFFFF
 00000018  00000001           dvar2 dword 1,-1,38,-38,38h,-38h
            FFFFFFFF
            00000026
            FFFFFFDA
            00000038
            FFFFFFC8
 00000030  00000000           dvar3 dword ?
 00000034  00002010           dword 2010h,1020h
            00001020
```

```
0000003C  0000000A [        dvar5 dword minint dup(minint,?)
          0000000A
          00000000
          ]
0000008C  38323139           dvar6 dword 38323139h
00000090  39 31 32 38        bvar6 byte 39h,31h,32h,38h
00000094  00                 byte 0
                             ;代码段
00000000  B8 0000008C R      mov eax,offset dvar6
00000005  E8 00000000 E      call dispmsg
```

本示例程序定义的数据 DVAR2 似乎与前一个示例程序的 WVAR2 一样，但由于采用了双字类型，所以同样的数据却占用 4 个字节。

小端和大端来自《格利佛游记》(Gulliver's Travels) 的小人国故事，小人们为吃鸡蛋从小端打开还是从大端打开发起了一场"战争"。专家在制定网络传输协议时借用了这个词汇，这就是计算机结构中的字节顺序问题，在多字节数据的传输、存储和处理中都存在这样的问题。就像吃鸡蛋无所谓小端还是大端一样，两种字节顺序形式各有特点，不能说哪一个更好。只是有些情况更适合小端方式，而有些情况采用大端方式更快。例如，Intel 公司采用小端方式，而大多数精简指令集计算机（RISC）则采用大端方式。对于 IA-32 处理器采用"低对低、高对高"的小端方式，如果从偏移地址 00405090H 开始连续 4 个存储单元的内容依次是 39H、31H、32H、38H，如图 3-6 所示，那么，存储地址 00405090H 处的字节量是 39H，00405090H 处的字量是 3139H，00405090H 处的双字量是 38323139H。

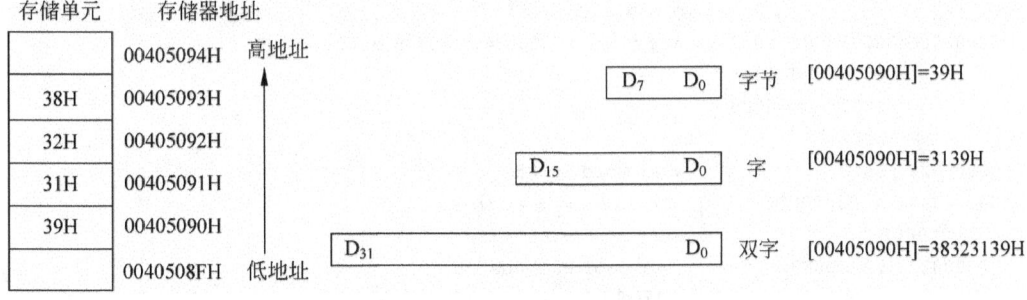

图 3-6 小端存储方式

5. 变量定位

变量定义的存储空间是按照书写的先后顺序一个接着一个分配的。但是，定位伪指令"ORG 参数"可以控制其存放的偏移地址。例如：

```
org 100h          ;从偏移地址 100H 处安排数据或程序
```

指令代码也由汇编程序按照语句的书写顺序安排存储空间，定位伪指令也同样可以用于控制其偏移地址。

3.3.2 变量属性

变量定义除分配存储空间和赋初值外，还可以创建变量名。这个变量名一经定义便具有两类属性：

- 地址属性——指首个变量所在存储单元的逻辑地址，含有段基地址和偏移地址。

- 类型属性——指变量定义的数据单位,有字节量、字量、双字量、3字量、4字量和10字节量,依次用类型名 BYTE、WORD、DWORD、FWORD、QWORD 和 TBYTE 表示。

在汇编语言程序设计中,经常会用到变量名的属性,因此汇编程序提供有关的操作符,以方便获取这些属性值,如表3-7 所示。

表3-7 常用的地址操作符和类型操作符

属性	操作符	作　　用
地址	[ ]	将括起的表达式作为存储器地址指针
	$	返回当前偏移地址
	OFFSET 变量名	返回变量名所在段的偏移地址
	SEG 变量名	返回段基地址(实地址存储模型)
类型	类型名 PTR 变量名	将变量名按照指定的类型使用
	TYPE 变量名	返回一个字量数值,表明变量名的类型
	LENGTHOF 变量名	返回整个变量的数据项数(即元素数)
	SIZEOF 变量名	返回整个变量占用的字节数

1. 地址操作符

地址操作符用于获取变量名的地址属性,主要有 SEG 和 OFFSET,分别取得变量名的段地址和偏移地址两个属性值。中括号和美元符与地址有关,也可以归类为地址操作符。

【例 3-5】 变量地址属性程序

```
                              ;数据段
00000000  12 34               bvar byte 12h,34h
                              org $ +10
0000000C  0001 0002 0003      array word 1,2,3,4,5,6,7,8,9,10
          0004 0005 0006
          0007 0008 0009
          000A
00000020  5678                wvar word 5678h
00000022  = 00000016          arr_size = $ - array
          = 0000000B          arr_len = arr_size/2
00000022  9ABCDEF0            dvar dword 9abcdef0h
                              ;代码段
00000000  A0 00000000 R       mov al,bvar
00000005  8A 25 00000001 R    mov ah,bvar +1
0000000B  66 | 8B 1D          mov bx,wvar[2]
          00000022 R
00000012  B9 0000000B         mov ecx,arr_len
00000017  BA 00000017 R       mov edx, $
0000001C  BE 00000022 R       mov esi,offset dvar
00000021  8B 3E               mov edi,[esi]
00000023  8B 2D 00000022 R    mov ebp,dvar
00000029  E8 00000000 E       call disprd
```

列表文件总是将段开始的偏移地址假设为0(但并不表示主存中其偏移地址一定是0),然后计算其他数据或代码的相对偏移地址。头一个字节变量 BVAR 有两个数据,占用 00000000H 和 00000001H 存储单元。

操作符"$"代表当前偏移地址值,即前一个存储单元分配后当前可以分配的存储单元的偏移地址。语句"ORG $ +10"表示在当前偏移地址(=00000002H)的基础上加10,即跳过10个字节空间，然后安排变量 ARRAY，所以其偏移地址为 0000000CH（= 2 + 10）。再分配 11 个字变量数据后，当前相对偏移地址成为 00000022H。所以，符号常量 ARR_SIZE = 00000016H（= 0022H - 000CH），也就是 ARRAY 和 WVAR 变量所占存储空间的字节数：16H = 22（= [10 + 1] × 2）。因为每个字变量值占两个字节，故 ARR_LEN 等于它们的数据项数（个数）：ECX = 0000000BH = 22 ÷ 2 = 11。

变量名具有逻辑地址，数据段中直接使用变量名就代表它的偏移地址（也可以加一个 OFFSET 以示明确）。程序代码中，通过引用变量名指向其首个数据，通过变量名加减常量存取以首个数据为基地址的前后数据。BVAR 表示它的头一个数据，故 AL = 12H；BVAR + 1 表示下一个字节的数据，故 AH = 34H。变量名实际上就是用地址操作符"[ ]"括起变量名所代表的偏移地址，属于存储器的直接寻址。变量名后用"+ n"或"[n]"作用相同，都表示后移 n 个字节存储单元。所以，WVAR[2] 是指 WVAR 两个字节之后的数据，即 DVAR 的前一个字量数据：BX = DEF0H。代码段中通过"\$"获得当前指令"MOV EDX，\$"的偏移地址传送给 EDX。

语句"MOV ESI，OFFSET DVAR"通过 OFFSET 操作符获得双字变量 DVAR 的偏移地址（立即数寻址）传送给 ESI。"[ESI]"则指示该偏移地址的存储单元，从中获取一个双字数据，即 DVAR 变量值（寄存器间接寻址）；而指令"MOV EBP，DVAR"也将使 EBP 等于 DVAR 变量值（直接寻址）。注意，程序的数据段和代码段开始的实际偏移地址不一定是 0。所以，本例中 ESI 和 EDX 并不一定是列表文件的相对偏移地址 22H 和 17H。

代码段最后调用本书配套子程序库中显示 32 位通用寄存器内容的子程序 DISPRD 来显示传送结果，大家运行程序看看是否与前面的分析一致。大家也可以在任何位置调用该子程序来显示程序执行到该位置时通用寄存器的内容，以便与自己分析的结果进行对比。

2. 类型操作符

类型操作符使用变量名的类型属性。与大多数程序设计语言一样，在汇编语言中变量也需要先定义，并给定一种类型，每个变量通常表示相应类型的数值。类型转换操作符 PTR 用于更改变量名的类型，以满足指令对操作数的类型要求。"类型名"可以是 BYTE、WORD、DWORD、FWORD、QWORD 和 TBYTE（依次表示字节、字、双字、3 字、4 字和 10 字节），还可以是由结构、记录等定义的类型。

MASM 中，各种变量类型被设置成一个双字量数值（在 16 位平台则是字量数值），这就是 TYPE 操作符取得的数值。对变量，TYPE 返回该类型变量的一个数据项所占的字节数，例如，对字节、字和双字变量依次返回 1、2 和 4。TYPE 后跟常量和寄存器名，则分别返回 0 和该寄存器具有的字节数。

对变量，还可以用 LENGTHOF 操作符获知某变量名指向多少个数据项，用 SIZEOF 操作符获知它共占用多少字节空间，即 SIZEOF 值 = TYPE 值 × LENGHOF 值。对于字节变量和 ASCII 字符串变量，LENGTHOF 和 SIZEOF 的结果相同。

【例 3-6】 变量类型属性程序

```
                               ;代码段
00000000  A1 0000000C R        mov eax,dword ptr array     ;获得数据
00000005  BB 00000001          mov ebx,type bvar           ;获得字节类型值
0000000A  B9 00000002          mov ecx,type wvar           ;获得字类型值
0000000F  BA 00000004          mov edx,type dvar           ;获得双字类型值
00000014  BE 0000000A          mov esi,lengthof array      ;获得数据个数
00000019  BF 00000014          mov edi,sizeof array        ;获得字节长度
0000001E  BD 00000016          mov ebp,arr_size            ;获得字节长度
00000023  E8 00000000 E        call disprd
```

本例采用与上例同样的数据段，这里只列出了代码段。

在指令"MOV EAX, DWORD PTR ARRAY"中，EAX 是 32 位寄存器，属于双字量类型，变量 ARRAY 被定义为字量，两者类型不同，而 MOV 指令不允许不同类型的数据进行传送，所以利用 PTR 改变 ARRAY 的类型，结果是将 ARRAY 前两个字数据按照小端方式组合成双字量数据传送给 EAX(=00020001H)。随后的指令利用类型操作符获取相关数值，EBX 到 EBP 寄存器的内容依次是 01H、02H、04H、0AH、14H 和 16H。

除变量名外，还有段名、子程序名等伪指令的名字以及硬指令的标号，它们也都有地址和类型属性，也都可以使用地址操作符和类型操作符。我们将在后续章节学习它们。

注意，在前面的示例程序中，为了说明问题，我们既使用了 32 位数据、寄存器，也使用了 8 位和 16 位数据、寄存器。但对于 32 位指令集结构的 IA-32 处理器，编程中的一般规则是：尽量使用 32 位操作数和寄存器，除非需要单独对 8 位(如 ASCII 码字符、字符串)或 16 位数据进行处理。

3.4 数据传送类指令

数据传送是把数据从一个位置传送到另一个位置，它是计算机中最基本的操作。数据传送类指令也是程序设计中最常使用的指令。

3.4.1 通用数据传送指令

这组指令主要有传送指令 MOV 和交换指令 XCHG，它们提供了方便灵活的通用数据传送操作。

1. 传送指令 MOV

传送指令 MOV(Move)把一个字节、字或双字的操作数从源位置传送至目的位置，可以实现立即数到通用寄存器或主存的传送，通用寄存器与通用寄存器、主存或段寄存器之间的传送，主存与段寄存器之间的传送。

在前面的程序中，我们已经书写了很多 MOV 指令。每一个正确的处理器指令，都对应有指令代码，如果汇编程序无法将你书写的语句翻译成对应的指令代码，就是一条错误指令。所以，进行程序设计，首先需要正确书写每一条语句；对常见错误情况，要做到心中有数。例如，如下几点应该注意：

- 双操作数指令(除特别说明)的目的操作数与源操作数必须类型一致。
- 要求类型一致的两个操作数之一必须有明确的类型，否则要用 PTR 指明。
- 双操作数指令(除特别说明)不允许两个操作数都是存储单元。
- 能对专用寄存器进行操作的指令有限、功能不强，使用时要注意。

下面以 MOV 指令举例说明，但并不限于 MOV 指令：

```
MOV AL,050AH              ;错误:类型不一致。050AH 超出了寄存器 AL 范围
mov eax,050ah             ;正确:双字量数据传送
MOV ESI,DL                ;错误:类型不一致。ESI 为 32 位寄存器,DL 为 8 位寄存器
mov esi,edx               ;正确:两个 32 位寄存器传送
MOV [EBX],255             ;错误:无明确类型
mov byte ptr [ebx],255    ;正确:BYTE PTR 说明是字节操作
mov word ptr [ebx],255    ;正确:WORD PTR 说明是字操作
mov dword ptr [ebx],255   ;正确:DWORD PTR 说明是双字操作
;假设 dbuf1 和 dbuf2 是两个双字变量
```

```
        MOV DBUF2,DBUF1              ;错误:两个操作数都是存储单元
        mov eax,dbuf1                ;正确:EAX = DBUF1(将 DBUF1 内容送 EAX)
        mov dbuf2,eax                ;正确:DBUF2 = EAX(将 EAX 内容送 DBUF2)
```

2. 交换指令 XCHG

交换指令 XCHG(Exchange)用来交换源操作数和目的操作数的内容,可以在通用寄存器与通用寄存器或存储器之间对换数据,但不能在存储器与存储器之间对换数据。

【例 3-7】 数据交换程序

```
                                     ;数据段
00000000  06 07 07 08 03             num byte 6,7,7,8,3,0,0,0
          00 00 00

00000008  36 37 37 38 33             tab byte '67783000'
          30 30 30

                                     ;代码段
00000000  B9 00000008                mov ecx,lengthof num     ;ECX = 变量 NUM 长度(字节个数)
00000005  BE 00000000 R              mov esi,offset num       ;ESI 指向变量 NUM
0000000A  BF 00000008 R              mov edi,offset tab       ;ESI 指向变量 TAB
0000000F  8A 06               again: mov al,[esi]             ;AL 获得变量 NUM 的一个数字
00000011  86 07                      xchg al,[edi]            ;交换,AL 等于变量 TAB 对应的字符
00000013  88 06                      mov [esi],al             ;保存回变量 NUM 原位置
00000015  E8 00000000 E              call dispc               ;显示 AL 中的字符
0000001A  83 C6 01                   add esi,1                ;ESI 指针加 1,指向下一个数字
0000001D  83 C7 01                   add edi,1                ;EDI 指针加 1,指向下一个字符
00000020  E2 ED                      loop again               ;循环处理
00000022  90                         xchg eax,eax
00000023  90                         nop
```

本示例程序将变量 NUM 的数字与对应变量 TAB 的 ASCII 码进行互换,并显示。

程序中,首先使得 ECX 等于需要处理数字的个数,用 ESI 和 EDI 分别指向变量 NUM 和 TAB 首个数据位置。接着利用寄存器间接寻址访问变量中的数据,并进行交换,输入输出子程序库的 DISPC 子程序可以将 AL 中的 ASCII 字符显示在当前光标处。ADD 是后面要介绍的加法指令,这里分别将 ESI 和 EDI 加 1,使得它们指向下一个数据位置。LOOP 是循环指令,它先将本指令默认使用的计数器寄存器 ECX 减 1,然后判断 ECX 是否为 0。如果 ECX 不等于 0,说明循环没有结束,则程序跳转到 LOOP 指令所指定的标号位置执行那里的指令;如果 ECX 等于 0,说明循环结束,程序按顺序向下执行。这里实现了标号 AGAIN 对应的指令"MOV AL,[ESI]"到"LOOP AGAIN"指令之间的循环体重复执行,重复执行次数由 ECX 控制,每次循环 ECX 减 1,直到为 0。

指令系统中有一条空操作(No Operation)指令:NOP。从本示例程序的列表文件中看到,它与指令"XCHG EAX,EAX"具有同样的指令代码(90H),实际上就是同一条指令。空操作指令看似毫无作用,但处理器执行该指令需要花费时间,且放置在主存中也要占用一个字节空间。编程中,有时利用 NOP 指令实现短时间延时,还可以临时占用代码空间以便以后填入需要的指令代码。

另外,通过本示例程序可以看到,依次对字符串、数组元素处理时,可以采用寄存器间接寻址。利用寄存器相对寻址也很方便,如下所示:

```
            mov ecx,lengthof num    ;ECX=变量 NUM 长度
            mov esi,0               ;ESI=0,用于表示数据在变量中的位移量
again:      mov al,num[esi]         ;AL 获得变量 NUM 的一个数字
            xchg al,tab[esi]        ;交换,AL 等于变量 TAB 对应的字符
            mov num[esi],al         ;保存回变量 NUM 原位置
            call dispc              ;显示 AL 中的字符
            add esi,1               ;指向下一个数据
            loop again              ;循环
```

3.4.2 堆栈操作指令

堆栈是一个"先进后出"的存储区域，具有两种基本操作，对应两条基本指令：数据压进堆栈操作对应进栈指令 PUSH；数据弹出堆栈操作对应出栈指令 POP。

IA-32 处理器的堆栈建立在主存区域中，使用 SS 段寄存器指向段基地址。堆栈段的范围由堆栈指针寄存器 ESP 的初值确定，这个位置就是堆栈底部(不再变化)。堆栈只有一个数据出入口，即当前栈顶(不断变化)，由堆栈指针寄存器 ESP 的当前值指定栈顶的偏移地址，如图 3-7 所示。随着数据进入堆栈，ESP 逐渐减小；而随着数据依次弹出堆栈，ESP 逐渐增大。随着 ESP 增大，弹出的数据不再属于当前堆栈区域，随后进入堆栈的数据也会占用这个存储空间。当然，如果进入堆栈的数据超出了设置的堆栈范围，或者已无数据可以弹出(即 ESP 增大到栈底)，就会产生堆栈溢出错误。堆栈溢出，轻者使程序出错，重者会导致系统崩溃。

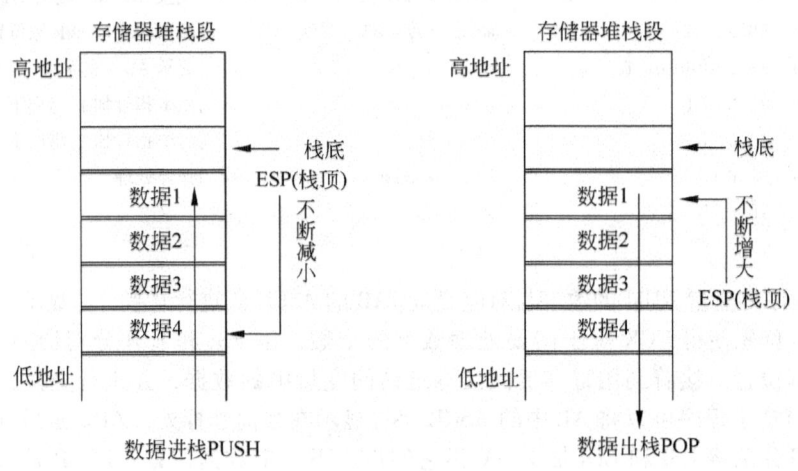

图 3-7 IA-32 处理器的堆栈操作

堆栈操作常被比喻为"摞盘子"。盘子一个压着一个叠起来放进箱子里，就像数据进栈操作一样；叠起来的盘子应该从上面一个接一个拿走，就像数据出栈操作一样；最后放上去的盘子被最先拿走，就是堆栈的"后进先出"操作原则。不过，IA-32 处理器的堆栈段是"向下生长"的，即随着数据进栈，堆栈顶部(指针 ESP)逐渐减小，所以可以将其看成是一个倒扣的箱子，盘子(数据)从下面放进去。

1. 进栈指令 PUSH

进栈指令 PUSH 先将 ESP 减小作为当前栈顶，然后可以将立即数、通用寄存器和段寄存器内容或存储器操作数传送到当前栈顶。由于目的位置就是栈顶，且由 ESP 确定，所以 PUSH 指令只表达源操作数。格式是(注释部分是指令功能解释)：

```
    push src        ;① ESP=ESP-4(2),② SS:[ESP]=src
```

IA-32 处理器的堆栈只能以字或双字为单位操作。字量数据进栈时，ESP 向低地址移动 2 个字节单元(即减 2)指向当前栈顶。双字量数据进栈时，ESP 减 4，即准备 4 个字节单元。然后，数据以"低对低、高对高"的小端方式存放到堆栈顶部，参看图 3-8。

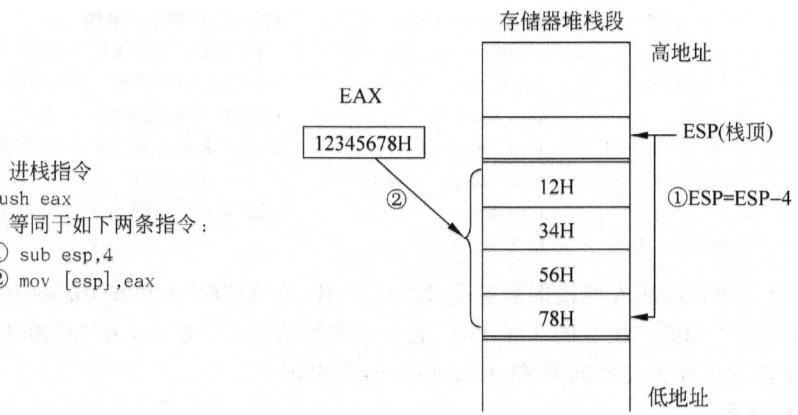

图 3-8　进栈操作

PUSH 指令等同于一条对 ESP 的减法指令(SUB)和一条传送指令(MOV)。

2. 出栈指令 POP

出栈指令 POP 执行与入栈指令相反的功能，它先将栈顶数据传送到通用寄存器、存储单元或段寄存器中，然后 ESP 增加作为当前栈顶。由于源操作数在栈顶，且由 ESP 确定，所以 POP 指令只表达目的操作数。格式是(注释部分是指令功能解释)：

```
pop dest       ;① dest = SS:[ESP],② ESP = ESP + 4(2)
```

字量数据出栈时，ESP 向高地址移动 2 个字节单元(即加 2)。双字量数据出栈时，ESP 加 4。然后，数据以"低对低、高对高"原则从栈顶传送到目的位置，参看图 3-9。

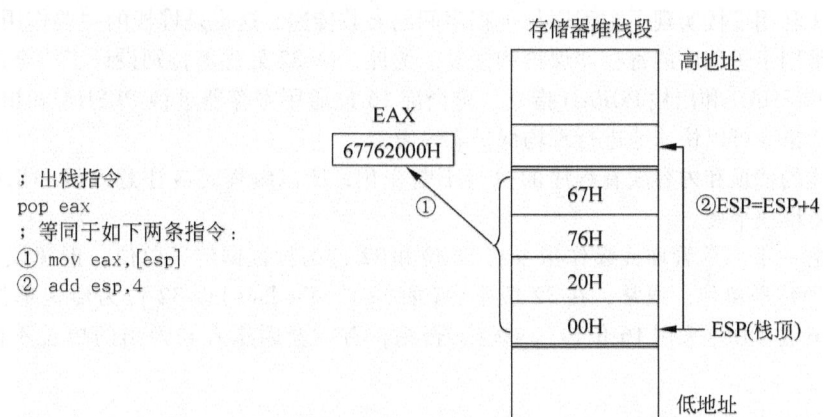

图 3-9　出栈操作

POP 指令等同于一条传送指令(MOV)和一条对 ESP 的加法指令(ADD)。

【例 3-8】 堆栈操作程序

```
                            ;数据段
= 0000000A                  ten = 10
```

```
00000000  67762000           dvar  dword 67762000h,12345678h
          12345678
                             ;代码段
00000000  A1 00000004 R      mov eax,dvar+4        ;EAX=12345678H
00000005  50                 push eax              ;将 EAX 内容压入堆栈
00000006  68 0000000A        push dword ptr ten    ;将立即数以双字量压入堆栈
0000000B  FF 35 00000000 R   push dvar             ;将变量 DVAR 的第一个数据压入堆栈
00000011  58                 pop eax               ;栈顶数据弹出到 EAX
00000012  8F 05 00000004 R   pop dvar+4            ;栈顶数据弹出到 DVAR+4 位置
00000018  8B 1D 00000004 R   mov ebx,dvar+4        ;EBX=000000AH
0000001E  59                 pop ecx               ;栈顶数据弹出到 ECX
0000001F  E8 00000000 E      call disprd
```

3 条 PUSH 指令依次压入堆栈的数据是 12345678H、0000000AH 和 67762000H，每次 ESP 减 4。按照"后进先出"原则，接着的 3 条 POP 指令的执行结果是：EAX=67762000H，DVAR 变量的后一个双字数据位置更改为 0000000AH，ECX=12345678H。

3. 堆栈的应用

堆栈是程序中不可或缺的一个存储区域。除堆栈操作指令外，子程序调用 CALL 和子程序返回 RET、中断调用 INT 和中断返回 IRET 等指令，以及内部异常、外部中断等情况都会使用堆栈、修改 ESP 值。

堆栈可用来临时存放数据，以便随时恢复它们。使用 POP 指令时，应该明确当前栈顶的数据是什么，可以按程序执行顺序向前观察由哪个操作压入了该数据。既然堆栈是利用主存实现的，我们当然就能以随机存取方式读写其中的数据。通用寄存器之一的堆栈基址指针 EBP 就是出于这个目的而设计的。例如：

```
mov ebp,esp         ;EBP=ESP
mov eax,[ebp+8]     ;EAX=SS:[EBP+8],EBP 默认与堆栈段配合
mov [ebp],eax       ;SS:[EBP]=EAX
```

上述方法利用堆栈实现了主程序与子程序间的参数传递，这也是堆栈的主要作用之一。

堆栈还常用于子程序的寄存器保护和恢复。为此，IA-32 处理器特别设计了将全部 32 位通用寄存器进栈 PUSHAD 和出栈 POPAD 指令、将全部 16 位通用寄存器进栈 PUSHA 和出栈 POPA 指令。利用这些指令可以快速地进行现场保护和恢复。

由于堆栈的栈顶和内容随着程序的执行不断变化，所以编程时应注意入栈和出栈的数据要成对，要保持堆栈平衡。

需要提醒一下，尽管堆栈操作指令有 16 位和 32 位两种数据传送单位，但建议程序中尽量不要混用两种传送单位。通常，在 32 位平台（如 32 位 Windows）以 32 位为传送单位，而在 16 位平台（如 16 位 DOS）采用 16 位传送单位。否则，有时会因压入和弹出的单位不同造成混乱或错误。

3.4.3 其他传送指令

指令系统中还有一些针对特定需要设计的专用传送指令。

1. 换码指令

换码指令 XLAT(Translate) 是一条比较复杂的指令，应用前需要将 EBX 指向主存缓冲区并给 AL 赋值距离缓冲区开始的位移量，执行的功能是将缓冲区该位移量位置的数据取出赋给 AL，可以表达为"AL←[EBX+AL]"。由于 XLAT 指令隐含使用 EBX 和 AL，所以其助记符后无需写出操作数，

默认该缓冲区在 DS 数据段；如果设置的缓冲区在其他段，则需要写明缓冲区的变量名，汇编程序就会加上必要的段超越前缀，用户也可以在变量名前加上段超越前缀。

【例 3-9】 换码显示程序

```
                                    ;数据段
00000000  06 07 07 08 03      num byte 6,7,7,8,3,0,0,0    ;要被转换的数字
          00 00 00
00000008  30 31 32 33 34      tab byte '0123456789'       ;代码表
          35 36 37 38 39
                                    ;代码段
00000000  B9 00000008         mov ecx,lengthof num
00000005  BE 00000000 R       mov esi,offset num
0000000A  BB 00000008 R       mov ebx,offset tab          ;EBX 指向代码表
0000000F  8A 06        again: mov al,[esi]                ;AL = 要转换的数字
00000011  D7                  xlat                        ;换码
00000012  E8 00000000 E       call dispc                  ;显示
00000017  83 C6 01            add esi,1                   ;指向下一个数字
0000001A  E2 F3               loop again                  ;循环
```

XLAT 指令用于将一种代码转换为另一种代码，例如，将键盘位置码转换为 ASCII 码，将数字 0~9 转换为 7 段显示码等。使用前，首先在主存中建立一个字节表格，表格的内容是要转换成的目的代码，表格的首地址存放于 EBX 寄存器，需要转换的代码存放于 AL 寄存器，要求被转换的代码应是相对表格首地址的位移量。设置好后，执行换码指令，即将 AL 寄存器的内容转换为目的代码。本示例程序的表格 TAB 按顺序设置了数字 0~9 的 ASCII 码，变量 NUM 依次是要显示的各位数字，经 XLAT 指令转换成对应的 ASCII 码，然后显示。程序执行结束后，将显示数字：67783000（与例 3-7 的显示结果一样）。

XLAT 是一种具有特定功能的指令，只能进行字节量表格换码，用 AL 作为位移量且限制其最大为 255。如果不存在该指令，可以用下面的程序段替代前面的循环体完成同样的功能：

```
again:  mov eax,0       ;EAX = 0
        mov al,[esi]    ;AL = 要转换的数字
        add eax,ebx     ;EAX = EAX + EBX,指向对应的字符
        mov al,[eax]    ;换码
        call dispc      ;显示
        add esi,1       ;指向下一个数字
        loop again      ;循环
```

利用寄存器相对寻址具有的计算能力，可以删除对 EBX 传送表格首地址和 ADD 加法指令，将实现换码的指令"MOV AL，[EAX]"替换为"MOV AL，TAB[EAX]"就可以了。这种方法比 XLAT 指令还简单，所以在 IA-32 处理器中已不常用 XLAT 指令了。

2. 标志传送指令

IA-32 处理器有可以直接改变 CF、DF、IF 标志状态的标志位操作指令，如表 3-8 所示。标志寄存器低字节内容可以用 LAHF 指令传送到 AH 寄存器，或者用 SAHF 指令实现相反的传送，即将 AH 内容传送到标志寄存器低字节。标志寄存器低 16 位部分可以用 PUSHF 指令压入堆栈，还可以用 POPF 指令将堆栈顶部的一个字量数据弹出传送到标志寄存器低 16 位部分。针对 32 位标志寄存器 EFLAGS，可以用 PUSHFD 指令将全部内容压入堆栈，用 POPFD 指令将当前堆栈顶部数据弹出，传送给标志寄存器。

表3-8 标志位操作指令

指令	功　能	指令	功　能
CLC	复位进位标志：CF←0	CLD	复位方向标志：DF←0，串操作后地址增大
STC	置位进位标志：CF←1	STD	置位方向标志：DF←1，串操作后地址减小
CMC	求反进位标志：原为0变为1，原为1变为0	CLI	复位中断标志：IF←0，禁止可屏蔽中断
		STI	置位中断标志：IF←1，允许可屏蔽中断

尽管许多指令的执行都会影响标志，但这组指令能够直接操作标志寄存器。当有必要了解当前标志状态或设置标志状态时可以使用这组指令。

3. 地址传送指令

存储器操作数具有地址属性，利用地址传送指令可以获取其地址。其中，最常用的是获取有效地址指令 LEA（Load Effective Address），格式如下：

```
lea r16/r32,mem    ;r16/r32 = mem 的有效地址 EA(不需要类型一致)
```

LEA 指令将存储器操作数的有效地址（段内偏移地址）传送至 16 位或 32 位通用寄存器中。它的作用等同于汇编程序 MASM 的地址操作符 OFFSET。LEA 指令是在指令执行时计算出偏移地址，而 OFFSET 操作符是在汇编阶段取得变量的偏移地址，后者执行速度更快。不过，对于在汇编阶段无法确定的偏移地址，就只能利用 LEA 指令获取了。

【例 3-10】 地址传送程序

```
                                ;数据段
00000000  41424344            dvar dword 41424344h
                                ;代码段
00000000  A1 00000000 R       mov eax,dvar              ;EAX = 41424344H
00000005  8D 35 00000000 R    lea esi,dvar              ;ESI 指向 DVAR
0000000B  8B 1E               mov ebx,[esi]             ;EBX = 41424344H
0000000D  BF 00000000 R       mov edi,offset dvar       ;EDI 指向 DVAR
00000012  8B 0F               mov ecx,[edi]             ;ECX = 41424344H
00000014  8D 94 BE            lea edx,[esi + edi*4 +100h]  ;EDX = ESI + EDI×4 +100H
          00000100
0000001B  E8 00000000 E       call disprd
```

前一条 LEA 指令使 ESI 等于 DVAR 变量的有效地址（并没有读取变量内容），与利用 OFFSET 设置的 EDI 相同，所以 EAX = EBX = ECX = 41424344H。后一条 LEA 指令实际上先进行包含乘比例 4 的加法运算得到偏移地址（带比例的相对基址变址寻址方式），然后传送给 EDX 寄存器。它不能使用"MOV EDX, OFFSET [ESI + EDI * 4 + 100H]"指令替代，因为汇编时不知道执行时 ESI 和 EDI 等于什么。

IA-32 处理器指令系统还有指针传送指令 LDS、LES、LFS、LGS 和 LSS，它们能将主存的连续 4 个或 6 个字节内容的前两个依次传送给 DS、ES、FS、GS 和 SS，后续字节作为偏移地址传送给指令的 16 位或 32 位通用寄存器。另外，MOV 指令还支持对控制寄存器等系统专用寄存器的数据传送，不过它们通常不能在应用程序中使用。

3.5 算术运算类指令

算术运算是对数据进行加减乘除，它是基本的数据处理方法。加减运算有"和"或"差"的结果外，还有进借位、溢出等状态标志，所以状态标志也是结果的一部分。

3.5.1 状态标志

数据传送类指令中，除了标志为目的操作数的标志传送指令外，其他传送指令并不影响标志；也就是说，标志并不因为传送指令的执行而改变，所以没有涉及标志状态问题。但标志状态是加减运算、逻辑运算等指令的辅助结果，又是程序分支的各种条件，所以在汇编语言中具有非常重要的作用。

1. 进位标志 CF(Carry Flag)

处理器设计的进(借)位标志类似于十进制数据加减运算中的进位和借位，只不过是体现二进制数据最高位的进位或借位。具体来说，当加减运算结果的最高有效位有进位(加法)或借位(减法)时，将设置进位标志为1，即 CF=1；如果没有进位或借位，则设置进位标志为0，即 CF=0。换句话说，加减运算后，如果 CF=1，说明数据运算过程中最高位出现了进位或借位；如果 CF=0，说明最高位没有进位或借位。

例如，有两个8位二进制数：00111010 和 01111100。如果将它们相加，运算结果是 10110110。运算过程中，最高位没有向上再进位，所以这个运算结果将使得 CF=0。但如果是 10101010 和 01111100 相加，结果是[1]00100110，出现了向高位进位(用中括号表示)，所以这个运算结果将使得 CF=1。

进位标志是针对无符号整数运算设计的，反映无符号数据加减运算结果是否超出范围、是否需要利用进(借)位反映正确结果。N 位无符号整数表达的范围是 $0 \sim 2^N - 1$。如果相应位数的加减运算结果超出了其能够表达的范围，就是产生了进位或借位。

将上面例子中的二进制数据运算 00111010 + 01111100 = 10110110 转换成十进制表达是：58 + 124 = 182。运算结果 182 仍在 0~255 范围之内，没有产生进位，所以 CF=0。

将二进制数据运算 10101010 + 01111100 = [1]00100110 转换成十进制表达是：170 + 124 = 294 = 256 + 38。运算结果 294 超出了 0~255 范围，所以将使得 CF=1。这里，进位 CF=1 表达了十进制数据 256。

2. 溢出标志 OF(Overflow Flag)

把水倒入茶杯时，如果倒了超出茶杯容量的水，水会漫出来，这就是溢出的本意：一个容器不能存放超过其容积的物体。同样，处理器设计的溢出标志用于表达有符号整数进行加减运算的结果是否超出范围。如果超出范围，就是有溢出，将设置溢出标志 OF=1；如果没有溢出，则 OF=0。

溢出标志是针对有符号整数运算设计的，反映有符号数据加减运算结果是否超出范围。处理器默认采用补码形式表示有符号整数，N 位补码表达的范围是 $-2^{N-1} \sim +2^{N-1} - 1$。如果有符号整数运算结果超出了这个范围，就是产生了溢出。

对上面例子中的两个8位二进制数：00111010 和 01111100，按照有符号数的补码规则它们都是正整数，用十进制表达分别是：58 和 124。它们求和的结果是二进制 10110110，用十进制表达是 58 + 124 = 182。运算结果 182 超出了 -128~+127 范围，产生溢出，所以 OF=1。另一方面，按照补码规则，8位二进制结果 10110110 的最高位为1说明它表达的是负数，所以溢出情况下的运算结果是错误的。

对于二进制数 10101010，其最高位是1，按照补码规则表达负数，求反加1得到绝对值，即表达十进制数 -86。它与二进制数 01111100(用十进制表达为 124)相加，结果是[1]00100110。因为进行的是有符号数据运算，所以不考虑无符号运算出现的进位，00100110 才是需要的结果，用十进制表示为 38(=-86+124)。运算结果 38 没有超出 -128~+127 范围，没有溢出，所以

OF = 0。因此，有符号数据进行加减运算，只有在没有溢出情况下才是正确的。

总之，溢出标志 OF 和进位标志 CF 是两个意义不同的标志。进位标志表示无符号整数运算结果是否超出范围，超出范围后加上进位或借位运算结果仍然正确；而溢出标志表示有符号整数运算结果是否超出范围，超出范围运算结果不正确。处理器对两个操作数进行运算时，按照无符号整数求得结果，并相应设置进位标志 CF；同时，根据是否超出有符号整数的范围设置溢出标志 OF。应该利用哪个标志，则由程序员来决定。也就是说，如果将参加运算的操作数认为是无符号数，就应该关心进位；而如果将参加运算的操作数认为是有符号数，则要注意是否溢出。图 3-10 举例说明了进位与溢出的 4 种情况。

```
      二进制补码      无符号整数    有符号整数              二进制补码      无符号整数    有符号整数
       01111110         126          126                   01111110         126          126
  +    11111000         248           -8              +    00001000           8            8
     [1]01110110      256+118         118                  10000110         134         -122?

  a) 无符号整数：126+248=256+118，进位            b) 无符号整数：126+8=134，无进位
     有符号整数：126-8=118，无溢出                    有符号整数：126+8=-122?，溢出、错误

      二进制补码      无符号整数    有符号整数              二进制补码      无符号整数    有符号整数
       10010111         151         -105                   10010111         151         -105
  +    00100000          32           32              +    11100000         224          -32
       10110111         183          -73                 [1]01110111      256+119         119?

  c) 无符号整数：151+32=183，无进位                d) 无符号整数：151+224=256+119，进位
     有符号整数：-105+32=-73，无溢出                  有符号整数：-105-32=119?，溢出、错误
```

图 3-10 补码运算示例

处理器利用异或门等电路判断运算结果是否溢出。按照处理器硬件的方法或者前面论述的原则进行判断会比较麻烦，这里给出一个简单规则：只有当两个相同符号数相加（含两个不同符号数相减），而运算结果的符号与原数据符号相反时，才产生溢出（因为此时的运算结果显然不正确）。其他情况下，则不会产生溢出。

因为减法可以用加负数实现，处理器只设计了加法器电路，所以没必要讨论减法的借位和溢出问题。

3. 其他状态标志

零标志 ZF(Zero Flag)反映运算结果是否为 0。运算结果为 0，则设置 ZF = 1，否则设置 ZF = 0。例如，8 位二进制数运算 00111010 + 01111100 = 10110110 的结果不是 0，所以设置 ZF = 0。如果是 8 位二进制数运算 10000100 + 01111100 = [1]00000000，最高位的进位由进位 CF 标志反映，除此之外的结果是 0，则这个运算结果将使得 ZF = 1。注意，零标志 ZF = 1 说明运算结果是 0。

符号标志 SF(Sign Flag)反映运算结果是正数还是负数。处理器通过符号位来判断数据的正负，因为符号位是二进制数的最高位，所以运算结果的最高位（符号位）就是符号标志的状态。也就是说，运算结果的最高位为 1，则 SF = 1；否则 SF = 0。例如，8 位二进制数运算 00111010 + 01111100 = 10110110 的结果的最高位是 1，所以设置 SF = 1。如果是 8 位二进制数运算 10000100 + 01111100 = [1]00000000，最高位是 0（进位 1 不是最高位），则这个运算结果将使得 SF = 0。

奇偶标志 PF(Parity Flag)反映运算结果最低字节中"1"的个数是偶数还是奇数，以便于用软件编程实现奇偶校验。最低字节中"1"的个数为零或偶数时，PF = 1；最低字节中"1"的个数为奇数时，PF = 0。例如，8 位二进制数运算 00111010 + 01111100 = 10110110 的结果中"1"的个数为 5，是奇数，故设置 PF = 0。如果是 8 位二进制数运算 10000100 + 01111100 = [1]00000000，除进

位外的结果是零个"1",则这个运算结果将使得 PF = 1。注意,即使是进行 16 位或 32 位操作,PF 标志也仅反映最低 8 位中"1"的个数是偶数还是奇数。

加减运算结果将同时影响上述 5 个标志,表 3-9 总结了前面的示例,以便于对比理解。

表 3-9 加法运算结果对标志的影响

加法运算及其结果	CF	OF	ZF	SF	PF
00111010 + 01111100 = [0]10110110	0	1	0	1	0
10101010 + 01111100 = [1]00100110	1	0	0	0	0
10000100 + 01111100 = [1]00000000	1	0	1	0	1

调整标志 AF(Adjust Flag)反映加减运算时最低半字节有无进位或借位。最低半字节有进位或借位时,AF = 1;否则 AF = 0。这个标志主要由处理器内部使用,用于十进制算术运算的调整指令,用户一般不必关心。例如,8 位二进制数运算 00111010 + 01111100 = 10110110,低 4 位有进位,所以 AF = 1。

3.5.2 加法指令

加法运算包含 ADD、ADC 和 INC 三条指令,除 INC 不影响进位标志 CF 外,其他指令按照定义影响全部状态标志位,即按照运算结果相应设置各个状态标志为 0 或 1。

1. 加法指令 ADD

加法指令 ADD 使目的操作数加上源操作数,和的结果送到目的操作数。格式如下:

```
ADD dest,src        ;加法:dest = dest + src
```

它支持寄存器与立即数、寄存器、存储单元,以及存储单元与立即数、寄存器间的加法运算,按照定义影响 6 个状态标志位。例如:

```
mov eax,0aaff7348h      ;EAX = AAFF7348H,不影响标志
add al,27h              ;AL = AL + 27H = 48H + 27H = 6FH,所以 EAX = AAFF736FH
                        ;状态标志:OF = 0,SF = 0,ZF = 0,PF = 1,CF = 0
add ax,3fffh            ;AX = AX + 3FFFH = 736FH + 3FFFH = B36EH,所以 EAX = AAFFB36EH
                        ;状态标志:OF = 1,SF = 1,ZF = 0,PF = 0,CF = 0
add eax,88000000h       ;EAX = EAX + 88000000H = AAFFB36EH + 88000000H = [1]32FFB36EH
                        ;状态标志:OF = 1,SF = 0,ZF = 0,PF = 0,CF = 1
```

对于 8 位运算指令,状态标志反映 8 位运算结果的状态;同样,进行 16 位或 32 位运算,状态标志(除 PF)也是反映 16 位或 32 位运算结果的状态。上节介绍的数据传送类指令中,除了标志为目的操作数的地址传送指令外,其他传送指令并不影响标志。也就是说,标志并不因为传送指令的执行而改变。

为了查看指令对状态标志的影响情况,可以接着该指令执行"CALL DISPRF"指令。DISPRF 是输入输出子程序库中显示状态标志的子程序。作为练习,大家可以将这个调用语句加入上述每条指令后形成一个源程序,生成可执行文件并运行,然后对比显示结果。

2. 带进位加法指令 ADC

带进位加法指令 ADC(Add with Carry)除完成 ADD 加法运算外,还要加上进位 CF,结果送到目的操作数,按照定义影响 6 个状态标志位。格式如下:

```
ADC dest,src        ;带进位加法:dest = dest + src + CF
```

ADC 指令用于与 ADD 指令相结合实现多精度数的加法。IA-32 处理器可以实现 32 位加法。

但是，多于 32 位的数据相加需要先将两个操作数的低 32 位相加（用 ADD 指令），然后再加高位部分，并将进位加到高位（需要用 ADC 指令）。

【例 3-11】 64 位数据相加程序

```
                                  ;数据段
00000000  6778300082347856        qvar1 qword 6778300082347856h   ;64 位数据 1
00000008  6776200012348998        qvar2 qword 6776200012348998h   ;64 位数据 2
                                  ;代码段
00000000  A1 00000000 R           mov eax,dword ptr qvar1         ;取低 32 位
00000005  03 05 00000008 R        add eax,dword ptr qvar2         ;加低 32 位,设置 CF
0000000B  8B 15 00000004 R        mov edx,dword ptr qvar1+4       ;取高 32 位
00000011  13 15 0000000C R        adc edx,dword ptr qvar2+4       ;加高 32 位,同时也加上 CF
00000017  E8 00000000 E           call disprd
```

本示例程序实现两个 64 位整数相加，和值保存在 EDX（高 32 位）和 EAX（低 32 位）寄存器对中。64 位数据用 4 字变量定义 QWORD，先加低 32 位（ADD 指令），再加高 32 位（ADC 指令）。进行高 32 位加法时，需要加上低 32 位相加形成的进位标志 CF，所以使用了带进位的加法指令。MOV 指令不影响任何状态标志，所以执行 ADC 指令时使用的 CF 就是前面 ADD 指令设置的状态。与 32 位寄存器配合，具有 64 位属性的变量需要进行强制类型转换，用 "DWORD PTR QVAR1" 指向低 32 位、用 "DWORD PTR QVAR1+4" 指向高 32 位。

3. 增量指令 INC

增量指令 INC（Increment）只有一个操作数，对操作数加 1（增量）再将结果返回原处。操作数是寄存器或存储单元。格式如下：

```
INC reg/mem          ;加 1:reg/mem = reg/mem+1
```

设计增量指令的目的，主要是对计数器和地址指针进行调整，所以它不影响进位 CF 标志，但影响其他状态标志位。

3.5.3 减法指令

减法指令包括 SUB、SBB、DEC、NEG 和 CMP 五条指令，除 DEC 不影响 CF 标志外，其他按照定义影响全部状态标志位。

1. 减法指令 SUB

减法指令 SUB（Subtract）使目的操作数减去源操作数，差的结果送到目的操作数。格式如下：

```
SUB dest,src         ;减法:dest = dest - src
```

像 ADD 指令一样，SUB 指令支持寄存器与立即数、寄存器与存储单元，以及存储单元与立即数、寄存器间的减法运算，按照定义影响 6 个状态标志位。例如：

```
mov eax,0aaff7348h      ;EAX = AAFF7348H
sub al,27h              ;EAX = AAFF7321H,OF=0,SF=0,ZF=0,PF=1,CF=0
sub ax,3fffh            ;EAX = AAFF3322H,OF=0,SF=0,ZF=0,PF=1,CF=0
sub eax,0bb000000h      ;EAX = EFFF3322H,OF=0,SF=1,ZF=0,PF=1,CF=1
```

2. 带借位减法指令 SBB

带借位减法指令 SBB（Subtract with Borrow）除完成 SUB 减法运算外，还要减去借位 CF，结果送到目的操作数，按照定义影响 6 个状态标志位。格式如下：

```
SBB dest,src          ;带借位减法:dest = dest - src - CF
```

SBB 指令主要用于与 SUB 指令相结合实现多精度数的减法。多于 32 位数据的减法需要先将两个操作数的低 32 位相减(用 SUB 指令),然后再减高位部分,并从高位减去借位(需要用 SBB 指令)。

3. 减量指令 DEC

减量指令 DEC(Decrement)对操作数减 1(减量)再将结果返回原处。格式如下:

```
DEC reg/mem           ;减1:reg/mem = reg/mem - 1
```

DEC 指令与 INC 指令相对应,也主要用于对计数器和地址指针进行调整,不影响进位 CF 标志,但影响其他状态标志位。

【例 3-12】 大小写字母转换程序

```
                                        ;数据段
00000000  77 65 6C 63 6F    msg byte 'welcome',0
          6D 65 00
                                        ;代码段
00000000  B9 00000007       mov ecx,(lengthof msg)-1   ;ECX 等于字符串长度
00000005  BB 00000000       mov ebx,0                  ;EBX = 0 指向头一个字母
0000000A  80 AB 00000000 R  again: sub msg[ebx],'a'-'A' ;小写字母减 20H 转换为大写
          20
00000011  43                inc ebx                    ;指向下一个字母
00000012  E2 F6             loop again                 ;循环
00000014  B8 00000000 R     mov eax,offset msg
00000019  E8 00000000 E     call dispmsg               ;显示
```

本示例程序将小写字母组成的字符串改为大写字母,然后显示。小写字母和对应的大写字母相差 20H(= 'a' - 'A' = 61H - 41H),所以小写字母减 20H 成为大写字母,反过来大写字母加 20H 就成为小写字母。给定的字符串全部由小写字母组成,所以程序没有判断是否是小写字母(判断方法将在下章介绍)。本示例程序的减法指令用 MSG[EBX]指向字符串中的字母,是寄存器相对寻址的目的操作数,MSG 表示字符串首位置,EBX 指向字符串中的字母。执行过程中先取出小写字母减 20H 后成为大写字母,又保存到原来的位置。

4. 求补指令 NEG

求补指令 NEG(Negative)也是一个单操作数指令,它对操作数执行求补运算,即用零减去操作数,然后结果返回操作数。

```
NEG reg/mem           ;用 0 作减法:reg/mem = 0 - reg/mem
```

NEG 指令对标志的影响与用零作减法的 SUB 指令一样,可用于求负数的补码或由负数的补码求其绝对值。例如:

```
mov ax,0ff64h
neg al                ;AX = FF9CH,OF = 0,SF = 1,ZF = 0,PF = 1,CF = 1
sub al,9dh            ;AX = FFFFH,OF = 0,SF = 1,ZF = 0,PF = 1,CF = 1
neg ax                ;AX = 0001H,OF = 0,SF = 0,ZF = 0,PF = 0,CF = 1
dec al                ;AX = 0000H,OF = 0,SF = 0,ZF = 1,PF = 1,CF = 1
neg ax                ;AX = 0000H,OF = 0,SF = 0,ZF = 1,PF = 1,CF = 0
```

5. 比较指令 CMP

比较指令 CMP(Compare)使目的操作数减去源操作数,差值不回送到目的操作数,但按照减

法结果影响状态标志。格式如下：

```
CMP dest,src          ;减法运算:dest-src
```

CMP 指令通过减法运算影响状态标志，根据标志状态可以获知两个操作数的大小关系。它主要是为了给条件转移等指令使用其形成的状态标志(下一章学习)。

3.5.4 乘除法等指令

算术运算类指令还包括乘除法指令以及与运算相关的符号扩展等指令。

1. 乘法指令

基本的乘法指令指出源操作数 src(寄存器或存储单元)，隐含使用目的操作数，如表 3-10 所示。若 src 是 8 位数，AL 与 src 相乘得到 16 位积，存入 AX 中；若 src 是 16 位数，AX 与 src 相乘得到 32 位积，高 16 位存入 DX、低 16 位存入 AX 中；若 src 是 32 位数，EAX 与 src 相乘得到 64 位积，高 32 位存入 EDX、低 32 位存入 EAX 中。

表 3-10 乘法指令

指令类型	指 令	操作数组合及功能	举 例
无符号数乘法	MUL src	AX = AL × r8/m8	mul bl
有符号数乘法	IMUL src	DX.AX = AX × r16/m16 EDX.EAX = EAX × r32/m32	imul bx mul dvar
双操作数乘法	IMUL dest, src	r16 = r16 × r16/m16/i8/i16 r32 = r32 × r32/m32/i8/i32	imul eax, 10 imul ebx, ecx
三操作数乘法	IMUL dest, src, imm	r16 = r16/m16 × i8/i16 r32 = r32/m32 × i8/i32	imul ax, bx, -2 imul eax, dword ptr [esi+8], 5

乘法指令分成无符号数乘法指令 MUL 和有符号数乘法指令 IMUL。同一个二进制编码表示无符号数和有符号数时，真值可能不同。例如，用 MUL 进行 8 位无符号乘法运算：

```
mov al,0a5h           ;AL=A5H,作为无符号整数编码,表示真值 165
mov bl,64h            ;BL=64H,作为无符号整数编码,表示真值 100
mul bl                ;无符号乘法:AX=4074H,表示真值 16500
```

用 IMUL 进行 8 位有符号乘法运算：

```
mov al,0a5h           ;AL=A5H,作为有符号整数补码,表示真值 -91
mov bl,64h            ;BL=64H,作为有符号整数补码,表示真值 100
imul bl               ;有符号乘法:AX=DC74H,表示真值 -9100
```

所以，对于计算二进制数乘法：A5H×64H，如果把它们当作无符号数，用 MUL 指令的结果为 4074H，表示真值 16500；如果采用 IMUL 指令，则结果为 DC74H，表示真值 -9100。注意，加减指令只进行无符号数运算，程序员利用 CF 和 OF 区别结果。

基本的乘法指令按如下规则影响标志 OF 和 CF：若乘积的高一半是低一半的符号位扩展，说明高一半不含有效数值，则 OF = CF = 0；若乘积的高一半有效，则用 OF = CF = 1 表示。但是，乘法指令对其他状态标志没有定义，即任意、不可预测。注意，这一点与数据传送类指令对标志没有影响是不同的，没有影响是指不改变原来的状态。

从 80186 开始，有符号数乘法又提供了两种新形式，如表 3-10 后两行所示。这些新增的乘法形式的目的操作数和源操作数的长度相同，因此乘积有可能溢出。如果积溢出，那么高位部分被丢掉，并设置 CF = OF = 1；如果没有溢出，则 CF = OF = 0。后一种形式采用了 3 个操作数，其中一个乘数用立即数表达。

由于存放积的目的操作数长度与乘数的长度相同，而有符号数和无符号数的乘积的低位部分是相同的，所以，这种新形式的乘法指令对有符号数和无符号数的处理是相同的。

2. 除法指令

除法指令给出源操作数 src（寄存器或存储单元），隐含使用目的操作数，如表 3-11 所示。

表 3-11 除法指令

指令类型	指令	操作数组合及功能	举例
无符号数除法	DIV src	AL = AX ÷ r8/m8 的商，AH = AX ÷ r8/m8 的余数 AX = DX.AX ÷ r16/m16 的商，DX = DX.AX ÷ r16/m16 的余数 EAX = EDX.EAX ÷ r32/m32 的商，EDX = EDX.EAX ÷ r32/m32 的余数	div bl
有符号数除法	IDIV src		idiv bx div ebx

除法指令也分成无符号除法指令 DIV 和有符号除法指令 IDIV。有符号除法时，余数的符号与被除数的符号相同。与乘法指令类似，对同一个二进制编码，分别采用 DIV 和 IDIV 指令后，商和余数也会不同。

例如，用 DIV 进行 8 位无符号除法运算：

```
mov ax,400h      ;AX = 400H,作为无符号整数编码,表示真值1024
mov bl,0b4h      ;BL = B4H,作为无符号整数编码,表示真值180
div bl           ;无符号除法:商 AL = 05H,余数 AH = 7CH(真值为124)
                 ;表示计算结果:5 ×180 + 124 = 1024
```

用 IDIV 进行 8 位有符号除法运算：

```
mov ax,400h      ;AX = 400H,作为有符号整数补码,表示真值1024
mov bl,0b4h      ;BL = B4H,作为有符号整数补码,表示真值 -76
idiv bl          ;有符号除法:商 AL = F3H(真值为 -13),余数 AH = 24H(真值为36)
                 ;表示计算结果:( -13) × ( -76) + 36 = 1024
```

除法指令使状态标志没有定义，但是当除数为 0 或者商超过了所能表达的范围时，会发生除法溢出。用 DIV 指令进行无符号数除法，商所能表达的范围是：字节量除时为 0 ~ 255，字量除时为 0 ~ 65 535，双字量除时为 0 ~ 2^{32} - 1。用 IDIV 指令进行有符号数除法，商所能表达的范围是：字节量除时为 - 128 ~ 127，字量除时为 - 32 768 ~ 32 767，双字量除时为 - 2^{31} ~ 2^{31} - 1。如果发生除法溢出，IA-32 处理器将产生编号为 0 的内部中断（详见第 7 章）。实际应用中应该考虑这个问题，操作系统通常只会提示错误。

3. 零位扩展和符号扩展指令

IA-32 处理器支持 8、16 和 32 位数据操作，大多数指令要求两个操作数类型一致。但是，实际的数据类型不一定满足要求。例如，32 位与 16 位数据的加减运算，需要先将 16 位扩展为 32 位。再如，32 位除法需要将被除数扩展成 64 位。不过，位数扩展后数据大小不能因此改变。

对无符号数据，只要在前面加 0 就实现了位数扩展、大小不变，这就是零位扩展，对应指令 MOVZX，参见表 3-12。例如，8 位无符号数据 80H（ = 128）零位扩展为 16 位 0080H（ = 128）。

MOVZX 指令举例：

```
mov al,82h        ;AL = 82H
movzx bx,al       ;AL = 82H,零位扩展:BX = 0082H
movzx ebx,al      ;AL = 82H,零位扩展:EBX = 00000082H
```

表 3-12 零位扩展和符号扩展指令

指令类型	指令	操作数组合及功能	举例
零位扩展	MOVZX r16, r8/m8	把 r8/m8 零位扩展并传送至 r16	movzx di, bvar
	MOVZX r32, r8/m8/r16/m16	把 r8/m8/r16/m16 零位扩展并传送至 r32	movzx eax, ax
符号扩展	MOVSX r16, r8/m8	把 r8/m8 符号扩展并传送至 r16	movsx ax, al
	MOVSX r32, r8/m8/r16/m16	把 r8/m8/r16/m16 符号扩展并传送至 r32	movsx edx, bx

对有符号数据，需要进行符号扩展，即用一个操作数的符号位（最高位）形成另一个操作数，对应指令 MOVSX。例如，8 位有符号数据 64H(=100)为正数，符号位为 0，符号扩展成 16 位是 0064H(=100)。再如，16 位有符号数据 FF00H(=-256)为负数，符号位为 1，符号扩展成 32 位是 FFFFFF00H(=-256)。特别典型的例子是真值 -1，字节量补码表达是 FFH，字量补码表达是 FFFFH，双字量补码表达为 FFFFFFFFH。

MOVSX 指令举例：

```
mov al,82h      ;AL=82H
movsx bx,al     ;AL=82H,符号扩展:BX=FF82H
movsx ebx,al    ;AL=82H,符号扩展:EBX=FFFFFF82H
```

零位扩展对应无符号数，符号扩展对应有符号数，它们使数据位数加长，但数据大小并没有改变。另外，还可以使用符号扩展指令 CBW、CWD、CWDE 和 CDQ，它们的功能分别是将 AL 符号扩展为 AX、AX 符号扩展为 DX 和 AX、AX 符号扩展为 EAX、EAX 符号扩展为 EDX 和 EAX。Intel 8086 只支持 CBW 和 CWD 指令，不支持包括 MOVZX 和 MOVSX 在内的其他扩展指令。

4. 十进制调整指令

十进制数在计算机中也要用二进制编码表示，这就是二进制编码的十进制数：BCD 码。前面的算术运算指令实现了二进制数的加减乘除，要实现十进制 BCD 码的运算，还需要对二进制运算结果进行调整。这是因为 4 位二进制码有 16 种编码代表 0～F，而 BCD 码只使用其中 10 种编码代表 0～9，当 BCD 码按二进制运算后，不可避免地会出现 6 种不用的编码。十进制调整指令就是在需要时让二进制结果跳过这 6 种不用的编码，而仍以 BCD 码反映正确的 BCD 码运算结果。

IA-32 处理器支持压缩 BCD 码调整指令和非压缩 BCD 码调整指令。压缩 BCD 码就是通常的 8421 码，它用 4 个二进制位表示一个十进制位，一个字节可以表示两个十进制位，即 00～99。DAA 和 DAS 指令分别实现加法和减法的压缩 BCD 码调整。

非压缩 BCD 码用 8 个二进制位表示一个十进制位，实际上只是用低 4 个二进制位表示一个十进制位 0～9，高 4 位任意（建议总设置为 0，以免出错）。ASCII 码中，0～9 的编码是 30H～39H，所以 0～9 的 ASCII 码（高 4 位变为 0）就可以认为是非压缩 BCD 码。AAA、AAS、AAM 和 AAD 指令依次实现非压缩 BCD 码的加减乘除调整。

3.6 位操作类指令

计算机中最基本的数据单位是二进制位，指令系统设计有针对二进制位进行操作以及实现位控制的指令。当需要进行一位或若干位的处理时，可以考虑采用位操作类指令。

3.6.1 逻辑运算指令

正像数学中的算术运算一样，逻辑运算是逻辑代数的基本运算。逻辑与门电路、逻辑或门电路以及逻辑非门电路也是数字电路最基本的物理器件。

1. 逻辑与指令 AND

逻辑与的运算规则是：进行逻辑与运算的两位都是逻辑1，则结果是1；否则，结果是0。也就是说，逻辑0和逻辑0相与的结果为0，逻辑0和逻辑1相与的结果为0，逻辑1和逻辑0相与的结果为0，只有逻辑1和逻辑1相与的结果才为1。这个规则类似于二进制的乘法，所以也称其为逻辑乘。在逻辑代数中常采用乘法的运算符号"·"表示逻辑与，一般情况下则使用"∧"表示逻辑与。图3-11给出了逻辑与的真值表、门电路符号、逻辑表达式及运算示例。真值表是数字逻辑中经常采用的表达输入与输出关系的功能表。本教材采用美国等国际上流行的电路符号。

输入		输出
A	B	T
0	0	0
0	1	0
1	0	0
1	1	1

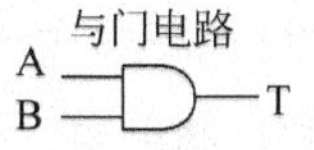

真值表

与门电路

逻辑表达式 T=A·B

示例
```
  01000101
∧ 00110001
  --------
  00000001
```

图3-11 逻辑与的真值表和门电路符号

逻辑与指令 AND 将两个操作数按位进行逻辑与运算，结果返回目的操作数，格式如下：

```
AND dest,src        ;逻辑与:dest = dest ∧ src
```

AND 指令支持的目的操作数是寄存器和存储单元，源操作数是立即数、寄存器和存储单元，但不能都是存储器操作数。它设置标志 CF = OF = 0，根据结果按定义影响 SF、ZF 和 PF。

2. 逻辑或指令 OR

逻辑或的运算规则是：进行逻辑或运算的两位都是逻辑0，则结果是0；否则，结果是1。也就是说，只有逻辑0和逻辑0相或的结果才为0，逻辑0和逻辑1相或的结果为1，逻辑1和逻辑0相或的结果为1，逻辑1和逻辑1相或的结果为1。这个规则有点像无进位的二进制加法，所以也称其为逻辑加。在逻辑代数中常采用加法的运算符号"+"表示逻辑或，一般情况下则使用"∨"表示逻辑或。图3-12给出了逻辑或的真值表、门电路符号、逻辑表达式及运算示例。

输入		输出
A	B	T
0	0	0
0	1	1
1	0	1
1	1	1

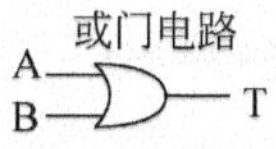

真值表

或门电路

逻辑表达式 T=A+B

示例
```
  01000101
∨ 00110001
  --------
  01110101
```

图3-12 逻辑或的真值表和门电路符号

逻辑或指令 OR 将两个操作数按位进行逻辑或运算，结果返回目的操作数。格式如下：

```
OR dest,src         ;逻辑或:dest = dest ∨ src
```

OR 指令支持的目的操作数是寄存器和存储单元，源操作数是立即数、寄存器和存储单元，但不能都是存储器操作数。它设置标志 CF = OF = 0，根据结果按定义影响 SF、ZF 和 PF。

3. 逻辑非指令 NOT

逻辑非运算是针对一个位进行求反，规则是：原来为0的位变成1，原来为1的位变成0，所以也称逻辑反。在逻辑代数中常采用加上划线"‾"表示对其进行求反，一般情况下则使用

“~”表示逻辑非。图3-13给出了逻辑非的真值表、门电路符号、逻辑表达式及运算示例。数字电路中常用一个小圆表示求反或者低电平有效(参见第5章)。

真值表

输入	输出
A	T
0	1
1	0

非门电路

逻辑表达式$T=\overline{A}$

示例

```
~  01000101
   10111010
```

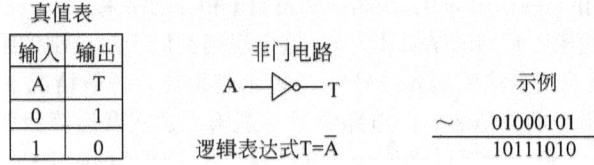

图3-13 逻辑非的真值表和门电路符号

逻辑非指令NOT是单操作数指令，按位进行逻辑非运算后返回结果。格式如下：

```
NOT reg/mem            ;逻辑非:reg/mem = ~reg/mem
```

NOT指令支持的操作数是寄存器和存储单元，不影响标志位。

4. 逻辑异或指令XOR

逻辑异或的运算规则是：进行逻辑异或运算的两位相同，则结果是0；否则，结果是1。也就是说，逻辑0和逻辑0相异或的结果为0，逻辑0和逻辑1相异或的结果为1，逻辑1和逻辑0相异或的结果为1，逻辑1和逻辑1相异或的结果为0。这个规则更像不考虑进位的二进制加法，所以也称其为逻辑半加。在逻辑代数中常采用“⊕”表示逻辑异或。图3-14给出了逻辑异或的真值表、门电路符号、逻辑表达式及运算示例。

真值表

输入		输出
A	B	T
0	0	0
0	1	1
1	0	1
1	1	0

异或门电路

逻辑表达式$T=A\oplus B$

示例

```
   01000101
⊕  00110001
   01110100
```

图3-14 逻辑异或的真值表和门电路符号

逻辑异或指令XOR将两个操作数按位进行逻辑异或运算，结果返回目的操作数。XOR指令支持的操作数组合、对标志的影响与AND、OR指令一样。格式如下：

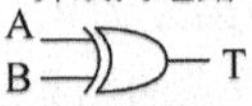

```
XOR dest,src        ;逻辑异或:dest = dest⊕src
```

【例3-13】 逻辑运算程序

```
                                  ;数据段
00000000  CA1E554D                varA             dword 11001010000111100101010101001101b
00000004  375A35E1                varB             dword 00110111010110100011010111100001b
00000008  00000000                varT1            dword ?
0000000C  00000000                varT2            dword ?
                                  ;代码段
00000000  A1 00000000 R           mov eax,varA     ;EAX = 11001010000111100101010101001101B
00000005  F7 D0                   not eax          ;EAX = 00110101111000011010101010110010B
00000007  23 05 00000004 R        and eax,varB     ;EAX = 00110101010000000010000010100000B
0000000D  8B 1D 00000004 R        mov ebx,varB     ;EBX = 00110111010110100011010111100001B
00000013  F7 D3                   not ebx          ;EBX = 11001000101001011100101000011110B
00000015  23 1D 00000000 R        and ebx,varA     ;EBX = 11001000000001000100000000001100B
```

```
0000001B  0B C3              or eax,ebx         ;EAX=11111101010001000110000010101100B
0000001D  A3 00000008 R      mov varT1,eax
                             ;
00000022  A1 00000000 R      mov eax,varA
00000027  33 05 00000004 R   xor eax,varB       ;EAX=11111101010001000110000010101100B
0000002D  A3 0000000C R      mov varT2,eax
                             ;
00000032  A1 00000008 R      mov eax,varT1      ;二进制形式显示 VART1
00000037  E8 00000000 E      call dispbd
0000003C  E8 00000000 E      call dispcrlf      ;换行显示
00000041  A1 0000000C R      mov eax,varT2      ;二进制形式显示 VART2
00000046  E8 00000000 E      call dispbd
```

基本的逻辑运算是与、或、非，逻辑异或可以书写成如下逻辑表达式：

$$A \oplus B = \overline{A} \cdot B + A \cdot \overline{B}$$

本示例程序的前一段(8 条指令)将 VARA 和 VARB 表达的逻辑变量按照上述公式的右侧进行运算，结果保存在 VART1 中。接着用异或指令实现 VARA 和 VARB 的异或运算，将结果保存在 VART2。所以，本示例程序运行后 VART1 和 VART2 内容相同。程序最后用输入输出子程序库中显示 32 位二进制数的子程序 DISPBD 显示了两个结果，还用到了 DISPCRLF 子程序实现显示换行操作。

逻辑运算指令除可用于逻辑运算外，还经常用于设置某些位为 0、为 1 或求反。AND 指令可用于复位某些位(同"0"与)，但不影响其他位(同"1"与)。OR 指令可用于置位某些位(同"1"或)，而不影响其他位(同"0"或)。XOR 可用于求反某些位(同"1"异或)，而不影响其他位(同"0"异或)。

XOR 指令常用于将某个寄存器清 0，同时使 CF = OF = 0。这与用减法进行自身相减得到同样的结果。而直接传送 0 进入寄存器也可以清 0，不过状态标志没有被改变。

编程中经常需要对英文字母大小写进行转换。我们发现大小写字母之间都是相差 20H，所以利用"SUB BL, 20H"指令可以实现小写字母转换为大写字母；利用"ADD BL, 20H"指令可以实现大写字母转换为小写字母。通过 ASCII 码表，我们还发现大写字母与小写字母仅 D_5 位不同，例如，大写字母"A"的 ASCII 码值为 41H(01000001B)，D_5 = 0；而小写字母"a" = 61H(01100001B)，D_5 = 1。所以，利用逻辑运算指令也非常容易实现大小写字母转换。小写字母和数据"11011111B"相与转换为大写字母，大写字母和数据"00100000B"相或转换为小写字母，而和数据"00100000B"相异或则改变字母大小写。

5. 测试指令 TEST

测试指令 TEST 将两个操作数按位进行逻辑与运算。格式如下：

```
TEST dest,src        ;逻辑与运算:dest∧src
```

TEST 指令不返回逻辑与结果，只根据结果像 AND 指令一样来设置状态标志。TEST 指令通常用于检测一些条件是否满足，但又不希望改变原操作数的情况。TEST 指令和 CMP 指令类似，一般后跟条件转移指令，目的是利用测试条件转向不同的分支(详见下一章)。

3.6.2 移位指令

移位指令将数据以二进制位为单位向左或向右移动，有多种处理移入和移出位的方式。

1. 移位指令

移位(Shift)指令分逻辑(Logical)移位和算术(Arithmetic)移位，分别具有左移(Left)或右移

(Right)操作,如图3-15所示。指令格式如下:

```
SHL reg/mem,i8/CL      ;逻辑左移:reg/mem 左移 i8/CL 位,最低位补 0,最高位进入 CF
SHR reg/mem,i8/CL      ;逻辑右移:reg/mem 右移 i8/CL 位,最高位补 0,最低位进入 CF
SAL reg/mem,i8/CL      ;算术左移,与 SHL 是同一条指令
SAR reg/mem,i8/CL      ;算术右移:reg/mem 右移 i8/CL 位,最高位不变,最低位进入 CF
```

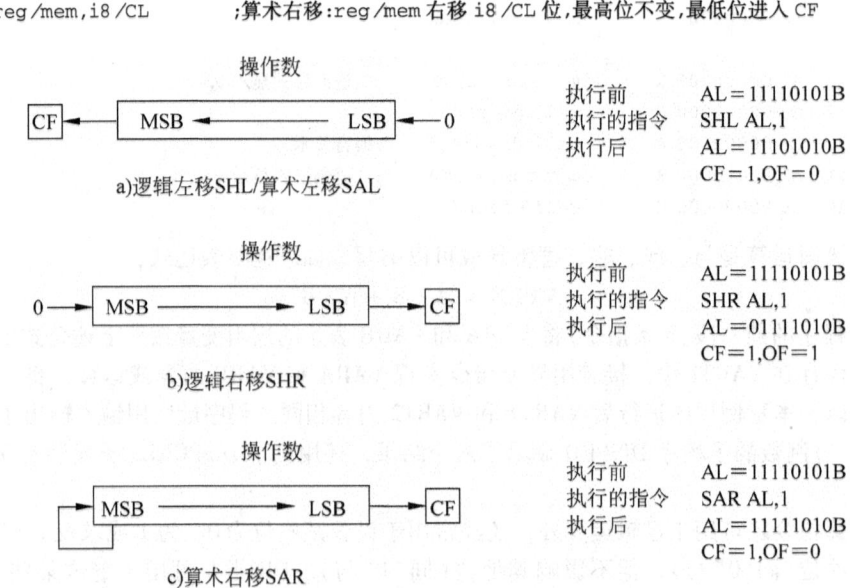

图 3-15 移位指令的功能和示例

4条(实际为3条)移位指令的目的操作数可以是寄存器或存储单元。后一个操作数表示移位位数,可以用一个8位立即数 i8 表示,也可以用 CL 寄存器值表示。对于 8086 和 8088 处理器,后一个操作数用立即数表达只能为1。

移位指令根据最高或最低移出的位设置进位标志 CF,根据移位后的结果影响 SF、ZF 和 PF 标志。如果进行一位移动,则按照操作数的最高符号位是否改变相应设置溢出标志 OF:如果移位前的操作数最高位与移位后的操作数最高位不同(有变化),则 OF=1;否则 OF=0。当移位次数大于1时,OF 不确定。

逻辑移位指令可以实现无符号数乘以或除以 2、4、8、…。SHL 指令执行一次逻辑左移位,原操作数每位的权增加了一倍,相当于乘2;SHR 指令执行一次逻辑右移位,相当于除以2,商在操作数中,余数由 CF 标志反映。

【例3-14】 移位指令实现乘法程序

```
                              ;数据段
00000000  84D0                wvar word 34000
                              ;代码段
00000000  33 C0                xor eax,eax          ;EAX = 0
00000002  66 | A1 00000000 R   mov ax,wvar          ;AX = 要乘以 10 的无符号数
00000008  D1 E0                shl eax,1            ;左移一位等于乘2
0000000A  8B D8                mov ebx,eax          ;EBX = EAX×2
0000000C  C1 E0 02             shl eax,2            ;再左移 2 位,EAX = EAX×8
0000000F  03 C3                add eax,ebx          ;EAX = EAX×10
00000011  E8 00000000 E        call dispuid         ;显示乘积
00000016  E8 00000000 E        call dispcrlf        ;换行
```

```
0000001B  6B C0 0A              imul eax,10           ;EAX = EAX ×10
0000001E  E8 00000000 E         call dispuid          ;显示乘积
```

本示例程序先将 WVAR 变量保存的无符号整数值扩大 10 倍显示，然后再乘以 10 显示。第 1 段程序没有使用乘法指令，而是用逻辑左移一位等于乘 2，再左移 2 位实现乘 8，然后 2 倍数据与 8 倍数据相加获得 10 倍数据。虽然这种算法比第 2 段直接使用乘法指令烦琐，但是在简单的没有乘除法指令的处理器中非常有实用价值。即使在有乘除法指令的处理器中，这种算法的程序执行速度仍然比使用乘法指令快。这是因为移位指令、加减指令都使用非常简单的硬件逻辑实现，执行速度很快；相对来说，实现乘除法的硬件电路比较复杂，执行速度较慢。例如，在 16 位 8086 处理器中执行乘法需要 100 个以上的时钟周期，而加减法指令和移位指令只有几个时钟周期。高性能 IA-32 处理器使用了许多新的实现技术，使得这两种方法的执行速度相差不大。

DISPUID 子程序来自输入输出子程序库，实现以无符号十进制形式显示 EAX 内容。

2. 循环移位指令

循环（Rotate）移位指令类似于移位指令，但要将从一端移出的位返回到另一端形成循环。它分成不带进位循环移位和带进位循环移位，分别具有左移或右移操作，具体包括：不带进位循环左移指令 ROL、不带进位循环右移指令 ROR、带进位循环左移指令 RCL、带进位循环右移指令 RCR。循环移位指令的操作数形式与移位指令相同，按指令功能设置进位标志 CF，但不影响 SF、ZF、PF 标志。对 OF 标志的影响，循环移位指令与前面介绍的移位指令一样，如图 3-16 所示。

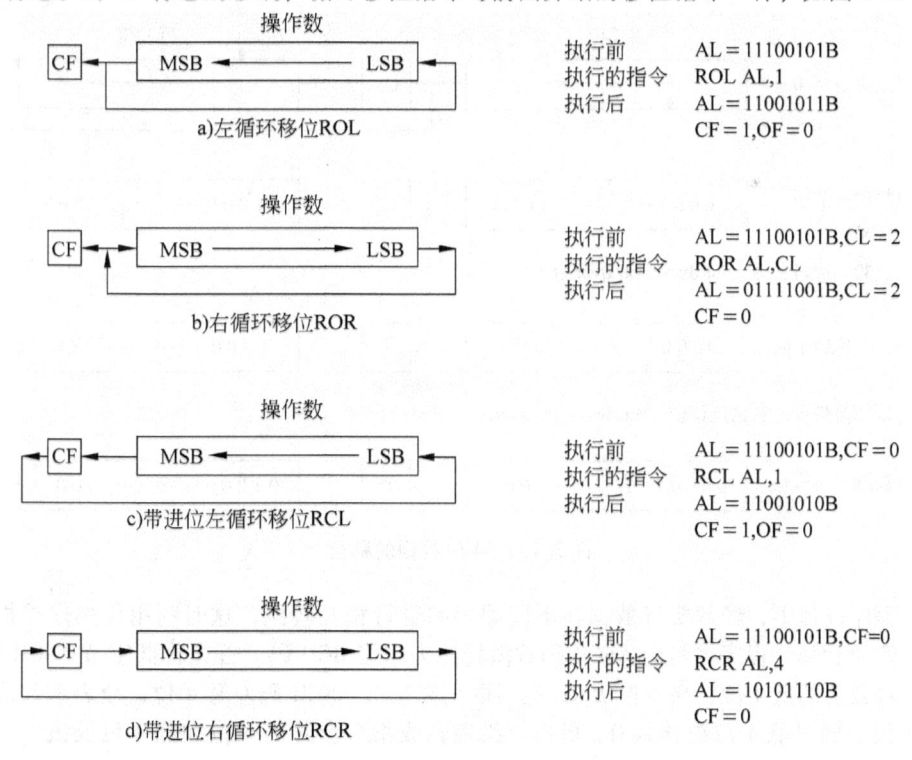

图 3-16　循环移位指令的功能和示例

【例 3-15】 循环移位程序

```
                              ;数据段
00000000  1234567887654321     qvar   qword 1234567887654321h
00000008  33 38                ascii  byte '38'
```

```
0000000A  00                              bcd    byte ?
                                       ;代码段
00000000  B9 00000004              mov ecx,4
00000005  D1 2D 00000004 R  again: shr dword ptr qvar+4,1   ;先移动高 32 位
0000000B  D1 1D 00000000 R         rcr dword ptr qvar,1     ;后移动低 32 位
00000011  E2 F2                    loop again
                                   ;
00000013  A0 00000008 R            mov al,ascii
00000018  24 0F                    and al,0fh               ;处理低 4 位对应的字符
0000001A  8A 25 00000009 R         mov ah,ascii+1
00000020  C0 E4 04                 shl ah,4                 ;处理高 4 位对应的字符
00000023  0A C4                    or al,ah                 ;组合形成压缩 BCD 码
00000025  A2 0000000A R            mov bcd,al
```

IA-32 处理器可以直接对 8、16 和 32 位数据进行各种移位操作,但是对多于 32 位的数据需要组合移位指令来实现。本示例程序将 QVAR 指定的 64 位数据逻辑右移 4 位。首先可以将高 32 位逻辑右移一位(用 SHR 指令),最高位被移入 0,移出的位进入了标志 CF;接着带进位右移一位(用 RCR 指令),这样 CF 的内容(即高 32 位移出的位)进入到低 32 位,同时最低位进入 CF。这样就实现了 64 位数据右移一位,如图 3-17 所示。需要多少位移动,就设置 ECX 等于多少,用循环指令 LOOP 实现多少次循环就可以了。

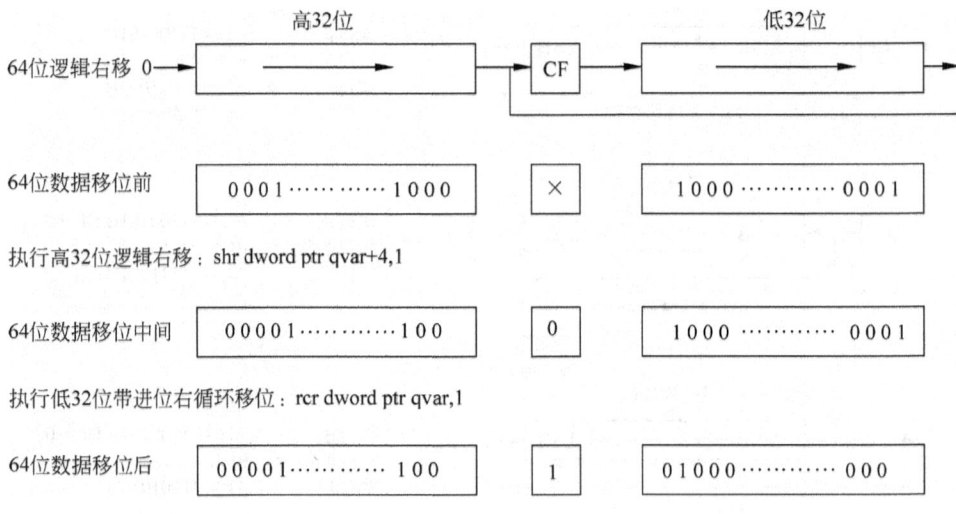

图 3-17　64 位数据的移位

底层程序设计中,经常要将数据在不同编码间进行相互转换,这时利用位操作类指令很方便。本示例的后部分程序将两个 ASCII 码数值转换为压缩 BCD 码。首先将低字节 ASCII 码取出,只保留表示数值的低 4 位,高 4 位清 0;然后取出高字节 ASCII 码左移 4 位,使表示数值的 4 位移到高 4 位,同时低 4 位被移入 0;最后,用逻辑或指令合并高 4 位和低 4 位数值,转换成为 BCD 码。

3.7　串操作类指令

IA-32 处理器指令可以针对字节、字和双字数据类型进行操作。以字节、字和双字为单位的多个数据存放在连续的主存区域中就形成数据串(String),即数组(Array)。例如,以字节为单位

的 ASCII 字符串就是典型的串数据类型。数据串是程序经常需要处理的数据类型，IA-32 特别为此设计了串操作类指令。

根据串数据类型的特点，串操作指令采用了特殊的寻址方式，包括：
- 源操作数用寄存器 ESI 间接寻址，默认在数据段 DS 中，允许段超越：DS:[ESI]。
- 目的操作数用寄存器 EDI 间接寻址，默认在附加段 ES 中，不允许段超越：ES:[EDI]。
- 每执行一次串操作，源指针 ESI 和目的指针 EDI 将自动修改：±1、±2 或 ±4。
- 对于以字节为单位的数据串（指令助记符用 B 结尾）操作，地址指针应该 ±1。
- 对于以字为单位的数据串（指令助记符用 W 结尾）操作，地址指针应该 ±2。
- 对于以双字为单位的数据串（指令助记符用 D 结尾）操作，地址指针应该 ±4。
- 当方向标志 DF=0（执行 CLD 指令设置）时，地址指针应该 +1、+2 或 +4。
- 当方向标志 DF=1（执行 STD 指令设置）时，地址指针应该 -1、-2 或 -4。

串操作后之所以自动修改 ESI 和 EDI 指针，是为了方便对后续数据的操作，修改的数值对应数据串单位所包含的字节数。用户通过执行 CLD 或 STD 指令控制方向标志 DF，决定主存地址是增大（DF=0，向地址高端增量）还是减小（DF=1，向地址低端减量）。

串操作指令有两类：一类实现数据串传送，另一类实现数据串检测。串操作通常需要重复进行，所以经常配合使用重复前缀指令，它通过计数器 ECX 控制重复执行串操作指令的次数。在使用 16 位地址长度和操作数长度时，地址指针和计数器分别是 SI、DI 和 CX。

3.7.1 串传送指令

这组串操作指令实现对数据串的传送（MOVS）、存储（STOS）和读取（LODS），可以配合使用重复前缀指令 REP，它们不影响标志。

1）串传送指令 MOVS 将数据段中的字节、字或双字数据传送至 ES 指向的段。

```
MOVSB      ;字节串传送:ES:[EDI]=DS:[ESI];然后:ESI=ESI±1,EDI=EDI±1
MOVSW      ;字串传送:ES:[EDI]=DS:[ESI];然后:ESI=ESI±2,EDI=EDI±2
MOVSD      ;双字串传送:ES:[EDI]=DS:[ESI];然后:ESI=ESI±4,EDI=EDI±4
```

2）串存储指令 STOS 将 AL、AX 或 EAX 的内容存入 ES 指向的段。

```
STOSB      ;字节串存储:ES:[EDI]=AL;然后:EDI=EDI±1
STOSW      ;字串存储:ES:[EDI]=AX;然后:EDI=EDI±2
STOSD      ;双字串存储:ES:[EDI]=EAX;然后:EDI=EDI±4
```

3）串读取指令 LODS 将数据段中的字节、字或双字数据读到 AL、AX 或 EAX。

```
LODSB      ;字节串读取:AL=DS:[ESI];然后:ESI=ESI±1
LODSW      ;字串读取:AX=DS:[ESI];然后:ESI=ESI±2
LODSD      ;双字串读取:EAX=DS:[ESI];然后:ESI=ESI±4
```

4）重复前缀指令 REP 用在 MOVS、STOS 和 LODS 指令前，利用计数器 ECX 保存数据串长度，可以理解为"若数据串没有结束（ECX≠0），则继续传送"。

```
REP        ;每执行一次串指令,ECX 减 1,直到 ECX=0,重复执行结束
```

需要注意的是，串操作指令本身仅进行一个数据的操作，利用重复前缀指令才能实现连续操作。重复前缀指令先判断 ECX 是否为 0，为 0 结束；否则进行减 1 操作，并执行串操作指令。

【例3-16】 字符串复制程序

```
                          ;数据段
00000000  49 6E 20 61 20    srcmsg byte 'In a major matter,no details are small.',0
          ……00
00000029  00000029 [        destmsg byte (lengthof srcmsg) dup (0)
          00
          ]
                            ;代码段
00000000  BE 00000000 R     mov esi,offset srcmsg      ;ESI = 源字符串地址
00000005  BF 00000029 R     mov edi,offset destmsg     ;ESI = 源字符串地址
0000000A  B9 00000029       mov ecx,lengthof srcmsg    ;ECX = 字符串长度
0000000F  FC                cld                        ;地址增量传送
00000010  F3 /A4            rep movsb                  ;重复进行字符串传送
00000012  B8 00000029 R     mov eax,offset destmsg     ;显示字符串
00000017  E8 00000000 E     call dispmsg
```

本示例程序将源字符串 SRCMSG 的内容复制到目的字符串 DESTMSG 中。要使用串传送指令 MOVS，需要事先设置 ESI、EDI 和方向标志 DF，并对 ECX 赋值需要重复的次数。这样，简单的一条指令就完成了全部传送工作。机器代码中，"F3"对应重复前缀 REP 指令。如果不使用重复前缀，则需要用一个循环指令，如下：

```
again:  movsb
        loop again
```

当然本示例也可以不使用数据串指令，重复执行传送指令也可以达到同样目的：

```
again:  mov al,[esi]        ;从源字符串取一个字符
        mov [edi],al        ;传送到目的字符串
        add esi,1           ;地址增量
        add edi,1           ;指向下一个字符
        loop again          ;重复进行字符串传送
```

既然不使用串指令，就没有必要按照它的要求使用指针寄存器，也可以用其他通用寄存器（如 EBX）代替：

```
        xor ebx,ebx              ;EBX = 0
        mov ecx,lengthof srcmsg  ;ECX = 字符串长度
again:  mov al,srcmsg[ebx]       ;从源字符串取一个字符
        mov destmsg[ebx],al      ;传送到目的字符串
        inc ebx                  ;指向下一个字符
        loop again               ;重复进行字符串传送
```

3.7.2 串检测指令

这组串操作指令实现对数据串的比较(CMPS)和扫描(SCAS)。由于串比较和串扫描实质上是进行减法运算，所以它们像减法指令一样影响标志。这两个串操作指令可以配合使用重复前缀指令 REPE/REPZ 和 REPNE/REPNZ，通过 ZF 标志说明两数是否相等。

1) 串比较指令 CMPS 用源数据串减去目的数据串，以比较两者间关系。

```
CMPSB     ;字节串比较:DS:[ESI]-ES:[EDI];然后:ESI = ESI±1,EDI = EDI±1
CMPSW     ;字串比较:DS:[ESI]-ES:[EDI];然后:ESI = ESI±2,EDI = EDI±2
CMPSD     ;双字串比较:DS:[ESI]-ES:[EDI];然后:ESI = ESI±4,EDI = EDI±4
```

2) 串扫描指令 SCAS 用 AL、AX 或 EAX 的内容减去目的数据串,以比较两者间关系。

```
SCASB       ;字节串扫描:AL - ES:[EDI];然后:EDI = EDI ±1
SCASW       ;字串扫描:AX - ES:[EDI];然后:EDI = EDI ±2
SCASD       ;双字串扫描:EAX - ES:[EDI];然后:EDI = EDI ±4
```

3) 重复前缀指令 REPE(或 REPZ)用在 CMPS 和 SCAS 指令前,利用计数器 ECX 保存数据串长度,同时判断串是否相等,可以理解为"若数据串没有结束(ECX≠0),并且串相等(ZF = 1),则继续比较"。

```
REPE | REPZ      ;每执行一次串指令,ECX 减 1;只要 ECX = 0 或 ZF = 0,重复执行结束
```

4) 重复前缀指令 REPNE(或 REPNZ)也用在 CMPS 和 SCAS 指令前,利用计数器 ECX 保存数据串长度,同时判断串是否不相等,可以理解为"若数据串没有结束(ECX≠0),并且串不相等(ZF = 0),则继续比较"。

```
REPNE | REPNE    ;每执行一次串指令,ECX 减 1;只要 ECX = 0 或 ZF = 1,重复执行结束
```

重复执行结束的条件是"或"的关系,只要满足条件之一就可以。所以,指令执行完成时,可能数据串没有比较完,也可能数据串已经比较完,编程时需要区分。重复前缀指令先判断 ECX 是否为 0,为 0 结束;否则进行减 1 操作,并执行串操作指令,然后判断 ZF 标志是否符合继续循环的条件。

【例 3-17】 等长字符串比较程序

```
                              ;数据段
00000000  65 71 75 61 6C      string1  byte 'equal or not'
          20 6F 72 20 6E
          6F 74
0000000C  65 51 75 61 6C      string2  byte 'eQual or not'
          20 6F 72 20 6E
          6F 74
= 0000000C                    count equ sizeof string1
                              ;代码段
00000000  B9 0000000C         mov ecx,count
00000005  BE 00000000 R       mov esi,offset string1
0000000A  BF 0000000C R       mov edi,offset string2
0000000F  FC                  cld
00000010  F3 /A6              repz cmpsb              ;重复比较,不同或比较完结束比较
00000012  75 04               jne found               ;发现不同字符,转移到 FOUND
00000014  B0 59               mov al,'Y'              ;字符串相同,显示 Y
00000016  EB 02               jmp done
00000018  B0 4E               found:mov al,'N'        ;字符串不同,显示 N
0000001A  E8 00000000 E       done:call dispc
```

本示例程序比较两个长度相等的字符串,如果两个字符串相同显示 Y,否则显示 N。程序使用了两个常用控制转移指令(详见下一章)。JMP 指令(Jump)的功能是无条件将程序执行顺序转移到标号指定的指令,相当于高级语言的 GOTO 语句。JNE 指令(Jump if Not Equal)是条件分支指令,类似于高级语言的 IF 语句,其测试的条件是标志 ZF 当前的状态:如果不相等(ZF = 0),即条件成立,程序转移到标号指定的指令;如果相等(ZF = 1),即条件不成立,程序顺序执行下一条指令。

指令"REPZ CMPSB"结束重复执行的情况有两种:第一种是出现不相等的字符(ZF = 0),第二

种是比较完所有字符（ECX=0）。在第二种情况下，对最后比较的一对字符又有两种可能：最后字符不等（ZF=0）；最后字符相等（ZF=1），也就是两个字符串相同。所以，重复比较结束后，指令 JNE 的条件成立（ZF=0）表示字符串不相等。

3.8 IA-32 指令系统

指令系统（指令集）是处理器支持的所有指令的集合，不同处理器支持的指令系统各不相同。作为复杂指令集计算机（CISC）的典型代表，为了保证软件向后兼容（现在的软件能在后续产品上继续运行），IA-32 处理器维持了一个庞大的指令系统，如表 3-13 所示。

表 3-13 IA-32 处理器指令系统

指令类型	指令特点
通用指令	处理器的基本指令，包括整数的传送和运算、流程控制、输入输出、位操作等
浮点指令	浮点数处理指令，包括浮点数的传送、算术运算、超越函数运算、比较、控制等
多媒体指令	多媒体数据处理指令，包括 MMX、SSE、SSE2 以及 SSE3 和 SSSE3 等
系统指令	为核心程序和操作系统提供的处理器功能控制指令

通用指令属于处理器的基本指令，主要处理整数、地址和 BCD 码数据类型，包括数据传送、算术和逻辑运算、程序流程控制、外设输入输出等指令类型，是编写应用程序和系统程序主要的、必不可少的指令。本章重点介绍了最常用的整数处理（地址也属于无符号整数）指令，下一章学习控制程序流程的指令，这些指令构成了 IA-32 处理器的通用指令。通用指令绝大多数都是在 16 位 8086 处理器基本指令（包括 80186 完善的若干指令）的基础上扩展形成的 32 位指令。80286 开始陆续增加的通用指令，往往是针对特定应用目的而设计的，多数是不常用的复杂指令。

80286 引入了保护方式，所以主要增加了用于保护方式的指令。这些指令多数属于所谓的特权指令，通常只有系统核心程序能够使用它们，是主要的系统指令。另外，为了支持高级语言的编译程序，80286 增加了 3 条指令，例如，ENTER 指令用于过程调用创建保存局部变量的堆栈帧，LEAVE 指令用于过程返回释放这个区域。

80386 在执行单元新增了一个"桶型"移位器（实现快速移位操作的硬件电路），所以新增了许多与位有关的指令。例如，位扫描指令 BSF 和 BSR 在操作数中寻找从低位或高位起第一个出现"1"的位置。再如，4 条位测试指令 BT、BTR、BTS 和 BTC 可以在操作数中获取指定位的内容（进入进位标志 CF），并进行复位、置位或求反操作。

80486 新增了 6 条指令。其中 3 条指令是只用于系统程序的特权指令，另外 3 条指令是特殊的交换指令。例如，字节交换指令 BSWAP 将指定的 32 位通用寄存器的最高一个字节和最低一个字节互换，中间两个字节也同时互换，这样方便实现数据存放于主存的"小端方式"与"大端方式"的互换。80486 芯片上集成有浮点处理单元 FPU，所以也开始支持浮点数据的处理指令。

Pentium 新增 6 条指令，其中处理器识别指令 CPUID 非常有意义。CPUID 指令提供了该处理器的很多特征信息，如生产厂商、处理器型号、是否支持特殊指令等。后续的 IA-32 处理器进一步提供高速缓存容量、时钟频率等信息。通过这些信息，用户可以判断自己购买的 CPU 是否是正品。

Pentium Pro 增加了 3 条指令，其中条件传送指令 CMOV 是现代高档处理器才引入的新型指令，目的是减少程序分支，使得指令流水线效率更高。

Pentium II 到 Pentium 4 处理器逐渐增加了处理整型多媒体数据的 MMX 指令、单精度浮点型多媒体数据的 SSE 指令、双精度浮点型多媒体数据的 SSE2 指令以及完善多媒体数据处理的 SSE3 指令等。支持 Intel 64 位结构的 Pentium 4 又提供了 64 位指令，还具有虚拟机管理指令。

第 3 章总结

本章就 IA-32 处理器通用指令处理的整数、ASCII 字符、BCD 码等数据类型展开。首先介绍了用二进制编码这些基本数据类型的方法，然后说明在汇编语言中如何将它们表达成常量和变量，接着学习在寄存器、存储器、堆栈等位置进行数据传送、算术运算、逻辑运算、移位处理等操作的主要指令。数据处理的讲解结合了汇编语言程序的举例，这样同时使大家熟悉了汇编语言的编程特点和基本方法。

二进制是计算机采用的数制，支持算术运算和逻辑运算。二进制数常用十六进制表达，也需要与十进制相互转换。定点整数有 8、16、32 和 64 位数据，分成无符号数和有符号数。N 位无符号整数编码表达的真值范围是 $0 \sim 2^N - 1$。处理器默认采用补码表达有符号整数，这样可以使用同样的加法电路实现无符号整数和有符号整数的加法和减法。N 位补码能够表达的真值范围是 $-2^{-N-1} \sim 2^{N-1} - 1$。负数的真值用补码表示需要对正数求反加 1 得到，补码表达的负数真值也需要同样的求补运算得到。ASCII 是计算机最基本的字符编码，一个字符使用一个字节表达，对应一个 ASCII 码值，字符串由多个字符组成。

汇编语言使用后缀字母 B、H 表达二进制数和十六进制数，字符和字符串使用英文缩略号括起来。使用符号常量有利于程序的编写和阅读，数值表达式在汇编阶段计算、执行时也是常量。指令的立即数、位移量多使用常量表示，常量也常作为变量定义的参数(初值)。

变量需要使用 BYTE、WORD、DWORD 和 QWORD 等伪指令定义，也就是在主存中为字节量、字量、双字量和 4 字量等数据类型分配了空间。变量定义时可以分配初值，也可以用问号表示不赋初值，有规律的多个数据可以使用 DUP 简化书写。变量定义后才可以使用，可以通过变量名访问变量内容，通过地址操作符获得变量的地址，通过类型操作符获得变量的类型属性，有时还需要使用 PTR 进行类型转换。

数据传送主要使用 MOV、XCHG、PUSH 和 POP 指令，数据来源可以是立即数、寄存器、主存和堆栈，数据传送的目的地可以是寄存器、主存和堆栈。数据相加和相减使用 ADD 和 SUB 指令，超过 32 位的数据加减运算需要结合使用 ADC 和 SBB 指令。地址、计数值、次数等数据的加 1 和减 1 还可以使用 INC 和 DEC 指令实现。扩大数据位数可以使用零位扩展指令 MOVZX 或符号扩展指令 MOVSX。

逻辑"与"的位都是 1 结果才是 1，有一个 1 进行逻辑"或"结果就是 1，有 0 有 1 进行逻辑"异或"，因相异所以结果是 1。进行逻辑运算有 AND、OR、XOR 和 NOT 指令。以位为操作单位的指令还有移位指令。左移是将数据的低位向高位移动，右移是将数据的高位向低位移动。逻辑左移指令 SHL(算术左移指令 SAL)将数据的最高位移进 CF、留出的最低位移入 0，逻辑右移指令 SHR 将最低位移进 CF、最高位移入 0，算术右移指令 SAR 将最低位移进 CF、最高位不变。不带进位的循环左移指令 ROL 将数据的最高位移进 CF 并循环回来进入最低位，不带进位的循环右移指令 ROR 将数据的最低位移进 CF 并循环回来进入最高位。带进位的循环左移指令 RCL 将数据的最高位移进 CF 而原来的 CF 状态循环回来进入最低位，带进位的循环右移指令 RCR 将数据的最低位移进 CF 而原来的 CF 状态循环回来进入最高位。

串操作指令是比较有特色的一类指令，能够对大量数据进行统一处理。数据串可以以字节、字或双字为单位处理，可以向地址增加或地址减少方向连续操作，可以进行重复传送和检测。

本章只是展开了 IA-32 处理器指令系统的主要通用指令，其他指令将在后续章节介绍。

第3章习题

3.1 简答题

(1) 使用二进制8位表达无符号整数，257有对应的编码吗？

(2) 字符"F"和数值46H作为MOV指令的源操作数有区别吗？

(3) 为什么可以把指令"MOV AX, (34+67H)*3"中的数值表达式看成是常量？

(4) 数值500能够作为字节变量的初值吗？

(5) 为什么说"XCHG EDX, CX"是一条错误的指令？

(6) 都是获取偏移地址，为什么指令"LEA EBX, [ESI]"正确，而指令"MOV EBX, OFFSET[ESI]"就错误？

(7) INC、DEC、NEG和NOT都是单操作数指令，这个操作数应该是源操作数还是目的操作数？

(8) 大小写字母转换利用了什么规律？

(9) 乘除法运算针对无符号数和有符号数有两种不同的指令，只有一种指令的加减法如何区别无符号数和有符号数运算？

(10) 逻辑与运算为什么也称为逻辑乘？

3.2 判断题

(1) 对一个正整数，它的原码、反码和补码都一样，也都与无符号数的编码一样。

(2) 常用的BCD码为8421 BCD码，其中的8表示D_3位的权重。

(3) IA-32处理器采用小端方式存储多字节数据。

(4) 空操作NOP指令其实根本没有指令。

(5) 堆栈的操作原则是"先进后出"，所以堆栈段的数据除PUSH和POP指令外，不允许使用其他方法读写。

(6) 虽然ADD指令和SUB指令执行后会影响标志状态，但执行前的标志并不影响它们的执行结果。

(7) 指令"INC ECX"和"ADD ECX, 1"的实现功能完全一样，可以互相替换。

(8) 无符号数在前面加零扩展，数值不变；有符号数前面进行符号扩展，位数加长一位，数值增加一倍。

(9) 逻辑运算没有进位或溢出问题，此时CF和OF没有作用，所以逻辑运算指令(如AND、OR等)将CF和OF设置为0。

(10) CMP指令是目的操作数减去源操作数，CMPS指令是源操作数减去目的操作数。

3.3 填空题

(1) 定义字节变量的伪指令助记符是_____，获取变量名所具有的偏移地址的操作符是_____。

(2) 计算机中有一个"01100001"编码。如果认为它是无符号数，它是十进制数_____；如果认为它是BCD码，则表示真值_____；又如果它是某个ASCII码，则代表字符_____。

(3) C语言用"\n"表示让光标回到下一行首位，在汇编语言中需要输出两个控制字符：一个是回车，其ASCII码是_____，它将光标移动到当前所在行的首位；另一个是换行，其ASCII码是_____，它将光标移到下一行。

(4) 数据段有语句"H8843 DWORD 99008843H"，代码段指令"MOV CX, WORD PTR H8843"执行后，CX = _____。

(5) 用DWORD定义的一个变量XYZ，它的类型是_____，用"TYPE XYZ"会得到数值为_____。如果将其以字量使用，应该用_____说明。

(6) 数据段有语句"ABC BYTE 1, 2, 3"，代码段指令"MOV CL, ABC+2"执行后，CL = _____。

(7) 例3-9的TAB定义如果是"1234567890"，则显示结果是_____。

(8) 指令"XOR EAX, EAX"和"SUB EAX, EAX"执行后，EAX = _____，CF = OF = _____。而指令"MOV EAX, 0"执行后，EAX = _____，CF和OF没有变化。

(9) 例 3-15 的程序执行结束后，变量 QVAR 的内容是_____；BCD 的内容是_____。

(10) 欲将 EDX 内的无符号数除以 16，使用指令"SHR EDX，_____"，其中后一个操作数是一个立即数。

3.4 下列十六进制数表示无符号整数，请转换为十进制形式的真值：
(1) FFH　　　(2) 0H　　　(3) 5EH　　　(4) EFH

3.5 将下列十进制数真值转换为压缩 BCD 码：
(1) 12　　　(2) 24　　　(3) 68　　　(4) 99

3.6 将下列压缩 BCD 码转换为十进制数：
(1) 10010001　　　　(2) 10001001
(3) 00110110　　　　(4) 10010000

3.7 将下列十进制数用 8 位二进制补码表示：
(1) 0　　　(2) 127　　　(3) -127　　　(4) -57

3.8 进行十六进制数据的加减运算，并说明是否有进位或借位：
(1) 1234H + 7802H　　　　(2) F034H + 5AB0H
(3) C051H - 1234H　　　　(4) 9876H - ABCDH

3.9 数码 0~9、大写字母 A~Z、小写字母 a~z 对应的 ASCII 码分别是多少？ASCII 码 0DH 和 0AH 分别对应什么字符？

3.10 设置一个数据段，按照如下要求定义变量或符号常量：
(1) my1b 为字符串变量：Personal Computer
(2) my2b 为用十进制数表示的字节变量：20
(3) my3b 为用十六进制数表示的字节变量：20
(4) my4b 为用二进制数表示的字节变量：20
(5) my5w 为 20 个未赋值的字变量
(6) my6c 为常量 100
(7) my7c 表示字符串：Personal Computer

3.11 定义常量 NUM，其值为 5；数据段中定义字数组变量 DATALIST，它的头 5 个字单元中依次存放 -10、2、5 和 4，最后一个存储单元初值不定。

3.12 从低地址开始以字节为单位，用十六进制形式给出下列语句依次分配的数值：

byte 'ABC',10,10h,'EF',3 dup(-1,?,3 dup(4))
word 10h,-5,3 dup(?)

3.13 设在某个程序中有如下片段，请写出每条传送指令执行后寄存器 EAX 的内容：

```
        ;数据段
        org 100h
varw    word 1234h,5678h
varb    byte 3,4
vard    dword 12345678h
buff    byte 10 dup(?)
mess    byte 'hello'
        ;代码段
        mov eax,offset mess
        mov eax,type buff + type mess + type vard
        mov eax,sizeof varw + sizeof buff + sizeof mess
        mov eax,lengthof varw + lengthof vard
```

3.14 按照如下输出格式，在屏幕上显示 ASCII 表：

```
    |0 1 2 3 4 5 6 7 8 9 A B C D E F
  --+--------------------------------
  20|    ! " # ...
  30|0 1 2 3 ...
  40|@ A B C ...
  50|P Q R S ...
  60|' a b c ...
  70|p q r s ...
```

  表格最上一行的数字是对应列 ASCII 代码值的低 4 位(用十六进制形式)，而表格左边的数字对应行 ASCII 代码值的高 4 位(用十六进制形式)。编程在数据段直接构造这样的表格，填写相应 ASCII 代码值(不是字符本身)，然后使用字符串显示子程序 DISPMSG 实现显示。

3.15 数据段有如下定义，IA-32 处理器将以小端方式保存在主存：

  var dword 12345678h

以字节为单位按地址从低到高的顺序，写出这个变量内容，并说明如下指令的执行结果：

  mov eax,var   ;EAX = _____
  mov bx,word ptr var   ;BX = _____
  mov cx,word ptr var +2 ;CX = _____
  mov dl,byte ptr var   ;DL = _____
  mov dh,byte ptr var +3 ;DH = _____

  可以编程使用十六进制字节显示子程序 DSIPHB 顺序显示各个字节进行验证，还可以使用十六进制双字显示子程序 DSIPHD 显示该数据进行对比。

3.16 使用若干 MOV 指令实现交换指令"XCHG EBX, [EDI]"功能。

3.17 假设当前 ESP = 0012FFB0H，说明下面每条指令后，ESP 等于多少。

  push eax
  push dx
  push dword ptr 0f79h
  pop eax
  pop word ptr [bx]
  pop ebx

3.18 已知数字 0~9 对应的格雷码依次为：18H、34H、05H、06H、09H、0AH、0CH、11H、12H、14H，请为如下程序的每条指令加上注释，说明每条指令的功能和执行结果。

     ;数据段
  table byte 18h,34h,05h,06h,09h,0ah,0ch,11h,12h,14h
     ;代码段
     mov ebx,offset table
     mov al,8
     xlat

  为了验证你的判断，不妨使用本书的 I/O 子程序库提供的子程序 DISPHB 显示换码后 AL 的值。如果不使用 XLAT 指令，应如何修改？

3.19 请分别用一条汇编语言指令完成如下功能：

  (1) 把 EBX 寄存器和 EDX 寄存器的内容相加，结果存入 EDX 寄存器。
  (2) 用寄存器 EBX 和 ESI 的基址变址寻址方式把存储器的一个字节与 AL 寄存器的内容相加，并把结果送到 AL 中。

（3）用 EBX 和位移量 0B2H 的寄存器相对寻址方式把存储器中的一个双字和 ECX 寄存器的内容相加，并把结果送回存储器中。

（4）将 32 位变量 VARD 与数 3412H 相加，并把结果送回该存储单元中。

（5）把数 0A0H 与 EAX 寄存器的内容相加，并把结果送回 EAX 中。

3.20 分别执行如下程序片段，说明每条指令的执行结果：

```
(1) mov eax,80h      ;EAX = _____
    add eax,3        ;EAX = _____,CF = _____,SF = _____
    add eax,80h      ;EAX = _____,CF = _____,OF = _____
    adc eax,3        ;EAX = _____,CF = _____,ZF = _____
(2) mov eax,100      ;EAX = _____
    add ax,200       ;EAX = _____,CF = _____
(3) mov eax,100      ;EAX = _____
    add al,200       ;EAX = _____,CF = _____
(4) mov al,7fh       ;AL = _____
    sub al,8         ;AL = _____,CF = _____,SF = _____
    sub al,80h       ;AL = _____,CF = _____,OF = _____
    sbb al,3         ;AL = _____,CF = _____,ZF = _____
```

3.21 给出下列各条指令执行后 AL 的值以及 CF、ZF、SF、OF 和 PF 的状态：

```
mov al,89h
add al,al
add al,9dh
cmp al,0bch
sub al,al
dec al
inc al
```

3.22 有两个 64 位无符号整数存放在变量 buffer1 和 buffer2 中，定义数据并编写代码完成 EDX.EAX ← buffer1 − buffer2 功能。

3.23 分别执行如下程序片段，说明每条指令的执行结果：

```
(1) mov esi,10011100b   ;ESI = _____H
    and esi,80h         ;ESI = _____H
    or esi,7fh          ;ESI = _____H
    xor esi,0feh        ;ESI = _____H
(2) mov eax,1010b       ;EAX = _____B
    shr eax,2           ;EAX = _____B,CF = _____
    shl eax,1           ;EAX = _____B,CF = _____
    and eax,3           ;EAX = _____B,CF = _____
(3) mov eax,1011b       ;EAX = _____B
    rol eax,2           ;EAX = _____B,CF = _____
    rcr eax,1           ;EAX = _____B,CF = _____
    or eax,3            ;EAX = _____B,CF = _____
(4) xor eax,eax         ;EAX = _____,CF = _____,OF = _____
                        ;ZF = _____,SF = _____,PF = _____
```

3.24 给出下列各条指令执行后 AX 的结果，以及状态标志 CF、OF、SF、ZF、PF 的状态。

```
mov ax,1470h
and ax,ax
or ax,ax
xor ax,ax
```

```
        not ax
        test ax,0f0f0h
```

3.25 逻辑运算指令如何实现复位、置位和求反功能？

3.26 说明如下程序段的功能：

```
        mov ecx,16
        mov bx,ax
next:   shr ax,1
        rcr edx,1
        shr bx,1
        rcr edx,1
        loop next
        mov eax,edx
```

3.27 编程将一个64位数据逻辑左移3位，假设这个数据已经保存在EDX.EAX寄存器对中。

3.28 编程将一个压缩BCD码变量（如92H）转换为对应的ASCII码，然后调用DISPC子程序（在输入输出子程序库中）显示。

3.29 以MOVS指令为例，说明串操作指令的寻址特点，并用MOV和ADD等指令实现MOVSD的功能（假设DF=0）。

3.30 说明如下程序执行后的显示结果：

```
        ;数据段
msg     byte 'WELLDONE',0
        ;代码段
        mov ecx,(lengthof msg)-1
        mov ebx,offset msg
again:  mov al,[ebx]
        add al,20h
        mov [ebx],al
        add ebx,1
        loop again
        mov eax,offset msg
        call dispmsg
```

如果将其中的语句"mov ebx, offset msg"改为"xor ebx, ebx"，则利用EBX间接寻址的两个语句如何修改成EBX寄存器相对寻址，就可以实现同样的功能？

3.31 下面程序的功能是对数组ARRAY1的每个元素加固定值(8000H)，并将和保存在数组ARRAY2中。在空白处填入适当的语句或语句的一部分。

```
        ;数据段
array1  dword 1,2,3,4,5,6,7,8,9,10
array2  dword 10 dup(?)
        ;代码段
        mov ecx,lengthof array1
        mov ebx,0
again:  mov eax,array1[ebx*4]
        add eax,8000h
        mov _____
        add ebx,_____
        loop again
```

3.32 上机实现本章的例题程序，编程实现本章的习题程序。

第4章 汇编语言程序设计

程序会随着数据处理问题的深入逐渐复杂。程序不会只是按照书写顺序执行，常常需要根据情况从一个位置转移到另外一个位置执行：或者选择不同的分支，或者循环进行类似的处理，或者调用一个通用的子程序。本章首先介绍程序如何改变执行顺序，并讲解可以改变执行顺序的指令；然后学习如何利用这些指令控制程序流程，构造分支、循环和子程序等复杂的程序结构。在此基础上，引出调用操作系统功能、与高级语言混合编程的实用技术。

4.1 分支程序结构

基本程序块是只有一个入口和一个出口、不含分支的顺序执行程序片段。实际上，在机器语言或汇编语言中，这样的基本程序块通常只有 3~5 条指令。改变程序执行顺序，形成分支、循环、调用等程序结构是很常见的程序设计问题。

高级语言采用 IF 等语句表达条件，并根据条件是否成立转向不同的程序分支。汇编语言需要首先利用比较(CMP)、测试(TEST)、加减运算、逻辑运算等影响状态标志的指令形成条件，然后利用条件转移指令判断由标志表达的条件，并根据标志状态来控制程序转移到不同的程序段。

4.1.1 无条件转移指令

程序代码由机器指令组成，被安排在代码段中。代码段寄存器 CS 指出代码段的段基地址，指令指针寄存器 EIP 给出将要执行指令的偏移地址。随着程序代码的执行，指令指针 EIP 的内容会相应改变。当程序顺序执行时，处理器根据被执行指令的字节长度自动增加 EIP。但是，当程序从一处换到另一处执行指令时，EIP 会随之改变，如果换到了另外一个代码段中 CS 也将相应改变。换句话说，改变 EIP 或者再加上 CS 就改变了程序的执行顺序，即实现了程序的控制转移。本章学习的处理器指令将改变 EIP(有些也改变 CS)，所以统称为控制转移类指令。

1. 转移范围

程序转移的范围(远近)在 IA-32 处理器中有段内和段间两种。

(1) 段内转移

段内转移是指在当前代码段范围内的程序转移，因此不需要更改代码段寄存器 CS 的内容，只要改变指令指针寄存器 EIP 的偏移地址就可以了。段内转移相对较近，故也被称为近转移(Near)。平展存储模型和段式存储模型支持 4GB 容量的段，其偏移地址为 32 位，被称为 32 位近转移(NEAR32)。实地址存储模型的偏移地址只有 16 位，被称为 16 位近转移(NEAR16)。

多数程序转移都是在同一个代码段中，并且大多数的转移范围实际上很短，往往在当前位置前后不足百十个字节。如果转移范围可以用一个字节编码表达，即向地址增大方向转移 127 字节、向地址减小方向转移 128 字节之间的距离，则形成所谓的短转移(Short)。引入短转移是为了减少转移指令的代码长度，进而减少程序代码量。

(2) 段间转移

段间转移是指程序从当前代码段跳转到另一个代码段，此时需要更改代码段寄存器 CS 的内容和指令指针 EIP 的偏移地址。段间转移可以在整个存储空间内跳转、相对较远，故也被称为远转移(Far)。32 位线性地址空间使用 16 位段选择器和 32 位偏移地址，被称为 48 位远转移(FAR32)。实地址存储模型使用 16 位段基地址和 16 位偏移地址，被称为 32 位远转移(FAR16)。

2. 指令寻址方式

指令寻址方式是指通过地址读取转移目的地的指令的方法。转移目的地的指令所在的存储器地址称为目标地址、目的地址或转移地址，所以控制转移类指令中的指令寻址也称为目标地址寻址。IA-32 处理器设计有相对、直接和间接 3 种指明目标地址的方式，其基本含义类似于存储器数据寻址的对应寻址方式。

（1）相对寻址方式

相对寻址是指令代码提供目标地址相对于当前指令指针 EIP 的位移量，转移到的目标地址（转移后的 EIP 值）就是当前 EIP 值加上位移量。相对寻址都是段内转移。

当同一个程序被操作系统安排到不同的存储区域执行时，指令间的位移并没有改变，采用相对寻址也就无需改变转移地址，给操作系统的灵活调度提供了很大方便，所以这是最常用的目标地址寻址方式。

（2）直接寻址方式

直接寻址是指令代码直接提供目标地址。IA-32 处理器只支持段间直接寻址。

（3）间接寻址方式

间接寻址是指令代码指示寄存器或存储单元，目标地址来自寄存器或存储单元，是通过间接手段获得的。如果用寄存器保存目标地址，称为目标地址的寄存器间接寻址；如果用存储单元保存目标地址，则称为目标地址的存储器间接寻址。

3. JMP 指令

所谓无条件转移(Jump)，就是无任何先决条件就能使程序改变执行顺序。处理器只要执行无条件转移指令 JMP，就可以使程序转到指定的目标地址处，从目标地址处开始执行那里的指令。JMP 指令相当于高级语言的 GOTO 语句。结构化程序设计要求尽量避免使用 GOTO 语句，但指令系统决不能缺少 JMP 指令，汇编语言编程也不可避免地要使用 JMP 指令。

在汇编语言的应用中，JMP 指令有以下 3 种表达形式：

```
JMP label              ；程序转向 label 标号指定的地址,对应相对寻址和直接寻址
JMP r32/r16            ；程序转向寄存器内容指定的地址,对应寄存器间接寻址
JMP m48/m32/m16        ；程序转向存储单元内容指定的地址,对应存储器间接寻址
```

JMP 指令根据目标地址的转移范围和寻址方式，可以分成以下 4 种类型：

1) 段内转移、相对寻址。段内相对转移 JMP 指令利用标号指明目标地址，最常被采用。相对寻址的位移量是指紧接着 JMP 指令后的那条指令的偏移地址到目标指令的偏移地址的地址位移。向地址增大方向转移时，位移量为正；向地址减小方向转移时，位移量为负（补码表示）。由于是段内转移，所以只有 EIP 指向的偏移地址改变，段寄存器 CS 内容不变。

2) 段内转移、间接寻址。段内间接转移 JMP 指令将一个 32 位通用寄存器或主存单元内容（线性地址空间）或者 16 位通用寄存器或主存单元内容（实地址存储模型）送入 EIP 寄存器，作为新的指令指针（即偏移地址），但不修改 CS 寄存器的内容。

3) 段间转移、直接寻址。段间直接转移 JMP 指令是将标号所在的段选择器作为新的 CS 值，标号在该段内的偏移地址作为新的 EIP 值，这样，程序跳转到新的代码段执行。

4) 段间转移、间接寻址。段间间接转移 JMP 指令在 32 位线性地址空间用一个 3 字存储单元（M48）表示要跳转的目标地址，将低双字送 EIP 寄存器、高字送 CS 寄存器（小端方式）；在 16 位

实地址存储模型中，用一个双字存储单元表示要跳转的目标地址，将低字送 IP 寄存器、高字送 CS 寄存器(小端方式)。

像变量名一样，标号、段名、子程序名等标识符也具有地址和类型属性。所以，利用地址操作符 OFFSET 和 SEG，可以获得标号等的偏移地址和段地址。短转移、近转移和远转移对应的类型名分别是 SHORT、NEAR 和 FAR，不同的类型汇编时将产生不同的指令代码。利用类型操作符 TYPE，可以获得标号等的类型值，例如，NEAR 类型的标号返回 FF02H，FAR 类型的标号返回 FF05H(MASM 6. x)。

MASM 汇编程序会根据存储模型和目标地址等信息自动识别是段内转移还是段间转移，也能够根据位移量大小自动形成短转移或近转移指令。同时，汇编程序提供了短转移 SHORT、近转移 NEAR PTR 和远转移 FAR PTR 操作符，强制转换一个标号、段名或子程序名的类型，形成相应的控制转移。32 位保护方式使用平展存储模型，不允许应用程序进行段间转移。

【例 4-1】 无条件转移程序

```
                             ;数据段
00000000  00000000           nvar     dword ?
                             ;代码段
00000000  EB 01                       jmp labl1              ;相对寻址
00000002  90                          nop
00000003  E9 00000001        labl1:   jmp near ptr labl2     ;相对近转移
00000008  90                          nop
00000009  B8 00000011 R      labl2:   mov eax,offset labl3
0000000E  FF E0                       jmp eax                ;寄存器间接寻址
00000010  90                          nop
00000011  B8 00000022 R      labl3:   mov eax,offset labl4
00000016  A3 00000000 R               mov nvar,eax
0000001B  FF 25 00000000 R            jmp nvar               ;存储器间接寻址
00000021  90                          nop
00000022                     labl4:
```

本程序的第一条指令"JMP LABL1"使处理器跳过一个空操作指令 NOP，执行标号 LABL1 处的指令。由于 NOP 指令只有一个字节，所以汇编程序将其作为一个相对寻址的短转移，其位移量用一个字节表达为 01H。第二条 JMP 指令"JMP NEAR PTR LABL2"被强制生成相对寻址的近转移，因而其位移量用一个 32 位双字表达为 00000001H。

指令"JMP EAX"采用段内寄存器间接寻址转移到 EAX 指向的位置。因为 EAX 被赋值标号 LABL3 的偏移地址，所以程序又跳过一个 NOP 指令，开始执行 LABL3 处的指令。变量 NVAR 保存了 LABL4 的偏移地址，所以段内存储器间接寻址指令"JMP NVAR"实现跳转到标号 LABL4 处。

JMP 指令既存在目标地址的寻址问题，同时也存在数据的寻址问题，不要将两者混为一谈。例如，指令"JMP NVAR"的指令寻址采用存储器间接寻址方式，而操作数 NVAR 的数据寻址则采用存储器直接寻址方式。存储器寻址方式有多种，所以该 JMP 指令的操作数还可以采用其他存储器寻址方式，如寄存器间接寻址：

```
mov ebx,offset nvar
jmp near ptr [ebx]
```

4.1.2 条件转移指令

条件转移指令 Jcc 根据指定的条件确定程序是否发生转移。如果满足条件，则程序转移到目标地址去执行；如果不满足条件，则程序将顺序执行下一条指令。其通用格式为：

  `Jcc label`   ;条件满足,发生转移;否则,顺序执行

其中，LABEL 表示目标地址，采用段内相对寻址方式。在 16 位 8086 等处理器上，位移量只能用一个字节表达，只能实现 -128~+127 之间的短转移。但在 32 位 IA-32 处理器中，允许采用多字节来表示转移目的地址与当前地址之间的差，所以转移范围可以超出原来的 -128~+127，达到 32 位的全偏移量。这一点增强了原来那些指令的功能，使得程序员不必再担心条件转移是否超出了范围。

条件转移指令不影响标志，但要利用标志。条件转移指令 Jcc 中的 cc 表示利用标志判断的条件，共有 16 种，如表 4-1 所示。表中的斜线分隔了同一条指令的多个助记符形式，目的是方便记忆。建议读者通过英文含义记忆助记符，掌握每个条件转移指令的成立条件。

表 4-1 条件转移指令中的条件 cc

助记符	标志位	英文含义	中文说明
JZ/JE	ZF = 1	Jump if Zero/Equal	等于 0/相等
JNZ/JNE	ZF = 0	Jump if Not Zero/Not Equal	不等于 0/不相等
JS	SF = 1	Jump if Sign	符号为负
JNS	SF = 0	Jump if Not Sign	符号为正
JP/JPE	PF = 1	Jump if Parity/Parity Even	"1"的个数为偶
JNP/JPO	PF = 0	Jump if Not Parity/Parity Odd	"1"的个数为奇
JO	OF = 1	Jump if Overflow	溢出
JNO	OF = 0	Jump if Not Overflow	无溢出
JC/JB/JNAE	CF = 1	Jump if Carry/Below/Not Above or Equal	进位/低于/不高于等于
JNC/JNB/JAE	CF = 0	Jump if Not Carry/Not Below/Above or Equal	无进位/不低于/高于等于
JBE/JNA	CF = 1 或 ZF = 1	Jump if Below or Equal/Not Above	低于等于/不高于
JNBE/JA	CF = 0 且 ZF = 0	Jump if Not Below or Equal/Above	不低于等于/高于
JL/JNGE	SF ≠ OF	Jump if Less/Not Greater or Equal	小于/不大于等于
JNL/JGE	SF = OF	Jump if Not Less/Greater or Equal	不小于/大于等于
JLE/JNG	SF ≠ OF 或 ZF = 1	Jump if Less or Equal/Not Greater	小于等于/不大于
JNLE/JG	SF = OF 且 ZF = 0	Jump if Not Less or Equal/Greater	不小于等于/大于

可以根据判断的条件将条件转移指令分成两类。前 10 个为一类，它们以 5 个常用状态标志是 0 或 1 作为条件。后 8 个为另一类（其中有两个与前一类重叠），分别以两个无符号数据和有符号数据的 4 种大小关系作为条件。

1. 单个标志状态作为条件的条件转移指令

这组指令单独判断 5 个状态标志之一，根据某一个状态标志是 0 或 1 决定是否跳转：

- JZ/JE 和 JNZ/JNE 利用零标志 ZF，分别判断结果是 0（相等）还是非 0（不等）。
- JS 和 JNS 利用符号标志 SF，分别判断结果是负还是正。
- JO 和 JNO 利用溢出标志 OF，分别判断结果是溢出还是没有溢出。
- JP/JPE 和 JNP/JPO 利用奇偶标志 PF，分别判断结果的低字节中"1"的个数是偶数还是奇数。
- JC 和 JNC 利用进位标志 CF，分别判断结果是有进位（为 1）还是无进位（为 0）。

【例 4-2】 个数折半程序

某数组需要分成元素个数相当的两部分，所以需要对个数进行折半，个数折半就是无符号整数除以 2。如果个数是偶数，除以 2 没有余数，则商就是需要的半数；如果个数是奇数，除以 2 之后还有余数 1，则商加 1 后才是半数。

无符号数除法运算可以使用除法指令 DIV，但使用逻辑右移指令 SHR 更加方便快捷，被除数的最低位就是余数，右移后进入了 CF 标志。程序判断 CF 标志，CF = 1 进行加 1 操作，CF = 0 不需要再进行操作、直接获得结果。判断 CF 标志的指令是 JC 或 JNC。

```
        ;代码段
        mov eax,885         ;假设一个数据
        shr eax,1           ;数据右移进行折半
        jnc goeven          ;余数为 0,即 CF = 0 条件成立,不需要处理,转移
        add eax,1           ;否则余数为 1,即 CF = 1,进行加 1 操作
goeven: call dispuid        ;显示结果
```

上面的程序使用了无进位（即余数为 0）转移指令 JNC，指令"ADD EAX,1"是分支体。习惯了高级语言的 IF 语句的读者也可能选择 JC 作为条件转移指令。程序片段如下：

```
        mov eax,886         ;假设一个数据
        shr eax,1           ;数据右移进行折半
        jc  goodd           ;余数为 1,即 CF = 1 条件成立,转移到分支体,进行加 1 操作
        jmp goeven          ;余数为 0,即 CF = 0,不需要处理,转移到显示!
goodd:  add eax,1           ;进行加 1 操作
goeven: call dispuid        ;显示结果
```

对比以上两个程序片段，显然后者多了一个 JMP 指令。读者可能认为这个 JMP 指令多余，但如果没有这个 JMP 指令，当个数是偶数时，JC 指令的条件不成立，处理器将顺序执行下一条"ADD EAX,1"指令，则结果被错误地多加了 1。所以后一个程序片段看似符合逻辑，但容易出错，且多了一条跳转指令。

现代处理器当中，程序分支或者说条件转移指令是影响程序性能的一个重要原因，频繁的、复杂的分支将导致性能降低。IA-32 处理器的分支预测机制使用硬件电路减少分支影响，程序员进行软件编程时也可以运用一些编程技巧尽量避免分支。例如，本示例程序中可以用 ADC 指令具有自动加 CF 的特点替代 ADD 指令，从而不使用条件转移指令。程序段如下：

```
mov eax,887         ;假设一个数据
shr eax,1           ;数据右移进行折半
adc eax,0           ;余数 = CF = 1,进行加 1 操作;余数 = CF = 0,没有加 1
call dispuid        ;显示结果
```

改进算法更是提高性能的关键。例如，不论个数是奇数还是偶数，本例题都可以先将个数增 1，然后除以 2 就是半数，采用这种方法就没有分支问题。程序段如下：

```
mov eax,888         ;假设一个数据
add eax,1           ;个数加 1
rcr eax,1           ;数据右移进行折半
call dispuid        ;显示结果
```

本程序片段采用 RCR 指令代替了 SHR 指令，它能正确处理 EAX = FFFFFFFFH 时的特殊情况。这是因为，EAX = FFFFFFFFH 加 1 后进位，但 EAX = 0。SHR 指令右移 EAX 一位，EAX = 0；而 RCR 指令带进位右移 EAX 一位，EAX = 80000000H。显然，后者结果正确。这就要求采用 ADD 指令实现加 1 影响进位标志，而不能采用 INC 指令实现加 1 不影响进位标志。

【例 4-3】 位测试程序

进行底层程序设计，经常需要测试数据的某个位是 0 还是 1。例如，进行打印前，要测试打印机状态。假设测试数据已经进入 EAX，其 D_1 位为 0 表示打印机没有处于联机打印的正常状态，

D_1 位为 1 表示可以进行打印。编程测试 EAX，若 $D_1=0$，显示"Not Ready!"；若 $D_1=1$，显示"Ready to Go!"。

程序的主要问题是：如何判断 EAX 的 D_1 位呢？这个问题涉及数值中的一个位，可以考虑采用位操作类指令。例如，用逻辑与将除 D_1 位外的其他位变成 0，D_1 位不变。测试指令 TEST 进行逻辑与 AND 操作，但不改变操作数，正是用于位测试的。判断逻辑与运算后的这个数据是 0，说明 $D_1=0$；否则，$D_1=1$。判断运算结果是否为 0，应该用零位标志 ZF，于是要使用 JZ 或 JNZ 指令。

```
                ;数据段
no_msg   byte 'Not Ready!',0
yes_msg  byte 'Ready to Go!',0
                ;代码段
         mov eax,56h              ;假设一个数据
         test eax,02h             ;测试 D₁ 位(使用 D₁=1、其他位为 0 的数据)
         jz nom                   ;D₁=0 条件成立,转移
         mov eax,offset yes_msg   ;D₁=1,显示准备好
         jmp done                 ;跳转过另一个分支体!
nom:     mov eax,offset no_msg    ;显示没有准备好
done:    call dispmsg
```

请留意程序中的无条件转移指令 JMP。该指令必不可少，这是因为如果没有转移指令则程序将顺序执行，会在执行完一个分支后又进入另一个分支执行，产生错误。上述功能也可以使用不等于零转移指令 JNZ，源程序如下：

```
         mov eax,58h              ;假设一个数据
         test eax,02h             ;测试 D₁ 位(使用 D₁=1、其他位为 0 的数据)
         jnz yesm                 ;D₁=1 条件成立,转移
         mov eax,offset no_msg    ;D₁=0,显示没有准备好
         jmp done                 ;跳转过另一个分支体!
yesm:    mov eax,offset yes_msg   ;显示准备好
done:    call dispmsg
```

位测试还可以用移位指令将要测试的位移进 CF 标志，然后用 JC 或 JNC 指令判断。

【例 4-4】 奇校验程序

数据通信时，为了可靠常要进行校验。最常用的校验方法是奇偶校验，例如，标准 ASCII 码的最高位就可以用作传输的校验位。如果使包括校验位在内的数据中"1"的个数恒为奇数，就是奇校验；恒为偶数(包括 0)，就是偶校验。例如，采用奇校验，若在字符 ASCII 码中"1"的个数已为奇数，则令其最高位为"0"；否则令其最高位为"1"。奇偶校验标志 PF 正是为此目的而设计的，所以我们可以使用 JNP 或 JP 指令。

利用输入输出子程序库的 READC 子程序，可以从键盘输入一个字符，编程为其最高位加上奇校验，然后用 DISPBB 子程序以二进制显示。调用 READC 不需要入口参数，待用户按键后完成调用，在 AL 寄存器中返回该键的 ASCII 码，同时在屏幕上显示用户按下的字符。

```
         ;代码段
         call readc        ;键盘输入,返回值在 AL 寄存器中
         call dispcrlf     ;回车换行(用于分隔)
         call dispbb       ;以二进制形式显示数据
         call dispcrlf     ;回车换行(用于分隔)
         and al,7fh        ;最高位置"0"、其他位不变,同时标志 PF 反映"1"的个数
```

```
        jnp next         ;个数为奇数,不需处理,转移
        or al,80h        ;个数为偶数,最高位置"1"、其他位不变
next:   call dispbb      ;显示含校验位的数据
```

本示例程序在判断出数据已经是奇数个"1"的情况下,无需执行任何指令;只有不是奇数个"1",才需要执行最高位置"1"操作。

2. 两数大小关系作为条件的条件转移指令

判断两个无符号数的大小关系和判断两个有符号数的大小关系要利用不同的标志位组合,所以有对应的两组指令。

为区别有符号数的大小关系,无符号数的大小关系用高(Above)、低(Below)表示,它需要利用 CF 标志确定高低、利用 ZF 标志确定相等(Equal)。两个无符号数据的高低分成 4 种关系:低于(不高于等于)、不低于(高于等于)、低于等于(不高于)、不低于等于(高于),依次对应 4 条指令:JB(JNAE)、JNB(JAE)、JBE(JNA)、JNBE(JA)。

判断有符号数的大(Greater)、小(Less)需要组合 OF、SF 标志,并利用 ZF 标志确定相等与否。两个有符号数据的大小也分成 4 种关系:小于(不大于等于)、不小于(大于等于)、小于等于(不大于)、不小于等于(大于),也依次对应 4 条指令:JL(JNGE)、JNL(JGE)、JLE(JNG)、JNLE(JG)。

两个数据还有是否相等的关系,这时不论是无符号数还是有符号数,都用 JE 和 JNE 指令。相等的两个数据相减,结果当然是 0,所以 JE 就是 JZ 指令;不相等的两个数据相减,结果一定不是 0,同样 JNE 就是 JNZ 指令。

【例 4-5】 数据比较程序

从键盘输入两个有符号数据,比较两者之间的大小关系。如果两数相等,显示该数据;如果不相等,则先小后大显示这两个数据。十进制有符号整数的输入利用 I/O 库的 READSID 子程序,从 EAX 返回二进制结果。设置 EAX 等于要显示的数据,I/O 库的 DISPSID 子程序将以十进制有符号整数形式显示该数据。

```
                ;数据段
in_msg1         byte 'Enter a number:',0
in_msg2         byte 'Enter another number:',0
out_msg1        byte 'Two numbers are equal:',0
out_msg2        byte 'The less number is:',0
out_msg3        byte 13,10,'The greater number is:',0
                ;代码段
        mov eax,offset in_msg1      ;提示输入第一个数据
        call dispmsg
        call readsid                ;输入第一个数据
        mov ebx,eax                 ;保存到 EBX
        mov eax,offset in_msg2      ;提示输入第二个数据
        call dispmsg
        call readsid                ;输入第二个数据
        mov ecx,eax                 ;保存到 ECX
        cmp ebx,ecx                 ;两个数据进行比较
        jne nequal                  ;两数不相等,转移
        mov eax,offset out_msg1     ;两数相等
        call dispmsg
        mov eax,ebx
        call dispsid                ;显示相等的数据
```

```
                jmp done                        ;转移到结束
    nequal:     jl first                        ;EBX 较小,不需要交换,转移
                xchg ebx,ecx                    ;EBX 保存较小数,ECX 保存较大数
    first:      mov eax,offset out_msg2         ;显示较小数
                call dispmsg
                mov eax,ebx                     ;较小数在 EBX 中
                call dispsid
                mov eax,offset out_msg3         ;显示较大数
                call dispmsg
                mov eax,ecx                     ;较大数在 ECX 中
                call dispsid
    done:
```

本示例程序输入的两个有符号整数分别保存在 EBX 和 ECX 中,使用比较指令 CMP 比较大小关系。因为是有符号数,所以使用 JL 条件转移指令判断大小,并将较小数保存在 EBX,较大数保存在 ECX,然后依次显示。如果使用判断无符号整数大小的 JB 指令替换 JL 指令,则在有负数输入的情况下显示结果将发生错误(结合补码表达,想想为什么)。

4.1.3 单分支程序结构

单分支程序结构只有一个分支,类似于高级语言的 IF-THEN 语句结构。例 4-2 和例 4-4 的分支程序就属于单分支结构。再如,计算有符号数据的绝对值就是一个典型的单分支结构,即正数无需处理,负数进行求补。

【例 4-6】 求绝对值程序

从键盘输入一个有符号数,输出其绝对值。

```
                ;代码段
                call readsid                    ;输入一个有符号数,从 EAX 返回值
                cmp eax,0                       ;比较 EAX 与 0
                jge nonneg                      ;条件满足:EAX≥0,转移
                neg eax                         ;条件不满足:EAX<0,为负数,需求补得正值
    nonneg:     call dispuid                    ;分支结束,显示结果
```

单分支结构要注意采用正确的条件转移指令。若条件满足(成立),则发生转移,跳过分支体;若条件不满足,则顺序向下执行分支体。如图 4-1 所示。所以,条件转移指令与高级语言的 IF 语句正好相反。IF 语句是条件成立,执行分支体。

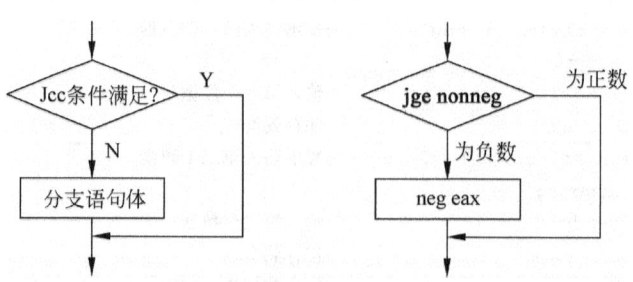

图 4-1 单分支结构的流程图

【例 4-7】 字母判断程序

从键盘输入一个字符,判断是否为大写字母,是大写字母则转换为小写显示。

```
                ;代码段
                call readc              ;输入一个字符,从 AL 返回值
                cmp al,'A'              ;与大写字母 A 比较
                jb done                 ;比大写字母 A 小,不是大写字母,转移
                cmp al,'Z'              ;与大写字母 Z 比较
                ja done                 ;比大写字母 Z 大,不是大写字母,转移
                or al,20h               ;转换为小写
                call dispcrlf           ;回车换行(用于分隔)
                call dispc              ;显示小写字母
        done:
```

4.1.4 双分支程序结构

双分支程序结构有两个分支,条件为真执行一个分支,条件为假则执行另一个分支。它相当于高级语言的 IF-THEN-ELSE 语句。例 4-3 的程序属于双分支结构,例 4-5 的第一个分支是双分支结构、第二个分支是单分支结构。再如,将数据最高位显示出来就可以采用双分支结构,即最高位为 0 显示字符 0,最高位为 1 显示字符 1。

【例 4-8】 显示数据最高位程序

```
                ;数据段
        dvar    dword 0bd630422h        ;假设一个数据
                ;代码段
                mov ebx,dvar
                shl ebx,1               ;EBX 最高位移入 CF 标志
                jc one                  ;CF=1,即最高位为 1,转移
                mov al,'0'              ;CF=0,即最高位为 0:AL←'0'
                jmp two                 ;一定要跳过另一个分支体
        one:    mov al,'1'              ;AL←'1'
        two:    call dispc              ;显示
```

双分支程序结构是条件满足发生转移执行分支体 2,而条件不满足则顺序执行分支体 1,顺序执行的分支体 1 最后一定要有一条 JMP 指令跳过分支体 2,否则将进入分支体 2 而出现错误。如图 4-2 所示。JMP 指令必不可少,实现结束前一个分支回到共同的出口的作用。单分支结构中要选择跳过分支的转移条件,而双分支结构可以比较随意地选择条件转移指令,只要对应好分支体就可以了。

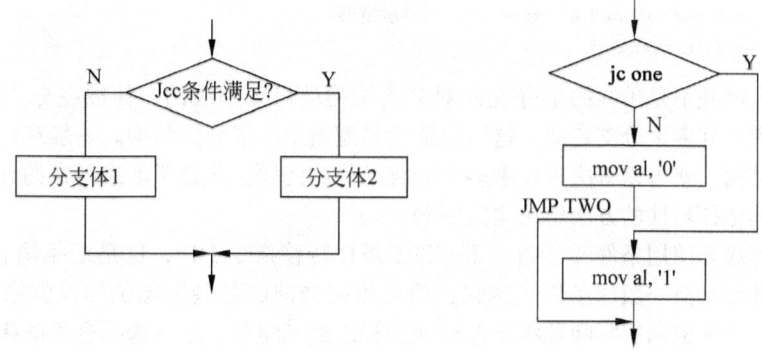

图 4-2 双分支结构的流程图

双分支结构有时可以改变为单分支结构。这只需事先执行其中一个分支(选择出现概率较高

的分支),当条件满足时就可以不再需要处理这个分支了。例如,将例4-8修改为单分支结构,程序段如下:

```
            ;代码段
            mov ebx,dvar
            mov al,'0'          ;假设最高位为0:AL←'0'
            shl ebx,1           ;EBX最高位移入CF标志
            jnc two             ;CF=0,即最高位为0,与假设相同,转移
            mov al,'1'          ;CF=1,即最高位为1,AL←'1'
    two:    call dispc          ;显示
```

本例题也可以利用ADC指令消除分支。

【例4-9】 有符号数运算溢出程序

虽然是同一个二进制编码,但作为有符号数和作为无符号数所表达的真值并不相同。在指令系统中,乘法、除法和条件转移指令都针对有符号数和无符号数设计了两组不同的指令,但加法指令和减法指令对有符号数和无符号数却没有区别。加减法指令要求程序员利用溢出标志和进位标志区别对待有符号数和无符号数。具体地说,如果是两个有符号数进行加减,则应该防止其溢出(将数据位数扩大,使其能够表达结果,就不会出现溢出)。因为一旦溢出,运算结果就是错误的。如果是两个无符号数进行加减,则要利用进位或借位。因为虽然运算结果正确,但若有进位或借位,则运算结果必须包括进位或借位才是完整的。本例题实现两个有符号数据相减,如果没有溢出,保存结果并显示正确信息;如果有溢出,则显示错误信息。

```
                ;数据段
    dvar1       dword 1234567890            ;假设两个数据
    dvar2       dword -999999999
    dvar3       dword ?
    okmsg       byte 'Correct!',0           ;正确信息
    errmsg      byte 'ERROR ! Overflow!',0  ;错误信息
                ;代码段
                mov eax,dvar1
                sub eax,dvar2               ;求差
                jo error                    ;有溢出,转移
                mov dvar3,eax               ;无溢出,保存差值
                mov eax,offset okmsg        ;显示正确
                jmp disp
    error:      mov eax,offset errmsg       ;显示错误
    disp:       call dispmsg
```

实际问题有时并不是单纯的单分支或双分支结构就可以解决的,往往在分支处理中又嵌套有分支,或者说具有多个分支走向,这可以认为是逻辑上的多分支结构。一般利用单分支和双分支这两个基本结构,就可以解决程序中多个分支结构的问题。熟悉了汇编语言的编程思想后,读者还可以采用其他技巧性的方法解决实际问题。

编写分支程序要使用条件转移指令Jcc和无条件转移指令JMP,这是汇编语言的一个难点。条件转移指令并不支持一般的条件表达式,而是根据当前的某些标志位的设置情况实现转移或不转移。所以,必须根据实际问题将条件转换为标志或其组合,还要选择合适的指令产生这些标志。同时,必须留心分支的开始点和结束点,当出现多分支时更是如此。

MASM 6.x版本为了简化汇编语言的编程难度,引入了.IF、.WHILE等流程控制伪指令,使得汇编语言可以像高级语言那样编写分支程序结构和循环程序结构。读者在实际的程序开发中,

完全可以利用这些高级语言的特性。但是，本书讲授的是汇编语言而不是高级语言，所以只在本章后面对此进行了简单介绍。

4.2 循环程序结构

机器最适合完成重复性工作。程序设计中的许多问题需要重复操作，例如对字符串、数组等的操作。为了进行重复操作，需要首先做好准备，还要安排好退出的方法，所以完整的循环程序结构通常由以下 3 个部分组成：

- 循环初始——为开始循环准备必要的条件，如循环次数、循环体需要的初始值等。
- 循环体——重复执行的程序代码，其中包括对循环条件的修改等。
- 循环控制——判断循环条件是否成立，决定是否继续循环。

其中，循环控制部分是编程的关键和难点。循环控制可以在进入循环之前进行，形成"先判断、后循环"的循环程序结构，对应高级语言的 WHILE 语句。如果循环之后进行循环条件判断，则形成"先循环、后判断"的循环程序结构，对应高级语言的 DO 语句，如图 4-3 所示。如果没有特殊原因，千万不要形成循环条件永远成立或无任何约束条件的死循环（永真循环、无条件循环）。

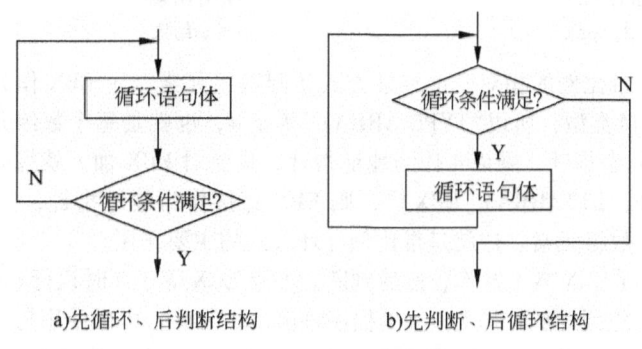

a) 先循环、后判断结构　　　　b) 先判断、后循环结构

图 4-3　循环程序结构

IA-32 处理器有一组循环控制指令，用于实现简单的计数循环，即用于循环次数已知或者最大循环次数已知的循环控制。对于复杂的循环程序，则需要配合无条件和有条件转移指令才能实现。

4.2.1 循环指令

IA-32 处理器最主要的循环指令是 LOOP，在前面许多程序中都用到了它。它使用 ECX 寄存器作为计数器（在实地址存储模型下使用 CX），每执行一次 LOOP 指令，ECX 减 1（相当于指令"DEC ECX"），然后判断 ECX 是否为 0：如果不为 0，表示循环没有结束，则转移到指定的标号处；如果为 0，表示循环结束，则顺序执行下一条指令。后部分功能相当于不为 0 条件转移指令 JNZ。循环指令 LOOP 的格式如下：

```
LOOP label            ;ECX = ECX -1;若 ECX≠0,循环到 LABEL,否则顺序执行
```

LOOP 指令的目标地址采用相对短转移，只能在 -128～+127 字节之间循环。另外，还有 LOOPE/LOOPZ 和 LOOPNE/LOOPNZ 指令，它们在计数循环的基础上增加对 ZF 标志的测试，即计数不归 0 并且结果是 0（LOOPE/LOOPZ 指令）或者计数不归 0 并且结果不是 0（LOOPE/LOOPZ 指令）才继续循环，否则顺序执行。

【例 4-10】　数组求和程序

将一个数组中的所有元素求和，结果保存在变量中。假设数组元素是 32 位有符号整数，个

数已知，运算过程中不考虑溢出问题（溢出问题留到例4-18解决）。

对已知元素个数的数组进行操作，显然可以将个数作为计数值赋给 ECX，控制循环次数；同时，需要用一个通用寄存器作为元素的指针，并将求和的初值设置为 0。这就是循环初始部分。循环体部分实现求和。计数循环的循环控制部分比较简单，就是将计数值减 1，不为 0 继续，这对应 LOOP 指令。

```
            ;数据段
array       dword 136,-138,133,130,-161    ;数组
sum         dword ?                        ;结果变量
            ;代码段
            mov ecx,lengthof array         ;ECX = 数组元素个数
            xor eax,eax                    ;求和初值为 0
            mov ebx,eax                    ;数组指针为 0
again:      add eax,array[ebx*(type array)] ;求和
            inc ebx                        ;指向下一个数组元素
            loop again
            mov sum,eax                    ;保存结果
            call dispsid                   ;显示结果
```

本示例程序使用带比例的相对变址寻址方式访问数组元素，用 EBX 作为变址寄存器。由于数组 ARRAY 是双字量类型，所以"TYPE ARRAY"等于 4，也就是每个数组元素占 4 个字节。这样 EBX 作为数组的元素指针，乘以 4 作为地址指针，只要对 EBX 加 1 就指向下一个元素。如果使用不带比例的寻址，即"ARRAY[EBX]"，则 EBX 直接作为地址指针，每次循环需要对 EBX 加 4 才能指向下一个数组元素。这就是带比例寻址方式的主要作用。

LOOP 指令先进行 ECX 减 1 操作，然后判断。如果 ECX 等于 0 时执行 LOOP 指令，则将循环 2^{32} 次。所以，如果数组元素的个数为 0，本程序将出错。为此，可以使用另一条循环指令 JECXZ（实地址存储模型是 JCXZ 指令）排除 ECX 等于 0 的情况，该指令的格式为：

```
JECXZ label        ;ECX = 0,转移;否则顺序执行
```

在本程序中，JECXZ 指令可以跟在设置 ECX 和 EAX 的指令之后。

4.2.2 计数控制循环

循环程序结构的关键是如何控制循环。比较简单的循环程序是通过次数控制循环，即计数控制循环。前面利用 LOOP 指令实现的程序都属于计数控制的循环程序。

【例4-11】 简单加密解密程序

逻辑异或 XOR 有一个特性：$X \oplus Y \oplus Y = X$，即将一个数据 X 与一个数据 Y 异或，结果再与 Y 异或，最后得到原来的 X（因为 $Y \oplus Y = 0$，而 $X \oplus 0 = X$）。利用异或的这个特性，可以实现简单的加密和解密。用户的明文逐个数据与密码构成的 Y 进行异或，实现加密。加密后的密文再次与 Y 进行异或就可实现解密。

从键盘输入一个字符串，使用一个字节量密钥将字符串加密保存，可以显示加密后的密文。然后，使用同一个密钥进行解密，并显示解密后的明文。

输入字符串可以利用输入输出子程序库中的 READMSG 子程序。它需要事先设置一个保存字符串的缓冲区，并将该缓冲区的首地址通过 EAX 传递给 READMSG 子程序。这样，调用后缓冲区将保存用户输入的字符串，最后以 0 结尾，并在 EAX 中返回实际输入的字符个数（不包括最后的结尾符 0）。

```
                ;数据段
key             byte 234
bufnum          = 255
buffer          byte bufnum + 1 dup(0)      ;定义键盘输入需要的缓冲区
msg1            byte 'Enter messge:',0
msg2            byte 'Encrypted message:',0
msg3            byte 13,10,'Original messge:',0
                ;代码段
                mov eax,offset msg1          ;提示输入字符串
                call dispmsg
                mov eax,offset buffer        ;设置入口参数 EAX
                call readmsg                 ;调用输入字符串子程序
                push eax                     ;字符个数保存进入堆栈
                mov ecx,eax                  ;ECX = 实际输入的字符个数,作为循环的次数
                xor ebx,ebx                  ;EBX 指向输入字符
                mov al,key                   ;AL = 加密关键字
encrypt:        xor buffer[ebx],al           ;异或加密
                inc ebx
                dec ecx                      ;等同于指令:loop encrypt
                jnz encrypt                  ;处理下一个字符
                mov eax,offset msg2
                call dispmsg
                mov eax,offset buffer        ;显示加密后的密文
                call dispmsg
                ;
                pop ecx                      ;从堆栈弹出字符个数,作为循环的次数
                xor ebx,ebx                  ;EBX 指向输入字符
                mov al,key                   ;AL = 解密关键字
decrypt:        xor buffer[ebx],al           ;异或解密
                inc ebx
                dec ecx
                jnz decrypt                  ;处理下一个字符
                mov eax,offset msg3
                call dispmsg
                mov eax,offset buffer        ;显示解密后的明文
                call dispmsg
```

本示例程序有两个雷同的循环程序部分,分别用于加密和解密。两次循环都利用字符个数作为控制循环条件,是计数控制循环结构。为了保存字符个数,示例程序中使用了堆栈。本例题的加密和解密都很简单,并且使用了事先设置的加密关键字,很容易被攻破。

4.2.3 条件控制循环

复杂的循环程序结构需要利用条件转移指令,根据条件决定是否进行循环,这就是所谓的条件控制循环。计数控制循环往往至少执行一次循环体之后,才判断次数是否为 0,即所谓的"先循环、后判断"循环结构。而条件控制循环更多见的是"先判断、后循环"结构。

【例4-12】 字符个数统计程序

已知某个字符串以 0 结尾,统计其包含的字符个数,即计算字符串长度。这是一个循环次数不定的循环程序结构,宜用转移指令决定是否循环结束,并应该先判断、后循环。循环体仅进行简单的个数加 1 操作。

```
            ;数据段
    string  byte 'Do you have fun with Assembly?',0    ;以 0 结尾的字符串
            ;代码段
            xor ebx,ebx                 ;EBX 用于记录字符个数,同时也用于指向字符的指针
    again:  mov al,string[ebx]
            cmp al,0                    ;用指令"test al,al"更好
            jz done
            inc ebx                     ;个数加 1
            jmp again                   ;继续循环
    done:   mov eax,ebx                 ;显示个数
            call dispuid
```

先行判断的条件控制循环程序很像双分支结构,只不过一个主要分支需要重复执行多次(所以跳转指令 JMP 的目标位置是循环开始,不是跳过另一个分支、到达双分支的汇合地),而另一个分支则用于跳出这个循环。先行循环的条件控制循环程序则类似于单分支结构,循环体就是分支体,顺序执行就跳出循环。

实际的应用问题不会只有单纯的分支或循环,两者可能同时存在,即循环体中具有分支结构,分支体中采用循环结构。有时,循环体中还嵌套有循环,即形成多重循环结构。在多重循环中,如果内外循环之间没有关系,问题比较容易处理;但如果内外循环之间需要传递参数或利用相同的数据,问题就比较复杂了。

【例 4-13】 字符剔除程序

现有一个以 0 结尾的字符串,要求剔除其中的空格字符。

与上一个例题类似,我们可以用结尾标志 0 作为循环控制条件。循环体判断每个字符,如果不是空格,不予处理继续循环;如果是空格,则进行剔除,也就是将后续所有字符逐个前移一个字符位置,将空格覆盖。这是一个"先判断、后循环"结构。

因为有多个字符需要前移,所以又需要一个循环,循环结束条件仍然使用结尾标志 0。这个循环则是"先循环、后判断"结构。最终形成一个双重循环程序结构。

```
            ;数据段
    string  byte 'Let us have a try !',0dh,0ah,0      ;以 0 结尾的字符串
            ;代码段
            mov eax,offset string       ;显示处理前的字符串
            call dispmsg
            mov esi,offset string
    outlp:  cmp byte ptr [esi],0        ;外循环,先判断后循环
            jz done                     ;为 0 结束
    again:  cmp byte ptr [esi],' '      ;检测是否是空格
            jnz next                    ;不是空格继续循环
            mov edi,esi                 ;是空格,进入剔除空格分支
    inlp:   inc edi                     ;该分支是循环程序
            mov al,[edi]                ;前移一个位置
            mov [edi-1],al
            cmp byte ptr [edi],0        ;内循环,先循环后判断
            jnz inlp                    ;内循环结束处
            jmp again                   ;再次判断是否为空格(处理连续空格情况)
    next:   inc esi                     ;继续对后续字符进行判断处理
            jmp outlp                   ;外循环结束处
    done:   mov eax,offset string       ;显示处理后的字符串
            call dispmsg
```

本程序采用的剔除算法并不优秀。如果已知字符串的长度，更好的算法应该从字符串最后一个字符开始判断处理，这样可以减少一些移动次数。因为从前面开始移动，后续的空格也要随之移动；而如果从后面开始移动，就不会有空格进行无谓的移动了。这留给读者作为练习。

4.3 子程序结构

对经常用到的应用问题，可以编写一个通用的子程序在需要时调用；看似无法入手的大型处理过程可以逐步分解，划分成一个个能够解决的模块。子程序(Subroutine)在高级语言中常被称为函数(Function)或过程(Procedure)。本书就提供了基本输入输出功能的多个子程序，前面的例题中也进行了调用。

4.3.1 子程序指令

程序中有些部分可能要实现相同的功能，而只是参数不一样，并且这些功能需要经常用到。这时，用子程序实现这个功能是很合适的。使用子程序可以使程序的结构更为清楚，程序的维护也更为方便，同时有利于开发大程序时多个程序员分工合作。

子程序通常是与主程序分开的、完成特定功能的一段程序。当主程序(调用程序 Caller)需要执行这个功能时，就可以调用该子程序(被调用程序 Callee)，于是，程序转移到这个子程序的起始处执行。当运行完子程序后，再返回调用它的主程序。子程序由主程序执行子程序调用指令 CALL 来调用，而子程序执行完后用子程序返回指令 RET 返回主程序继续执行。

1. 子程序调用指令 CALL

CALL 指令用在主程序中，实现子程序的调用。子程序和主程序可以在同一个代码段内，也可以在不同段内。因而，与无条件转移指令 JMP 类似，子程序调用指令 CALL 也可以分成段内调用(近调用)和段间调用(远调用)，同时，CALL 指令的目标地址也可以采用相对寻址、直接寻址或间接寻址(参见表 4-2)。但是，子程序执行结束是要返回的，所以，CALL 指令不仅要同 JMP 指令一样改变 EIP 和 CS 以实现转移，而且还要保留下一条要执行指令的地址，以便返回时重新获取它。保护 EIP 和 CS 的方法是压入堆栈，获取 EIP 和 CS 的方法是弹出堆栈。

表 4-2　子程序调用指令 CALL

类型	32 位线性地址空间	16 位实地址存储模型
段内调用、相对寻址 CALL label	入栈返回地址：ESP = ESP − 4，SS：[ESP] = EIP 转移目标地址：EIP = EIP + 位移量	入栈返回地址：SP = SP − 2，SS：[SP] = IP 转移目标地址：IP = IP + 位移量
段内转移、间接寻址 CALL r32/r16/m32/m16	入栈返回地址：ESP = ESP − 4，SS：[ESP] = EIP 转移目标地址：EIP = r32/m32	入栈返回地址：SP = SP − 2，SS：[SP] = IP 转移目标地址：IP = r16/m16
段间转移、直接寻址 CALL label	入栈返回地址：ESP = ESP − 4，SS：[ESP] = CS 　　　　　　　ESP = ESP − 4，SS：[ESP] = EIP 转移目标地址：EIP = label 的偏移地址 　　　　　　　CS = label 的段选择器	入栈返回地址：SP = SP − 2，SS：[SP] = CS 　　　　　　　SP = SP − 2，SS：[SP] = IP 转移目标地址：IP = label 的偏移地址 　　　　　　　CS = label 的段选择器
段间转移、间接寻址 CALL m48/m32	入栈返回地址：ESP = ESP − 4，SS：[ESP] = CS 　　　　　　　ESP = ESP − 4，SS：[ESP] = EIP 转移目标地址：EIP = m48，CS = m48 + 4	入栈返回地址：SP = SP − 2，SS：[SP] = CS 　　　　　　　SP = SP − 2，SS：[SP] = IP 转移目标地址：IP = m32，CS = m32 + 2

与 JMP 指令类似，在汇编语言的应用中，CALL 指令有以下 3 种表达形式：

```
CALL label          ;入栈返回地址,程序转向 label 标号指定的地址
CALL r32/r16        ;入栈返回地址,程序转向寄存器内容指定的地址
```

```
CALL m48/m32/m16        ;入栈返回地址,程序转向存储单元内容指定的地址
```

在32位线性地址空间中,CS段选择器为16位、EIP偏移地址为32位,段内调用只需入栈32位偏移地址,计4个字节;段间调用则需要入栈32位偏移地址,并把16位段选择器零位扩展为32位保存到堆栈,共计8个字节。在16位实地址存储模型中,CS段基地址和IP偏移地址都是16位的,段内调用只需入栈16位偏移地址,段间调用需要入栈16位偏移地址和16位段基地址。

MASM汇编程序可以根据存储模型等用户编程信息,自动确定是段内调用还是段间调用,程序员也可以采用PTR操作符强制改变,其方法同段内转移或段间转移一样。

2. 子程序返回指令 RET

子程序执行完后,应返回主程序中继续执行,这一功能由RET指令完成。要回到主程序,只需获得离开主程序时,由CALL指令保存于堆栈的指令地址即可。

在编程应用中,RET指令有以下两种书写格式:

```
RET              ;无参数返回:出栈返回地址
RET i16          ;有参数返回:出栈返回地址,ESP = ESP + i16
```

尽管段内返回和段间返回具有相同的汇编助记符,但汇编程序会根据子程序与主程序是否同处于一个段内,自动产生不同的指令代码,也可以分别采用RETN和RETF表示段内返回和段间返回。返回指令还可以带有一个立即数i16,此时堆栈指针ESP将增加,即ESP = ESP + i16。这个特点使得程序可以方便地废除若干执行CALL指令以前入栈的参数。

在32位线性地址空间中,段内返回需出栈4个字节、32位偏移地址;段间返回需出栈8个字节,包含32位偏移地址和16位段选择器。在16位实地址存储模型中,段内返回只需出栈16位偏移地址,段间返回则需出栈16位偏移地址和16位段基地址(参见表4-3)。

表4-3 子程序返回指令 RET

类型	32位线性地址空间	16位实地址存储模型
段内返回:RET	弹出返回地址:EIP = SS:[ESP],ESP = ESP + 4	弹出返回地址:IP = SS:[SP],SP = SP + 2
段内返回:RET i16	弹出返回地址:EIP = SS:[ESP],ESP = ESP + 4 增量堆栈指针:ESP = ESP + i16	弹出返回地址:IP = SS:[SP],SP = SP + 2 增量堆栈指针:SP = SP + i16
段间返回:RET	弹出返回地址:EIP = SS:[ESP],ESP = ESP + 4 CS = SS:[ESP],ESP = ESP + 4	弹出返回地址:IP = SS:[SP],SP = SP + 2 CS = SS:[SP],SP = SP + 2
段间返回:RET i16	弹出返回地址:EIP = SS:[ESP],ESP = ESP + 4 CS = SS:[ESP],ESP = ESP + 4 增量堆栈指针:ESP = ESP + i16	弹出返回地址:IP = SS:[SP],SP = SP + 2 CS = SS:[SP],SP = SP + 2 增量堆栈指针:SP = SP + i16

3. 过程定义伪指令

MASM汇编程序为配合编写子程序、中断服务程序,设置了过程定义伪指令,由PROC和ENDP组成,格式如下:

```
过程名     PROC
           ……        ;过程体
过程名     ENDP
```

其中,过程名为符合语法的标识符,每个过程应该具有一个唯一的过程名。伪指令PROC后面还可以加上参数NEAR或FAR指定过程的调用属性,即段内调用还是段间调用。在简化段定义源程序格式中,通常不需要指定过程属性,采用默认属性即可。

【例 4-14】 子程序调用程序

```
                        ;代码段
00000000 B8 00000001             mov eax,1
00000005 BD 00000005             mov ebp,5
0000000A E8 00000016             call subp
0000000F B9 00000003     retp1:  mov ecx,3
00000014 BA 00000004     retp2:  mov edx,4
00000019 E8 00000000 E           call disprd
                        ;子程序
00000025 00000025       subp    proc                    ;过程定义,过程名为 subp
00000025 55                     push ebp
00000026 8B EC                  mov ebp,esp
00000028 8B 75 04               mov esi,[ebp+4]
                                ;ESI = CALL 下一条指令(标号 RETP1)的偏移地址
0000002B BF 00000014 R          mov edi,offset retp2    ;EDI = 标号 RETP2 的偏移地址
00000030 BB 00000002            mov ebx,2
00000035 5D                     pop ebp                 ;弹出堆栈,保持堆栈平衡
00000036 C3                     ret                     ;子程序返回
00000037                subp    endp                    ;过程结束
```

用过程伪指令定义的子程序是由主程序调用才执行的,在源程序中应该安排在执行结束返回操作系统后(即 EXIT 语句),但应该在 END 语句之前(否则不被汇编)。

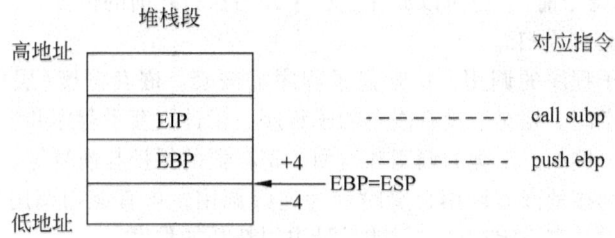

图 4-4 子程序调用的堆栈

子程序的调用和返回都要利用堆栈,如图 4-4 所示。调用时,CALL 先把下一条指令的偏移地址作为返回地址 EIP 保存到堆栈,然后跳转到子程序。在本例题中,返回地址就是"MOV ECX,3"指令的地址,即标号 RETP1 地址。所以,本示例程序的 CALL 指令相当于如下两条指令:

```
push offset retp1
jmp subp
```

子程序中,指令"PUSH EBP"将 EBP 内容保存到堆栈顶部,并使 ESP 减 4。传送指令设置 EBP 等于当前堆栈指针 ESP。这样,EBP+4 指向堆栈保存返回地址的位置,ESI 也就获得了返回地址。指令"POP EBP"将当前栈顶数据传送给 EBP,也就使得 EBP 恢复为原来的数值(本例题中设置为 5),同时 ESP 加 4。现在 ESP 又指向了返回地址,执行子程序返回指令 RET,则从当前栈顶弹出这个返回地址到 EIP,程序回到 CALL 的下一条指令。本程序执行结束后,将显示 EAX、EBX、ECX、EDX 和 EBP 依次等于 1~5,ESI 等于 RETP1 标号的地址,EDI 等于 RETP2 标号的地址。

如果在传送 RETP2 标号地址给 EDI 的指令之后,增加一条"MOV [EBP+4],EDI"指令,那

么，由于堆栈保存返回地址的位置被设置成为 RETP2 标号地址，子程序将返回到 RETP2 标号，主程序不会执行"MOV ECX, 3"指令。

4.3.2 子程序设计

子程序也是一段程序，其编写方法与主程序一样，可以采用顺序、分支、循环结构。但是，作为相对独立和通用的一段程序，它具有一定的特殊性，需要留意以下几个问题：

1）子程序要利用过程定义伪指令声明，获得子程序名和调用属性。

2）子程序最后利用 RET 指令返回主程序，主程序执行 CALL 指令调用子程序。

3）子程序中对堆栈的压入和弹出操作要成对使用，保持堆栈的平衡。

主程序 CALL 指令将返回地址压入堆栈，子程序 RET 指令将返回地址弹出堆栈。只有堆栈平衡，才能保证执行 RET 指令时当前栈顶的内容刚好是返回地址，即相应 CALL 指令压栈的内容，才能返回正确的位置。

4）子程序开始应该保护用到的寄存器内容，子程序返回前相应进行恢复。

因为通用寄存器数量有限，对同一个寄存器主程序和子程序可能都会使用。为了不影响主程序调用子程序后的指令执行，子程序应该把用到的寄存器内容保护好。常用的方法是：在子程序开始，将要修改内容的寄存器顺序入栈（注意不要包括将带回结果的寄存器）；而在子程序返回前，再将这些寄存器内容逆序弹出恢复到原来的寄存器中。

5）子程序应安排在代码段的主程序之外，最好放在主程序执行终止后的位置（返回操作系统后、汇编结束 END 伪指令前），也可以放在主程序开始执行之前的位置。

6）子程序允许嵌套和递归。

子程序内包含有子程序的调用，这就是子程序的嵌套。嵌套深度（层次）逻辑上没有限制，但受限于开设的堆栈空间。相对于没有嵌套的子程序，设计嵌套子程序并没有什么特殊要求，只是有些问题更要小心，例如，正确的调用和返回、寄存器的保护与恢复等。

当子程序直接或间接地嵌套调用自身时称为递归调用，含有递归调用的子程序称为递归子程序。递归子程序的设计有一定难度，但能设计出很精巧的程序。

7）处理好子程序与主程序间的参数传递问题。

如果子程序与主程序之间无需传递参数（和返回值），问题就简单了，就像是两个独立的程序片段。如下实现回车换行子程序 DPCRLF 没有参数和返回值，同时该子程序调用字符输出子程序 DISPC 又是子程序嵌套示例。

```
    dpcrlf  proc                ;回车换行子程序
            push eax            ;保护寄存器
            mov al,0dh          ;输出回车字符
            call dispc          ;子程序中调用子程序,实现子程序嵌套
            mov al,0ah          ;输出换行字符
            call dispc          ;子程序中调用子程序,实现子程序嵌套
            pop eax             ;恢复寄存器
            ret                 ;子程序返回
    dpcrlf  endp
```

而如果子程序与主程序之间需要参数传递，则是子程序设计的关键和难点，下节详述。

另外，为了使子程序调用更加方便，编写子程序时有必要提供适当的注释。完整的注释应该包括子程序名、子程序功能、入口参数和出口参数、调用注意事项以及其他说明等。这样，程序员只要阅读了子程序的说明就可以调用该子程序，而不必关心子程序是如何编程实现该功能的。

4.3.3 参数传递

主程序在调用子程序时,通常需要向其提供一些数据,对于子程序来说就是入口参数(输入参数);同样,子程序执行结束时也要返回必要的数据给主程序,这就是子程序的出口参数(输出参数)。主程序与子程序间通过参数传递建立联系,相互配合完成任务。

传递参数的多少反映程序模块间的耦合程度。根据实际情况,子程序可以只有入口参数或只有出口参数,也可以入口参数和出口参数都有。汇编语言中,参数传递可通过寄存器、变量或堆栈来实现,参数的具体内容可以是数据本身(传递数值,By Value)也可以是数据的存储地址(传递地址,By Location)。传递数值是传递参数的一个拷贝,被调用程序改变这个参数不影响调用程序。传递地址时,被调用程序可能修改通过地址引用的变量内容,故也被称为传递引用(By Reference)。

1. 寄存器传递参数

汇编语言中,通过寄存器传递参数是最简单、最常用的方法,只要把参数存于约定的寄存器就可以了。例如,所有输入输出子程序库中的子程序都采用寄存器传递参数。下面例4-15 的HTOASC 子程序用 AL 传递入口参数(传递数值),也用 AL 传递出口参数。

由于通用寄存器个数有限,所以这种方法对少量数据可以直接传递数值,而对大量数据只能传递地址。采用寄存器传递参数,要注意带有出口参数的寄存器不能保护和恢复,带有入口参数的寄存器可以保护也可以不保护,但最好保持一致。另外,有时虽然只使用 32 位通用寄存器的低 8 位或低 16 位,但保护和恢复都应该针对整个 32 位。还要注意,使用低 8 位或低 16 位寄存器后往往不再保证不影响高位部分。

【例 4-15】 十六进制显示程序

计算机采用二进制编码信息,底层程序设计常需以十六进制形式显示这些编码。MASM 汇编程序没有提供这样的子程序,操作系统通常只提供字符串显示函数。

本程序利用字符串显示子程序 DISPMSG 实现十六进制显示,但需要先将每个十六进制数位转换为 ASCII 码。4 位二进制数对应一位十六进制数,具有 16 个数码:0~9、A~F,依次对应的 ASCII 码是 30H~39H、41H~46H。所以,十六进制数 0~9 只要加 30H 就可以转换成 ASCII 码,而对 A~F(大写字母)需要再加 7。例如,数码"B"加 30H 再加 7 等于 42H,正是大写字母 B 的 ASCII 码(0BH + 30H + 7 = 42H)。之所以再加 7,是因为大写字母 A 的 ASCII 码与数字 9 的 ASCII 码相隔 7。

程序中需要多次进行十六进制数码转换为 ASCII,所以将转换过程编写成一个子程序,取名HTOASC。主程序通过 AL 的低 4 位将要转换的十六进制数位传递给子程序,子程序转换后的ASCII 码通过 AL 反馈给主程序。本程序的编程思想就是 I/O 子程序库中显示寄存器内容DISPRD、十六进制显示 DISPHD 等子程序所采用的方法。

```
                ;数据段
    regd        byte 'EAX = ',8 dup (0),'H',0
                ;代码段
                mov eax,1234abcdh           ;假设一个要显示的数据
                xor ebx,ebx
                mov ecx,8                   ;8 位十六进制数
    again:      rol eax,4                   ;高 4 位循环移位进入低 4 位,作为子程序的入口参数
                push eax
                call htoasc                 ;调用子程序
                mov regd + 4[ebx],al        ;保存转换后的 ASCII 码
                pop eax
```

```
            inc  ebx
            dec  ecx
            jnz  again
            mov  eax,offset regd
            call dispmsg                ;显示
            ;子程序
htoasc      proc                        ;将 AL 的低 4 位表达的一位十六进制数转换为 ASCII 码
            and  al,0fh                 ;只取 AL 的低 4 位
            or   al,30h                 ;AL 的高 4 位变成 3
            cmp  al,39h                 ;是 0~9 还是 A~F
            jbe  htoend
            add  al,7                   ;是 A~F,其 ASCII 码再加上 7
htoend:     ret                         ;子程序返回
htoasc      endp
```

利用第 3 章学习的换码方法也可以实现 HTOASC 子程序。对应十六进制数码 0~9 和 A~F 的 ASCII 码表作为子程序只读的数据,安排在子程序代码之后。

```
            ;子程序
htoasc      proc
            and  eax,0fh                ;取 AL 的低 4 位
            mov  al,ASCII[eax]          ;换码
            ret
            ;子程序的局部数据
ASCII       byte '0123456789ABCDEF'
htoasc      endp
```

【例 4-16】 有符号十进制数显示程序

有符号整数在计算机内部以补码形式保存,要以十进制形式显示其真值,需要进行转换。转换的算法如下:

1) 首先判断数据是零、正数或负数,是零显示"0"退出。
2) 若数据是负数,则显示负号"-",求数据的绝对值。
3) 接着数据除以 10,余数为十进制数码,加 30H 转换为 ASCII 码保存。
4) 重复第 3) 步,直到商为 0 结束。
5) 依次从高位开始显示各位数字。

本示例程序将转换和显示编写成一个子程序,采用 EAX 传递入口参数,即需要以有符号十进制形式显示的补码。子程序没有出口参数,主程序调用子程序显示若干个数据。本程序的编程思想是 I/O 子程序库中有符号十进制显示 DISPSID 和无符号十进制显示 DISPUID 等子程序所采用的方法。

采用 32 位寄存器表达数据,能够显示 $-2^{31} \sim +2^{31}-1$ 之间的数值,对应最多 10 位十进制数,故需设置 12 个字节的显示缓冲区(含一个符号位和结尾字符)。虽然显示缓冲区 WRITEBUF 只为该子程序使用,但却不能安排在子程序所在的代码段中。因为 Windows 操作系统的存储保护原则是不允许对代码段进行写入操作,所以,定义的显示缓冲区在数据段。

```
            ;数据段
array       dword 1234567890,-1234,0,1,-987654321,32767,-32768,5678,-5678,9000
writebuf    byte  12 dup(0)             ;显示缓冲区
            ;代码段
            mov  ecx,lengthof array
```

```
                mov ebx,0
again:          mov eax,array[ebx*4]        ;EAX = 入口参数
                call write                  ;调用子程序,显示一个数据
                call dispcrlf               ;光标回车换行以便显示下一个数据
                inc ebx
                dec ecx
                jnz again
                ;子程序
write           proc                        ;显示有符号十进制数的子程序,EAX = 入口参数
                push ebx                    ;保护寄存器
                push ecx
                push edx
                mov ebx,offset writebuf     ;EBX 指向显示缓冲区
                test eax,eax                ;判断数据是零、正数或负数
                jnz write1                  ;不是零,跳转
                mov byte ptr [ebx],'0'      ;是零,设置"0"
                inc ebx
                jmp write5                  ;转向显示
write1:         jns write2                  ;是正数,跳转
                mov byte ptr [ebx],'-'      ;是负数,设置负号"-"
                inc ebx
                neg eax                     ;数据求补(绝对值)
write2:         mov ecx,10
                push ecx                    ;10 压入堆栈,作为退出标志
write3:         cmp eax,0                   ;数据(商)为零,转向保存
                jz write4
                xor edx,edx                 ;零位扩展被除数为 EDX.EAX
                div ecx                     ;数据除以 10:EDX.EAX÷10
                add edx,30h                 ;余数(0~9)转换为 ASCII 码
                push edx                    ;数据各位先低位后高位压入堆栈
                jmp write3
write4:         pop edx                     ;数据各位先高位后低位弹出堆栈
                cmp edx,ecx                 ;是结束标志10,转向显示
                je write5
                mov [ebx],dl                ;数据保存到缓冲区
                inc ebx
                jmp write4
write5:         mov byte ptr [ebx],0        ;给显示内容加上结尾标志
                mov eax,offset writebuf
                call dispmsg
                pop edx                     ;恢复寄存器
                pop ecx
                pop ebx
                ret                         ;子程序返回
write           endp
```

2. 共享变量传递参数

　　子程序和主程序使用同一个变量名存取数据就是利用共享变量(全局变量)进行参数传递。如果变量定义和使用不在同一个程序模块中,需要利用 PUBLIC、EXTERN 声明。如果主程序还要利用原来的变量值,则需要保护和恢复。

利用共享变量传递参数，子程序的通用性较差，但对于一个程序中主程序与子程序之间或者多个子程序之间也是一种方便的传递数据的方法。

【例 4-17】 二进制输入程序

二进制输入的转换原理比较简单，但需要处理输入错误的情况。利用字符输入子程序 READC 输入一个字符，判断是否合法。如果是字符"0"或"1"则合法，减去 30H 转换成数值"0"或"1"。重复转换每个字符的同时，需要将前一次的数值左移 1 位，并与新数值进行组合。如果输入了非"0"或"1"的字符，或者超过了数据位数，则提示错误重新输入。

本示例程序将二进制输入编写成一个子程序，输入的二进制数据用共享变量返回（即出口参数）。子程序没有入口参数，主程序调用子程序输入若干个数据。本程序的编程思想是本书子程序库中二进制输入 READBD 等子程序所采用的方法。

```
                ;数据段
    count       = 5
    array       dword count dup(0)
    temp        dword ?                 ;共享变量
                ;代码段,主程序
                mov ecx,count
                mov ebx,offset array
    again:      call rdbd               ;调用子程序,输入一个数据
                mov eax,temp            ;获得出口参数
                mov [ebx],eax           ;存放到数据缓冲区
                add ebx,4
                loop again
                ;代码段,子程序
    rdbd        proc                    ;二进制输入子程序
                push eax                ;出口参数:共享变量 TEMP
                push ebx
                push ecx
    rdbd1:      xor ebx,ebx             ;EBX 用于存放二进制结果
                mov ecx,32              ;限制输入字符的个数
    rdbd2:      call readc              ;输入一个字符
                cmp al,'0'              ;检测键入字符是否合法
                jb rderr                ;不合法则返回重新输入
                cmp al,'1'
                ja rderr
                sub al,'0'              ;对输入的字符进行转化
                shl ebx,1               ;EBX 的值乘以 2
                or bl,al                ;BL 和 AL 相加
                loop rdbd2              ;循环键入字符
                mov temp,ebx            ;把 EBX 的二进制结果存放在 TEMP 返回
                call dispcrlf           ;分行
                pop ecx
                pop ebx
                pop eax
                ret
    rderr:      mov eax,offset errmsg   ;显示错误信息
                call dispmsg
                jmp rdbd1
    errmsg      byte 0dh,0ah,'Input error, enter again: ',0
    rdbd        endp
```

【例 4-18】 有符号十进制数输入程序

我们习惯使用十进制输入数据,但计算机内部采用二进制编码表达和处理,所以需要转换。利用字符串输入子程序 READMSG 输入十进制有符号整数后,转换为补码的算法如下(对应的汇编语言程序流程图见图 4-5):

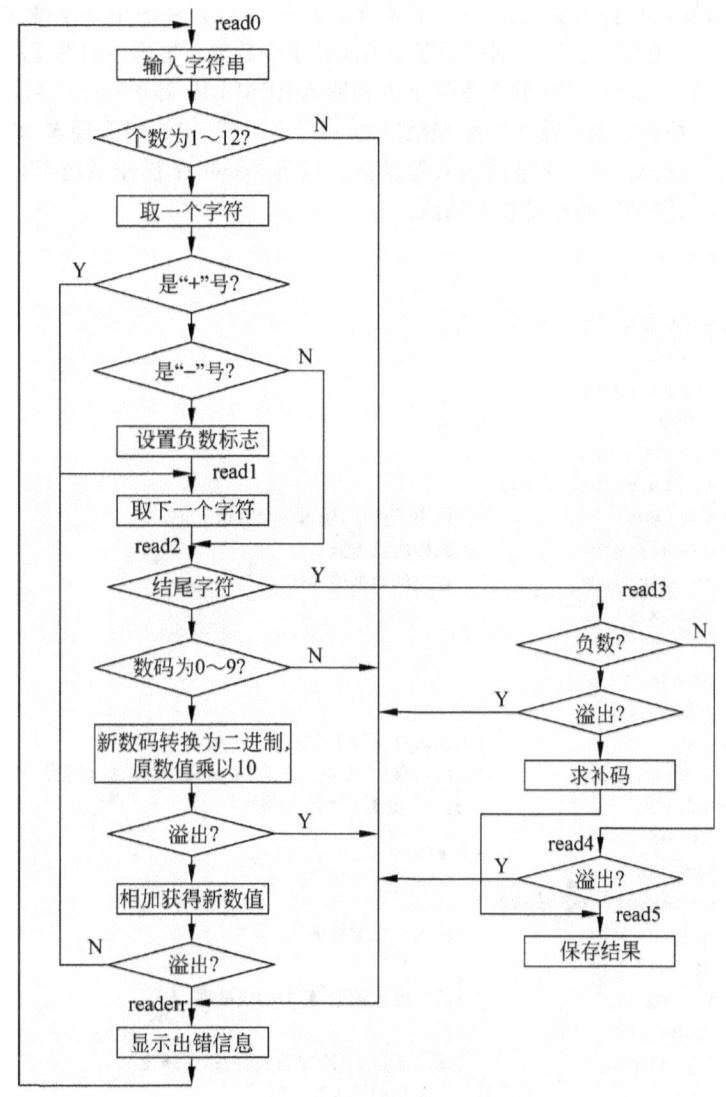

图 4-5 有符号十进制输入流程图

1)首先判断输入了正数(正号引导,无符号引导也是正数)还是负数(负号引导),可以用一个寄存器记录下来。

2)接着判断下一个字符是否为有效数码:0~9(ASCII 码)。若字符无效,则提示错误重新输入,并转向 1)。若字符有效,则继续。

3)字符有效,减 30H 转换为二进制数,然后将前面输入的数值乘 10,并与刚输入的数字相加得到新的数值。因为刚输入的数码作为十进制个位,则前面输入的数值依次向十位、百位等移动一位,即乘以 10。

4）判断输入的数据是否超出了有效范围。若超出范围，则提示错误重新输入，并转向1）。若没有超出范围，则继续。

5）重复第2）～4）步，如果输入的字符都有效，则一直处理完。

6）如果是负数，进行求补转换成补码；否则直接保存数值。

本示例程序将输入和转换编写成一个子程序，转换成功的补码用共享变量返回（即出口参数）。子程序没有入口参数，主程序调用子程序输入若干个数据。本程序的编程思想是 I/O 子程序库中有符号十进制输入 READSID 和无符号十进制输入 READUID 等子程序所采用的方法。

采用 32 位表达补码，能够输入的数据范围是 $-2^{31} \sim +2^{31}-1$，对应最多 10 位十进制数，考虑到有一定余量，故设置 30 个字节的输入缓冲区。因为 Windows 操作系统不允许对代码段进行写入操作，所以输入缓冲区被安排在数据段。

```
                ;数据段
count       = 10
array       dword count dup(0)
temp        dword ?
readbuf     byte 30 dup(0)
                ;代码段
            mov ecx,count
            mov ebx,offset array
again:      call read               ;调用子程序,输入一个数据
            mov eax,temp            ;获得出口参数
            mov [ebx],eax           ;存放到数据缓冲区
            add ebx,4
            dec ecx
            jnz again
                ;子程序
read        proc                    ;输入有符号十进制数的子程序
            push eax                ;出口参数:变量 TEMP=补码表示的二进制数值
            push ebx                ;说明:负数用"-"引导
            push ecx
            push edx
read0:      mov eax,offset readbuf
            call readmsg            ;输入一个字符串
            test eax,eax
            jz readerr              ;没有输入数据,转向错误处理
            cmp eax,12
            ja readerr              ;输入超过12个字符,转向错误处理
            mov edx,offset readbuf  ;EDX 指向输入缓冲区
            xor ebx,ebx             ;EBX 保存结果
            xor ecx,ecx             ;ECX 为正负标志,0 为正,-1 为负
            mov al,[edx]            ;取一个字符
            cmp al,'+'              ;是"+",继续
            jz read1
            cmp al,'-'              ;是"-",设置-1 标志
            jnz read2
            mov ecx,-1
read1:      inc edx                 ;取下一个字符
            mov al,[edx]
            test al,al              ;是结尾0,转向求补码
```

```
            jz read3
read2:  cmp al,'0'                  ;不是0~9之间的数码,则输入错误
        jb readerr
        cmp al,'9'
        ja readerr
        sub al,30h                  ;是0~9之间的数码,则转换为二进制数
        imul ebx,10                 ;原数值乘10:EBX = EBX×10
        jc readerr                  ;CF=1,说明乘积溢出,输入数据超出32位范围,出错
        movzx eax,al                ;零位扩展,便于相加
        add ebx,eax                 ;原数值乘10后,与新数码相加
        cmp ebx,80000000h           ;数据超过 $2^{31}$,出错
        jbe read1                   ;继续转换下一个数位
readerr: mov eax,offset errmsg      ;显示出错信息
        call dispmsg
        jmp read0
        ;
read3:  test ecx,ecx                ;判断是正数还是负数
        jz read4
        neg ebx                     ;是负数,进行求补
        jmp read5
read4:  cmp ebx,7fffffffh           ;正数超过 $2^{31}-1$,出错
        ja readerr
read5:  mov temp,ebx                ;设置出口参数
        pop edx
        pop ecx
        pop ebx
        pop eax
        ret                         ;子程序返回
errmsg  byte 'Input error,enter again:',0
read    endp
```

3. 堆栈传递参数

传递参数还可以通过堆栈这个临时存储区。主程序将入口参数压入堆栈,子程序从堆栈中取出参数;出口参数通常不使用堆栈传递。高级语言进行函数调用时提供的参数实质上也是利用堆栈传递的,高级语言还利用堆栈创建局部变量。保存参数和局部变量的堆栈区域称为堆栈帧(Stack Frame),它在函数调用时建立、返回后消失。

【例4-19】 计算有符号数平均值程序

假设有一个32位有符号整型数组,主程序调用子程序求平均值,最后显示结果。子程序需要两个参数:数组指针和元素个数,通过堆栈传递。

```
        ;数据段
array   dword 675,354,-34,198,267,0,9,2371,-67,4257
        ;代码段
        push lengthof array         ;压入数据个数
        push offset array           ;压数组的偏移地址
        call mean                   ;调用求平均值子程序,出口参数:EAX = 平均值(整数部分)
        add esp,8                   ;平衡堆栈(压入了8个字节数据)
        call dispsid                ;显示
        ;子程序
mean    proc                        ;计算32位有符号数平均值子程序
```

```
                push ebp                    ;入口参数:顺序压入数据个数和数组的偏移地址
                mov ebp,esp                 ;出口参数:EAX = 平均值
                push ebx                    ;保护寄存器
                push ecx
                push edx
                mov ebx,[ebp+8]             ;EBX = 堆栈中取出的偏移地址
                mov ecx,[ebp+12]            ;ECX = 堆栈中取出的数据个数
                xor eax,eax                 ;EAX 保存和值
                xor edx,edx                 ;EDX = 指向数组元素
        mean1:  add eax,[ebx+edx*4]         ;求和
                add edx,1                   ;指向下一个数据
                cmp edx,ecx                 ;比较个数
                jb mean1                    ;循环
                cdq                         ;将累加和 EAX 符号扩展到 EDX(参考习题4.9)
                idiv ecx                    ;有符号数除法,EAX = 平均值(余数在 EDX 中)
                pop edx                     ;恢复寄存器
                pop ecx
                pop ebx
                pop ebp
                ret
        mean    endp
```

上述程序执行过程中利用堆栈传递参数的情况如图 4-6 所示。主程序依次压入数据个数(LENGTHOF ARRAY)和数组偏移地址(OFFSET ARRAY),子程序调用时压入返回地址(EIP)。进入子程序后,压入 EBP 寄存器保护,然后设置基址指针 EBP 等于当前堆栈指针 ESP,这样利用 EBP 相对寻址(默认指向堆栈段)可以存取堆栈段中的数据。主程序压入了2个参数,使用了堆栈区的8个字节,为了保持堆栈的平衡,主程序在调用 CALL 指令后用一条"ADD ESP,8"指令平衡堆栈,这就是调用程序平衡堆栈。平衡堆栈也可以规定被调用程序实现,则返回指令采用"RET 8",使 ESP 加8。

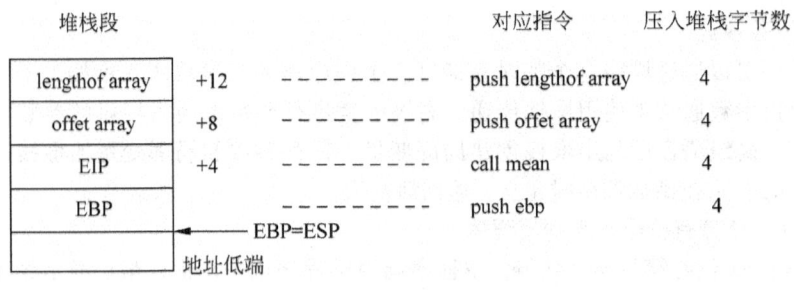

图 4-6 利用堆栈传递参数

由此可见,由于堆栈采用"先进后出"原则存取,而且返回地址和保护的寄存器等也要存于堆栈,因此,用堆栈传递参数时,要时刻注意堆栈的分配情况,保证参数的正确存取以及子程序的正确返回。为了简化利用堆栈传递参数的编程难度,从 MASM 6.0 开始将过程定义伪指令 PROC 进行了扩展,并引入过程声明 PROTO 和过程调用 INVOKE 伪指令。利用这些高级语言的特性,程序员就可以不必关心具体的堆栈位移,而直接使用变量名。

为简化问题,上述子程序没有处理求和过程中可能的溢出,这是一个潜在的错误。为了避免有符号数据运算的溢出,将被加数进行符号扩展,得到倍长数据(大小没有变化),然后求和。我们使用 32 位二进制数表示数据个数,最大是 2^{32},这样扩展到 64 位二进制数表达累加和,不

会出现溢出(考虑极端情况：数据全是 -2^{31}，共有 2^{32} 个，求和结果是 -2^{63}，用64位数据仍然可以表达)。改进的子程序如下：

```
              ;子程序
   mean     proc                    ;计算32位有符号数平均值子程序
            push ebp                ;入口参数:顺序压入数据个数和数据缓冲区偏移地址
            mov ebp,esp             ;出口参数:EAX = 平均值
            push ebx                ;保护寄存器
            push ecx
            push edx
            push esi
            push edi
            mov ebx,[ebp + 8]       ;EBX = 堆栈中取出的偏移地址
            mov ecx,[ebp + 12]      ;ECX = 堆栈中取出的数据个数
            xor esi,esi             ;ESI = 求和的低32位值
            mov edi,esi             ;EDI = 求和的高32位值
   mean1:   mov eax,[ebx]           ;EAX = 取出一个数据
            cdq                     ;EAX 符号扩展到 EDX
            add esi,eax             ;求和低32位
            adc edi,edx             ;求和高32位
            add ebx,4               ;指向下一个数据
            dec ecx                 ;数据个数减少一个
            jnz mean1               ;循环(这两条指令等同于LOOP指令)
            mov eax,esi             ;累加和在 EDX.EAX
            mov edx,edi
            idiv dword ptr [ebp + 12]   ;有符号数除法,EAX = 平均值(余数在 EDX 中)
            pop edi                 ;恢复寄存器
            pop esi
            pop edx
            pop ecx
            pop ebx
            pop ebp
            ret
   mean     endp
```

上述程序还隐含一个问题，如果将0作为元素个数压入堆栈，除法指令将产生除法错异常。改进的方法是：可以在个数为0时，直接赋值0作为返回结果。

4.3.4 程序模块

子程序实现了程序的模块化，使得程序结构简洁清晰。此外，还可以单独编辑、汇编子程序，生成目的代码文件或子程序库，这样使用起来更加方便。

1. 子程序模块

为了使子程序更加通用并利于复用，可以将子程序单独编写成一个源程序文件，经过汇编之后形成目标模块OBJ文件，这就是子程序模块。这样，某个程序使用该子程序时，只要在连接时输入子程序模块文件名就可以了。

将子程序汇编成独立的模块，编写源程序文件时，需要注意以下几个问题：

1)子程序文件中的子程序名、定义的共享变量名要用共用伪指令PUBLIC声明为其他程序可以使用。子程序使用了其他模块或主程序中定义的子程序或共享变量，也要用外部伪指令

EXTERN 声明为在其他模块当中。主程序文件同样也要进行声明,即本程序定义的共享变量、过程等需要用 PUBLIC 声明为共用,使用其他程序定义的共享变量、过程等需要用 EXTERN 声明为来自外部。

```
PUBLIC 标识符 [,标识符...]              ;定义标识符的模块使用
EXTERN 标识符:类型 [,标识符:类型...]    ;调用标识符的模块使用
```

其中标识符是变量名、过程名等,类型是 NEAR、FAR(过程)或 BYTE、WORD、DWORD(变量)等。在一个源程序中,可以有多条 PUBLIC 和 EXTERN 语句。

2)子程序必须在代码段中,与主程序文件采用相同的存储模型,但没有主程序那样的开始执行和结束执行点。此外,还需要特别处理好子程序与主程序之间的参数传递问题,可以采用寄存器、共享变量或堆栈等传递方法。利用共享变量传递参数,要利用 PUBLIC 和 EXTERN 声明。

【例 4-20】 数据输入输出程序

使用有符号十进制数据输入、求平均值以及输出子程序,从键盘输入 10 个数据并输出它们的平均值。将例 4-16、例 4-18 和例 4-19 的子程序编写成一个文件。

```
;eg0420s.asm(子程序文件)
        include io32.inc
        public read,write,mean      ;子程序共用
        extern temp:dword           ;外部变量
        .data                       ;将数据段定义的变量集中起来
writebuf byte 12 dup(0)             ;显示缓冲区
readbuf  byte 30 dup(0)
        .code                       ;代码段
write   proc c                      ;明确采用 C 语言规范
        ......                      ;输出子程序(同例 4-16)
read    proc c
        ......                      ;输入子程序(同例 4-18)
mean    proc c
        ......                      ;计算平均值子程序(同例 4-19)
        end
```

使用 CALL 指令调用外部子程序时,MASM 默认采用 C 语言规范,所以定义外部过程时需要明确采用 C 语言规范(即 PROC C),因为本书的程序框架采用了 STDCALL 规范。

主程序文件将这 3 个例题的主程序组合起来。

```
;eg0420.asm(主程序文件)
        include io32.inc
        extern read:near,write:near,mean:near    ;外部子程序
        public temp                  ;变量共用
        .data
count   = 10
array   dword count dup(0)
temp    dword ?
msg1    byte 'Enter 10 numbers:',13,10,0
msg2    byte 'The mean is:',0
        .code
start:
        mov eax,offset msg1          ;提示输入 10 个数据
        call dispmsg
```

```
            xor ebx,ebx
            mov ecx,count          ;ECX = 数据个数
  again:    call read              ;调用子程序,输入一个数据
            mov eax,temp           ;获得出口参数
            mov array[ebx*4],eax
            add ebx,1
            cmp ebx,ecx
            jb again
            push ecx               ;传递参数
            push offset array
            call mean              ;调用子程序,求平均值
            add esp,8
            mov ebx,eax            ;EAX 返回值转存到 EBX
            mov eax,offset msg2    ;提示输出平均值
            call dispmsg
            mov eax,ebx            ;提示输出平均值
            call write             ;调用子程序,显示平均值
            exit 0
            end start
```

现在需要将主程序和子程序文件分别汇编形成模块文件,命令如下:

```
BIN\ML /c /coff /Fl eg0420.asm
BIN\ML /c /coff /Fl eg0420s.asm
```

然后用连接程序 LINK 将两个 OBJ 文件连接在一起(用空格分隔多个模块文件),命令如下:

```
BIN\LINK32 /subsystem:console eg0420.obj eg0420s.obj
```

2. 子程序库

当子程序模块很多时,可以把它们统一管理起来,存入一个或多个子程序库中。子程序库文件(.LIB)就是子程序模块的集合,其中存放着各子程序的名称、目标代码以及有关定位信息等。

编写存入库的子程序与子程序模块中的要求一样,只是为方便调用更加严格,最好遵循一致的规则。例如,参数传递方法、子程序调用类型、存储模型、寄存器保护措施和堆栈平衡措施等都最好相同。子程序文件编写完成后汇编形成目标模块,然后利用库管理工具程序 LIB.EXE 把子程序模块逐个加入到库中,连接时就可以使用了。

例如,将例 4-20 的子程序文件汇编成模块文件,使用如下命令创建子程序库文件:

```
BIN\LIB32 /OUT:eg0420.lib eg0420s.obj
```

参数"/OUT:"指明库文件名,默认是第一个模块文件名。还可以将多个模块保存在一个子程序库中,用空格分隔模块文件名。使用子程序库,在连接主程序模块时需要提供子程序库文件名(本例是 EG0420.LIB)。

```
BIN\LINK32 /subsystem:console eg0420.obj eg0420.lib
```

3. 库文件包含

有了子程序库,可以直接在主程序源文件中用库文件包含伪指令 INCLUDELIB 说明,这样就不用在连接时输入库文件名,操作起来更方便。其格式为:

```
INCLUDELIB 文件名
```

子程序库文件名要符合操作系统规范,必要时含有路径,用于指明文件的存储位置。如果没

有路径名,汇编程序将在默认目录、当前目录和指定目录下寻找。

4. 宏汇编

利用宏(Macro)汇编方法可以简化源程序编写工作。

宏是具有宏名的一段汇编语句序列。宏需要先定义,然后在程序中进行宏调用。由于调用形式类似于其他指令,所以常称其为宏指令。宏指令实际上是一段语句序列的缩写,汇编程序将用对应的语句序列替代宏指令,即展开宏指令。因为宏指令是在汇编过程中实现的宏展开,所以常称为宏汇编。

(1) 宏定义

宏定义由一对宏汇编伪指令 MACRO 和 ENDM 来完成,其格式如下:

```
宏名      MACRO 形参表
          ……        ;宏定义体
          ENDM
```

其中,宏名是符合语法的标识符,同一源程序中该名字应唯一。宏定义体中不仅可以是硬指令组成的执行性语句序列,还可以是伪指令组成的指示性语句序列。可选的形参表给出了宏定义中用到的形式参数,各个形式参数之间用逗号分隔。

例如,将调用字符串显示子程序 DISPMSG 编写成一个宏 WRITESTRING,其中宏的参数是定义字符串的名称 MSG,程序段如下:

```
WriteString  macro msg
             push eax
             lea eax,msg
             call dispmsg
             pop eax
             endm
```

本书提供的 IO32.INC 文件中,I/O 子程序库中的子程序都进行了类似的宏定义。

(2) 宏调用

宏定义之后就可以使用它,即宏调用。方法是:在使用宏指令的位置写下宏名,后跟实体参数;如果有多个参数,应按形参顺序填入实参,也用逗号分隔。

例如,使用上面宏定义的宏调用指令是:

```
WriteString msg    ;MSG 是程序中定义的字符串名称
```

在汇编时,宏指令被汇编程序用宏定义的代码序列替代。例如,上面的宏指令被展开为:

```
push eax
lea eax,msg
call dispmsg
pop eax
```

宏汇编还有许多特性,并经常与 MASM 的条件汇编、重复汇编结合起来使用,以简化源程序的编写。

5. 源文件包含

宏需先定义后使用,而且不必在任何段中,所以宏定义通常书写在源程序的开头。为了使宏定义为多个源程序使用,可以将常用的宏定义单独写成一个宏定义文件。使用这些宏时,只需采用源文件包含伪指令 INCLUDE 将它们结合成一体,其格式为:

```
INCLUDE 文件名
```

其中，对文件名的要求与库文件包含伪指令 INCLUDELIB 一样，但注意跟随 INCLUDE 伪指令的是一个文本文件。汇编程序在对 INCLUDE 伪指令进行汇编时，将它指定的文本文件内容插入在该伪指令所在的位置，与其他部分同时汇编。

源文件包含方法不限于针对宏定义库，实际上可以针对任何文本文件。例如，程序员可以把一些常用的或有价值的宏定义存放在宏定义文件(.MAC)中，也可以将各种常量定义、声明语句等组织在包含文件(.INC)中，还可以将常用的子程序形成汇编语言源文件(.ASM)。有了这些文件以后，只要在源程序使用包含伪指令便能方便地调用它们，同时也利于这些文件内容的重复应用。

但是需要明确的是，利用 INCLUDE 伪指令包含其他文件，其实质仍然是一个源程序，只不过是分成了几个文件书写，而且被包含的文件不能独立汇编，是依附主程序而存在的。所以，合并的源程序之间的各种标识符(如标号和名字等)应该统一规定，不能发生冲突。

将两种文件包含以及宏汇编等方法结合起来使用，可以精简程序框架，简化程序设计。例如，本书构造的源程序框架开始就使用"INCLUDE IO32.INC"语句，将必要的存储模型、处理器指令选择、库文件包含、宏定义、外部子程序声明等都纳入其中。文本文件 IO32.INC 中，涉及子程序库的语句如下：

```
;declare procedures for inputting and outputting charactor or string
        extern readc:near,readmsg:near
        extern dispc:near,dispmsg:near,dispcrlf:near
        ...
;declare I/O libraries
        includelib io32.lib
```

文件包含封装了复杂的、深入的内容，有利于大家从易到难展开汇编语言的教学。

4.4 Windows 应用程序编程

高级语言支持许多标准函数，其集成开发环境还提供增强功能。所以，开发基于 Windows 平台的应用程序尤其是图形窗口程序时，程序员自然选择简单实用、功能强大的各种可视化环境，例如，Visaul Basic、Visual C++ 等。利用汇编语言也可以编写 32 位 Windows 应用程序，前面的程序实例都是运行于 Windows 控制台的应用程序。不过，汇编程序并没有标准函数可以利用，必须通过操作系统提供的功能来实现。

4.4.1 操作系统函数调用

操作系统以其提供的系统函数(System Function，也常被译为系统功能)支持程序员进行程序设计。当程序员无法利用标准函数等现有功能实现编程要求时，就可以调用操作系统函数，尤其是在编写与操作系统相关的应用程序时，往往必须调用系统函数来实现。

Windows 的系统函数(功能)以动态连接库(Dynamic-Link Library，DLL)形式提供，利用其应用程序接口(Application Program Interface，API)调用动态连接库中的函数。API 是一些类型、常量和函数的集合，提供了编程中使用库函数的途径。Windows 的 API 也曾被称为软件开发包(Software Development Kit，SDK)。16 位 Windows 的 API 称为 Win16，32 位 Windows 的 API 称为 Win32，它兼容 Win16。

1. 动态连接库

为了避免重复编写代码，程序员常把需要重复使用的子程序(或称过程、函数、模块、代码)放到一个或多个库文件(文件扩展名是.LIB)中。在需要使用这些子程序时，只要把这些库文件和目标文件相连即可。连接程序会自动从这些库文件中抽取需要的子程序插入到最终的可执行代码中,这个过程称为静态连接。应用程序运行时不再需要这些库文件。例如,前面我们利用库管理软件生成的子程序库文件以及 C 语言中的运行库。这种方法的主要缺点是同一个子程序可能被许多应用程序所包含,浪费磁盘空间。

DOS 操作系统只是一个单任务操作系统,主存中只有一个程序在运行,采用静态连接时主存浪费不太突出。但在多任务操作系统 Windows 中,同一个子程序可能被多个程序或同一个程序多次使用,如果每次调用都占用主存空间,显然浪费就相对严重。为此,提出了动态连接库(文件扩展名是 .DLL)的解决方法。

动态连接库也是保存需要重复使用的代码的文件。但只有运行程序使用它们时,Windows 才会将其加载到主存,并且被多个程序使用或者同一个程序多次使用时,主存也只有一份拷贝。不过,因为应用程序并不包含动态连接库中的代码,所以运行时系统中必须包含该动态连接库,而且该动态连接库文件必须在当前目录或可以搜索到的目录中,否则程序将提示没有找到动态连接库文件而无法运行。如果是程序员自己开发的动态连接库,则应用程序安装时必须将该动态连接库文件复制到用户机器中。

动态连接库是 Windows 操作系统的基础,Windows 所有的 API 函数都包含在 DLL 文件中。其中有 3 个重要的系统动态连接库文件,大多数常用函数都存在其中:KERNEL32.DLL 中的函数主要处理内存管理和进程调度;USER32.DLL 中的函数主要控制用户界面;GDI32.DLL 中的函数则负责图形方面的操作。

如果要使用的函数不在这 3 个主要库文件中,可以参考微软文档资料,它将会说明函数在哪个库文件中。早期的 API 文档可以参看《Microsoft Win32 Programmer's Reference》(Win32 程序员参考手册)。最常用的电子文档是一个帮助文件:WIN32.HLP。现在 Windows API 不再以印刷形式出现,可以通过 CD-ROM 或互联网获得电子文档,例如,利用微软 Windows 程序开发的资料库 MSDN(Microsoft Developer Network, 网址为 http://msdn.microsoft.com/)。

当需要使用某个 API 函数时,可以从上述有关资料中查找。如果查到它在某个动态连接库中,那么一方面要对这些函数进行过程声明,另一方面需要连接同名的导入库文件(运行时不需要),否则在编译时会出现 API 函数未定义的错误。

一个动态连接库 DLL 文件对应一个导入库(Import Library)文件,例如,上述 3 个系统动态连接库文件的导入库文件依次是 KERNEL32.LIB、USER32.LIB、GDI32.LIB。之所以还需要导入库文件,是因为动态连接库中的 API 代码本身并不包含在 Windows 可执行文件中,而是在使用时才被加载。为了让应用程序在运行时能找到这些函数,必须事先把有关的重定位信息嵌入到应用程序的可执行文件中。这些信息存在于对应的导入库文件中,由连接程序把相关信息从导入库文件中找出并插入到可执行文件中。当应用程序被加载时 Windows 会检查这些信息,这些信息包括动态连接库的名字和其中被调用的函数的名字。若检查到这样的信息,Windows 就会加载相应的动态连接库。

2. MASM 的高级语言特性

Windows 的应用程序接口 API 采用 C 和 C++ 语言语法定义,不便于汇编语言调用。另外,直接利用控制转移指令编写分支、循环、子程序等结构程序也很烦琐。为此,微软宏汇编程序从 MASM 6.0 版本开始引入高级语言具有的程序设计特性,即分支和循环的流程控制伪指令,扩展的过程定义、过程声明和过程调用伪指令,从而使汇编语言可以像高级语言一样来编写分支、循环和子程序结构,大大减轻了汇编语言编程的工作量。

MASM 6.0 引入 .IF、.ELSEIF、.ELSE 和 .ENDIF 伪指令,它们类似于高级语言中的 IF、

THEN、ELSE 和 ENDIF 的相应功能。这些伪指令在汇编时要展开，自动生成相应的比较和条件转移指令序列，实现程序分支。利用条件控制伪指令可以简化分支结构的编程。

用于循环结构的流程控制伪指令有 .WHILE 和 .ENDW、.REPEAT 和 .UNTIL 以及 .REPEAT 和 .UNTILCXZ，另外还有 .BREAK 和 .CONTINUE，它们分别表示无条件退出循环和转向循环体开始。

MASM 6.0 参照高级语言的函数定义扩展了过程定义伪指令 PROC 的功能，便于编写利用堆栈传递参数的子程序，方便与高级语言接口实现混合编程（详见下节）。配合扩展的过程定义伪指令，MASM 又引入了 PROTO 和 INVOKE 伪指令。

PROTO 是一个过程声明伪指令，用于事先声明过程的结构，包括操作系统 API 函数、高级语言的函数。它的格式如下：

过程名　PROTO　[调用距离][语言类型][,参数:[类型]]...

其中，过程名是用 PROC 定义的过程名或者 API 函数名、高级语言的函数名。调用距离是指近(NEAR)或远(FAR)类型，可以省略表示由存储模型确定。语言类型有 STDCALL（对应系统 API 调用规范）、C（对应 C 语言使用的调用规范）等。如果该过程使用的语言类型与存储模型 MODEL 伪指令定义的相同，就可以省略语言类型，否则必须说明。PROTO 语句的最后是该过程带有的参数以及类型，类型是 DWORD、WORD、BYTE 等。

经过 PROTO 过程声明的过程或函数，汇编系统将进行类型检测，需要配合使用过程调用伪指令 INVOKE 实现调用。它的格式如下：

INVOKE 过程名[,参数,...]

过程调用伪指令自动创建调用过程所需要的代码序列，调用前将参数压入堆栈，调用后平衡堆栈。其中，"参数"表示通过堆栈将传递给过程的实际参数，可以是各种常量组成的数值表达式、通用寄存器、标号或变量地址等。

3. 程序退出函数

程序执行结束后需要退出，Windows 使用 ExitProcess 函数来实现，该函数存在于 32 位核心动态连接库（KERNEL32.DLL）中。它是一个标准的 Windows API，用于结束一个进程及其所有线程，也就是程序退出。在《Win32 程序员参考手册》中，它的定义如下：

```
VOID ExitProcess(
    UINT uExitCode          //exit code for all threads
    );
```

其中，参数 uExitCode 表示该进程的退出代码，类型 UINT 表示 32 位无符号整数。

在文档中，API 函数的声明采用 C/C++ 语法，所有函数的参数类型都是基于标准 C 语言的数据类型或者 Windows 的预定义类型。我们需要正确地区别这些类型，才能转换成汇编语言的数据类型。例如，类型 UNIT 对应汇编语言的双字类型 DWORD。

这样，ExitProcess 函数在汇编语言中需要进行如下声明：

```
ExitProcess PROTO,:DWORD
```

在应用程序中使用该功能，这个应用程序就会立即退出，返回 Windows。汇编语言的调用方法如下：

```
invoke ExitProcess,0
```

其中，返回代码是 0，表示没有错误。返回代码也可以是其他数值。

利用 MASM 的 PROTO 和 INVOKE 语句，不仅可以在调用函数时与函数声明的原型进行类型检测，以便发现是否有参数不匹配的情况，而且汇编语言中调用 Windows 的 API 函数就像 C/C++ 等高级语言一样。

我们还可以利用 MASM 的宏汇编能力，将函数调用定义成宏。例如：

```
exit    MACRO dwexitcode
        invoke ExitProcess,dwexitcode
        ENDM
```

这样，使用起来就更加简单方便了。本书采用的源程序框架利用这个宏实现程序退出，程序段如下：

```
exit 0
```

上述过程声明、宏定义已经被编辑在 IO32.INC 中。

4.4.2 控制台应用程序

当一个 Windows 应用程序开始运行时，它可以创建一个控制台(Console)窗口，也可以创建一个图形界面窗口。32 位 Windows 控制台程序看起来像一个增强版的 MS-DOS 程序，例如，它们都使用标准的输入设备(键盘)和输出设备(显示器)。但实质上，32 位控制台程序完全不同于 MS-DOS 程序，因为它运行在保护方式，通过 API 使用 Windows 的动态连接库函数。下面结合一个简单的处理器信息显示程序说明其设计方法。

1. 处理器识别指令 CPUID

随着 Intel 80x86 处理器不断升级换代，新的处理器具有越来越强大的功能和指令。虽然原来在老型号处理器上运行的程序在新型号处理器上仍然可以运行(所谓保持软件的向后兼容)，但是新开发的程序将会使用新增指令，程序也只有利用处理器提供的新特征才能充分发挥处理器的能力，达到最佳的运行效果。所以，一个优秀的程序应该能够根据不同的处理器采用不同的指令，实现相同的功能。这里，首先必须解决的问题就是要识别出不同的处理器型号。

对前几代 Intel 80x86 处理器的识别，常通过判断标志寄存器中的某些特定标志来实现。从 Pentium 开始，处理器就提供了处理器识别指令 CPUID，后期生产的某些 80486 芯片也支持该指令。通过确认 CPU 识别标志 ID(EFLAGS 寄存器的 D_{21} 位)能够改变，就可以判断出该处理器支持 CPUID 指令。

执行 CPUID 指令前，必须给 EAX 赋入口参数(这很像子程序调用)。EAX 值不同，CPUID 指令返回的信息不同。EAX 所能赋给的最大值，则由 EAX=0 时执行 CPUID 指令得到。

当 EAX=0 时执行 CPUID 指令，将通过 EAX 返回 CPUID 指令中能够赋给 EAX 的最大值，并通过 EBX、EDX 和 ECX 返回生产厂商的标识串"GenuineIntel"，这 3 个寄存器依次存放'Genu'、'ineI'、'ntel' 的 ASCII 代码。利用这个厂商标识串，就能确认是 Intel 公司的 80x86 处理器。当 EAX=1 或 2 等值时执行 CPUID 指令，将进一步返回处理器更详细的识别信息，如处理器型号、支持的指令集等。

【例 4-21】 处理器识别程序

本示例程序执行 CPUID 指令获得 IA-32 处理器的标识串，并利用 Windows 控制台 API 函数显示。本程序只能在支持 CPUID 指令的 IA-32 处理器上运行。

```
            .686
            .model flat,stdcall
            option casemap:none
```

```
                    includelib bin\kernel32.lib
ExitProcess         proto,:DWORD
GetStdHandle        proto,:DWORD
WriteConsoleA       proto,:DWORD,:DWORD,:DWORD,:DWORD,:DWORD
WriteConsole        equ <WriteConsoleA>
STD_OUTPUT_HANDLE = -11
                    .data
outhandle           dword ?
outbuffer           byte 'The processor vendor ID is ',12 dup(0)
outbufsize          = sizeof outbuffer
outsize             dword ?
                    .code
start:
                    mov eax,0
                    cpuid                   ;执行处理器识别指令
                    mov dword ptr outbuffer+outbufsize-12,ebx
                    mov dword ptr outbuffer+outbufsize-8,edx
                    mov dword ptr outbuffer+outbufsize-4,ecx
                    ;获得输出句柄
                    invoke GetStdHandle,STD_OUTPUT_HANDLE
                    mov outhandle,eax
                    ;显示信息
                    invoke WriteConsole,outhandle,addr outbuffer,outbufsize,addr outsize,0
                    ;退出
                    invoke ExitProcess,0
                    end start
```

本示例程序没有使用本书的 I/O 子程序库，而是直接调用 Windows 控制台的 API 函数。

2. 控制台句柄

几乎所有的控制台函数都要求将控制台句柄(Handle)作为第一个参数传递给它们。句柄是一个 32 位无符号整数，用来唯一确定一个对象，如某个输入设备、输出设备或者一个图形。例 4-21 中使用了标准输出句柄(其数值是 -11)，使用常量 STD_OUTPUT_HANDLE 表示。操作系统还支持标准输入句柄(数值为 -10)和标准错误句柄(数值为 -12)，分别使用常量 STD_INPUT_HANDLE 和 STD_ERROR_HANDLE 表示。

GetStdHandle 函数获取一个控制台输入或输出的句柄实例。在控制台程序中进行任何的输入输出操作都需要首先使用 GetStdHandle 函数获得一个句柄实例。该函数在汇编语言中可以如下声明：

```
GetStdHandle   proto,nstdhandle:DWORD
```

其中，nstdhandle 参数(在声明中可以省略这样的参数名，也可以是其他名，但后面的类型不能省略)可以是标准输出句柄或标准输入句柄等。API 函数的返回值保存在 EAX 中，所以 GetStdHandle 函数执行结束后，在 EAX 寄存器返回一个句柄实例。为了方便以后使用，通常把它保存起来，正像例 4-21 所做的那样：

```
invoke GetStdHandle,STD_OUTPUT_HANDLE
mov outhandle,eax
```

3. 控制台输出函数

常用的在控制台环境实现显示器输出的 API 函数是 WriteConsole，它使用控制台输出句柄将一个字符串输出到屏幕上,并支持标准的 ASCII 控制字符,如回车、换行等。

Win32 API 中可以使用两种字符集:美国标准化组织 ANSI 定义的 8 位 ASCII 字符集和 16 位 Unicode 字符集。用于文本操作的 Win32 API 函数往往有两种不同版本,在用于 8 位 ANSI 字符集的版本中,函数名以字母 A 结尾(如 WriteConsoleA);在用于 16 位宽字符集(包括 Unicode 字符集)的版本中,函数名以字母 W 结尾(如 WriteConsoleW)。

Windows 95/98 操作系统不支持以 W 结尾的函数。Windows NT/2000/XP 操作系统的内置字符集是 Unicode,在这些操作系统中如果调用以 A 结尾的函数,操作系统会首先将 ANSI 字符转换成 Unicode 字符,然后再调用以 W 结尾的对应函数。

在微软 MSDN 文档中,函数名尾部的字母 A 或 W 被省略(如 WriteConsole)。汇编语言可以利用等价伪指令重新定义函数名,程序段如下:

```
WriteConsole  equ <WriteConsoleA>
```

这样,就可以通过正常的函数名来调用 WriteConsole 函数了。

WriteConsole 函数在汇编语言中可以如下声明:

```
WriteConsoleA proto,
            handle:DWORD,     ;输出句柄
            pBuffer:DWORD,    ;输出缓冲区指针
            bufsize:DWORD,    ;输出缓冲区大小
            pCount:DWORD,     ;实际输出字符数量的指针
            lpReserved:DWORD  ;保留(必须为 0)
```

第一个参数是控制台输出句柄实例;第二个参数是指向字符串的指针,即缓冲区地址;第三个参数指明字符串长度,是一个 32 位整数;第四个参数指向一个整数变量,函数运行结束后将在这里返回实际输出的字符数量;最后一个参数保留,使用时必须设置为 0。

在例 4-21 中,outhandle 变量用于保存输出句柄,outbuffer 表示输出字符串,outbufsize 常量是字符串长度,outsize 变量用于保存实际输出的字符数量。WriteConsole 函数的第二个参数和第四个参数是变量地址,需要使用 ADDR 获得(不使用 OFFSET)。MASM 提供的 ADDR 操作符只能用于 INVOKE 语句中。

4. 控制台输入函数

ReadConsole 函数是控制台环境常用的键盘输入 API 函数,它将键盘输入的文本保存到一个缓冲区。汇编语言中的声明如下:

```
ReadConsoleA  proto,
            handle:DWORD,        ;输入句柄
            pBuffer:DWORD,       ;输入缓冲区指针
            maxsize:DWORD,       ;要读取字符的最大数量
            pBytesRead:DWORD,    ;实际输入字符数量的指针
            notUsed:DWORD        ;未使用(但需要一个数值,如 0)
ReadConsole   equ <ReadConsoleA>
```

当调用这个函数时,系统等待用户输入(例如,用户输入了 3 个字符,依次是 123)并回车确认。由于回车按键代表了回车字符 0DH 和换行字符 0AH,所以 pBytesRead 变量保存用户输入字符个数再加 2 的结果(例如,本例中是 5,用十六进制数表达依次是 31 32 33 0D 0A)。因此,读者不要忘记在定义输入缓冲区时留出额外的两个字节。

【例 4-22】 信息输入输出程序

本书提供的 I/O 子程序均使用控制台输入 ReadConsole 函数实现键盘输入,使用控制台输出

WriteConsole 函数实现显示器输出,并封装成汇编语言的过程,以方便用汇编语言进行子程序调用。本示例程序给出 READMSG 和 DISPMSG 子程序,并使用它们实现信息输入和输出的交互。

```
                .686
                .model flat,stdcall
                option casemap:none
                includelib bin \ kernel32.lib
ExitProcess     proto,:DWORD
exit            MACRO dwexitcode
                invoke ExitProcess,dwexitcode
                ENDM
GetStdHandle    proto,:DWORD
WriteConsoleA   proto,:DWORD,:DWORD,:DWORD,:DWORD,:DWORD
WriteConsole    equ <WriteConsoleA>
ReadConsoleA    proto,:DWORD,:DWORD,:DWORD,:DWORD,:DWORD
ReadConsole     equ <ReadConsoleA>
STD_INPUT_HANDLE  =  -10
STD_OUTPUT_HANDLE =  -11

                .data
msg1            byte 'Please enter your name:',0
msg2            byte 'Welcome ',0
nbuf            byte 80 dup(0)
msg3            byte ' to Win32 Console!',0

_outsize        dword ?
_outhandle      dword ?
_insize         dword ?
_inbuffer       byte 255 dup(0)          ;设置输入缓冲区最大 255 个字符

                .code
start:
                mov eax,offset msg1      ;提示输入
                call dispmsg
                mov eax,offset nbuf      ;输入信息
                call readmsg
                mov eax,offset msg2
                call dispmsg
                mov eax,offset nbuf      ;显示输入信息
                call dispmsg
                mov eax,offset msg3
                call dispmsg
                exit 0

dispmsg         proc                     ;字符串显示子程序,入口参数:EAX=字符串地址
                push eax
                push ebx
                push ecx
                push edx
                push eax                 ;保存入口参数,即字符串地址
                invoke GetStdHandle,STD_OUTPUT_HANDLE
```

```
                mov _outhandle,eax
                pop ebx                     ;EBX = 字符串地址
                xor ecx,ecx                 ;计算字符串长度
dispm1:         mov al,[ebx + ecx]
                test al,al
                jz dispm2
                inc ecx
                jmp dispm1
dispm2:         invoke WriteConsole,_outhandle,ebx,ecx,addr_outsize,0
                pop edx
                pop ecx
                pop ebx
                pop eax
                ret
dispmsg         endp

readmsg         proc                        ;字符串输入子程序,入口参数:EAX = 缓冲区地址
                push ebx
                push ecx
                push edx
                push eax                    ;保护输入的缓冲区地址参数
                invoke GetStdHandle,STD_INPUT_HANDLE
                invoke ReadConsole,eax,addr_inbuffer,255,addr_insize,0
                sub _insize,2
                xor ecx,ecx
                pop ebx                     ;获得缓冲区地址
readm1:         mov al,_inbuffer[ecx]
                mov [ebx + ecx],al          ;将输入的字符串复制到用户缓冲区
                inc ecx
                cmp ecx,_insize
                jb readm1
                mov byte ptr [ebx + ecx],0  ;最后填入结尾字符 0
                mov eax,ecx
                pop edx
                pop ecx
                pop ebx
                ret
readmsg         endp
                end start
```

在汇编语言中使用 API 函数时，应该特别注意一个问题。通常 API 函数使用 EAX 返回参数，但并不保护 EBX、ECX 和 EDX。所以，如果 EAX、EBX、ECX 或 EDX 需要在 API 函数调用后保持不变，应该在调用前进行保护。也可以简单地使用 PUSHAD 保护所有通用寄存器，用 POPAD 恢复所有通用寄存器。

本书的 I/O 子程序使用控制台输入 ReadConsole、控制台输出 WriteConsole、获取控制台句柄 GetStdHandle 和程序退出 ExitProcess 函数等，它们都位于 kernel32.dll 动态连接库中。程序开发过程中需要使用 kernel32.lib 导入库文件。Windows 控制台还有很多 API 函数，本书不再深入讨论。

4.4.3 图形窗口应用程序

Windows 图形界面以窗口、对话框、菜单、按钮等实现用户交互。用汇编语言编写图形窗口应用程序就是调用这些 API 函数。其中，消息窗口是常见的显示形式。创建 Windows 的消息窗口非常简单，使用 MessageBox 函数即可，其代码在 user32.dll 动态连接库中。

MessageBox 是一个标准的 API 函数，功能是在屏幕上显示一个消息窗口。在《Win32 程序员参考手册》中，它的定义如下：

```
int MessageBox(
    HWND hWnd,              //handle of owner window
    LPCTSTR lpText,         //address of text in message box
    LPCTSTR lpCaption,      //address of title of message box
    UINT uType              //style of message box
    );
```

其中，hWnd 是父窗口的句柄。如果该值为 NULL(=0)，则说明该消息窗没有父窗口。这里的句柄是窗口的一个地址指针，它代表一个窗口。对该窗口做任何操作时，必须引用该窗口的句柄。

lpText 是要显示字符串的地址指针，即字符串的首地址。lpCaption 是消息窗标题的地址指针，该字符串需要以 NULL 结尾。

uType 是一组位标志，指明该消息窗的类型。例如，如果该值为 MB_OK(=0)，则该消息窗只具有一个按钮：OK，这也是默认值。再如，如果该值为 MB_OKCANCEL(=1)，则该对话框具有两个按钮：OK 和 Cancel。在中文 Windows 环境，对应的是中文按钮"确定"和"取消"。

【例 4-23】 消息窗口程序

```
                .686
                .model flat,stdcall
                option casemap:none
                includelib bin\kernel32.lib
                includelib bin\user32.lib
ExitProcess     proto,:DWORD
MessageBoxA     PROTO:DWORD,:DWORD,:DWORD,:DWORD
MessageBox      equ <MessageBoxA>
NULL            equ 0
MB_OK           equ 0
                .data
szCaption       byte '消息窗口',0
outbuffer       byte '本机的处理器是:',12 dup(0),0
outbufsize      = sizeof outbuffer -1
                .code
start:          mov eax,0
                cpuid                   ;获得显示器信息
                mov dword ptr outbuffer+outbufsize-12,ebx
                mov dword ptr outbuffer+outbufsize-8,edx
                mov dword ptr outbuffer+outbufsize-4,ecx
                invoke MessageBox,NULL,addr outbuffer,addr szCaption,MB_OK
                invoke ExitProcess,NULL
                end start
```

由于要生成 Windows 图形界面程序，所以这个示例程序在进行连接时应该使用参数"/subsystem：windows"替代创建控制台程序使用的"/subsystem：console"参数。这样，汇编连接后将生成一个消息窗口程序。只要在 Windows 下双击就可以启动该程序运行，弹出一个消息窗口并显示处理器信息，标题是"消息窗口"。当然，这只是一个最简单的图形界面程序。

利用 API 函数，从最基础开始开发一个 32 位 Windows 程序确实不太容易，其中将涉及非常繁杂的技术细节。本书只是提供了一个基本 Windows 编程环境，Steve Hutchesson 提供了一个更完整的免费软件开发包（http://www.movsd.com），其中包括编辑器、MASM 6.14 汇编程序和连接程序，还有相当完整的 Win32 的包含文件、库文件以及教程和示例等。

4.5 与 C++ 语言混合编程

用汇编语言开发的程序虽然具有占用存储空间小、运行速度快、能直接控制硬件等优点，但它与机器密切相关、移植性差，而且编程烦琐、对汇编语言程序员要求较高。所以，软件开发通常采用高级语言，以提高开发效率；但在某些部分，例如，程序的关键部分，或是运行次数很多的部分，或是运行速度要求很高的部分，或是直接访问硬件的部分等，则利用汇编语言编写，以提高程序的运行效率。汇编语言与高级语言间或不同的高级语言间，通过相互调用、参数传递、共享数据结构和数据信息而形成程序的过程就是混合编程。

汇编语言与 C 和 C++ 语言有两种混合编程方法：嵌入汇编和模块连接。本书以 MASM 汇编语言和 Visual C++ 6.0 为例进行介绍。

4.5.1 嵌入汇编

嵌入汇编是指直接在 C 和 C++ 语言的源程序中插入汇编语言指令，也称为内嵌汇编、内联汇编或行内（in-line）汇编。Visual C++ 使用"__asm"关键字指示嵌入汇编，不需要独立的汇编系统就可以正常编译和连接。使用"__asm"关键字即可以引导单条汇编语言指令，也可以用空格在同一行分隔多个"__asm"引导的汇编语言指令，更好的方法是使用花括号书写一个汇编语言程序片段。

Visual C++ 6.0 支持通用整数和浮点指令集以及 MMX 指令集的嵌入汇编。对于还不能支持的指令，Visual C++ 提供了 _emit 伪指令进行扩展。嵌入式汇编代码可以使用 C++ 的数据类型和数据对象，可以使用 MASM 的表达式和注释风格，但不可以使用 MASM 的绝大多数伪指令和宏汇编方法。

在 Visual C++ 中，使用嵌入汇编还需要注意一些具体规定。例如，在用汇编语言编写的函数中，不必保存 EAX、EBX、ECX、EDX、ESI 和 EDI 寄存器，但必须保存函数中使用的其他寄存器（如 ESP、EBP 和整数标志寄存器等）。嵌入式汇编语言语句中，可以使用汇编语言格式表示整数常量（如 378H），也可以采用 C++ 的格式（如 0x378）。嵌入式汇编中的标号和 C++ 的标号相似，它的作用范围是在定义它的函数中有效。

【例 4-24】 嵌入汇编计算数组平均值函数

对于计算有符号数平均值的例 4-19 使用 C++ 语言编写主程序，求平均值 mean 函数使用嵌入汇编。

```
#include <iostream.h>
#define COUNT 10
long mean(long d[],long num);
int main()
```

```
    {
      long array[COUNT] = {675,354,-34,198,267,0,9,2371,-67,4257};
      cout << "The mean is \t" << mean(array,COUNT) << endl;
      return 0;
    }
    long mean(long d[],long num)
    {
    long temp;                          //定义局部变量,用于返回值
    __asm {                             //嵌入式汇编代码部分(参考例 4-19)
            mov ebx,d                   ;EBX = 数组地址
            mov ecx,num                 ;ECX = 数据个数
            xor eax,eax                 ;EAX 保存和值
            xor edx,edx                 ;EDX = 指向数组元素
    mean1:  add eax,[ebx+edx*4]         ;求和
            add edx,1                   ;指向下一个数据
            cmp edx,ecx                 ;比较个数
            jb mean1                    ;循环
            cdq                         ;将累加和 EAX 符号扩展到 EDX
            idiv ecx                    ;有符号数除法,EAX = 平均值(余数在 EDX 中)
            mov temp,eax
           }
    return(temp);
    }
```

在 Visual C++ 集成开发环境中,建立一个 Win32 控制台程序的项目,创建上述源程序后加入该项目。然后,进行编译连接就产生一个可执行文件。

4.5.2 模块连接

模块连接方式是不同编程语言之间混合编程经常使用的方法。各种语言的程序分别编写,利用各自的开发环境编译形成 OBJ 模块文件,然后将它们连接在一起,最终生成可执行文件。但是,为了保证各种语言的模块文件正确连接,必须对它们的接口、参数传递、返回值及寄存器的使用、变量的引用等进行约定,以保证连接程序能得到必要的信息。

1. 采用一致的调用规范

C 和 C++ 语言与汇编语言混合编程的参数传递通常利用堆栈,调用规范决定利用堆栈的方法和命名约定,两者要一致,例如,采用 Visual C++ 的_cdecl 调用规范与 MASM 的 C 语言类型。

Visual C++ 语言具有 3 种调用规范(Calling Conventions):_cdecl、_stdcall 和_fastcall,默认采用_cdecl 调用规范,它在名字前自动加一个下划线,从右到左将实参压入堆栈,由调用程序进行堆栈的平衡。

Windows 图形用户界面过程和 API 函数等采用_stdcall 调用规范,它在名字前自动加一个下划线,名字后跟@和表示参数所占字节数的十进制数值,从右到左将实参压入堆栈,由被调用程序平衡堆栈。

Visual C++ 的_fastcall 调用规范是在名字前、后都加一个@,后再跟表示参数所占字节数的十进制数值。它首先利用寄存器 ECX、EDX 传递前两个双字参数,其他参数再通过堆栈传递(从右到左),被调用程序平衡堆栈。

MASM 汇编语言利用"语言类型"(Language Type)确定调用规范和命名约定,参见表 4-4。例如,与 Visual C++ 的_cdecl 调用规范相同的是 C 语言规范,它在标识符前自动加一个下划线,按

照从右到左的顺序将调用参数压入堆栈，由调用程序平衡堆栈。

表 4-4　MASM 6.x 的语言类型

语言类型	C	SYSCALL	STDCALL	PASCAL	BASIC	FORTRAN
命名约定	名字前加下划线		名字前加下划线	名字大写	名字大写	名字大写
参数传递顺序	从右到左	从右到左		从左到右	从左到右	从左到右
平衡堆栈的程序	调用程序	被调用程序	被调用程序	被调用程序	被调用程序	被调用程序
保存 EBP				是	是	是
允许 VARARG 参数	是	是	是			

注：STDCALL 如果采用 VARARG（长度可变）参数类型，则是调用程序平衡堆栈，否则是被调用程序平衡堆栈。

2. 声明共用函数和变量

C++ 语言和汇编语言的共用过程名、变量名需要进行声明，并且标识符要一样。注意 C++ 语言对标识符区别字母的大小写，而汇编语言不区分。

在 C++ 语言程序中，采用 extern "C" { } 对所要调用的外部过程、函数、变量进行说明。说明形式如下：

    extern "C" { 返回值类型 调用规范 函数名称(参数类型表); }
    extern "C" { 变量类型 变量名; }

汇编语言程序中供外部使用的标识符应具有 PUBLIC 属性，使用外部标识符要利用 EXTERN 声明。

3. 入口参数和返回参数的约定

C 和 C++ 语言中，除了数组（因为数组名表示的是第一个元素的地址）外，不论采用何种调用规范，传送的参数形式都是"传值"（by Value）。参数"传址"（by Reference）应利用指针数据类型。

Visual C++ 的 char、short 和 long（包括 int）数据类型依次对应 MASM 的 BYTE、WORD 和 DWORD 数据类型。但不论何种整数类型，进行参数传递时都扩展成 32 位。需要注意的是，32 位 Visual C++ 版本中整型 int 是 4 个字节。另外，32 位 Visual C++ 的函数调用使用 32 位偏移地址，所有的地址参数都是 32 位偏移地址，在堆栈中占 4 个字节。

参数返回时，8 位值在 AL 中返回，16 位值在 AX 中返回，32 位值存放在 EAX 寄存器中返回，64 位返回值存放在 EDX:EAX 寄存器对中，更大的数据则将它们的地址指针存放在 EAX 中返回。

4. 扩展的过程定义

高级语言使用堆栈传递参数，为了方便进行混合编程，MASM 6.0 参照高级语言的函数形式扩展了 PROC 伪指令的功能，使其带有带参数的能力，极大地方便了过程或函数间参数的传递。带有参数的过程定义伪指令 PROC 的格式如下：

    过程名 PROC [调用距离][语言类型][作用范围][USES 寄存器列表][,参数:[类型]]...
           LOCAL 参数表
           ……　;汇编语言语句
    过程名 ENDP

其中，过程名、调用距离和语言类型与前面介绍的一样。"作用范围"表示该过程是否对其他模块可见，默认是 PUBLIC，表示其他模块可见；PRIVATE 表示对外不可见。"寄存器列表"指明该过程中需要保存和恢复的通用寄存器，用空格分隔多个寄存器。"参数:类型"表示该过程使用的形式参数及其类型。参数类型可以是任何 MASM 有效的类型或 PTR（表示地址指针），在 C、

SYSCALL、STDCALL 语言类型中，参数类型还可以是 VARARG，它表示长度可变的参数。在 32 位平展模型中，默认的类型是双字 DWORD。PROC 伪指令中要使用参数，必须定义语言类型。参数前的各个选项采用空格分隔，而使用参数必须用逗号与前面的选项分隔，多个参数也用逗号分隔。

如果过程使用局部变量，必须紧接着过程定义伪指令 PROC，可以采用一条或多条 LOCAL 伪指令说明。它的格式如下：

```
LOCAL 变量名[个数][:类型][,...]
```

其中，可选的"[个数]"表示同样类型数据的个数，类似于数组元素的个数。使用 LOCAL 伪指令说明局部变量后，汇编程序自动利用堆栈存放该变量，与高级语言一样。

汇编语言中，使用扩展的过程定义后，需要配合过程声明 PROTO 和过程调用 INVOKE 伪指令。

【例 4-25】 模块连接计算数组平均值函数

将例 4-24 的求平均值 mean 函数使用汇编语言单独编写成一个模块。原例 4-24 需要删除函数定义，同时函数声明修改为：

```
extern "C" { long mean(long d[],long num);}
```

汇编语言过程的源程序文件是：

```
                .686
                .model flat,c
mean            proto d:ptr dword,num:dword        ;过程声明
                .code
mean            proc USES ebx ecx edx,d:ptr dword,num:dword   ;过程定义
                mov ebx,d              ;EBX = 数组地址
                mov ecx,num            ;ECX = 数据个数
                xor eax,eax            ;EAX 保存和值
                xor edx,edx            ;EDX = 指向数组元素
mean1:          add eax,[ebx+edx*4]    ;求和
                add edx,1              ;指向下一个数据
                cmp edx,ecx            ;比较个数
                jb mean1               ;循环
                cdq                    ;将累加和 EAX 符号扩展到 EDX
                idiv ecx               ;有符号数除法,EAX = 平均值(余数在 EDX 中)
                ret
mean            endp
                end
```

首先对上述汇编语言程序进行汇编，生成目标模块文件。然后，将该模块文件加入 Visual C++ 的 Win32 控制台程序的项目。最后，同 C++ 源程序一起编译连接就创建了可执行文件。

本示例程序中，汇编语言使用 C 语言类型，C++ 程序默认采用_cdecl，两者保持一致。如果汇编语言使用 stdcall 语言类型，则 C++ 程序必须在函数声明语句中明确指示采用_stdcall。

第 4 章总结

本章以程序结构为主线，介绍使用汇编语言编写分支、循环和子程序结构的原理和方法。在熟悉了常见问题的编程思路、掌握了汇编语言的编程方法基础上，展开 Windows 应用程序编程以及与 Visual C++ 进行混合编程的实用技术。

处理器设计有无条件转移指令 JMP，支持代码段内的控制转移（NEAR）和段间的控制转移（FAR），具有目标地址的相对寻址、直接寻址和间接寻址。条件转移指令 Jcc 采用段内相对寻址，分成 16 条指令。Jcc 指令检测状态标志形成条件，标志状态利用比较 CMP、测试 TEST 等指令设置。判断结果是否等于零 JZ/JNZ（或两个数据是否相等 JE/JNE）、判断进位标志 JC/JNC 是最常使用的条件转移指令。判断两个数据大小关系的条件转移指令在程序中也经常用到。

分支程序有单分支、双分支和多分支结构。编写单分支程序要注意选择跳过分支体的条件，编写双分支程序要注意前一个分支体最后要使用 JMP 指令跳过后一个分支体。组合单分支和双分支可以组成多分支结构，有时双分支程序也可以转换为单分支程序。

循环程序由循环初始、循环体和循环控制三部分组成，有"先判断、后循环"和"先循环、后判断"两种循环结构。利用次数控制循环比较简单，IA-32 处理器提供 LOOP 指令来实现计数控制循环。复杂的条件控制循环需要使用条件转移指令构造，会出现多重循环，以及循环体中有分支结构或分支体包含循环结构等情况。

子程序调用使用 CALL 指令，子程序返回使用 RET 指令，它们通过堆栈保存和恢复返回地址。编写子程序应该利用过程定义 PROC/ENDP 伪指令，并注意寄存器保护、堆栈平衡尤其是参数传递等问题。汇编语言使用寄存器传递参数很方便，也可以利用共享变量传递参数。但高级语言函数调用的"虚实结合"实质上是通过堆栈传递参数，所以汇编语言也支持堆栈传递参数，尤其是进行混合编程更是如此。子程序还可以单独编写，形成子程序模块、子程序库，并利用文件包含方法简化程序设计过程。

Windows 操作系统提供动态连接库来方便程序员利用应用程序接口 API 进行函数调用。程序开发时需要使用导入库 LIB 文件，程序运行时需要动态连接库 DLL 文件。32 位 Windows 的核心动态连接库是 KERNEL32.DLL、USER32.DLL 和 GDI32.DLL。调用控制台 API 函数就可以开发控制台应用程序，编写图形界面程序需要使用图形窗口 API 函数。通过汇编语言和 API 函数有助于理解 Windows 操作系统，但本书编者不推荐使用汇编语言开发 Windows 应用程序。

混合编程是汇编语言经常应用的一种形式。Visual C++ 支持嵌入汇编和模块连接两种方式进行混合编程。嵌入汇编功能较弱，但比模块连接方便，因为它不需要单独的汇编程序，而且给函数传递参数和从函数返回值也非常简单。模块连接的关键是调用规范要一致，参数传递的约定也要一致。MASM 为此扩展了过程定义伪指令，引入了过程声明和过程调用伪指令。

在汇编语言程序示例中，本章引出了个数折半、位测试、奇偶校验、数据比较、求绝对值、字母判断、有符号数溢出、数组求和、计算平均值、简单加密解密、个数统计、处理器识别等问题，并介绍了二进制、十六进制、十进制整数相互转换的原理和输入输出编程方法。随着问题的推进，本章还展开了编写 I/O 子程序库所需要的相关知识和编程技术。

第 4 章习题

4.1 简答题

(1) 什么特点决定了目标地址的相对寻址方式应用最多？
(2) 什么是奇偶校验？
(3) 为什么判断无符号数大小和有符号大小的条件转移指令不同？
(4) 双分支结构中两个分支体之间的 JMP 指令有什么作用？
(5) 为什么特别强调为子程序加上必要的注释？
(6) 子程序采用堆栈传递参数，为什么要特别注意堆栈平衡问题？
(7) 参数传递的"传值"和"传址"有什么区别？
(8) INCLUDE 语句和 INCLUDELIB 语句有什么区别？

(9) 混合编程有什么优势？
(10) 运行 Windows 程序，有时为什么会提示某个 DLL 文件不存在？

4.2 判断题

(1) 指令指针寄存器或者还包括代码段寄存器值的改变将引起程序流程的改变。
(2) JMP 指令对应高级语言的 GOTO 语句，所以不能使用。
(3) 因为条件转移指令 Jcc 要利用标志作为条件，所以也影响标志。
(4) JA 和 JG 指令的条件都是"大于"，所以是同一个指令的两个助记符。
(5) 控制循环是否结束只能在一次循环结束之后进行。
(6) 介绍 LOOP 指令时，常说它相当于 DEC ECX 和 JNZ 两条指令。但考虑对状态标志的影响，它们之间有差别。LOOP 指令不影响标志，而 DEC 指令却会影响除 CF 之外的其他状态标志。
(7) CALL 指令用在调用程序中，如果被调用程序中也有 CALL 指令，说明出现了嵌套。
(8) 子程序需要保护寄存器，包括保护传递入口参数和出口参数的通用寄存器。
(9) 利用 INCLUDE 包含的源文件实际上只是源程序的一部分。
(10) 导入库文件和静态子程序库文件的扩展名都是 LIB，所以两者性质相同。

4.3 填空题

(1) JMP 指令根据目标地址的转移范围和寻址方式，可以分成四种类型：段内转移、_____、段内转移、_____以及段间转移、_____、段间转移、_____。
(2) 假设在平展存储模型下，EBX=1256H，双字变量 TABLE 的偏移地址为 20A1H，线性地址 32F7H 处存放 3280H，执行指令"JMP EBX"后 EIP = _____，执行指令"JMP TABLE[EBX]"后 EIP = _____。
(3) "CMP EAX, 3721H"指令之后是 JZ 指令，发生转移的条件是 EAX = _____，此时 ZF = _____。
(4) 小写字母"e"是英文当中出现频率最高的字母。如果某个英文文档利用例 4-11 的异或方法进行简单加密，统计发现密文中字节数据"8FH"最多，则该程序采用的字节密码可能是_____。
(5) 循环结构程序一般由三个部分组成，它们是_____、循环体和_____部分。
(6) 例 4-14 程序中的 RET 指令，如果用 POP EBP 指令和 JMP EBP 指令替换，此时 EBP 内容是_____。
(7) 过程定义开始是"TEST PROC"语句，则过程定义结束的语句是_____。宏定义开始是"DISP MACRO"语句，则宏定义结束的语句是_____。
(8) 利用堆栈传递子程序参数的方法是固定的，例如，寻址堆栈段数据的寄存器是_____。
(9) MASM 汇编语言中，声明一个共用的变量应使用_____伪指令；而外部变量要使用_____伪指令声明。
(10) 调用 ReadConsole 函数时，用户在键盘上按下数字 8，然后回车，则键盘缓冲区的内容依次是_____。

4.4 验证例 4-1 程序的执行路径，可以在每个标号前后增加显示功能。例如，使得程序运行后显示数码 1234。

4.5 使用"SHR EAX, 2"将 EAX 中的 D_1 位移入 CF 标志，然后用 JC/JNC 指令替代 JZ/JNZ 指令完成例 4-3 的功能。

4.6 执行如下程序片段后，CMP 指令分别使得 5 个状态标志 CF、ZF、SF、OF 和 PF 为 0 还是为 1？它会使得哪些条件转移指令 Jcc 的条件成立、发生转移？

```
mov eax,20h
cmp eax,80h
```

4.7 将例 4-4 程序修改为实现偶校验。建议进一步增加显示有关提示信息的功能，使得程序具有更加良好的交互性。

4.8 在采用奇偶校验传输数据的接收端应该验证数据传输的正确性。例如，如果采用偶校验，那么在接收到的数据中，其包含"1"的个数应该为 0 或偶数个，否则说明出现传输错误。现在，在接收端编写一个这样的程序，如果偶校验不正确则显示错误信息，如果传输正确则继续。假设传送字节数据、最高位作为校验位，接收到的数据已经保存在 Rdata 变量中。

4.9 指令 CDQ 将 EAX 符号扩展到 EDX，即 EAX 最高为 0，则 EDX = 0；EAX 最高为 1，则 EDX = FFFFFFFFH。请编程实现该指令功能。

4.10 编写一个程序，首先测试双字变量 DVAR 的最高位，如果最高位为 1，则显示字母"L"；如果最高位不为 1，则继续测试最低位，如果最低位为 1，则显示字母"R"，如果最低位也不为 1，则显示字母"M"。

4.11 编写一个程序，先提示输入数字"Input Number：0~9"，然后在下一行显示输入的数字，结束；如果不是键入了 0~9 数字，就提示错误"Error!"，继续等待输入数字。

4.12 有一个首地址为 ARRAY 的 20 个双字的数组，说明下列程序段的功能。

```
            mov ecx,20
            mov eax,0
            mov esi,eax
sumlp:      add eax,array[esi]
            add esi,4
            loop sumlp
            mov total,eax
```

4.13 编程中经常要记录某个字符出现的次数。现编程记录某个字符串中空格出现的次数，结果保存在 SPACE 单元。

4.14 编写计算 100 个 16 位正整数之和的程序。如果和不超过 16 位字的范围(65535)，则保存其和到 WORDSUM，如果超过则显示 'Overflow !'。

4.15 在一个已知长度的字符串中查找是否包含"BUG"子字符串。如果存在，则显示"Y"，否则显示"N"。

4.16 主存中有一个 8 位压缩 BCD 码数据，保存在一个双字变量中。现在需要进行显示，但要求不显示前导 0。由于位数较多，需要利用循环实现，但如何处理前导 0 和数据中间的 0 呢？不妨设置一个标记。编程实现。

4.17 已知一个字符串的长度，剔除其中所有的空格字符。请从字符串最后一个字符开始逐个向前判断并进行处理。

4.18 第 3 章习题 3.14 在屏幕上显示 ASCII 表，现仅在数据段设置表格缓冲区，编程将 ASCII 代码值填入留出位置的表格，然后调用显示功能实现(需要利用双重循环)。

4.19 请按如下说明编写子程序：
子程序功能：把用 ASCII 码表示的两位十进制数转换为压缩 BCD 码
入口参数：DH = 十位数的 ASCII 码，DL = 个位数的 ASCII 码
出口参数：AL = 对应 BCD 码

4.20 乘法的非压缩 BCD 码调整指令 AAM 执行的操作是：AH←AL÷10 的商，AL←AL÷10 的余数。利用 AAM 可以实现将 AL 中 100 以内的数据转换为 ASCII 码，程序如下：

```
xor ah,ah
aam
add ax,3030h
```

利用这段程序，编写一个显示 AL 中数值(0~99)的子程序。

4.21 编写一个源程序，在键盘上按一个键，将其返回的 ASCII 码值显示出来，如果按下退格键(对应 ASCII 码是 08H)则程序退出。请调用书中的 HTOASC 子程序。

4.22 编写一个子程序，它以二进制形式显示 EAX 中 32 位数据，并设计一个主程序验证。

4.23 将例 4-16 的 32 位寄存器改用 16 位寄存器，仅实现输出 $-2^{15} \sim +2^{15}-1$ 之间的数据。

4.24 参考例 4-18，编写实现 32 位无符号整数输入的子程序，并设计一个主程序验证。

4.25 编写一个计算字节校验和的子程序。所谓"校验和"是指不计进位的累加，常用于检查信息的正确性。主程序提供入口参数，包括数据个数和数据缓冲区的首地址。子程序回送求和结果这个出口参数。

4.26 编制 3 个子程序把一个 32 位二进制数用 8 位十六进制形式在屏幕上显示出来，分别运用如下 3 种参数传递方法，并配合 3 个主程序验证它。
(1) 采用 EAX 寄存器传递这个 32 位二进制数。
(2) 采用 temp 变量传递这个 32 位二进制数。
(3) 采用堆栈方法传递这个 32 位二进制数。

4.27 配合例 4-11 的简单加密解密程序，设计一个输入密码的程序，将输入的若干字符经过适当算法转换成一个字节量密钥。

4.28 设计一个简单的两个整数的加法器程序。

4.29 利用十六进制字节显示子程序 DISPHB 设计一个从低地址到高地址逐个字节显示某个主存区域内容的子程序 DISPMEM。其入口参数：EAX = 主存偏移地址，ECX = 字节个数（主存区域的长度）。同时编写一个主程序进行验证。

4.30 将例 4-20 分别使用子程序模块、子程序库和子程序库包含方法生成最终可执行文件。

4.31 区别如下概念：宏定义、宏调用、宏指令、宏展开、宏汇编。

4.32 直接使用控制台输入和输出函数实现例 4-22 的功能（不使用 READMSG 和 DISPMSG 子程序）。

4.33 直接使用控制台输出函数实现某个主存区域内容的显示（习题 4.29 的功能）。可以改进显示形式，例如，每行显示 16 个字节（128 位），每行开始先显示首个主存单元的偏移地址，然后用冒号分隔主存内容。

4.34 如何进行很简单的修改，使得例 4-23 程序的消息窗有"OK"和"Cancel"两个按钮？

4.35 上机实践例 4-24 和例 4-25，并在创建可执行文件的过程中生成汇编语言列表文件。

4.36 Pentium 处理器含有一个 64 位的时间标记计数器（Time-Stamp Counter）。该计数器每个时钟周期递增（加 1）；在上电和复位后，该计数器清 0。指令"RDTSC"执行后将在 EDX（高 32 位）和 EAX（低 32 位）返回当前的 64 位时间标记计数器值。利用 RDTSC 指令在某个函数运行前获得时间标记计数器值，然后运行该函数后，立即再次执行 RDTSC 指令，并将再次获得的时间标记计数器值与之前的计数值相减，得到的差值就是运行该函数需要的时钟周期数（乘以时钟周期等于运行时间）。请利用混合编程方法显示某个函数的运行时钟周期数。

第5章 微机总线

微机采用总线结构，处理器、存储器、外部设备等各个功能模块都使用总线相互连接、协同工作。本章从总线的有关概念和技术入手，学习16位8086处理器和32位Pentium处理器的引脚（即处理器总线），并介绍微机中的ISA、PCI和USB总线。

5.1 总线技术

微型计算机系统以总线作为信息传输的公共通道，形成了总线结构。微机系统中的部件通过系统总线相互连接，实现数据传输，总线结构使微机系统具有组态灵活、易于扩展等诸多优点。广泛应用的总线都实现了标准化，以便于在互连各个部件时遵循共同的总线规范。

5.1.1 总线类型

总线伴随着微机的发展而发展，曾用的、正用的、将用的举不胜举。从微机系统角度看，不同层次、不同部件间也有不同的总线。花样繁多的总线名称常令人一头雾水。

按信息传送方向分类，总线分成单向总线（输入总线或输出总线）和双向总线。按信号线分类（参见第1章），总线可分为数据总线、地址总线、控制总线。按数据传输方式分类，总线还可以分成并行总线和串行总线。这里根据总线连接的对象和范围进行分类。

总线连接方法广泛用于微机系统的各个连接级别（层次）上，从大规模集成电路芯片内部，包括主机板中处理器、存储器及 I/O 接口电路之间，主机模板与各种接口模板之间（常称一块具有特定功能的印刷电路板为模板或模块，简称为板或卡，Card），直到微机系统与外部设备之间以及微机系统之间。

1. 芯片总线

芯片总线（Chip Bus）是指大规模集成电路芯片内部或系统中各种不同器件连接在一起的总线，用于芯片级互连。

芯片总线也称为局部总线（Local Bus），对处理器来说就是其引脚信号，例如，32位PC的处理器、主控芯片组等部件之间的连接总线。再如，处理器与主存单元之间专用的存储器总线也可以认为是芯片总线。

原来只能通过多个芯片构成一个功能单元或一个电路模块，随着集成电路制造技术的发展，现在可以用一个大规模集成电路芯片实现一个功能单元或一个电路模块。所以，大规模集成电路芯片内部也广泛使用总线连接，例如，处理器内部的高速缓存Cache、存储管理单元、执行单元之间，有时将它们称为片内总线。

2. 内总线

内总线（Internal Bus）是指微机系统中功能单元（模板）与功能单元间连接的总线，用于主机内部的模板级互连。内总线也称为板级总线、母板总线或系统总线。

系统总线（System Bus）是一个笼统的概念，通常是指微机系统的主要总线。在早期或低档微机中，内部总线只有一条，微机系统中的各个功能部件都与该总线相连，而这个总线也往往从处理器引脚延伸而来，所以它起着举足轻重的作用，这样称其为系统总线也就顺理成章了。例如，

16 位 PC 的 ISA 总线就是其系统总线。

随着微机的飞速发展和总线结构的日趋复杂，内部总线从一条变为多条，功能由弱到强，也逐渐不与处理器相关。例如，现在的 32 位 PC 主要采用 PCI 总线连接外设接口电路，虽然 PCI 总线的英文原意是外设部件互连（Peripheral Component Interconnection），但鉴于它的重要作用，常常也称其为系统总线。而 PCI 总线是从局部总线概念引出的，所以过去也称 PCI 总线为局部总线。

3. 外总线

外总线（External Bus）是指微系统与其外设或微机系统之间连接的总线，用于设备级互连。

芯片总线和内总线通常采用并行传输方式，其数据总线的个数有 8、16、32 或 64 等，且都是以字节、字、双字或 4 字等为单位传输数据。采用并行传输方式的总线称为并行总线。

外总线过去又称为通信总线，主要是指串行通信总线，如 EIA-232。利用串行总线，发送方需要将多位数据按二进制位的顺序在一个数据线上逐位发送，接收方则逐位接收后再合并为一个多位数据。相对于适合近距离快速传输的并行总线来说，串行总线以成本低、抗干扰能力强而广泛应用于远距离通信，最典型的应用就是计算机网络。

现在，外总线的意义常延伸为外设总线，主要用于连接各种外设。外总线种类较多，常与特定设备有关，例如，并行打印机总线、通用串行总线 USB、智能仪器仪表并行总线 IEEE 488（又称为 GPIB）等。

总线系统类似于一个"公路网"，通过不同的总线把系统内的各个模块连接起来。内总线相当于"公路网"中的主干道，芯片总线（局部总线）相当于某一局域内的道路，外总线相当于连接到其他"公路网"的道路。图 5-1 示意了总线系统的层次结构。现代高性能微机的总线结构虽然更加复杂，但仍然采用这个层次关系。

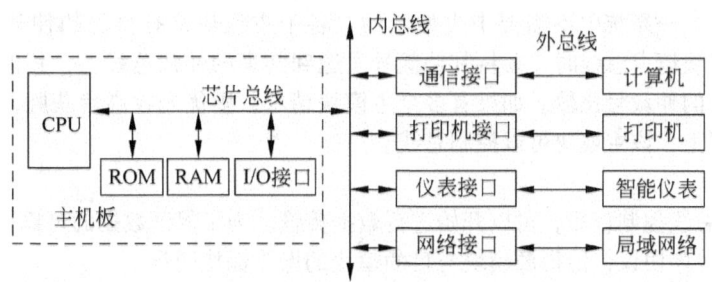

图 5-1 微机总线的层次结构

5.1.2 总线的数据传输

总线的主要功能是实现数据的传输。总线上连接有许多模块（或称设备，Device）。当一个模块需要与另一个模块传输信息时，它需要首先获得控制总线的权利，然后发出模块地址和读写控制信号，最终完成数据的传输。控制总线完成数据传输的模块是主控（Master）模块或主模块、主设备，与之相应，被动实现数据交换的模块则是被控（Slave）模块或从模块、从设备。例如，在微机的处理器与存储器之间，处理器是主模块，存储器是从模块。

总线上可能连接有多个可以作为主模块的器件，但是在总线使用上有限制，即在某一时刻，只能有一个主模块控制总线，其他模块此时可以作为从模块。同样，在某一时刻，只能有一个模块向总线发送数据，但可以有多个模块从总线接收数据。

1. 总线操作

占用总线进行数据传输一般要有 4 个阶段。

- 总线请求和仲裁（Bus Request & Arbitration）阶段：需要使用总线的主模块提出申请，由总线仲裁机制确定把总线分配给哪个请求模块。
- 寻址（Addressing）阶段：取得总线使用权的主模块发出将要访问的从模块（如存储器或 I/O 端口）地址信息以及有关命令，启动从模块。
- 数据传送（Data Transfer）阶段：主、从模块进行数据交换，数据由源模块发出，经数据总线传送到目标模块。
- 结束（Ending）阶段：主、从模块的数据、地址、状态、命令信息均从总线上撤除，让出总线，以便其他主模块继续使用总线。

对简单的单处理器系统来说，总线主要由作为主模块的处理器所占有，不存在总线请求、仲裁和撤除问题，总线操作只有寻址和数据传送两个阶段。当 DMA 控制器、其他处理器需要占用总线时，必须请求总线。

2. 总线仲裁

总线仲裁（Bus Arbitration）确定使用总线的主模块，目的是避免多个主模块同时占用总线，确保任何时候总线上只有一个模块发送信息。仲裁的基本原则是先来先服务，并使用优先权原则处理同时请求的情况。实现仲裁有以下两种方式：

- 集中仲裁——系统中有一个中央仲裁器（控制器），负责主模块的总线请求并分配总线的使用。在简单的单处理器系统中，中央仲裁器是处理器的一部分，而当前总线标准的中央仲裁器一般都是一个单独的模块。主模块有两条信号线连接到中央仲裁器，一条是送往仲裁器的总线请求信号，另一条是来自仲裁器的总线响应信号。
- 分布仲裁——系统中不需要中央仲裁器，各个主模块都有自己的仲裁器和唯一的仲裁号。主模块请求总线时，要将其仲裁号发送到共享的仲裁总线上，其他仲裁器获得此号后与自身的仲裁号比较。如果有多个主模块请求，则优先权高者获胜，其仲裁号保留在仲裁总线上，该主模块可以控制总线。

3. 同步方式

主模块获得总线控制权后，可以开始进行数据传输。为了保证数据的可靠传输，需要制定严格的信号规范和时序协议，使得源模块与目的模块的操作保持同步。

(1) 同步时序

总线操作的各个过程由共用的总线时钟信号控制，具有固定的时序，主控模块和被控模块之间没有应答联络信号。时钟一次高电平（对应逻辑 1）和低电平（对应逻辑 0）的转换代表了一个时钟周期，总线操作过程随着 1 和 0 的转换进行动作，多数过程在一个时钟周期完成。

同步传输方式的优点是简单快速，适用于速度相当的模块之间传输数据。如果模块之间的速度差异较大，则系统中的快速模块必须迁就慢速模块，总线响应速度由速度最慢的模块确定，从而使系统整体性能大为降低。这时，可以增加一个状态信号形成半同步传输方式。

半同步时序仍然有一个共同的总线时钟信号，用作各模块部件动作的时间基准，另外还至少有一条等待 WAIT（或准备好 READY）信号，由被控模块给主控模块。如果被控模块的速度足够快，能在规定的时序内完成读写操作，则等待信号一直处于无效状态，主控模块和被控模块按同步方式工作；当被控模块速度较慢、不能在规定的时间内完成读写操作时，被控模块就使等待信号有效，主控模块检测到有效的等待信号后就等待，直到被控模块完成读写操作使等待信号变为无效，完成一个总线周期。

在半同步传输方式中，慢速模块与快速主模块按异步方式通信，而快速模块与主模块按同步方式通信，具有良好的适应性，既有同步传输的快速，又有异步传输的灵活可靠。处理器控制的总线时序通常采用半同步时序与存储器或 I/O 端口交换数据（详见 5.3 节）。

(2) 异步时序

异步方式也称应答方式，总线操作需要握手（Handshake）联络（应答）信号控制，总线时钟信号可有可无。数据传输的开始伴随有启动信号，常称为请求（Request）或选通（Strobe）信号。数据传输的结束需要有一个确认（Acknowledge）信号，对请求信号进行应答。数据就在一问一答的联络过程中实现传输。

请求信号和应答信号都有一定的时间宽度，还可以具有控制对方是否撤销的能力。如果请求信号的结束和应答信号无关，两个信号的结束都由各自的模块决定，则称为"不互锁"异步时序。如果请求信号的撤销取决于应答信号的到来，而应答信号的撤销由从模块自身决定，则称为"半互锁"异步时序。如果请求信号的撤销取决于应答信号的到来，而应答信号的撤销又必须等到请求信号撤销，则称为"全互锁"异步时序。

异步时序具有操作周期可变、总线上可以混合慢速和快速器件的优点。在异步方式下，由于两个模块的互锁控制信号要来回传送，因此总线周期较长、传输速度略慢。处理器与外设的数据传输常采用异步方式，并行接口芯片 8255 的选通工作方式和并行打印机接口（参见第 8 章）都是典型的异步时序。

4. 传输类型

总线最基本的数据传输是以数据总线宽度为单位的读取（Read）和写入（Write）。总线读操作是数据由从模块到主模块的数据传送，写操作是数据由主模块到从模块的数据传送。

高性能总线都支持数据块传送，即成组、猝发（Burst）传送。只要给出起始地址，后续读写总线周期就将固定块长的数据一个接一个地从相邻地址读出或写入。

有的总线允许写后读（Read-After-Write）和读修改写（Read-Modify-Write）操作。地址只提供一次，然后先写后读或者先读后写同一个地址单元。前者适用于校验，后者适用于对共享数据的保护。

一般来说，数据传送只在一个主模块和一个从模块之间进行。有些总线允许一个主模块对多个从模块的写入操作，这称为广播（Broadcast）。

5. 性能指标

通常使用总线的宽度、频率和带宽描述总线的数据传输能力，即性能指标。

总线宽度是指总线能够同时传送的数据位数，即所谓的 8、16、32 或 64 位等数据信号个数。总线的数据位数越多，一次能够传送的数据量越大。

总线频率是指总线信号的时钟频率（工作频率），常以兆赫兹（MHz）为单位。时钟频率越高，工作速度越快。

总线带宽（Bandwidth）是指单位时间传输的数据量，也称为总线传输速率或吞吐率（Throughput），常以兆字节每秒（MB/s）、兆位每秒（Mb/s）或位每秒（b/s 或 bps）为单位。

计算机系统中的总线可以比喻为交通系统的高速公路，则总线宽度、频率和带宽可以分别比喻为高速公路的车道数、车速和车流量。车辆的通行能力（流量）取决于车道数和车速。总线传输能力（带宽）取决于总线的数据宽度（数据总线的个数）、时钟频率和传输类型。总线带宽的一般计算公式为：

$$总线带宽 = 传输的数据量 \div 需要的时间$$

例如，8086 处理器的数据总线为 16 位，典型的时钟频率是 5MHz，即每个时钟周期是 1/

5MHz = 0.2×10^{-6} s。8086 处理器需要 4 个时钟周期构成一个总线周期，实现一次 16 位数据传送，故它的总线带宽是：

$$16 \div (4 \times 0.2 \times 10^{-6}) \text{b/s} = 20 \times 10^6 \text{b/s} = 20\text{Mb/s} = 2.5\text{MB/s}$$

注意，这里的 1M 等于 10^6。对于系统时钟频率为 66MHz 的 Pentium 处理器来说，其基本非流水线总线周期用 2 个时钟传送 64 位数据，所以它的总线带宽是：

$$64 \div \left(2 \times \frac{1}{66} \times 10^{-6}\right) \text{b/s} = 264\text{MB/s}$$

2-1-1-1 的猝发读传送周期(参见 5.4 节)用 5 个时钟传送 32 个字节的数据，其总线带宽是：

$$32 \div \left(5 \times \frac{1}{66} \times 10^{-6}\right) \text{B/s} = 422.4\text{MB/s}$$

5.1.3 总线信号和总线时序

从物理形态来看，总线就是一组共用的导线，许多器件挂接其上以传输信号，实现互连和信息交换。除电源和地线外，总线按其所传输信号的性质可分为 3 类：地址总线 AB、数据总线 DB 和控制总线 CB。

- 地址总线：主控模块(如处理器)的地址总线都是输出的，输出给要寻址的从模块(如存储器或 I/O 端口等)的地址信号；受控的从模块的地址总线都是输入的，接收主模块送来的地址信号以决定要访问的从模块的具体单元。
- 数据总线：一般都是双向传输，在主、从模块间传送、交换数据信息。
- 控制总线：有输出也有输入信号。控制总线的基本功能是控制存储器及 I/O 读写操作，此外还包括中断与 DMA 控制、总线仲裁、数据传输握手联络等。控制总线一般比较复杂，即使功能相同的模块因型号不同也有显著差别。例如，不同型号的处理器的地址总线和数据总线大致相似，而控制总线却差异较大。正是控制总线的不同特性，决定了各种模块(包括处理器)的不同接口特点。

1. 引脚信号

一个处理器的引脚或总线信号由多方面反映，包括：

- 信号的功能——引脚信号的名称通常用英文单词或英文缩写来表示，它反映引脚的功能。有的引脚功能单一，有的引脚功能多样，有的引脚功能还会变化。
- 信号的流向——处理器的多数信号是输出到外部的，例如，地址总线和多数控制总线都是输出信号。有些控制总线是从外部输入到处理器内部的，例如，准备好信号、中断请求信号等是输入信号。而数据总线是双向信号，它们既从存储器或外设读取(输入)数据，又可以将数据写(输出)到外部器件。
- 有效方式——数字信号具有高电平和低电平两种稳定的状态，还有从低到高(上升沿)和从高到低(下降沿)两个过渡状态。多数控制信号都是以低电平反映其引脚功能，而高电平无效，这称为低电平有效或简称低有效。低电平有效具有较好的抗干扰能力。有些控制信号也利用高电平反映其功能，称为高电平有效或简称高有效。为了反映信号的变化，例如，中断请求信号从没有请求到有效请求，常利用上升沿表达，也可以设计成用下降沿表达，这就是上升沿或下降沿有效。地址总线、数据总线的高电平和低电平都有效，分别用于表达不同的地址和数据编码。

在表达功能的数字电路图中，输入引脚常画在左边，输出引脚常画在右边。低电平有效的引脚名称上常加有一条上划线示意(或者用井号"#"、星号"*"、负号"-")，或者在连线末端用一个小圆表示，如图 5-2 所示。

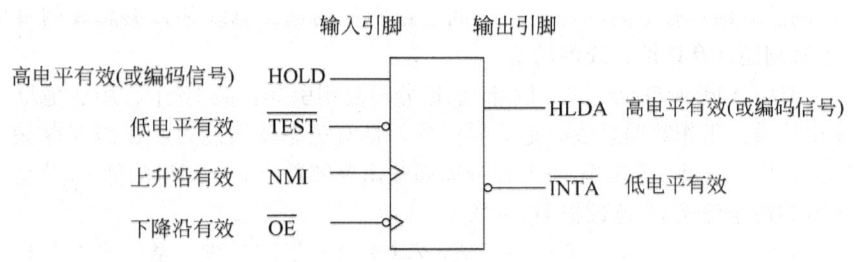

图 5-2　引脚信号的功能示意图

- 三态能力——数字信号具有高电平和低电平两种稳定的状态，而特别设计的输出引脚具有第三种状态：高阻状态。当输出引脚呈现高阻状态时，相当于连接了一个阻抗很高的外部器件，信号无法正常输出。这实际上就是放弃了对该引脚的控制，好像被"悬空"了，与其他部件断开了连接。这时，它所连接的某个具有控制能力的设备就可以控制与该引脚所连接的其他部件了。如果具有三态能力的输出引脚没有处于高阻状态，则该引脚或输出高电平或输出低电平，控制其他部件的工作。

2. 总线时序

总线信号并不是各自独立发挥作用，而是相互配合实现总线操作。总线时序（Timing）描述了总线信号随时间变化的规律以及总线信号间的相互关系。

一条指令在处理器中从取指、译码到最终执行完成的过程，常称为指令周期（Instruction Cycle）。指令周期的实现需要分解为更基本的总线操作。存储器读和存储器写、I/O 读和 I/O 写是 4 个基本的总线操作，另外处理器会在响应外部可屏蔽中断时产生中断响应操作，还有总线请求及响应操作等。当指令在处理器内部执行而没有必要进行外部操作时，处理器总线将处于空闲状态。

伴随有数据交换的总线操作常称为总线周期（Bus Cycle）或机器周期（Machine Cycle）。处理器的总线周期又由多个时钟周期构成。在每个时钟周期，处理器进行不同的具体操作，处于不同的操作状态（State）。所以，一个时钟周期也称为一个 T 状态，是处理器的基本工作节拍。

时序图用形象化方法表现时序，有一些约定俗成的表达形式。例如：

- 单一信号就用单线来表示，如 ALE、$\overline{WR}$。实线的高低表示确定的高低电平，虚线则表示可能的电平状态，上升和下降表示信号此时改变。
- 成组信号因为有多个信号可高可低，无法逐个画出，所以用高低双线来表示，如地址总线、数据总线及其他编码信号。两线交叉表示成组信号改变。因此，由两个交叉点所构成的六边尖角框表示一种稳定有效的信息组合，当双线变为一条居中的横线时表示输出高阻状态。

5.2　8086 的引脚信号

处理器的外部特性表现在它的引脚信号上，它具有共用的特点，所以也常被称为处理器总线。在 20 世纪 70 年代大规模集成电路生产技术条件下，8086 处理器采用了当时最多引脚的封装形式，共设计了 40 个引脚。

5.2.1　地址/数据信号

数量最多的处理器引脚是地址引脚和数据引脚，但功能单一。它们需要共同组成一个地址或数据编码。为减少引脚个数，8086 采用了引脚信号分时复用的方法。所谓"分时复用"，是指同一引脚在不同的时刻具有不同的功能。下面是最常见的地址总线和数据总线的复用,即数据总线在不同的时刻还具有地址总线的功能。

- $AD_{15} \sim AD_0$(Address/Data)——地址/数据分时复用引脚,共 16 个,用作地址总线时是单向输出信号,用作数据总线时是双向信号,具有三态输出能力。在访问存储器或外设的总线操作中,这些引脚在第一个时钟周期输出存储器或 I/O 端口的低 16 位地址 $A_{15} \sim A_0$,其他时间用于传送 16 位数据 $D_{15} \sim D_0$。
- $A_{19}/S_6 \sim A_{16}/S_3$(Address/Status)——地址/状态分时复用引脚,是一组 4 个具有三态能力的输出信号。这些引脚在访问存储器的第一个时钟周期输出高 4 位地址 $A_{19} \sim A_{16}$,在访问外设的第一个时钟周期输出低电平无效。其他时间输出状态信号 $S_6 \sim S_3$(反映处理器的一些基本工作状态)。
- $\overline{BHE}/S_7$(Byte High Enable/Status)——高字节允许/状态分时复用引脚,是一个三态、输出信号。在存储器或外设访问的第一个时钟周期,如果输出低有效信号,表示使用数据总线的高字节 $D_{15} \sim D_8$ 传送数据;如果输出高电平信号,则表示不使用数据总线的高字节,仅传送低字节数据。其他时间输出状态信号 S_7。

16 位 8086 处理器具有 16 条数据总线 $D_{15} \sim D_0$,每次数据存取最多是两个字节。8086 具有 1MB 主存空间,需要 20 位地址总线 $A_{19} \sim A_0$。在软件编程时,用逻辑地址来表达存储单元;但是,在讨论处理器的外部特性和硬件连接时,需要使用物理地址(即引脚信号 $A_{19} \sim A_0$)来寻址存储器单元。逻辑地址到物理地址的转换是由处理器内部自动完成的。

由于微机连接外设的能力有限以及 I/O 地址空间不需要很大,所以 8086 处理器在寻址外设时只使用 20 位物理地址的低 16 位,即 $A_{15} \sim A_0$。如果仍然按照每个 I/O 地址对应一个字节数据,那么 16 位 I/O 地址总线具有 64K 个 8 位端口;如果将以偶地址开始的连续两个 I/O 地址作为一个 16 位 I/O 端口,则 16 位 I/O 地址总线具有 32K 个 16 位端口。

5.2.2 读写控制信号

8086 处理器的引脚信号具有两种工作模式。一种是面向小系统的最小组态模式,8086 本身提供了系统所需要的全部控制信号。另一种是组成较大系统的最大组态模式,8086 需要配合其他芯片形成控制信号,但可以连接数学协处理器、I/O 协处理器等构成多处理器系统。两种组态的内部工作方式一样,它们的不同只是反映在外部引脚上,由 8086 其中的一个引脚接高电平或低电平加以区别。本节学习容易理解的最小组态的引脚功能,最大组态形成的总线信号应用于 ISA 总线,参见 5.5.2 节。

1. 基本读写引脚

- ALE(Address Latch Enable)——地址锁存允许,是一个三态、输出、高电平有效的信号。有效时,表示复用引脚($AD_{15} \sim AD_0$ 和 $A_{19}/S_6 \sim A_{16}/S_3$)上正在传送地址信号。由于地址在复用引脚上出现的时间很短,所以,系统需要利用 ALE 信号将该地址锁存起来以备使用。
- $M/\overline{IO}$(Memory/Input and Output)——访问存储器或者 I/O,是一个三态输出信号,高、低电平均有效,但具有不同的功能。该引脚高电平(M)时,表示处理器将访问存储器,此时地址总线 $A_{19} \sim A_0$ 提供 20 位的存储器物理地址。该引脚低电平($\overline{IO}$)时,表示处理器将访问 I/O 端口,此时地址总线 $A_{15} \sim A_0$ 提供 16 位的 I/O 地址。
- $\overline{WR}$(Write)——写控制,是一个三态、输出、低电平有效的信号。有效时,表示处理器正将数据写到存储单元或 I/O 端口。

- $\overline{\text{RD}}$（Read）——读控制，也是一个三态、输出、低电平有效的信号。有效时，表示处理器正在从存储单元或 I/O 端口读取数据。

2. 基本总线操作

处理器通过引脚对外操作（总线操作），主要有以下 4 种操作：

- 存储器读（Memory Read）：处理器从存储器读取代码（取指）或操作数。每条指令在执行前都需要经过取指操作进入处理器，以存储单元为源操作数的指令在执行时需要从主存获取操作数，这些操作都将启动一个存储器读总线操作。
- 存储器写（Memory Write）：处理器向存储器写入操作数。以存储单元为目的操作数的指令在执行时需要将结果保存在主存中，它会启动一个存储器写总线操作。
- I/O 读（Input/Output Read）：处理器从外设读取操作数。8086 处理器只有在执行输入指令 IN 时才启动一个 I/O 读总线操作。
- I/O 写（Input/Output Write）：处理器向外设写出操作数。8086 处理器只有在执行输出指令 OUT 时才启动一个 I/O 写总线操作。

8086 处理器利用 M/$\overline{\text{IO}}$、$\overline{\text{WR}}$ 和 $\overline{\text{RD}}$ 这 3 个信号构成了微机系统的基本控制信号，组合后可形成 4 种基本的总线控制信号，如表 5-1 所示。

表 5-1　读写控制信号的组合

总线操作	M/$\overline{\text{IO}}$	$\overline{\text{WR}}$	$\overline{\text{RD}}$
存储器读 $\overline{\text{MEMR}}$	高电平	高电平	低电平
存储器写 $\overline{\text{MEMW}}$	高电平	低电平	高电平
I/O 读 $\overline{\text{IOR}}$	低电平	高电平	低电平
I/O 写 $\overline{\text{IOW}}$	低电平	低电平	高电平

3. 同步操作引脚

处理器在进行读写操作时应该保证外部数据按时到达，也就是存储器或外设与处理器必须实现读写操作的同步，否则将出错。如果处理器与外部器件不能实现速度匹配，可以让快速的处理器等待。这时，需要慢速的 I/O 或存储器发出一个请求等待或表明可以进行数据读写的信号。

- READY——（存储器或 I/O 端口）就绪，是一个输入给处理器的信号，高电平有效表示可以进行数据读写。所以，存储器或 I/O 端口可利用该信号无效来请求处理器等待数据的到达。处理器在进行读写前，如果检测到 READY 引脚为低无效信号，将进入等待状态，直到 READY 引脚为高有效信号才进行读写操作。

另外，8086 处理器还设计有数据允许 $\overline{\text{DEN}}$（Data Enable）和数据发送或接收 DT/$\overline{\text{R}}$（Data Transmit/Receive）信号，它们与写 $\overline{\text{WR}}$ 控制和读 $\overline{\text{RD}}$ 控制引脚具有类似的作用。设计它们的目的主要是方便连接外部芯片。

5.2.3　其他控制信号

处理器必定具有地址总线、数据总线和基本读写控制信号。除此之外，电源 V_{cc} 和地线 GND 等其他引脚也是必不可少的。

1. 中断请求和响应引脚

处理器通过中断请求和响应引脚实现用中断工作方式与外部建立联系，用于与外设交换数据、处理紧急情况等。

- INTR(Interrupt Request)——可屏蔽中断请求，是一个高电平有效的输入信号。该引脚信号有效时，表示中断请求设备向处理器申请可屏蔽中断。该请求的优先级别较低，8086通过关中断指令 CLI 可清除标志寄存器中的中断 IF 标志，从而对该中断请求进行屏蔽。可屏蔽中断主要用于实现外设数据交换的中断服务。
- $\overline{\text{INTA}}$(Interrupt Acknowledge)——可屏蔽中断响应，是一个低电平有效的输出信号。该引脚信号有效时，表示来自 INTR 引脚的中断请求已被处理器响应，处理器进入中断响应周期。INTR 和 $\overline{\text{INTA}}$ 是一对应答可屏蔽中断请求和响应的信号。
- NMI(Non-Maskable Interrupt)——不可屏蔽中断请求，是一个利用上升沿有效的输入信号。该引脚信号有效时，表示外界向处理器申请不可屏蔽中断。该中断级别显然高于可屏蔽中断请求 INTR，因为处理器无法在内部对其屏蔽，只能予以响应，也因此无需设计不可屏蔽中断响应信号。利用其不可被屏蔽的特点，不可屏蔽中断常用于处理系统发生故障等紧急情况下的中断服务。

2. 总线请求和总线响应引脚

处理器通过总线请求和总线响应引脚将主要的总线信号交付给其他具有控制总线能力的设备使用，完成处理器无法实现的功能，例如，存储器与外设之间的直接数据传送。

- HOLD——总线请求，是一个高电平有效的输入信号。该引脚有效时，表示其他总线主控设备向处理器申请使用原来由处理器控制的总线。该信号从有效回到无效时，表示总线主控设备对总线的使用已经结束，通知处理器收回对总线的控制权。
- HLDA(HOLD Acknowledge)——总线响应，是一个高电平有效的输出信号。该引脚有效时，表示处理器已响应总线请求并将总线释放。此时，处理器的地址总线、数据总线及具有三态输出能力的控制总线将呈现高阻状态，使总线请求设备可以顺利接管和使用总线。请求信号 HOLD 转为无效，响应信号 HLDA 也随之转为无效，处理器将重新掌管总线。HOLD 和 HLDA 是一对应答总线请求和响应的信号。

3. 其他引脚

- RESET——复位，是一个高电平有效的输入信号。该引脚有效时，将迫使处理器回到其初始状态；当它从有效转为无效时，处理器重新开始工作。数字电路和电子设备一般都设计有复位请求信号或按钮，以便使电路或设备从初始状态开始工作。

    8086 复位后，寄存器 CS = FFFFH，IP = 0000H，所以复位后第一条执行的指令在物理地址 FFFF0H 处，即主存地址高端。通常系统会在此处安排一条段间无条件转移指令 JMP，将控制转移到系统程序入口。
- CLK(Clock)——时钟输入。时钟信号是一个频率稳定的数字信号，数字电路都需要一个时钟信号作为基本操作节拍。处理器的时钟信号作为内部定时信号，其频率就是处理器的工作频率，工作频率的倒数就是时钟周期的时间长度。
- MN/$\overline{\text{MX}}$(Minimum/Maximum)——组态选择输入，该引脚接低电平控制 8086 处理器为最小组态，接高电平控制 8086 处理器为最大组态。
- TEST——测试输入引脚，用于与数学协处理器 8087 保持同步操作。

5.3 8086 的总线时序

处理器以统一的时钟信号为基准，控制其他信号跟随时钟相应改变，实现总线操作。8086 处理器的基本总线周期由 4 个时钟周期构成，分别使用 T_1、T_2、T_3 和 T_4 表述。在每个时钟周期，8086 将进行不同的具体操作、处于不同的操作状态(State)。8086 处理器的 4 个基本总线周期非常类似，其中存储器读和 I/O 读、存储器写和 I/O 写又可以分别统一到一个时序图表达。

5.3.1 写总线周期

写总线周期用来完成对存储器或 I/O 端口的一次写操作。没有插入等待状态的基本总线周期由 4 个 T 状态组成，编号为 $T_1 \sim T_4$，如图 5-3 所示。必要时，可在 T_3、T_4 间插入若干个等待状态 T_w。

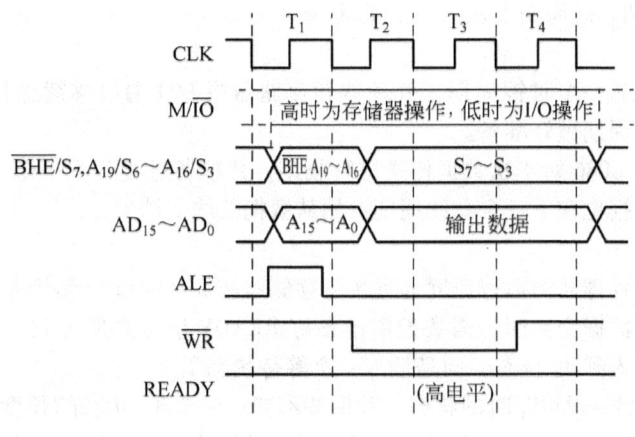

图 5-3 写总线周期时序

为了突出对总线周期的理解，图中并没有标出具体的时间参数，跟随时钟变化的其他信号的延迟在图中也被夸大了。

1. T_1 状态

总线周期的第一个时钟周期主要用于输出存储器地址或 I/O 地址。

从 T_1 状态开始，存储器或 I/O 选择信号 $M/\overline{IO}$ 或为高或为低，并一直保持到下一个总线周期开始。如果 $M/\overline{IO}$ 为高电平，则访问对象为存储器，分时复用总线 $\overline{BHE}/S_7$、$A_{19}/S_6 \sim A_{16}/S_3$、$AD_{15} \sim AD_0$ 将输出 20 位的存储器地址，这就是存储器写总线周期。如果 $M/\overline{IO}$ 为低电平，则访问对象为 I/O 端口，$\overline{BHE}/S_7$、$AD_{15} \sim AD_0$ 将输出 16 位的 I/O 地址，而高 4 位的地址线 $A_{19}/S_6 \sim A_{16}/S_3$ 始终输出低电平，这就是 I/O 写总线周期。对 8086 处理器来说，除有效地址的位数和 $M/\overline{IO}$ 信号的电平有所不同外，存储器写和 I/O 写的总线周期并没有什么实质上的区别。所以，图 5-3 用一个写总线周期包括了这两种总线操作，但对 $M/\overline{IO}$ 信号进行了文字说明。

由于总线复用的原因，地址信息只在 T_1 状态出现，所以地址锁存允许 ALE 在 T_1 状态输出一个有效的正脉冲，可利用它的后沿（即下降沿）来锁存复用总线上的地址，以便在整个总线周期对存储器或 I/O 端口都保持有效。因为每个进行数据交换的总线周期 ALE 信号都有效，所以这个信号实际上可以被看作是总线周期开始的标志。

2. T_2 状态

总线周期输出地址后，接着需要输出控制信号，以明确进行何种操作。

对于写总线周期，T_2 状态将使写控制信号 $\overline{WR}$ 低有效（读控制信号 $\overline{RD}$ 高无效，图 5-3 中没有画出），表明数据从处理器输出到存储器或 I/O 端口。同时，所有分时复用总线上的地址信号将被撤销，$AD_{15} \sim AD_0$ 上出现处理器输出的数据，$\overline{BHE}/S_7$、$A_{19}/S_6 \sim A_{16}/S_3$ 上出现处理器输出的状态。

3. T_3 状态

处理器输出地址后，存储器或 I/O 端口根据地址确定具体的存储单元或 I/O 端口；输出控制信号之后，选中的存储单元或 I/O 端口就可以进行数据交换。所以，在写总线周期的 T_3 状态，已被锁存的地址以及由处理器提供的控制信号和数据在总线上继续保持有效，留给存储器或 I/O 端口进行数据写入。

如果存储器或 I/O 端口能够同步（按时）完成数据交换，则保持准备好信号 READY 为高有效。8086 处理器将在 T_2 后沿（也即 T_3 时钟的前沿或下降沿）对 READY 引脚进行检测，如果 READY 信号有效，则总线周期进入下一个 T_4 状态。

4. T_4 状态

在总线周期的最后一个时钟周期，处理器和存储器或 I/O 端口继续进行数据传送，直到完成，并为下一个总线周期做好准备。

进入 T_4 状态后，8086 对本次数据传送进行收尾，并准备过渡到下一个总线操作。此时，控制信号转为无效，数据也在下一个总线周期开始从数据总线上消失。

5. T_w 状态

在微机系统中，处理器的运行速度远远快于存储器和 I/O 端口。当存储器或 I/O 端口不能按基本的总线周期进行数据交换时，需要控制准备好 READY 信号为低无效，8086 处理器在 T_3 前沿发现后，将不会进入到 T_4 状态，而是插入一个等待状态 T_w。

T_w 状态的引脚信号延续 T_3 时的状态，并保持不变。一个 T_w 状态的长度也是一个时钟周期，这相当于为存储器或 I/O 端口多争取了一个时钟周期的操作时间。同样，在 T_w 的前沿，8086 处理器将继续对 READY 进行测试，如果无效还可继续插入 T_w；只有当检测到 READY 有效时才转入 T_4 状态，并在 T_4 中结束数据传送，如图 5-4 所示。

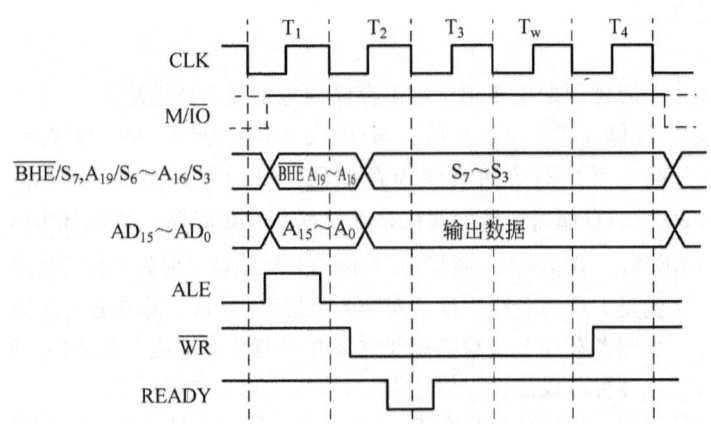

图 5-4　具有一个 T_w 的存储器写总线周期时序

5.3.2　读总线周期

读总线周期用来完成对存储器或 I/O 端口的一次读操作。基本的读总线周期也由 4 个 T 状态组成，也可以通过 READY 无效在 T_3 和 T_4 间插入若干 T_w，如图 5-5 所示。对比图 5-3 的写总线周期，图 5-5 的读总线周期并没有实质上的改变，改变的只是有关控制信号和数据流向。

在 T_2 状态，处理器输出读控制信号 $\overline{RD}$ 低有效（而对应的写控制信号 $\overline{WR}$ 高无效，图中没有画出），要求存储器或 I/O 端口提供数据。此时，处理器使数据总线输出高阻，不再控制数据总线，这样，存储器或 I/O 端口的数据就可以发送到数据总线上。

经过 T_3（或者再加上若干 T_w）状态，处理器将在 T_4 的前沿（也即 T_3 的后沿或下降沿）从数据总线采样获取输入的数据。

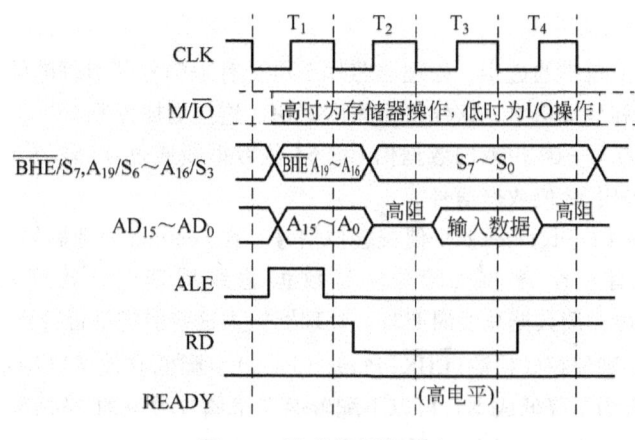

图 5-5 读总线周期时序

5.4 Pentium 处理器的引脚和时序

IA-32 处理器具有多代、多款产品。80386DX 封装在一个 132 引脚的芯片中，80486DX 是一个 168 引脚的芯片，Pentium 具有 237 个引脚，Pentium Pro 则有 387 个引脚，2000 年推出的 Pentium 4 更是达到了 423 个引脚。但是，处理器的主要引脚（数据总线、地址总线和读写控制总线）几乎相同。本节以 Pentium 为例，重点介绍这些主要引脚的功能和时序。后续 Pentium 产品的引脚已经不直接面向用户，而是需要通过芯片组才能形成系统总线。

5.4.1 引脚定义

Pentium 采用 237 个引脚的 PGA(Pin Grid Array，引脚栅格阵列)封装，表 5-2 列出了其中有意义的 168 个引脚，其他引脚是为数不少的电源正 V_{cc}、电源负 V_{ss}（地线）、未连接使用 NC 等引脚。

表 5-2 Pentium 的引脚

类 型	引 脚 信 号	个 数
数据	$D_0 \sim D_{63}$、$DP_0 \sim DP_7$、$\overline{PEN}$、$\overline{PCHK}$	74
地址	$A_3 \sim A_{31}$、$\overline{BE_0} \sim \overline{BE_7}$、AP、$\overline{APCHK}$	39
总线周期控制	$\overline{ADS}$、$M/\overline{IO}$、$D/\overline{C}$、$W/\overline{R}$、$\overline{NA}$、$\overline{BRDY}$	6
时钟	CLK	1
初始化	RESET、INIT	2
中断请求	NMI、INTR	2
总线仲裁	HOLD、HLDA、$\overline{BOFF}$、BREQ	4
总线锁定	$\overline{LOCK}$、SCYC、$\overline{BUSCHK}$	3
浮点错误	$\overline{FREE}$、$\overline{IGNNE}$	2
系统管理	$\overline{SMI}$、$\overline{SMIACT}$	2
A_{20} 地址屏蔽	$\overline{A20M}$	1
执行跟踪	IU、IV、IBT、$BT_0 \sim BT_3$	7
功能冗余检查	$\overline{FRCMC}$、$\overline{IERR}$	2
Cache 操作	$\overline{HIT}$、$\overline{HITM}$、$\overline{FLUSH}$、INV、EADS、AHOLD、$\overline{CACHE}$、$\overline{KEN}$、WB/$\overline{WT}$、PCD、PWT、$\overline{EWBE}$	12
探针方式	R/$\overline{S}$、$\overline{PRDY}$	2
断点/性能监测	PM_0/BP_0、PM_1/BP_1、BP_2、BP_3	4
边界扫描	TCK、TDI、TDO、TMS、$\overline{TRST}$	5

1. 数据信号

随着集成电路制造技术的进步，处理器芯片不再受有限的外部引脚的限制，IA-32 处理器不再分时复用数据信号和地址信号，这样操作速度更快、连接更加方便。

- $D_{63} \sim D_0$ (Data)——64 位双向数据信号。64 位数据线通过存储器总线与主存连接，但外部设备主要采用 32 位数据信号。
- $DP_7 \sim DP_0$ (Data Parity)——8 个偶校验位信号。在 Pentium 处理器的 64 位数据中，每 8 位（1 个字节）有一个奇偶校验位。写数据总线周期时，处理器生成偶校验位从 $DP_0 \sim DP_7$ 输出；读数据总线周期时，处理器检查这些引脚是否符合偶校验。若处理器检测出校验错，则使校验检测$\overline{PCHK}$(Parity Check)引脚低有效予以指示。如果主存系统可靠性较高或者为了降低成本，可以不配置保存奇偶校验位的存储芯片，此时应该使校验允许$\overline{PEN}$(Parity Enable)引脚高无效来告知处理器。

2. 地址信号

- $A_{31} \sim A_3$ (Address)——地址信号线的高 29 位，低 3 位地址信号 $A_2 \sim A_0$ 由字节允许信号产生。
- $\overline{BE_7} \sim \overline{BE_0}$ (Bank Enable)——8 个字节允许信号。$\overline{BE_0}$低有效表示读写低 8 位数据 $D_0 \sim D_7$、$\overline{BE_1}$低有效表示读写数据 $D_8 \sim D_{15}$、……、$\overline{BE_7}$低有效表示读写高 8 位数据 $D_{56} \sim D_{63}$。它们可以译码产生低 3 位地址信号 $A_0 \sim A_2$，用于表示读写字节、字、双字或 4 字数据。

当进行存储器寻址时，使用全部 32 位地址，形成 4GB 物理存储空间；进行 I/O 传送时，仅使用低 16 位地址，具有 16K 个 32 位端口（或 32K 个 16 位端口或 64K 个 8 位端口）。

Pentium 处理器新增了对 $A_{31} \sim A_3$ 地址信号的奇偶校验信号 AP(Address Parity)。地址输出时，产生偶校验位从 AP 输出。地址输入时，CPU 检查偶校验，如果出现校验错，则以$\overline{APCHK}$(Address Parity Check)输出有效指示。

3. 读写控制信号

处理器利用读写控制信号就可以完成基本的总线周期，所以 Pentium 处理器称为总线周期控制信号。

- $\overline{ADS}$(Address Data Strobe)——地址数据选通信号。当处理器发出有效的存储器地址或 I/O 地址时，该信号变低有效。其作用相当于 8086 的地址锁存允许 ALE，指示一个总线周期的开始。
- $M/\overline{IO}$(Memory/Input Output)——存储器或 I/O 操作信号。当该信号为高时，表示是存储器操作；否则是 I/O 操作。该信号与 8086 同名引脚的功能一样。
- $D/\overline{C}$(Data/Control)——数据或控制信号。当该信号为高时，表示进行数据存取；否则为读取代码、中断响应等其他总线周期。利用这个信号就可以区分是取指引起的存储器读总线周期，还是指令执行时读取操作数引起的存储器读总线周期。
- $W/\overline{R}$(Write/Read)——写或读信号。当该信号为高时，表示数据从处理器输出，写入存储器或 I/O 端口；否则为从存储器或 I/O 端口读取数据，输入处理器。利用一个信号高、低电平都有效，替代了 8086 处理器的写$\overline{WR}$和读$\overline{RD}$两个信号。

处理器利用总线周期完成对存储器和 I/O 端口的数据读写。$M/\overline{IO}$、$D/\overline{C}$、$W/\overline{R}$这 3 个信号组合形成基本的总线周期，如表 5-3 所示。其中，特定周期是指当 CPU 发生特殊情况或清空外部高速缓冲存储器 Cache 时产生的总线周期。

表 5-3 Pentium 处理器的基本总线周期

M/$\overline{\text{IO}}$	D/$\overline{\text{C}}$	W/$\overline{\text{R}}$	总线周期类型
0	0	0	可屏蔽中断响应周期
0	0	1	特定周期
0	1	0	I/O 读周期
0	1	1	I/O 写周期
1	0	0	代码读(读取指令)周期
1	0	1	Intel 保留
1	1	0	存储器读周期
1	1	1	存储器写周期

- $\overline{\text{BRDY}}$(Burst Ready)——猝发准备好输入信号。外部用该信号通知处理器已经存取数据总线上的数据。该信号用于在总线周期中插入等待状态。它等同于 8086 的准备好 READY 引脚。
- $\overline{\text{NA}}$(Next Address)——下一个地址输入信号,用以支持地址流水线操作。这是一个存储器系统提供给处理器的输入信号,当该信号低有效时,表明存储器可以接收一个新的总线周期。处理器在采样到该信号有效的 2 个时钟周期后,就可以输出新的地址,即使当前总线周期还没有完成,也可以启动新总线周期,实现地址流水线总线周期。

5.4.2 总线周期

8086 分时复用地址总线和数据总线,需要先传送地址后传送数据,一个总线周期需要 4 个时钟周期。80286 及以后的 80x86 处理器将地址总线和数据总线分开,地址放置于地址总线、数据存放于数据总线,这样可以加快传输速率。所以,从 16 位的 80286 开始,基本的总线周期可以用 2 个时钟周期完成,第一个时钟发送地址,第二个时钟进行数据交换。Pentium 的基本非流水线总线周期就由 2 个时钟周期 T_1 和 T_2 组成。在 T_1 周期,处理器发出地址信号,以及控制信号 $\overline{\text{ADS}}$、M/$\overline{\text{IO}}$、W/$\overline{\text{R}}$、D/$\overline{\text{C}}$ 等,分别进行存储器读写(代码或数据)、I/O 读写等操作,并控制相关存储器或 I/O 端口进行数据交换。例如,图 5-6a 是一个读总线周期,所以读写控制信号 W/$\overline{\text{R}}$ 为低。在 T_2 周期,处理器在读总线周期采样数据总线的输入数据。如果准备好信号 $\overline{\text{BRDY}}$ 为低有效,则不必增加等待状态;否则需要插入等待状态。

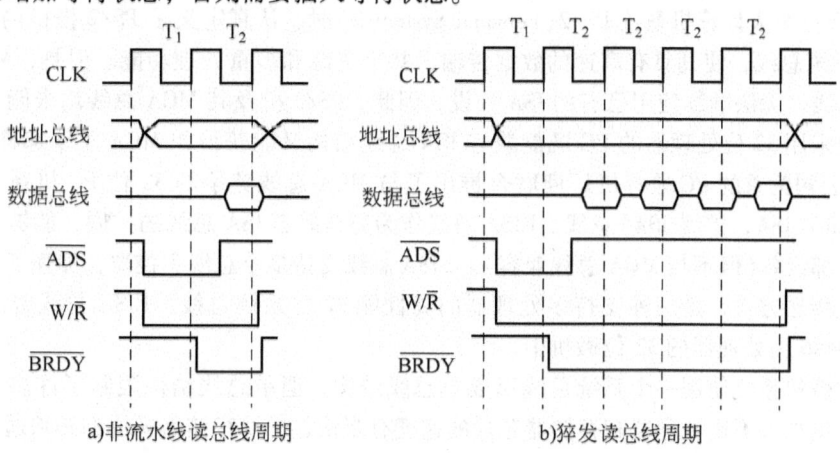

a) 非流水线读总线周期　　　　b) 猝发读总线周期

图 5-6 Pentium 的总线周期

Pentium 处理器还支持猝发传送总线周期，能够更加快速地读取存储器中的数据或代码，如图 5-6b 所示。猝发传送是从连续的存储单元中获取数据，所以只需在 T_1 周期提供首个单元的地址，接着可以用 4 个 T_2 周期读取 4 个 64 位数据。这样，没有等待状态的 2-1-1-1 猝发传送用 5 个时钟周期就可以完成共 256 位、32 个字节的数据传输，大大提高了性能。对于具有高速缓冲存储器 Cache 的存储系统，在命中情况下，完全有能力提供数据。

5.5 微机系统总线

随着微机的广泛应用，各种内、外总线标准也层出不穷。例如，第一个标准化的微机总线是 S-100 总线。S-100 总线是美国 MITS 公司于 1975 年提出的，因使用 100 根信号线而得名，后成为 IEEE 696 总线标准。再如，STD 总线由美国 Pro-Log 公司于 1978 年推出，是一种面向工业控制领域的总线标准。1987 年，STD 被确定为 IEEE 961 标准。

5.5.1 PC 总线的发展

在 PC 机的发展过程中也存在多种总线：ISA 总线、EISA 总线、VESA 总线和 PCI 总线等，另外还有 AGP、USB 和 IEEE 1394 等。

1981 年 IBM 公司推出 IBM PC 机，次年推出扩展型 IBM PC/XT 机，此时系统总线结构比较简单。处理器 8088 芯片引脚形成的总线作为主板上存储器和 I/O 接口电路的公共通道，将其进行简单扩充后又成为扩展存储器和扩展 I/O 接口电路的公共通道，被称为 I/O 通道或 IBM PC 总线。IBM PC 总线具有 62 个信号，其中有 8 位数据总线、20 位地址总线，时钟频率为 4.77MHz，最快需要 4 个时钟周期传送一个 8 位数据，最大总线带宽约 1.2MB/s。

1984 年，IBM 公司推出采用 80286 处理器的增强型 IBM PC/AT 机。其系统总线——IBM AT 总线在原 IBM PC 总线的基础上增加了 36 个信号，增加部分主要用于支持 80286 处理器的 16 位数据引脚和 24 位地址引脚。IBM AT 总线具有 16 位数据总线、24 位地址总线、8MHz 总线频率，能够在 2 个时钟周期传送 16 位数据，总线带宽可达 8MB/s。AT 是 IBM 公司的注册商标，其他兼容机厂商更愿意称之为 ISA(Industry Standard Architecture，工业标准结构)，当然这里的工业特指 PC 工业。ISA 总线后来被推荐为 IEEE P996 标准。

随着 IA-32 处理器的推出，16 位的 ISA 总线限制了微机系统的性能。1987 年，IBM 公司推出第二代 32 位个人计算机系统 PS/2(Personal System/2)时，认真定义了 PS/2 微机的 32 位 MCA (微通道)系统总线，使其具有高速的数据传输、共享资源和多重处理功能。但是，MCA 总线不兼容 ISA 总线，无法继续使用已有的 ISA 外设，因此，PS/2 机及其 MCA 总线均未能获得广泛应用。为了使采用 32 位处理器的 PC 既能兼容 ISA 总线结构又能获得如 MCA 总线那样的高性能，以 Compaq 公司为首的 PC 兼容机厂商联合推出了与 MCA 总线竞争的 32 位 PC 机系统总线——EISA(Extended ISA，扩展 ISA)总线。EISA 总线作为完全兼容 ISA 总线的扩展，能够充分利用原有的 ISA 外部设备(但不与 MCA 总线兼容)。EISA 总线支持多个总线主控器，加强了 DMA 功能，增加了成组传送方式，是一种支持多处理器的高性能 32 位系统总线。EISA 总线曾广泛用于以 80386 和 80486 为处理器的 32 位微机中。

早期的微机系统使用一个系统总线形成单总线结构，但单总线结构限制了许多需要高速传输的部件。例如，不论处理器和存储器芯片的速度有多快，扩展存储器模块都必须通过相对慢速的系统总线实现数据传输。于是，处理器与存储器模块之间逐渐独立，并形成了专用的存储器总线。ISA 总线面向 I/O 接口电路。但是，微机系统仍缺少面向显示等部件的总线标准，于是局部总线(Local Bus)应运而生。局部总线源于处理器芯片总线,以接近处理器芯片引脚的速度传输数据,是 PC 系统结构的重大发展。它为高速外设提供速度快、性能高的共用通道,打破了输入输出设备的数据传输瓶颈。

1991 年,视频电子标准协会(Video Electronics Standards Association)针对 80486 处理器引脚开发出 32 位局部总线 VESA。VESA 总线的性能高于 EISA,价格也较低廉,但是其负载能力有限、兼容性差且受限于 80486 处理器引脚,只是曾经在 80486 微机系统中得到广泛应用。于是,为了更好地发挥 Pentium 系列处理器的性能,Intel 公司提出另一种局部总线 PCI,并获得了工业界的广泛支持,组成了 PCI 联盟 SIG(Special Interest Group,特别兴趣小组)。PCI 总线与处理器无关,具有 32 位和 64 位数据总线,有 +5V 和 +3.3V 两种设计,采用集中式总线仲裁,支持多处理器系统,通过桥(Bridge)电路兼容 ISA/EISA 总线,具有即插即用的自动配置能力等一系列优势。PCI 总线结构广泛应用于 32 位 PC 系统,取代了 ISA、VESA 等总线,目前正逐渐采用 PCI-X(PCI-eXtended)进一步增强其性能。

Windows 操作系统以及二维图像、三维动画、视频等都需要处理器处理大量图形数据,这给总线传输带来了巨大的压力。尽管显示卡采用了专用的图形处理器来取代主机处理器完成计算密集工作,减少了总线传输,但仍然没有达到理想目标,于是显示卡与系统主机之间也采用了独立的显示总线:图形加速接口(Accelerated Graphics Port, AGP)。PCI Express 则是能够提供大量带宽和丰富功能的新一代图形结构。

当前,32 位 PC 形成了多种总线并存的系统结构(参见第 1 章图 1-4)。高速部件——主存储器和显示卡分别通过专用的存储总线和 AGP(或 PCI-Express)总线与系统连接,高速外设通过 PCI 总线与系统连接,各种低速外设则利用 USB 接口与系统连接。PC 上有许多连接外设的接口或端口(Port)也常被称为总线,例如,键盘接口、鼠标接口、并行打印机接口、串行通信接口等。为了方便使用、实现带电插拔,并进一步提高性能,32 位 PC 引入通用串行接口(Universal Serial Bus, USB)。对于高速视频设备,则运用 IEEE 1394 接口,俗称火线(Fire Wire)。

5.5.2 ISA 总线

ISA 总线设计成前 62 引脚和后 36 引脚的两个插槽,两个插槽各分成两面:A(元件面)和 B(焊接面)对应原 PC 总线,C(元件面)和 D(焊接面)对应扩展的后 36 引脚,如图 5-7 所示。ISA 总线既可以利用前 62 引脚的插槽插入与 IBM PC 总线兼容的 8 位接口电路卡,也可以利用整个插槽插入 16 位接口电路卡。

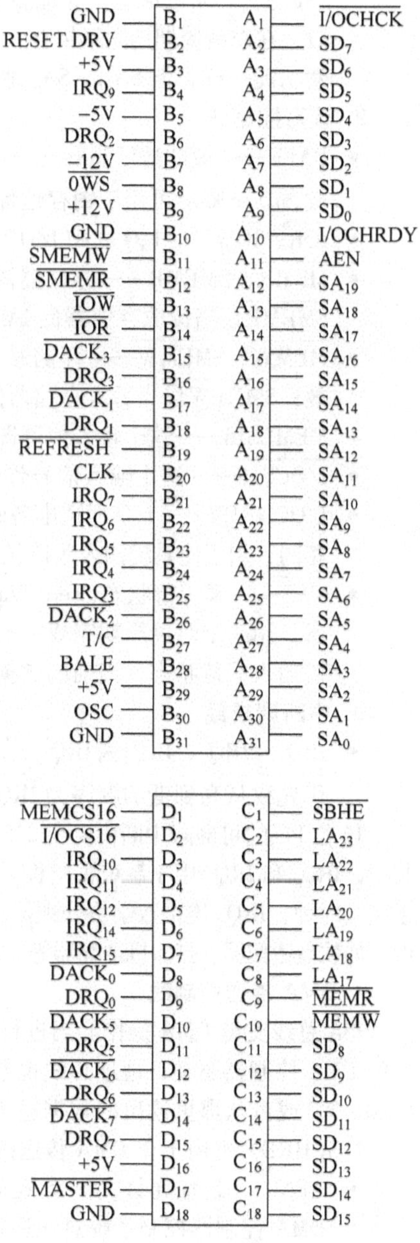

图 5-7 ISA 总线信号

1. 数据线和地址线
- $SD_{15} \sim SD_0$——16 位双向数据信号线。16 位设备使用 $D_{15} \sim D_0$。8 位设备仅使用 $D_7 \sim D_0$，此时，处理器的 16 位数据将变换为两个 8 位传送，其中 $D_{15} \sim D_8$ 的数据需要变换到 $D_7 \sim D_0$ 传送。
- $\overline{SBHE}$——高字节允许信号，当其为低电平时表示数据总线正传送高字节 $SD_{15} \sim SD_8$。16 位设备可以利用 $\overline{SBHE}$ 控制 $SD_{15} \sim SD_8$ 接到数据总线缓冲器上。
- $SA_{19} \sim SA_0$——低 20 位输出地址线。I/O 操作只使用低 16 位。
- $LA_{23} \sim LA_{17}$——高 7 位可锁存地址 (Latchable Address) 信号线，与系统地址总线 $SA_{19} \sim SA_0$ 一起提供 24 位地址，寻址多达 16MB 的存储器空间。$LA_{23} \sim LA_{17}$ 在 BALE 为高电平时才有效，在总线周期期间不锁存，不保持整个总线周期有效。其中 $LA_{19} \sim LA_{17}$ 与 $SA_{19} \sim SA_{17}$ 虽然功能一样，但 $SA_{19} \sim SA_0$ 地址线是经过锁存输出的。

2. 读写控制线
- BALE——缓冲地址锁存允许 (Buffered ALE)，在每个 CPU 总线周期的 T_1 状态高电平有效，其下降沿可用于锁存地址。
- $\overline{IOR}$、$\overline{IOW}$——I/O 读和 I/O 写信号，输出、低有效。
- $\overline{MEMR}$、$\overline{SMEMR}$——存储器读，低有效输出信号。$\overline{MEMR}$ 在所有存储器读总线周期有效；$\overline{SMEMR}$ 仅当读取存储器低 1MB 时才有效。
- $\overline{MEMW}$、$\overline{SMEMW}$——存储器写，低有效输出信号。$\overline{MEMW}$ 在所有存储器写总线周期有效；$\overline{SMEMW}$ 仅当写入存储器低 1MB 时才有效。
- $\overline{MEMCS16}$——这个输入信号告诉系统主板，当前的数据传送是 16 位存储器总线周期。
- $\overline{I/OCS16}$——这个输入信号告诉系统主板，当前的数据传送是 16 位 I/O 总线周期。
- I/OCHRDY——I/O 通道准备好，输入、高有效。I/OCHRDY 与 8086 引脚信号 READY 功能相同，用于使系统插入等待状态，以便与慢速的 I/O 接口和存储器同步。
- $\overline{0WS}$——零等待状态 (Zero Wait State)。系统主板的等待状态产生电路会插入一个等待状态，用 3 个时钟周期完成一次总线周期，$\overline{0WS}$ 输入信号则告诉系统主板，扩展电路卡无需插入等待状态，当前的数据传送可以利用 2 个时钟周期完成。

3. 中断请求线
- $IRQ_3 \sim IRQ_7$、$IRQ_9 \sim IRQ_{12}$、IRQ_{14}、IRQ_{15}——可屏蔽中断请求 (Interrupt Request) 信号，优先权从高到低的顺序为 $IRQ_9 \sim IRQ_{12}$、IRQ_{14}、IRQ_{15}、$IRQ_3 \sim IRQ_7$。

16 位 PC 的可屏蔽中断由两个 8259A 中断控制器芯片管理（详见第 7 章），共有 16 个请求引脚。其中，IRQ_0 和 IRQ_1 用于系统主机板上的时钟和键盘中断，IRQ_2 用于两个中断控制器连接，IRQ_8 用于实时时钟，IRQ_{13} 连接数学协处理器，其余引向系统总线。这些中断请求信号有些已分配给系统外设，如软盘适配器、打印机适配器等。系统总线未提供可屏蔽中断响应信号。

4. DMA 传送控制线

ISA 总线支持 DMA 操作。当进行 DMA 操作时，原来由处理器控制的读写控制信号由系统板上的 DMA 控制器驱动，地址总线也是由其输出存储器地址，从 I/O 端口读出的数据将写到那里（DMA 写）或者从那里读出的数据输出给 I/O 端口（DMA 读）。I/O 端口的选择利用 DMA 响应信号。I/OCHRDY 也用于在 DMA 传送的总线周期插入等待状态。

- AEN——地址允许，高有效输出信号。它由 DMA 控制器发出，高有效说明此时正由 DMA 控制器控制系统总线进行 DMA 传送。所以，AEN 可用于指示 DMA 总线周期（BALE 用于指示 CPU 控制系统总线的 CPU 总线周期）。

- $DRQ_0 \sim DRQ_3$、$DRQ_5 \sim DRQ_7$——DMA 请求(DMA Request)信号,优先权从高到低的顺序为 DRQ_0、DRQ_1、…、DRQ_6、DRQ_7。
- $\overline{DACK_0} \sim \overline{DACK_3}$、$\overline{DACK_5} \sim \overline{DACK_7}$——DMA 响应(DMA Acknowledge)输出信号,低电平有效。它们依次对应 DMA 请求信号 $DRQ_0 \sim DRQ_3$、$DRQ_5 \sim DRQ_7$。

  16 位 PC 的 DMA 操作由两个 DMA 控制器 8237A 管理,共有 8 个 DMA 通道。其中,$DRQ_0 \sim DRQ_3$ 用于 8 位 DMA 传送,$DRQ_5 \sim DRQ_7$ 用于 16 位 DMA 传送,DRQ_4 用于连接两个 DMA 控制器。与中断请求信号一样,其中有些 DMA 通道已被系统外设占用。
- T/C——计数结束信号,输出、正脉冲有效。它由 DMA 控制器发出,用于表示进行 DMA 传送的通道,其编程时规定传送的字节数已经传送完。但它并没有说明是哪个通道,这要结合 DMA 响应信号有效来判断。
- MASTER——主设备,低有效输入信号。它允许扩展电路作为主设备获取对系统总线的控制权。但由于系统需要每隔 15μs(微秒)利用总线对组成主存的动态存储器 DRAM 芯片进行刷新操作,所以它需要与 $DRQ_0 \sim DRQ_3$、$DRQ_5 \sim DRQ_7$ 一起有效,并且占用总线不能超过 15μs。由此可见,ISA 总线的多处理器性能很差。

5. 其他信号线

- RESET DRV——复位驱动信号,输出、高有效。RESET 是系统输出的复位信号,表示系统正处于复位状态,而不是要求系统复位的输入信号。当冷启动或热启动微机时,RESET 输出有效信号用以复位整个系统;当它从有效转为无效时,系统将开始进行初始化。
- $\overline{REFRESH}$——刷新,低有效。它作为输出信号,表示系统正在进行 DRAM 刷新;它也可以由扩展接口电路卡驱动,表示刷新周期。
- $\overline{I/OCHCK}$——I/O 通道校验,输入、低有效。PC 中为了保证读写存储器数据的可靠性,每个字节单元都增加了一个奇偶校验位。当发生存储器读写错误时,将产生 NMI 中断。通过 I/O 通道扩充的存储器扩展板上出现读写错误时,则通过系统总线的 $\overline{I/OCHCK}$ 信号引入系统。
- OSC——晶振频率脉冲,输出 14.318 18MHz 的主振频率信号,早期显示卡使用这个频率。
- CLK——系统时钟,IBM PC 总线输出 4.77MHz 的系统时钟信号,IBM AT 总线采用 6、8、10 或 12MHz。在以 PCI 为系统总线的 32 位 PC 机中,ISA 作为遗留总线的时钟频率是 8.33MHz,它由 PCI 总线的时钟频率 33.3MHz 的 4 分频得到。
- +5V、-5V、+12V、-12V、GND——电源和地线。

5.5.3 PCI 总线

PCI 总线在主板上是一个白色双列插槽,共 94 个引脚。1992 年的 PCI 1.0 版是 32 位数据总线、33MHz 时钟频率标准,1993 年的 PCI 2.0 版是一个 64 位数据总线、33MHz 时钟频率标准,当前广泛应用的 1995 年的 PCI 2.1 版是一个 64 位数据总线、66MHz 时钟频率标准。

1. PCI 总线信号

多数 PCI 引脚信号并不与 IA-32 处理器对应,因为 PCI 总线独立于处理器,不仅适用于 IA-32 处理器,也适用于其他处理器。32 位 PCI 总线只使用 1~62 引脚,而 64 位 PCI 总线才使用所有 94 个引脚,如图 5-8 所示。PCI 信号名称选自 PCI SIG 联盟的标准文档,其中用"#"取代上划线来表示低电平有效,"::"表示编号起止,对应"~"。

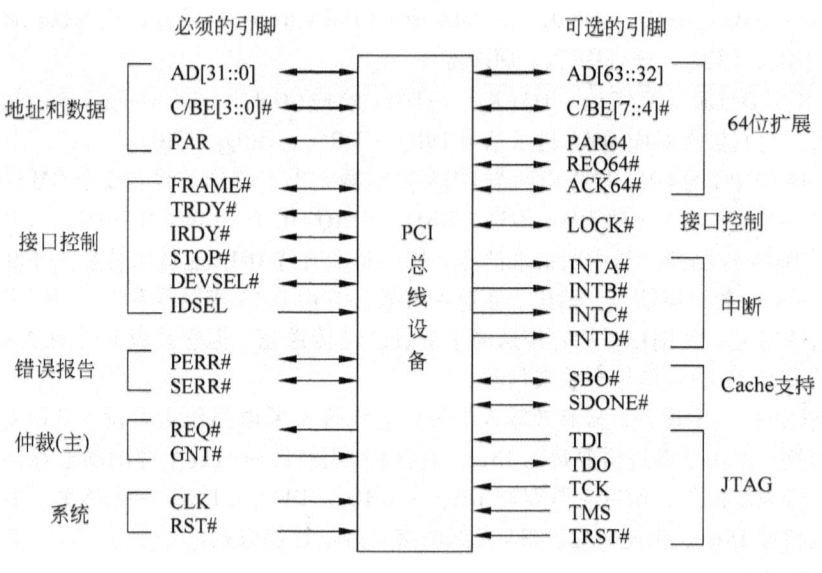

图 5-8 PCI 总线信号

(1) 地址引脚和数据引脚
- AD[31::0]——32 位地址和数据复用信号。扩展到 64 位时则还有高 32 位地址和数据 AD[63::32] 信号。
- C/BE[3::0]#——总线命令和低 4 字节有效复用信号。扩展到 64 位时则还有高 4 字节 C/BE[7::4]# 信号。
- PAR——奇偶校验信号,对 AD[31::0] 和 C/BE[3::0]# 进行偶校验。
- REQ64#——请求 64 位传送信号。
- ACK64#——允许 64 位传送信号。
- PAR64——奇偶校验信号,对扩展的 AD[63::32] 和 C/BE[7::4]# 信号进行偶校验。

由于使用高集成度的 PCI 芯片组且共用数据和地址信号线,所以 PCI 卡可以大大减小线路板面积,降低制造成本。

(2) 接口控制引脚

PCI 接口控制信号用于控制 PCI 的各种操作。
- FRAME#——帧信号。主设备驱动其低有效,表示一个总线周期的开始,并一直保持有效到传送结束。
- IRDY#——初始方就绪(Initiator Ready)信号。当前主设备驱动其低有效,读数据时表示主设备已经准备好接收数据,写数据时表示主设备数据已经在数据线上。
- TRDY#——目标方就绪(Target Ready)信号。当前目标设备(被选择交换数据的设备、从设备)驱动其低有效,读数据时表示有效数据已经放置到数据线上,写数据时表示目标设备已经准备好接收数据。
- STOP#——停止信号。它表示目标设备希望主设备停止当前的操作。
- DEVSEL#——设备选择(Device Select)信号。由目标设备将其地址识别出来以后发送该信号,告知当前主设备是否有设备被选中。
- IDSEL——初始化设备选择(Initialization Device Select)信号。在配置读和写总线周期时用作芯片选择信号。

- LOCK#——封锁信号,表示当前总线周期必须操作完成,不能被分隔打断。

(3) 总线仲裁引脚
- REQ#——总线请求(Request)信号,告知总线仲裁器:本设备请求使用总线。
- GNT#——总线响应(Granted)信号,告知设备:总线仲裁器允许使用总线。

PCI 总线支持多处理器系统,允许其他处理器成为主控设备来控制总线。PCI 采用集中式同步仲裁方案,每个主设备都有一个请求 REQ 和响应 GNT 信号,这些信号连接到一个中央仲裁器,使用简单的请求响应握手机制获取总线控制权。总线仲裁可以在数据传输的同时进行,不会浪费总线周期,所以被称为隐藏式仲裁。

除此之外,还有时钟 CLK 和复位 RST#系统信号、校验错 PERR#和系统错 SERR#的错误报告信号、4 个 INTA# ~ INTD#中断请求信号,以及支持高速缓存 Cache 操作的信号、5 个遵循 IEEE 1149.1 标准的测试和边界扫描(JTAG)信号等。

2. PCI 总线周期

PCI 总线周期由 C/BE[3::0]#的总线命令确定,如表 5-4 所示。

表 5-4 PCI 总线周期

C/BE[3::0]#	总线周期	C/BE[3::0]#	总线周期
0000	中断响应(Interrupt Acknowledge)	1000	保留(Reserved)
0001	特殊周期(Special Cycle)	1001	保留(Reserved)
0010	I/O 读(I/O Read)	1010	配置读(Configuration Read)
0011	I/O 写(I/O Write)	1011	配置写(Configuration Write)
0100	保留(Reserved)	1100	存储器多重读(Memory Read Multiple)
0101	保留(Reserved)	1101	双地址周期(Dual Address Cycle)
0110	存储器读(Memory Read)	1110	存储器行读(Memory Read Line)
0111	存储器写(Memory Write)	1111	存储器写和无效(Memory Write and Invalidate)

I/O 读和写命令用于主设备与 I/O 设备交换数据,不支持猝发传送。存储器读和写命令则以猝发传送为基础。根据 PCI 总线设备对存储器的支持情况,3 种存储器读交换的数据量不同。对可以高速缓冲的存储器,数据传输以 Cache 行为单位(指 Cache 的基本数据块,不同结构的 Cache 数据块所包含的数据字数不同),存储器读、存储器行读、存储器多重读命令依次猝发读取 Cache 行的一半或更少、一半以上到 3 个、3 个以上。对不能高速缓冲的存储器,存储器读、存储器行读、存储器多重读命令依次猝发读取 1 ~ 2 个、3 ~ 12 个、12 个以上数据字。存储器写命令猝发写入数据,存储器写和无效命令不仅保证写入一个完整的 Cache 行,而且广播"无效"信息,使其他 Cache 中具有同一个存储器地址的数据无效,因为这个存储器地址的数据已经被改变。

PCI 总线除具有存储器读和存储器写、I/O 读和 I/O 写总线周期外,也支持中断响应周期,还有一些其他总线周期。特殊周期用于主设备将其有关信息广播到多个目标设备。双地址周期用于传输 64 位地址。

配置读和写周期用于对 PCI 总线设备的配置信息进行读写,实现自动配置。早期的 PC 在将总线扩展设备插入 ISA 总线时,需要仔细配置 I/O 地址、中断请求或 DMA 请求信号,否则无法正常工作。为了解决这个问题,32 位 PC 的主板、操作系统和总线设备相互配合实现了自动配置功能,微软称其为即插即用(Plug-and-Play, PnP)技术。PCI 总线设备除有存储器地址空间、I/O 地址空间外,还有配置地址空间。配置空间包含一个 256 字节的配置存储器,其中前 64 个字节表达 PCI 接口设备的识别号、类型、基地址等信息。

3. PCI 总线时序

PCI 总线共用数据和地址信号，数据传输需要两个阶段：第一个阶段（一个时钟）提供地址，第二个阶段（最少一个时钟）交换数据。所以，PCI 总线的非猝发传送像 Pentium 处理器一样需要 2 个时钟周期。在猝发传送方式下，第一个时钟提供地址，后续时钟交换数据，也就是 2-1-1-1……。PCI 总线支持无限猝发传送，如果忽略输出地址的第一个时钟，以后每个时钟可以传送一个 64 位数据，在时钟频率为 66MHz 的情况下，最大的总线带宽是：$8 \times 66MB/s = 528MB/s$。

PCI 总线采用同步时序协议。总线时钟周期以上升沿开始，半个周期高电平、半个周期低电平。总线的所有事件发生在时钟周期中间的下降沿，总线设备在总线周期开始的上升沿采样总线信号。下面我们说明一个典型的读存储器操作过程，如图 5-9 所示。写操作与其类似。

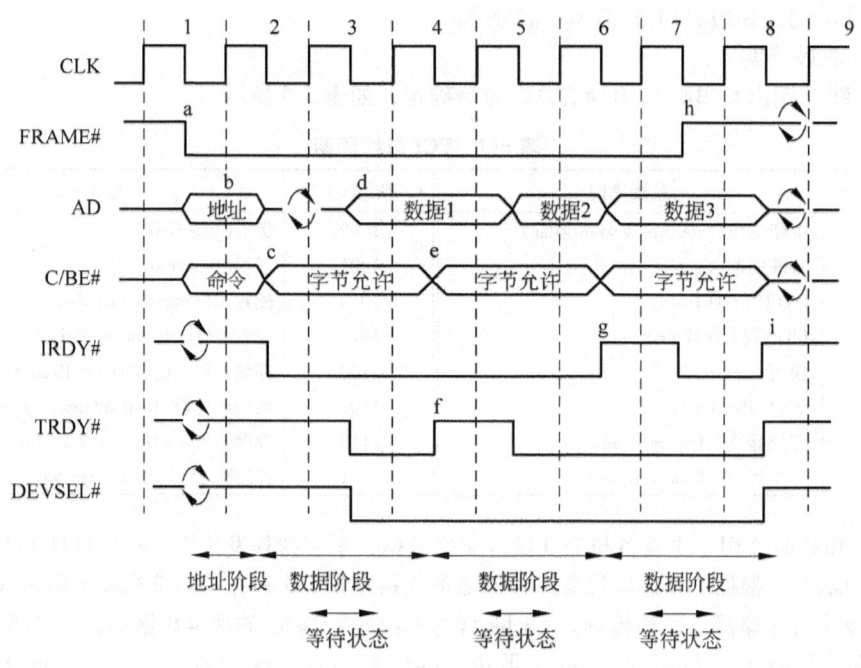

图 5-9　PCI 总线的读操作示例

　　a. 主设备控制总线后，设置 FRAME#有效，开始数据传输。该信号在传输过程中一直保持有效，直到主设备准备好完成最后一个数据阶段。同时，主设备将起始地址发送到地址总线，将读命令发送到 C/BE#信号线上。

　　b. 在第 2 个时钟周期开始，目标设备将从 AD（地址数据）信号线上识别出其地址。

　　c. 主设备停止驱动 AD 总线，以便由目标设备使用该总线。图中双圆弧箭头表示信号由一个设备驱动转换成另一个设备驱动的过渡期，避免两个设备同时驱动一个信号线引起冲突。主设备改变 C/BE#信号线的含义，现在表示当前传输哪些字节。主设备也使 IRDY#有效指示准备接收第一个数据。

　　d. 目标设备发送 DEVSEL#信号，说明其已经识别出它的地址，给予响应。目标设备把数据放置于 AD 信号线上，同时发出 TRDY#信号表示总线上已有有效的数据。

　　e. 主设备在第 4 个时钟周期开始读取数据，必要时改变 C/BE#以准备读取下一个数据。

　　f. 本例中，目标设备需要一些时间准备第 2 个数据，所以它使 TRDY#无效，通知主设备下一个时钟没有新数据。这样，主设备不会在第 5 个时钟周期开始读取数据，也不会改变字节允许信号。数据读取将在第 6 个时钟周期开始。

  g. 在第 6 个时钟周期，目标设备将第 3 个数据放置于总线上。但是在本例中，主设备此时没有准备好读取数据(例如，缓冲区暂时已满)，所以它使 IRDY#信号无效。这将导致目标设备在额外一个时钟周期继续在总线上维持第 3 个数据。

  h. 主设备清楚第 3 个数据是本总线周期的最后一个数据，故使 FRAME#信号无效告知目标设备这是最后一个数据。主设备同时也使 IRDY#信号有效准备完成数据传输过程。

  i. 主设备使 IRDY#信号无效，让总线恢复为空闲状态；目标设备使 TRDY#和 DEVSEL#信号无效。

5.5.4 USB 总线

  PC 有键盘接口、鼠标接口、并行打印机接口、串行通信接口等连接外设，但它们相互之间并不通用，不支持带电插拔，性能也不能满足新型外部设备的需要，于是通用串行总线(Universal Serial Bus，USB)应运而生。USB 是由 Compaq、HP、Intel、Lucent、Microsoft、NEC 和 Philips 等公司为简化 PC 与外设之间的互连而共同研究开发的标准化通用接口，获得了硬件厂商和软件公司的强有力支持，在微机和各种数码设备上都得到了广泛的应用。

1. USB 总线特点

  USB 总线是一个易于使用、成本低廉、快速双向传输的串行总线接口，具有如下特点：

  (1) 使用方便、扩充能力强

  在具有 USB 功能的主机、操作系统和外部设备的支持下，USB 设备不需要用户设置，可以由操作系统自动检测、安装和配置驱动程序，实现了"即插即用"。USB 设备不需要打开 PC 机箱，可以在 PC 正常工作状态进行插入或拔出(即动态热插拔)，方便用户连接。各种不同类型的 USB 设备使用相同的接口、相同的连接电缆(虽然硬件插座和插头有 A 型和 B 型之分)，通过集线器理论上可以连接多达 127 个 USB 设备。

  (2) 支持多种传输速度、适用面广

  USB 总线具有 3 种传输速率：低速(Low Speed)的 1.5Mb/s、全速(Full Speed)的 12Mb/s 和高速(High Speed)的 480Mb/s，USB 2.0 版本才支持高速传输方式。多个传输速率可以满足不同工作速度的外部设备，例如，键盘、鼠标等属于低速、低成本 USB 传输。高速的 USB 总线接口则能够更好地支持声频和视频的实时传输以及大容量存储设备。

  (3) 低功耗、低成本、占用系统资源少

  USB 总线包含 +5V 电源，可以为 USB 设备提供基本的供电。USB 设备处于待机状态时，可以自动启动省电功能来降低耗电量。USB 是一种开放性的不具专利版权的工业标准，所以 USB 接口的软硬件虽然复杂，但其组件和电缆都不贵，不会给主机和设备增加很多成本。例如，Intel 作为 USB 的主要支持公司，其 PC 的芯片组就具有 USB 功能。USB 总线只占用相当于一个传统外设所需的资源(中断、DMA 等)，不需要主存和 I/O 地址空间。

  USB 总线还有许多优点，但也存在连接电缆较短(最长 5 米)、协议复杂等不足。

2. USB 总线结构

  USB 系统是一个层次化星型拓扑结构(Tiered Star Topology)，由主机(Host)、集线器(Hub)和功能(Function)设备组成，如图 5-10 所示。每个星型结构的中心是集线器，主机与集线器或功能设备之间，或者集线器与集线器或功能设备之间是点对点连接。主机处于最高层(根层)，受时序限制，结构中最多有 7 层(包括根层)，具有集线器和功能设备的组合设备占两个层次。

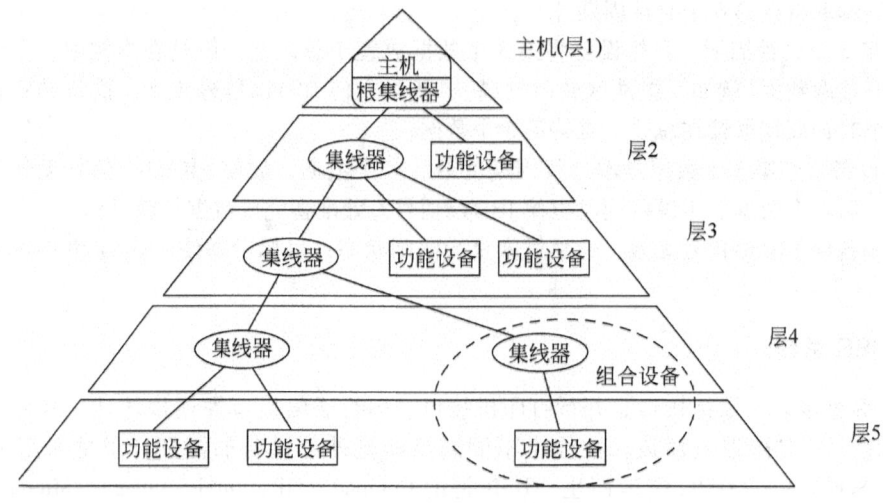

图 5-10　USB 总线结构

USB 系统中只能有一个主机(在计算机主板上)。主机集成有主控制器和根集线器(Root Hub),根集线器提供多个接入点来连接 USB 设备。

USB 设备包括集线器和功能设备。集线器是专门用于提供额外 USB 接入点的 USB 设备;功能设备是向系统提供特定功能的 USB 设备,如 USB 接口的鼠标器、键盘、打印机、U 盘、MP3 播放器、摄像头等。

对于以 PC 作为 USB 主机的 USB 结构,PC 是主设备,控制 USB 总线上所有的信息传输。由于集线器的作用,逻辑上每个 USB 设备都好像直接挂接在主机的根集线器上。当有 USB 设备进行连接或拆除时,集线器将报告状态变化。当接入一个 USB 设备时,主机查询集线器状态位,并通过端口找到和分配一个唯一的 USB 地址给它。当一个 USB 设备从集线器上拆除时,集线器向主机提供设备已拆除信息,然后由相应的 USB 系统软件来处理撤销。如果拆除一个集线器,USB 系统软件将撤销该集线器及其连接的所有 USB 设备。

3. USB 物理接口

USB 采用 4 线电缆实现上行(Upstream)集线器、下行(Downstream)USB 设备的点到点连接,USB 允许使用不同长度的电缆,可达到若干米。其中 D + 和 D - 两根差分信号线用于传送串行数据,V_{BUS} 和 GND 两根信号线为下行设备提供电源,如图 5-11 所示。为了便于区别,这 4 根导线选用不同颜色进行区别:D + 为绿色、D - 为白色,它们是一对双绞数据线;V_{BUS} 为红色、GND 为黑色,它们是一对非双绞电源线。

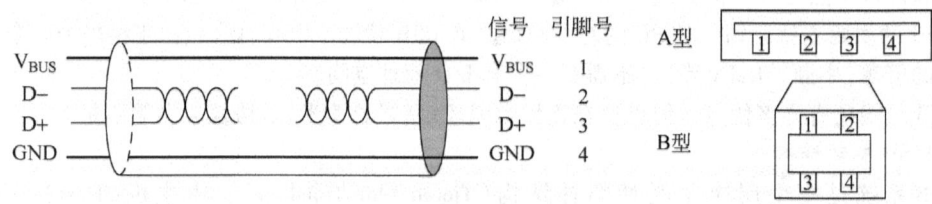

图 5-11　USB 电缆和连接器示意

发布于 1996 年的 USB 1.0 总线协议支持低速(1.5Mb/s)和全速(12Mb/s)数据传输,修订后的 USB 1.1 版本发布于 1998 年。2000 年发布的 USB 2.0 版本还支持高速(480Mb/s)数据传输。

USB 2.0 主控制器和集线器可以将低速和全速的数据以高速在主控制器和集线器之间传输，同时保持集线器与设备的低速和全速速率不变。USB 2.0 只是一个总线协议版本，并不代表 USB 2.0 设备一定具有高速数据传输率(480Mb/s)。

USB 电缆通过电源线 V_{BUS} 和地线 GND 为直接相连的 USB 设备提供 +5V 电压、500mA 电流的电源。USB 设备可以完全依靠电缆提供电源，也可以具有自己的电源。

所有 USB 设备都有一个上行连接，通常采用 A 型接口；而下行连接一般采用 B 型接口。这两种接口机械上不可以互换，这样就避免了在集线器上非法的循环连接。

4. USB 总线协议

USB 总线对在总线上传输的信息格式、应答方式等均有规定，即具有总线协议，USB 总线上的所有设备必须遵循这个协议进行操作。USB 总线是一种基于标记包(token-based)、采用查询方式的协议总线。

USB 主机在逻辑上由 USB 主控制器、系统软件和客户软件构成。主控制器支持将 USB 设备连接到主机，系统软件控制主控制器与 USB 设备之间的正确通信，客户软件支持用户与 USB 外设通信。USB 外设对应用户的不同需求，具有不同的功能。但对于主机来说，逻辑接口相同，只要遵循 USB 协议就可以完成主机与外设之间的数据传输。

USB 总线协议主要包括 USB 总线的数据传输方式和 USB 包的格式。USB 的数据传输方式有以下 4 种：

- 控制传输——在 USB 设备初次安装时，USB 系统软件使用控制传输方式设置 USB 设备参数、发送控制指令、查询状态等。
- 批量传输——打印机、扫描仪等设备需要传输大量数据，可以使用批量传输方式连续传输一批数据。
- 中断传输——该方式传输的数据量很小，但需要及时处理，以保证实时性，主要用于键盘、鼠标等设备。
- 同步传输——该方式以稳定的速率发送和接收信息，保证数据的连续和及时，用于数据传输正确性要求不高而对实时性要求高的外设，例如，麦克风、喇叭、电话等。

USB 总线协议具有以下 4 类信息包(帧)：

- 标记包(Token)——所有的信息交换都以标记包为首部，标志着传输操作的开始，由主机发出。
- 数据包(Data)——主机与设备之间以数据包形式传输数据。
- 应答包(Handshake)——设备使用应答包报告数据交换的状态。
- 特殊包(Special)——当主机希望以低速方式与低速设备通信时，需要先将一个特殊包作为开始包发送，然后才能与低速设备通信。

USB 总线由硬件实现，但 USB 通信协议和数据传输主要依靠系统软件实现。尽管 USB 总线协议很复杂，但 USB 协议的相关文档可以从互联网上获得，开发商提供了各种处理 USB 通信细节的控制芯片。一些控制器是完整的微型计算机；一些功能以代码形式固化在硬件上；很多 USB 控制器建立在通用的结构上，例如，Intel 8051 微控制器。使用这些控制芯片，基于应用层开发 USB 产品，程序员不必考虑通信协议、驱动程序、自动配置过程和底层数据传输过程等，可以直接调用接口函数。如果为 USB 产品编写驱动程序，则需要更深入地学习 USB 总线协议等相关技术。

最后值得一提的是，在相同的时钟频率下，利用多条信号线并行传输的总线性能要高于利用单条信号线的串行总线性能，所以芯片级、主板级总线多采用并行总线，例如处理器总线、存储器总线、系统总线等。但是，随着总线工作频率提高，用于外部数据传输或者远距离通信的多条信号线之间相互干扰（串扰）非常严重，可靠性降低。所以，外部连接用的高性能总线越来越多地使用串行总线形式，而且相对来说硬件成本也更低。

例如，32位PC早期使用40芯扁平电缆的IDE（Intergrated Device Electronics）接口连接硬盘和光驱，后改进为增强型IDE（即EIDE）。IDE接口也常被称为ATA（Advanced Technology Attachment）接口。2003年，Ultra ATA/133接口的带宽是133MB/s，使用80芯扁平电缆（在原来40芯电缆基础上增加了40个地线用于消除串扰）。由于使用16位并行传输，IDE后被称为并行ATA（Parallel ATA，PATA）接口。2002年，Intel公司联合几大硬盘厂商共同制定了串行ATA标准，即SATA（Serial ATA），它采用4芯电缆连接，其中只有一个数据线。SATA 1.0支持的最高带宽为150MB/s，SATA 2.0支持的最高带宽为300MB/s，SATA 3.0支持的最高带宽为600MB/s。

当然，由于信号线少，需要将并行数据串行化、逐位传送。而且，单一信号线上不仅要逐位传输数据本身，还需要逐位传送地址信息和控制信息，并进行校验使得数据传输准确可靠等，所以串行总线通常要制定比较复杂的通信协议，利用通信协议规范数据格式、传输速率、同步方式等标准。

第5章总结

总线像骨架一样连接着计算机内部的各个功能模块，又像高速公路一样承担着各个功能模块之间的信息传送。本章首先介绍各层次的总线类型、数据传输的主要过程，然后讲解具有典型意义的16位8086处理器和32位Pentium处理器的总线引脚信号和读写时序，接着概述PC总线的发展历程，展开介绍16位ISA系统总线、32位PCI系统总线以及USB外设总线。

现代微型计算机采用分级总线结构，以适应不同部件的要求。按照总线连接器件的级别（层次），可以将总线分类为芯片总线、内总线、外总线。处理器引脚是典型的芯片总线；系统总线是计算机内部的主要总线，用于各个功能模块间的连接，属于内总线；主要用于连接外部设备的设备级总线则是外总线。

能够控制总线传输信息的设备称为主设备，它通过总线请求和总线仲裁获得总线控制权，通过寻址阶段确认进行数据传输的从设备，利用同步时序或者异步时序方式保证数据的可靠传送。传输结束后，应该及时撤除对总线的控制。数据传输可以分成读取和写入两种基本类型，传输性能主要以总线带宽表示。

总线由地址、数据、控制等许多信号线组成，学习过程中应该注意每个信号的功能、流向、有效方式和三态能力。处理器执行一条指令的时间为一个指令周期，总线进行一次数据传输操作的过程为一个总线周期，时钟周期是处理器工作的基本节拍。

8086处理器具有20个地址引脚$A_{19} \sim A_0$，可以寻址1MB主存空间，其中低16个地址引脚还用于输出I/O地址，并与16个数据信号$D_{15} \sim D_0$分时复用。基本读写控制引脚包括区别存储器或I/O端口访问的M/$\overline{\text{IO}}$、读写控制的$\overline{\text{RD}}$和$\overline{\text{WR}}$，组合形成处理器的4种基本总线操作：存储器读、存储器写和I/O读、I/O写。读写操作配合就绪READY信号形成处理器的半同步总线时序。8086的4种基本总线操作周期非常类似，都由4个T状态（时钟）组成：T_1状态发出地址信号，T_2状态发出控制信号，T_3状态进行数据传送并检测是否能够完成，T_4状态结束传送。如果存储器或外设不能及时完成数据传送，可以在总线周期中插入与T_3作用相同的等待状态T_w。

Pentium处理器的数据传送部分的总线并没有本质的改变。只是数据总线增加为64条，地址总线增加为32条，并具有奇偶校验信号，这样Pentium处理器支持4GB主存空间，可以进行一次8个字节的存储器访问。Pentium处理器将读写控制信号合为一个引脚W/$\overline{\text{R}}$，增加了数据或控制信号 D/$\overline{C}$ 以区别是读取指令还是操作数。Pentium 处理器的总线周期缩短为 2 个时钟周期，并支持 2-1-1-1 猝发传送。

随着微型计算机总线结构的不断创新，其作用日益突出，几十年 PC 的发展形成了多级、多种总线。ISA 总线是应用于 PC/AT 及其兼容机的系统总线，具有 16 位数据信号、24 位地址信号以及存储器读、存储器写和 I/O 读、I/O 写等基本控制信号，还有中断请求、DMA 传送、时钟等共计 98 个引脚。PCI 总线是独立于处理器引脚的广泛应用于 32 位 PC 的系统总线，支持多处理器系统、64 位数据和猝发读写传送，具有自动配置、即插即用功能。USB 是适用于大多数外部设备的通用串行接口，虽然只有 4 个导线但却支持带电的即插即用，能够为 USB 设备提供电源，可以达到 480Mb/s 的高速数据传输。

第 5 章习题

5.1 简答题

(1) 为什么称处理器的数据总线是双向的？
(2) 8086 的地址总线和数据总线为什么要分时复用？
(3) 具有三态能力的引脚输出高阻意味着什么？
(4) 总线周期中的等待状态是个什么工作状态？
(5) 猝发传送是一种什么传送？
(6) 总线数据传输为什么要进行总线仲裁？
(7) 异步时序为什么可以没有总线时钟信号？
(8) 32 位 PC 为什么采用多级总线结构而不是单总线结构？
(9) USB 总线由几个导线组成？
(10) 什么是微软宣称的即插即用(Plug-and-Play，PnP)技术？

5.2 判断题

(1) 低电平有效是指信号为低电平时表示信号的功能。
(2) 处理器读取存储器操作数和代码时，都发生存储器读的总线操作。
(3) 8086 准备好 READY 引脚输出给存储器或外设有效信号，表明处理器准备好交换数据了。
(4) 8086 总线周期的 T_1 状态发出地址，属于总线操作的寻址阶段。
(5) 存储器单元以一个字节为基本单元，所以 Pentium 处理器对应每 8 个数据总线引脚有一个奇偶校验信号。
(6) PCI 总线和 USB 接口都支持热插拔。
(7) ISA 总线仅支持 8 位和 16 位数据传输，PCI 总线还支持 32 位和 64 位数据传输。
(8) PCI 总线独立于处理器，所以其多数引脚信号并不与 IA-32 处理器对应。
(9) USB 总线结构中，主机包含有根集线器。
(10) 支持 USB 2.0 版本的 USB 设备一定能够高速(480Mb/s)传输数据。

5.3 填空题

(1) 某个处理器具有 16 个地址总线，通常可以用 A_____表达最低位地址信号，用 A_{15} 表达最高位地址信号。
(2) 8086 处理器有 3 个最基本的读写控制信号，它们是 M/$\overline{IO}$、_____和_____。
(3) 8086 处理器预取指令时，在其引脚上将产生_____总线操作；执行指令 "MOV AX，[BX]" 时，在其引脚上将产生_____总线操作；执行指令 "MOV [BX]，AX" 时，在其引脚上将产生_____总线操作。
(4) 8086 处理器无等待的总线周期由_____个 T 状态组成，Pentium 处理器无等待的总线周期由_____个 T 状态组成。如果处理器的时钟频率为 100MHz，则每个 T 状态的持续时间为_____。

(5) 8086 处理器进行 I/O 读操作时，其引脚 M/$\overline{\text{IO}}$ 为低，引脚 $\overline{\text{RD}}$ 为_____；ISA 总线的_____引脚低有效说明进行 I/O 读操作。PCI 总线用 C/BE[3::0]#引脚编码为_____来表示 I/O 读总线周期。

(6) 占用总线进行数据传输，一般需要经过总线请求和仲裁、_____、_____和结束 4 个阶段。

(7) USB 总线理论上最多能够连接_____个 USB 设备，USB 2.0 支持低速_____、全速_____和高速 480Mb/s 三种速率。

(8) PCI 总线共用数据和地址信号，所以数据传输需要两个阶段：第一个阶段（一个时钟）提供_____（地址，数据），第二个阶段（最少一个时钟）交换_____（地址，数据）。

(9) Pentium 处理器的 3 个最基本的读写控制引脚是 M/$\overline{\text{IO}}$、_____和_____。

(10) 用于要求处理器插入等待状态的信号在 8086 处理器上是引脚 READY，在 Pentium 处理器上是_____引脚，对应 ISA 总线是_____信号。

5.4 处理器有哪 4 种最基本的总线操作(周期)？

5.5 8086 处理器的输入控制信号有 RESET、HOLD、NMI 和 INTR，其含义各是什么？当它们有效时，8086 CPU 将出现何种反应？

5.6 区别概念：指令周期、总线周期(机器周期)、时钟周期、T 状态。

5.7 总结 8086 处理器各个 T 状态的主要功能。

5.8 请解释 8086 处理器（最小组态）以下引脚信号的含义：CLK、$A_{19}/S_6 \sim A_{16}/S_3$、$AD_{15} \sim AD_0$、ALE、M/$\overline{\text{IO}}$、$\overline{\text{RD}}$ 和 $\overline{\text{WR}}$。画出它们在具有一个等待状态的存储器读总线周期中的波形示意图。

5.9 区别如下总线概念：芯片总线、局部总线、系统总线；并行总线、串行总线；地址总线、数据总线、控制总线；ISA 总线、PCI 总线。

5.10 什么是同步时序、半同步时序和异步时序？

5.11 EISA 总线的时钟频率是 8MHz，每 2 个时钟可以传送一个 32 位数据，计算其总线带宽。

5.12 PCI 总线有什么特点？

5.13 PCI 总线操作如何插入等待状态？

5.14 什么是 USB 总线支持的"热插拔"？这个特性有什么意义？

5.15 简述 USB 总线的主要特征。

5.16 USB 总线的集线器有什么作用？主机上是否需要集线器？

5.17 USB 总线协议支持哪几种数据传输方式？简述之。

第6章 存储系统

计算机需要存储器保存程序和数据，存储器的速度、容量以及操作系统管理存储资源的方法等方面都会影响整个存储系统的性能。本章将介绍各种存储器如何构成存储系统，展开叙述半导体存储器及其译码连接以及高速缓冲存储器和存储管理机制。

6.1 存储系统的层次结构

实现存储功能的器件有半导体、磁盘、光盘等，它们各有特点、无法互相替代，需要相互配合形成完整的存储系统。

6.1.1 技术指标

存储器主要用容量、速度和成本来评价。其中，存储器成本通常用每位价格衡量。

1. 存储容量

微机系统的存储容量总是以字节（Byte）为基本单位，国内教材习惯用大写字母 B 表示。为了表达更大容量，还有 KB（Kilobyte，千字节）、MB（Megabyte，兆字节、百万字节）、GB（Gigabyte，吉字节、千兆字节、十亿字节）、TB（太字节、兆兆字节、万亿字节）等。其中，$1KB = 2^{10}B$，$1MB = 2^{20}B$，$1GB = 2^{30}B$，$1TB = 2^{40}B$，$2^{10} = 1024$。

半导体存储器芯片常以位（Bit）为基本单位表达存储容量，国内教材常用小写字母 b 表示，以与表示字节的大写字母 B 相区别。另外，硬盘、U 盘等厂商却以日常生活中的千（$10^3 = 1000$）来表达 KB、MB、GB 和 TB 等。所以，标示为 256MB 的存储容量，对于微机主存是 $256MB = 256 \times 1024 \times 1024 = 268\,435\,456B$，对于存储器芯片则是 $256Mb = 256 \times 1024 \times 1024 \div 8 = 33\,554\,432B$，表示 U 盘的容量是 $256\,000\,000B$（由于 U 盘本身还使用了部分空间，所以用户实际可用的容量还要小些）。

2. 存取速度

存储器主要采用存取时间（Access Time）衡量其存取速度。存取时间是指从读/写命令发出，到数据传输操作完成所经历的时间。有时还用存取周期（Access Cycle）表达两次存储器访问所允许的最小时间间隔。存取周期大于等于存取时间，如图 6-1 所示。

半导体存储器的数据存取需要经过地址输出和数据交换两个基本阶段，存取时间从几纳秒到几百纳秒（10^{-9}）不等。磁盘存取时间还包括磁头移动寻找磁道的时间和磁盘旋转寻找扇区的时间等，通常达到了毫秒级（10^{-3}）。

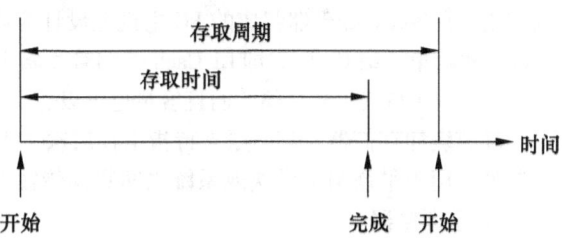

图 6-1 存取时间和存取周期

6.1.2 层次结构

计算机的存储系统当然是容量越大越好、速度越快越好（存取时间越小越好）、价格（成本）越低越好。但是，这3个存储系统的关键指标对于当前制造工艺的存储器件来说却是相互矛盾的，主要表现在：
- 对于工作速度较快的存储器，如半导体存储器，它的单位价格却较高。
- 对于容量较大的存储器，如磁盘和光盘，虽然单位价格较低，但存取速度又较慢。

高性能计算机解决容量、速度和成本矛盾的方法，就是把几种存储器件结合起来，形成层次结构的存储系统，如图6-2所示。在这个容量和速度逐层增加的金字塔形结构中，单位价格（通常也称为每位成本）却是逐层减少。这个解决方案减少了高价存储器的用量，却能让大量的存储访问在高速存储器中进行，同时利用大容量的存储设备提供后备支持。

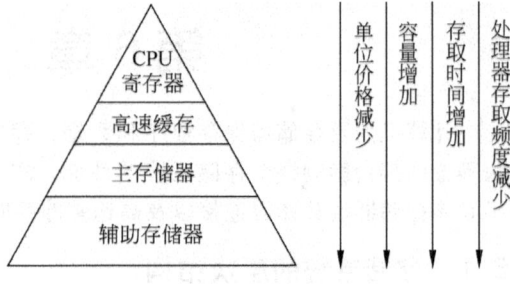

图6-2 存储系统的层次结构

1. 寄存器

寄存器是处理器内部的存储单元，与处理器执行核心集成在一起，所以它们具有同样的工作速度。通常程序员看到的是能够通过程序控制的寄存器，即可编程寄存器，主要就是通用寄存器。例如，在IA-32处理器中只有8个整数通用寄存器、8个浮点寄存器和8个多媒体寄存器。由于IA-32处理器的通用寄存器较少，所以编程中需要频繁传送数据。现代处理器都设计有数量较多的通用寄存器，一般不少于32个，以编号（如 R_0、R_1、…、R_{31}）区别。如果通用寄存器数量较多，就可以将当前运算局限于处理器内部，避免采用相对较慢的存储器操作数。

处理器内部还有相当数量的寄存器不直接面向程序员，即所谓的透明（不可见）寄存器。例如，在IA-32处理器保护方式下需要频繁使用段寄存器指向的段描述符，其内部就有代码段、堆栈段、数据段、附加段等的段描述符寄存器。只要没有段间转移或调用就无需改变代码段描述符寄存器的内容，同样，如果程序使用同一个堆栈段和数据段，堆栈段基地址和数据段基地址就直接从处理器内部获得，而不必访问主存。

2. 高速缓存

在简单的、性能要求不高的微机系统中，不需要高速缓冲存储器（Cache），简称高速缓存。但对于高速处理器来说，当前各种用作大容量主存的动态存储器DRAM芯片无法在速度上与之匹配。于是，就在主存与寄存器之间增加了高速缓存。高速缓存相对主存来说容量不大，由静态存储器SRAM技术构成，完全用硬件实现了主存储器速度的提高。高速缓存对应用程序员来说，是透明、不可见的，无需关心它，用户感受到的只是程序运行速度的提高。当然，系统程序员需要考虑有效地管理高速缓存，处理器也配有控制高速缓存的指令。

8086处理器有一个6字节容量的指令队列，能够实现指令预取。实际上，它就起到了指令缓冲的作用。在80386处理器组成的PC主机上设计有高速缓存，而80486处理器内部集成有8KB片内Cache（也称第一级Cache，即L1 Cache），PC主板上设计有第二级Cache（L2 Cache）。Pentium 4不仅将两级Cache与其集成一体，而且容量也可以达到2MB，并支持第3级Cache（L3 Cache）。

高速缓冲存储器Cache原来特指主存层次之上的存储器，有时也泛指提高慢速存储部件的高速器件，用于平衡两个模块或系统之间数据传输的速度差别。

3. 主存储器

计算机需要主存储器存放当前运行的程序和数据。主存采用半导体存储器构成，通常与处理器设计在同一个主板上，位于机箱内部，故也称之为内存。

主存需要分成只读存储器ROM区域和可以随机读写的存储器RAM区域。ROM区域存放开机后执行的启动程序、固定数据等，控制类专用微机的ROM区域还会有监控程序甚至操作系统和应用程序。因为半导体 ROM 的内容通常不被改变，所以断电后内容不消失。半导体 RAM 断电后信息会丢失，启动后需要从辅助存储器调入，用于存放操作系统、应用程序以及涉及的数据。大容量主存通常采用动态存储器 DRAM 芯片组成，例如，32 位 PC 当前支持 4GB。控制类专用微机的 RAM 区域相对较小，也可以采用静态存储器 SRAM 芯片组成。

4. 辅助存储器

辅助存储器通过磁记录或光记录方式，以磁盘或光盘形式存放可读、可写或只读内容。读取磁盘或光盘需要相应的驱动设备，并以外设方式连接和访问，故也称之为外存。

PC 主要采用硬盘作为辅助存储器，容量从最早的 10MB 一直到现在的 160GB 以上。软盘主要用于便携式存储器，现在已逐渐被插于通用串行总线 USB 接口的 U 盘（使用半导体闪存构成）替代。光盘有 CD-ROM 和 DVD-ROM 等形式，标准容量分别是 650MB 和 4.7GB。利用光盘驱动器可以方便地更换不同内容的光盘，还可以构成光盘塔等形式，所以光盘常作为大容量辅助存储器。

利用读写辅助存储器，操作系统可以在主存储器与辅助存储器之间以磁盘文件形式建立虚拟存储器（Virtual Memory）。它一方面可以加快辅助存储器的访问速度，另一方面为程序员提供了一个更大的存储空间，同时实现了存储保护等多种功能。

6.1.3 局部性原理

各种特性的存储器件互相折中形成的存储系统之所以具有出色的效率，是基于存储器访问的局部性原理。由于程序和数据一般都连续存储，所以处理器访问存储器时，无论是读取指令还是存取数据，所访问的存储单元在一段时间内都趋向于一个较小的连续区域中。存储访问的局部性原理有两方面的含义：一是空间局部（Spatial Locality），即紧邻被访问单元的地方也将被访问，因为很多情况下程序顺序执行、集中于某个循环或模块执行，变量尤其是数组等数据也被集中保存；二是时间局部（Temporal Locality），即刚被访问的单元很快将再次被访问，例如，重复执行的循环体、反复运算的变量等，这样，在程序运行过程中，绝大多数情况下都能够直接从快速的存储器中获取指令和读写数据，当需要从慢速的下层存储器获取指令或数据时，每次都将一个程序段或一个较大数据块读入上层存储器，从而后续操作就可以直接访问快速的上层存储器。

观察如下求平均值的函数。

```
long mean(long d[],long num)
{
    long i,temp = 0;
    for(i = 0; i < num; i++)temp = temp + d[i];
    temp = temp/num;
    return (temp);
}
```

函数中的变量 temp 体现了时间局部，因为每次循环都要使用它。顺序访问数组 d[ ] 的各个元素（相邻存放在主存）体现了空间局部。循环体内的指令顺序存放，依次读取执行体现了空间局部；同时重复执行循环体，又体现了时间局部。

存储系统依据局部性原理来构建。所以，程序员应该意识到，具有良好局部性的程序性能将高于不遵循局部性原理的程序性能。

6.2 主存储器

微机的主存储器由半导体存储器构成。按制造工艺，半导体存储器可分为"双极型"器件和

"MOS 型"器件。双极型器件具有存取速度快、集成度低、功耗大、价格高等特点,主要用于高速存储场合。MOS 型器件集成度高、功耗低、价格便宜,但速度较双极型器件慢。当前微机的主存(包括 RAM 和 ROM)一般均由 MOS 型半导体器件构成。

按连接方式,半导体存储器可分为"并行"和"串行"芯片。并行连接的存储器芯片设计有类似处理器地址总线和数据总线的引脚,使用较多的地址和数据引脚可以并行传输存储器地址和数据,以获得较高的传送速率,是通用微机系统的主要存储器。串行连接的存储器芯片主要采用 2 线制的 I^2C 总线接口和 3 线制的 SPI 总线接口,只能串行传输存储器地址和数据,但引脚少可以减少封装面积,便于在嵌入式系统中使用。

按存取方式,半导体存储器采用随机存取方式。随机存取(Random Access)表示可以从任意位置开始读写,存取位置可以随机确定,只要给出存取位置就可以读写内容,存取时间与所处位置无关。与随机存取对应的是顺序存取方式,顺序存取(Sequential Access)表示必须按照存储单元的顺序读写,存取时间与所处位置密切相关,如磁带存储器。磁盘和光盘则采用直接存取方式,磁头以随机方式寻道,以数据块为单位顺序方式读写扇区。

通常按半导体存储器的读写特点和易失性质,将半导体存储器分为随机存取存储器(RAM)和只读存储器(ROM)两类,如图 6-3 所示。

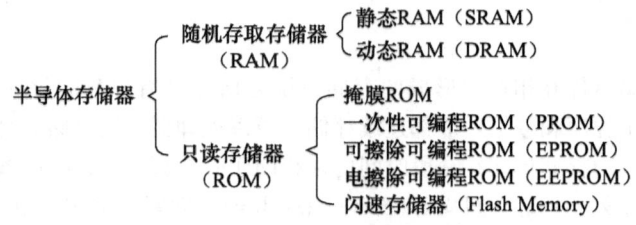

图 6-3 半导体存储器的分类

6.2.1 读写存储器

读写存储器是既可以读出也可以写入的存储器。半导体存储器采用随机存取方式,所以半导体读写存储器常被称为半导体随机存储器(Random Access Memory, RAM)。半导体 RAM 具有挥发性(Volatile),即断电后原信息丢失,不再保存。这是半导体 RAM 的不足之处,当前技术尚无法解决这个问题。

1. 主要类型

半导体 RAM 存储器主要有以下几类:

- SRAM(Static RAM,静态 RAM):SRAM 芯片以触发器为基本存储单元,用其两种稳定状态表示逻辑 0 和逻辑 1。SRAM 不需要额外的刷新电路,只要不掉电,信息就不会丢失。SRAM 的优势是速度快,但其集成度低,功耗和价格较高,多用在存储容量不大的小系统中,如嵌入式系统。
- DRAM(Dynamic RAM,动态 RAM):DRAM 以单个 MOS 管为基本存储单元,用极间电容充放电表示两种逻辑状态。由于极间电容的容量很小,充电电荷自然泄漏会很快导致信息丢失,所以要不断地对它进行刷新(Refresh)操作,即读取原内容、放大再写入。DRAM 的优势是集成度高、价格低、功耗小,但速度较 SRAM 慢,并且系统中必须配备刷新电路。DRAM 主要用于存储容量较大的微机系统,例如,PC 的主存储器系统就是由 DRAM 芯片构成的。

为了解决 DRAM 刷新问题，市场上有准静态（伪静态）RAM 芯片，其存储技术实为 DRAM，但内部配有自动刷新电路。为了提高 DRAM 读写速度，有改进其读写时序形成的更高性能的存储器芯片。为了克服 RAM 易失缺点，设计时将微型电池与 RAM 电路封装在一起形成非易失 RAM（NVRAM，Non-Volatile），使其断电后由电池供电，信息不丢失。

PC 的主存储器的 RAM 部分采用 DRAM，并配备有刷新电路。IBM PC/AT 机的配置信息采用 CMOS 工艺的 SRAM（称为 CMOS RAM）保存，为了保证关机后信息不丢失，设计了断电监测电路和后备电池，并维护实时时钟的计时行走。

2. 存储结构

存储器芯片的功能结构如图 6-4 所示，其主体是由大量存储单元组成的存储矩阵，每个存储单元拥有一个地址，可存储 1、4、8、16 甚至 32 位二进制数据。所以存储器芯片的结构可以用"存储单元数 × 每个存储单元的数据位数"表示，这个乘法的运算结果恰好是芯片的存储容量。通常称每个存储单元保存 1 位数据的存储结构为"位片"结构，称每个存储单元保存多位数据的存储结构为"字片"结构。

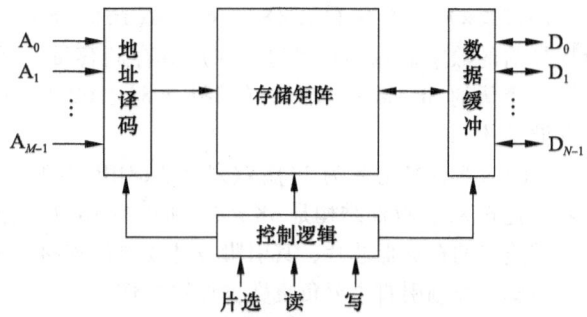

图 6-4 半导体存储芯片的典型结构

存储器的地址译码电路根据处理器输出的地址选择芯片内的某个存储单元。M 个地址信号可以区别 2^M 个存储单元，反过来说 2^M 个存储单元需要 M 个地址信号。简单直接的方法就是一个地址信号设计一个存储器地址引脚，例如 $A_0 \sim A_{M-1}$。

存储器保存的数据经数据缓冲电路读出、传送到处理器，写入存储器的数据也要经过数据缓冲电路保存至选中的存储单元。假设每个存储单元保存的数据位数是 N，如果希望同时读写这 N 位数据（一次操作完成），则应该设计 N 个数据引脚，例如 $D_0 \sim D_{N-1}$。

由此可知，存储结构还能够反映芯片地址引脚和数据引脚的个数，其关系如下：

$$芯片的存储容量 = 存储单元数 \times 每个存储单元的数据位数 = 2^M \times N$$

SRAM、EPROM 与并行接口的 EEPROM 和 Flash Memory 多采用这个方法设计地址引脚和数据引脚。例如，SRAM 6264 是内部存储结构为 $8K \times 8$ 的存储器芯片，具有 8K 个存储单元，设计了 13 个地址引脚（$8K = 2^{13}$）；该芯片每个存储单元保存 8 位数据，设计了 8 个数据引脚，参见图 6-5。显然，芯片中的"存储单元"越多，其地址编码就越长，芯片也就需要更多的地址引脚；而每个存储单元容纳的二进制"位"越多，则一次可访问的数据位就越多，芯片也就需要更多的数据引脚。

3. 读写控制

存储器的控制逻辑电路根据处理器输出的读写控制信号实施对芯片的读写等操作。所以，存储器芯片需要设计读控制、写控制信号。另外，还常需要设计片选信号，以便使用多个存储器芯片构成实用的存储器模块。

于是，典型的存储器芯片通常设计 3 个控制信号（引脚）：

- 片选信号：该引脚常使用 $\overline{CS}$（Chip Select，芯片选中）或 $\overline{CE}$（Chip Enable，芯片允许）表示，多为低电平有效。片选有效，才可以对该芯片进行读写操作；无效时，不能进行读写操作，芯片通常也处于低功耗状态。

- 读控制信号：该引脚常用$\overline{OE}$（Output Enable，输出允许）表示，低电平有效。读信号有效，芯片读取指定存储单元的数据并从数据引脚送出，当然此时存储器芯片的片选也应该有效。显然，读控制信号在功能上与处理器的存储器读信号$\overline{MEMR}$对应。
- 写控制信号：该引脚常用$\overline{WE}$（Write Enable，写允许）表示，低电平有效。写信号有效，芯片将数据引脚的数据写入指定的存储单元，同样此时存储器芯片的片选也应该有效。显然，写控制信号在功能上与处理器的存储器写控制信号$\overline{MEMW}$对应。

4. 静态读写存储器 SRAM

速度快、无需刷新、控制电路简单是 SRAM 的主要优势。常用的小容量 SRAM 芯片有 6116（2K×8）、6264（8K×8）、62128（16K×8）、62256（32K×8）、62512（64K×8）等，其中括号前的数字表示芯片型号，对应其存储容量，括号内表示其存储结构（存储单元数×位数）。更大容量的 SRAM 有 628128（128K×8）、628512（512K×8）等，其中括号前的型号反映了其存储结构。

6264 SRAM 芯片为 28 脚双列直插（DIP）封装，如图 6-5 所示是其引脚和功能表。6264 芯片容量是 64Kb，存储结构是 8K×8，所以有 13 个地址线 $A_{12} \sim A_0$ 和 8 个数据线 $D_7 \sim D_0$。作为与处理器连接的存储器芯片，其引脚设计要方便连接，所以除包含地址引脚和数据引脚之外，还有控制引脚。控制引脚主要负责数据读写操作。

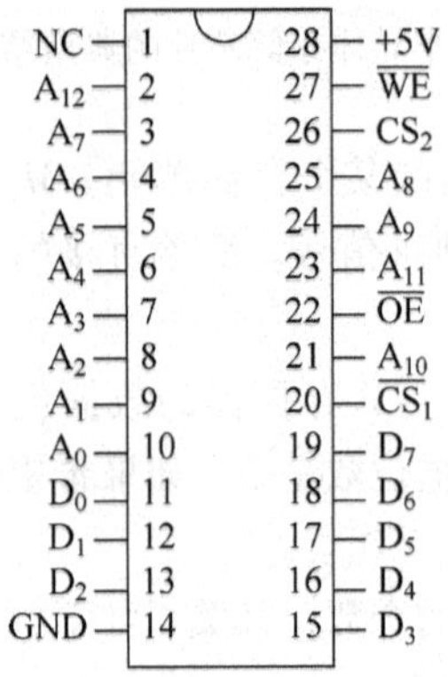

6264 SRAM 的引脚功能表				
工作方式	$\overline{CS_1}$	CS_2	$\overline{WE}$	$\overline{OE}$	$D_7 \sim D_0$
未选中	1	×	×	×	高阻
未选中	×	0	×	×	高阻
写入	0	1	0	1	输入
读出	0	1	1	0	输出

图 6-5　6264 SRAM 的引脚和功能表

6264 SRAM 芯片设计了两个片选引脚：$\overline{CS_1}$（低电平有效）和 CS_2（高电平有效），它们必须同时有效才能选中芯片进行读写操作。设计两个有效信号互反的片选引脚，为连接多个 6264 芯片带来了方便。如果只想使用一个片选信号，另一个可以连接为有效。

芯片引脚中还经常有 NC，它表示无连接（No Connect），即该引脚无作用。图 6-5 右边的功能表中，1 和 0 表示逻辑高电平和低电平，"×"表示可以为 1 也可以为 0，即任意。

5. 动态读写存储器 DRAM

容量大、功耗低、价位低等优势使 DRAM 获得广泛应用，并不断推出更高性能的产品。传统的 DRAM 芯片有 2164/4164（64K×1）、21256/41256（256K×1）、414256（256K×4）等，新型 DRAM 也不断涌现。DRAM 常见位片结构，也有 4、8、16 甚至 32 位的字片结构，还有存储模块形式。

为了保持 DRAM 芯片容量大、芯片小（即集成度高）的优势，必须减少引脚数量。DRAM 芯片将地址引脚分时复用，即用一组地址引脚传送两批地址。第一批地址称为行地址，用行地址选通信号$\overline{RAS}$（Row Address Strobe）的下降沿来进行锁存；第二批地址称为列地址，用列地址选通信

号 $\overline{CAS}$（Column Address Strobe）的下降沿来进行锁存。对于 256K 个存储单元的 DRAM，其地址引脚有 9 个：$A_0 \sim A_8$，两批地址共 18 位（$2^{18} = 256K$）。对于 4M 个存储单元的 DRAM，其地址引脚有 11 个：$A_0 \sim A_{10}$。如图 6-6 所示。

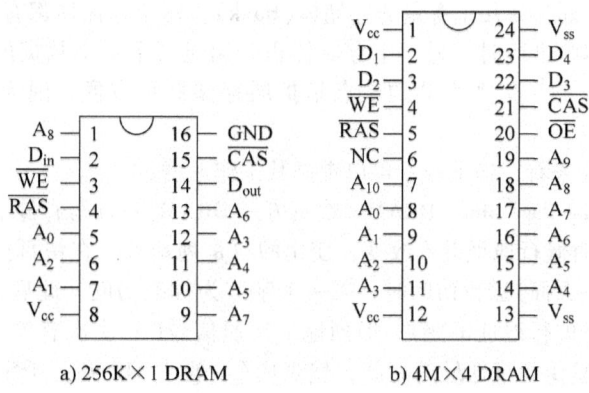

图 6-6　DRAM 的引脚图

在 DRAM 芯片中，没有像 SRAM 芯片那样的片选信号。对 DRAM 芯片进行读、写操作时，一个前提是 $\overline{RAS}$ 和 $\overline{CAS}$ 先后有效，这两个信号所起的作用类似于 SRAM 芯片上的片选信号。

有些存储器芯片采用一个信号实现读写控制，例如，$\overline{WE}$ 低电平时对芯片进行写入控制，高电平时对芯片进行读出控制。对有些存储单元只有一位数据的 DRAM 芯片，设计了两个数据输入输出引脚：输入时使用 D_{in} 引脚，输出时使用 D_{out} 引脚。这时，存储系统需要通过缓冲器将它们接到一起，成为一根双向数据信号线。

芯片引脚 V_{cc} 表示电源正端，V_{ss} 表示电源负端，它对应地线 GND。

6. DRAM 的刷新

动态读写存储器的每个存储单元需要在一定时间（早期产品为 2ms 或 4ms，目前可以是 64ms）之内刷新一次，这样才能保持数据不变。DRAM 芯片内部配备有"读出再生放大电路"，能够为存储单元进行刷新。但是，为了节省电路开销，DRAM 芯片的刷新电路每次只能对一行存储单元进行刷新，而不是刷新全部存储单元。刷新的一行存储单元究竟有多少，取决于 DRAM 芯片容量和内部结构，通常是芯片输入行地址后选择的所有存储单元。

DRAM 芯片的每次读写也具有刷新所在行的功能，但由于读写操作时的行地址没有规律，而且列选通有效会增大消耗，所以不将它们用于刷新。DRAM 芯片设计有仅行地址有效的刷新周期，存储系统的刷新控制电路只要提供刷新行地址，就可以将 DRAM 芯片中的某一行选中进行刷新。实际上，刷新控制电路是将刷新行地址同时送达存储系统中的所有 DRAM 芯片，所有 DRAM 芯片同时进行一行的刷新操作。

刷新控制电路设置每次行地址增量，并在一定时间间隔内启动一次刷新操作，就能够保证所有 DRAM 芯片的所有存储单元都得到及时刷新。例如，256K×1 的 DRAM 芯片行地址有效可以选中 1024（$=2^{10}$）个存储单元，共有 256（$=2^8$）行，需要在 4ms 之内刷新一次。如果将刷新操作平均分散到整个 4ms 的时间内，就需要每隔 4ms ÷ 256 = 15.6μs 时间进行一次刷新。尽管 DRAM 芯片的容量不同，每行刷新的存储单元数不同，但每隔 15.6μs 时间必须进行一次刷新操作却成为 PC 标准的刷新方式。

7. 高性能 DRAM

高性能处理器必须配合快速主存储器才能真正发挥作用。作为主存的 DRAM 芯片容量大，但速度较慢。标准的 DRAM 读写方式,需要先在行地址选通信号有效时输出行地址,再在列地址选通信号有效时输出列地址,然后才可以读写一个数据。

从主存储器系统的组织结构上看,交叉存储(Interleaved Memory)可以提高存储器访问的并行性。它的思想是将主存划分为几个等量的存储体(Bank),每个存储体都有一套独立的访问机构,当访问还在某个存储体中进行时,另一个存储体也开始进行下一个数据的访问,这样它们的工作周期有一部分是重叠的。交叉存储的缺点是扩展存储器不方便,因为必须同时增加多个存储体。

从 DRAM 芯片本身来看,如下技术可以提高其工作速度:
- FPM DRAM(Fast Page Mode DRAM,快页方式 DRAM):读写存储器时,存储单元往往是连续的,许多时候行地址并不改变,变化的只是列地址。在快页读写方式,对同一行的不同列(称同一页面)进行访问时,第一个字节为标准访问,此后,行地址选通信号$\overline{RAS}$一直维持有效(即行地址不变),但列地址选通信号$\overline{CAS}$多次有效(即列地址多次改变)。这样可节省重复传送行地址的时间,使页内(一般为 512 到几千字节)访问的速度加快。当行地址发生改变时,再改用一次标准访问。
- EDO DRAM(Extended Data-Out DRAM,扩展数据输出 DRAM):在快页方式下,每次列地址选通信号有效才能开始一个数据传输。如果减少列地址选通信号有效的时间就可以加快数据传输速度,但是列地址选通信号无效将导致数据不再输出。于是,EDO DRAM 修改了内部电路,使得数据输出的有效时间加长(即扩展)了。
- SDRAM(Synchronous DRAM,同步 DRAM):在本书前面学习处理器总线时,谈到处理器采用半同步时序传输数据,处理器与主存的数据传输并没有达到真正的同步。处理器输出地址、发出控制信号,存储器在其控制下传输数据。如果存储器无法完成数据传输,则设置没有准备好信号,处理器需要在其总线时序中插入等待状态。换句话说,处理器的总线时序依赖于存储器的存取时间。SDRAM 芯片与处理器具有公共的系统时钟,所有地址、数据和控制信号都同步于这个系统时钟,没有等待状态。

  具有公共系统时钟的 SDRAM 能够方便地支持猝发传送(从 80486 开始,IA-32 处理器就设计了猝发传送方式)。处理器只需提供首个存储单元的地址,后续地址就由存储器芯片自动产生,猝发传送的数据长度可以通过编程设置。另外,SDRAM 芯片内部采用了交叉存储方式组织存储体,使性能得到进一步提高。
- DDR DRAM(Double Data Rate DRAM,双速率 DRAM):传统上,每个系统时钟实现一次数据传输,DDR DRAM 则在同步时钟的前沿和后沿各进行一次数据传送,使传输性能提高一倍。
- RDRAM(Rambus DRAM):EDO、SDRAM 和 DDR DRAM 是由工业界建立的标准,每个 DRAM 生产企业都支持它们。但是,RDRAM 是由 Rambus 公司推出的一种专利技术,采用了全新设计的内存条,包括专用芯片、独特的芯片间总线和系统接口。RDRAM 能够以很高的时钟频率快速传输数据块。RDRAM 技术封闭、价格较高。

6.2.2 只读存储器

只读存储器 ROM 在正常的工作状态下,只能读出其中的数据,但数据可长期保存,断电也不丢失,属于非易失性存储器件。在特殊的编程状态下,多数半导体 ROM 芯片也能写入,俗称烧写(Burning)。有些 ROM 芯片需要特殊方法先将原数据擦除,然后才能编程。ROM 芯片的集成度较高,但速度较 DRAM 还要慢,一般用来保存固定的程序或数据。

1. 主要类型

半导体 ROM 存储器可细分为以下几类：

- MROM(Masked ROM，掩膜 ROM)：该类芯片通过工厂的掩膜工艺将要保存的信息直接制作在芯片当中，以后再也不能更改。MROM 适用于大批量的定型产品。
- OTP-ROM(One-Time Programmable ROM，一次性编程 ROM)：该类芯片出厂时存储的信息为全"1"，允许用户进行一次性编程，此后便不能更改。OTP-ROM 主要用于批量不大的产品。它也称为 PROM。
- EPROM(Erasable Programmable ROM，可擦除可编程 ROM)：EPROM 芯片一般指用紫外光擦除并可重复编程的 ROM，也称 UV-EPROM(Ultraviolet EPROM)。EPROM 芯片的外观有一个显著特征，就是芯片顶部开有一个圆形石英窗口，用于让紫外光照射擦除芯片中的原有信息。UV-EPROM 主要用于科研试制和小批量生产。
- EEPROM(Electrically Erasable Programmable ROM，电可擦除可编程 ROM)：EEPROM 也常表达为 E^2PROM，其擦除和编程（即擦写）通过加电的方法来进行，可实现"在线编程"（不需要将它从系统中取下）和"在应用编程"（通过系统中运行的程序自动擦写）。EEPROM 芯片大约可进行 100 万次的擦写，适用于多种场合，例如，遥控器、IC 卡等数据固定但有可能改变的场合，或者智能仪表等固化软件有可能升级的场合。
- Flash Memory(闪速存储器)：Flash Memory 是一种新型的电可擦除可编程 ROM 芯片，能够很快擦除整个芯片内容（擦除过程只在一闪之间，几个毫秒），也称 Flash ROM，中文简称"闪存"。Flash ROM 也采用加电方法实现擦除和写入，与 EEPROM 非常类似。但 Flash ROM 目前只支持整片擦除和块擦除，不能像 EEPROM 那样逐个字节擦写，擦写寿命也比 EEPROM 略短。与 EEPROM 相比，Flash ROM 具有集成度高、价格便宜、擦除速度快等特点，因而获得了广泛应用，尤其是在数码产品和便携式存储设备中，例如，U 盘、MP3 播放器、数码相机、多媒体手机等。

PC 在采用 Pentium 处理器之前的主板上都采用 EPROM 芯片保存基本输入输出系统，即 ROM-BIOS。现在 32 位 PC 均使用 Flash ROM 固化 BIOS 程序，所以也被称为 Flash BIOS。利用 Flash ROM 的在线快速擦写能力，普通 PC 用户就可以升级 ROM-BIOS 内容。

2. EPROM

EPROM 是最早开发的可重复编程 ROM 芯片。要修改 EPROM 芯片的内容，首先需要从关机断电后的电路上拔出芯片；然后用波长 2537 埃的紫外线光近距离照射打开的石英窗口约 20 分钟（通常使用专门的紫外线擦除器），将原内容全部擦除、恢复为逻辑 1；接着将芯片插入专门的编程器（烧写器），由程序控制利用高压实现编程写入。编程后，EPROM 芯片窗口应贴上不透光的封条，这样可将信息保存 10 年以上。

EPROM 芯片型号以 27 开头，小容量有 2716(2K×8)、2732(4K×8)、2764(8K×8)、27128(16K×8)、27256(32K×8)、27512(64K×8)，其中括号前的数字表示芯片型号，对应其以千(K)为单位的存储容量，括号内表示其存储结构（存储单元数×位数）；更大容量有 27010(128K×8)、27020(256K×8)、27040(512K×8)、27080(1M×8)等，其中括号前的型号反映了其以兆(M)为单位的存储容量。

为便于通用，相同容量的 SRAM 与 EPROM 以及并行接口的 EEPROM 和 Flash Memory 芯片，其引脚排列很多是兼容的；同类芯片、不同容量，其引脚排列和工作方式也相似。

图 6-7 是 Intel 2764 的引脚和功能表。2764 EPROM 的存储容量为 64K 位，结构为 8K×8，所

以它有 13 个地址线 $A_{12} \sim A_0$、8 个数据线 $O_7 \sim O_0$。2764 EPROM 的控制信号有一个片选引脚$\overline{CE}$和一个输出控制引脚$\overline{OE}$，低电平有效时，分别选中芯片和允许芯片输出数据。EPROM 的编程由编程控制引脚$\overline{PGM}$以及编程电源 V_{pp} 控制。在编程时，对$\overline{PGM}$引脚加较宽的负脉冲；在正常读出时，$\overline{PGM}$引脚应该无效。

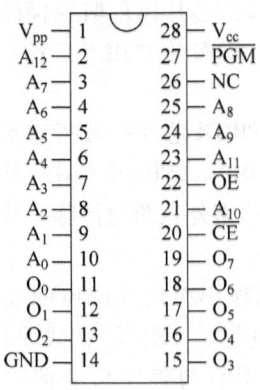

2764 EPROM 的引脚功能表						
工作方式	$\overline{CE}$	$\overline{OE}$	$\overline{PGM}$	A_9	V_{cc}	V_{pp}	$O_7 \sim O_0$
读出	0	0	1	×	+5V	+5V	输出
读出禁止	0	1	1	×	+5V	+5V	高阻
待用	1	×	×	×	+5V	+5V	高阻
读 Intel 标识符	0	0	+12V	1	+5V	+5V	输出编码
标准编程	0	1	负脉冲	×	+5V	+25V	输入
Intel 编程	0	1	负脉冲	×	+5V	+25V	输入
编程校验	0	0	1	×	+5V	+25V	输出
编程禁止	1	×	×	×	+5V	+25V	高阻

图 6-7 2764 EPROM 的引脚和功能表

Intel 2764 有 8 种工作方式，前 4 种为正常状态，要求 V_{pp} 接 +5V；后 4 种为编程状态，要求 V_{pp} 接 +25V 作为编程高电压。新型 EPROM 芯片已经没有 V_{pp} 引脚，但编程仍然需要高电压，这种芯片内部设计有电压提升电路。

"读 Intel 标识符"的工作方式用于识别器件、防止假冒。当 V_{cc} 和 V_{pp} 接 +5V、$\overline{PGM}$接 +12V、$\overline{CE}$和$\overline{OE}$均有效且 A_9 引脚为高电平时，可从芯片中读出两个字节的编码。编码的低字节（在 $A_0 = 0$ 时读取）为制造厂商代码，高字节（在 $A_0 = 1$ 时读取）为器件代码。编码是在生产过程中制造出来的，具有唯一性。现在，很多电子器件都设计有类似的识别代码。

在标准的 EPROM 编程方式下，对每个存储单元的写入均需向$\overline{PGM}$提供 50ms 宽的负脉冲。而 Intel 公司推荐了一种快速编程方式，即对每个要写入的存储单元，在地址、数据就绪的前提下，向$\overline{PGM}$重复送 1ms 宽的编程负脉冲，每送一个脉冲随即进行一次读出校验，若读出与写入相同，说明数据此时已经写入。随后向$\overline{PGM}$送 4×N 宽度的脉冲来加以巩固，N 是此前已向$\overline{PGM}$引脚发送的 1ms 编程负脉冲的个数。若 N = 15 时仍不能读到正确的校验数据，则说明该存储单元已损坏。

3. EEPROM

EEPROM（或 E^2PROM）芯片不需要专门的擦除过程，在编程前自动用电实现擦除（称为擦写），使用起来比 UV-EPROM 更加方便。

并行接口的 EEPROM 芯片型号多以 28 开头，例如 2816（2K×8）、2864（8K×8）、28256（32K×8）、28512（64K×8）、28010（128K×8）、28020（256K×8）、28040（512K×8）等。串行接口的 EEPROM 芯片型号常见以 24、25 和 93 开头的系列。

EEPROM 2816 是 2K×8 存储结构即 16Kb（位）的存储器芯片，以 Atmel 公司 AT28C16 为例，其 DIP 封装引脚及工作方式如图 6-8 所示。它采用 CMOS 工艺制造，可以进行 1~10 万次编程，数据可保存 10 年。

AT28C16 具有 11 个地址引脚 $A_{10} \sim A_0$、8 个数据引脚 $I/O_7 \sim I/O_0$，读写控制与 SRAM 一样，采用典型的片选$\overline{CE}$、输出允许$\overline{OE}$和写允许$\overline{WE}$ 3 个引脚形式。

AT28C16 读工作方式类似于 SRAM，也与 EPROM 相同。片选和输出允许引脚为低有效、写允许为高电平时读取存储的数据。当片选或者输出允许引脚为高电平时，数据输出引脚呈高阻。片选高无效的备用状态，将使工作电流降低，功耗减少。

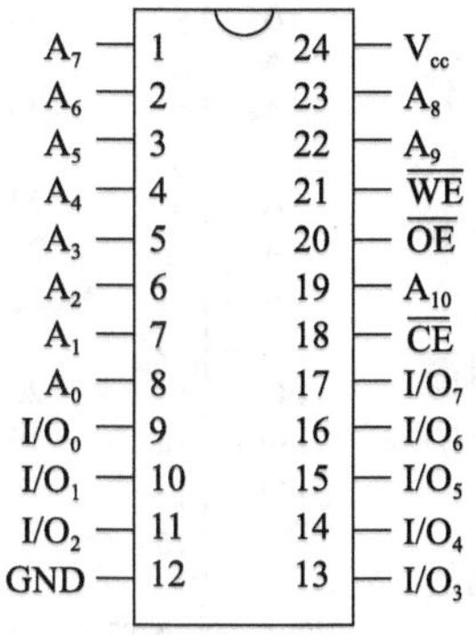

工作方式	$\overline{CE}$	$\overline{OE}$	$\overline{WE}$	I/O
读	0	0	1	输出
输出禁止	×	1	×	高阻
备用/写禁止	1	×	×	高阻
写	0	1	0	输入
写禁止	×	×	1	
写禁止	×	0	×	
芯片擦除	0	12V	0	高阻

AT28C16 的工作方式

图 6-8　AT28C16 的引脚及工作方式

AT28C16 的编程使用字节写入工作方式，写入前自动擦除，无需外部其他部件和编程高电压，类似于 SRAM 的写入过程。在输出允许引脚为高、片选引脚为低电平时，写允许引脚的一个低脉冲启动字节写入（Byte Load）。一旦字节写入操作开始，芯片将自动定时直到完成。在写周期期间，读取操作则是查询写入是否完成。当写入操作尚在进行时，从数据引脚最高位 I/O_7 读取的数据位与实际写入的相反（其他数据引脚不定）；而当写入操作完成后，读取的最高位就是实际写入的数据位。这就是 AT28C16 支持的数据查询（Data Polling）。

AT28C16 支持写保护功能。当输出允许 $\overline{OE}$ 为低、片选 $\overline{CE}$ 为高或写允许 $\overline{WE}$ 为高时都禁止字节写入周期。当 V_{cc} 的电压低于 3.8V 时也禁止写入，而当 V_{cc} 达到 3.8V 时自动延时 5ms 之后才允许字节写入。

另外，AT28C16 支持芯片擦除工作方式。设置片选 $\overline{CE}$ 为低、输出允许 $\overline{OE}$ 接 12V，整个芯片就可以在写允许 $\overline{WE}$ 的 10ms 低脉冲控制下实现擦除、成为逻辑 1 状态。

4. Flash Memory

Flash Memory 继承了 EPROM 集成度高和 EEPROM 电可擦写的优点，采用 +5V 或 3.3V 供电，编程和擦除所需的高电压由内部升压电路提供。Flash Memory 虽不能像 EEPROM 芯片那样进行逐个字节修改，但却能够快速进行数据块或整个芯片的擦写，可以说是一种特殊的以块为擦写单位的 EEPROM。

Flash Memory 具有容量大、集成度高、价格低廉的优势，不仅可以保存启动代码、系统程序等（作为非易失只读的系统 ROM 主存储器），还可以像磁盘一样保存各种文件（作为辅助存储器）。例如，U 盘、存储卡、电子固态盘（SSD）等都是由 Flash Memory 构成的。不过，Flash Memory 虽然可读可写号称"闪存"，但写入速度明显慢于读取速度，目前还不太适合作为要求快速读写的系统 RAM 主存储器。

Flash Memory 也采用加电擦写，所以并行接口的 Flash Memory 芯片型号也以 28 开头，但后常跟 F 以示区别，例如 28F010（128K×8）、28F020（256K×8）等。并行接口的 Flash Memory 芯片型号还常以 29 开头，例如 29C512 或 29F512（64K×8）、29C010 或 29F010（128K×8）、29C020 或 29F020（256K×8）、29C040 或 29F040（512K×8）等。

例如，512K×8 存储结构的 AT29C040A 为 32 脚双列直插 DIP 封装（如图 6-9 所示），使用单一的 +5V 供电（V_{cc} 引脚），编程高压由内部产生，擦写寿命大于 1 万次。AT29C040A 有 19 个地址引脚 $A_{18} \sim A_0$、8 个数据引脚 $I/O_7 \sim I/O_0$ 和 3 个控制引脚：$\overline{CE}$（片选）、$\overline{OE}$（输出允许）、$\overline{WE}$（写允许）。其引脚安排与典型的 SRAM 芯片完全相同。

AT29C040A 的擦除和写入是合并在一起完成的。片内安排有 256 字节的 RAM 缓冲器，每次擦写以扇区（256 字节）为单位进行，整个芯片可分 2048 个扇区。写入开始前，用户准备一个扇区的数据（数据不足时将用 FFH 来进行填充），然后开始连续写入，每个字节必须在规定的时间（150μs）内写入。一旦写入停止，后续的擦写操作就会自动开始，整个过程大约历时 10ms。此时，缓冲器中的数据将被写入指定地址的存储单元。

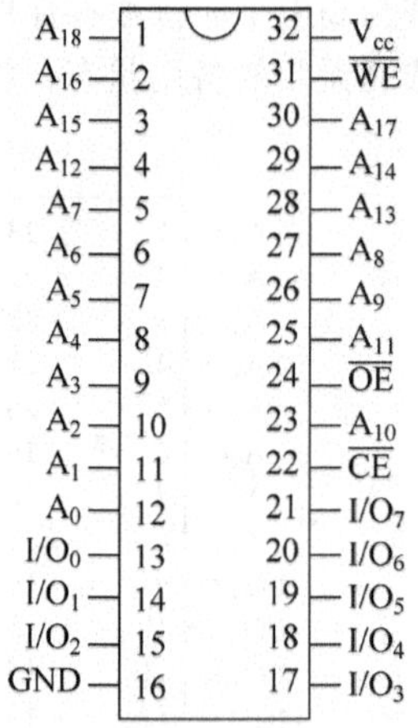

由于擦写时间较长，芯片设计了两种办法来查询它是否完成：一是不断读出本扇区最后一个字节，看它的 I/O_7 位是否与写入相反（是，表示擦写尚未完成，否则擦写完成）；二是连续读出本扇区内任何一个字节，看它的 I/O_6 位是否发生变化（是，表示擦写尚未完成，否则擦写完成）。

图 6-9　AT29C040A 的引脚

为防止误写，AT29C040A 中安排有多种数据保护措施，例如，噪声滤波（所有控制引脚可滤除小于 15ns 的尖峰干扰）、电压检测（当 V_{cc} 电压下降到 3.8V 时禁止编程）、控制信号检测（编程时 $\overline{CE}$、$\overline{OE}$ 和 $\overline{WE}$ 必须保持正确状态，否则将禁止编程）等。此外，通过向芯片写入命令字序列，可启用软件数据保护功能。一旦该功能被启用，再进行扇区编程时，就必须先写入与启用时相同的命令序列。

5. Flash Memory 的两种类型

1984 年，在东芝公司工作的 Fujio Masuoka 博士发明了 Flash Memory，Flash Memory 包括两种类型，根据逻辑门特点被分别命名为 NOR 和 NAND 类型。

1988 年，Intel 公司首先推出了基于 NOR Flash 技术的存储器芯片。NOR 类型闪存擦写时间较长，但像 SRAM 那样提供完整的地址和数据总线（如前面所介绍的并行接口 Flash Memory），允许对任何地址进行随机存取，可以支持"就地执行"（eXecute In Place，XIP），也就是保存在 NOR Flash 中的程序可以直接运行，不必先复制到 RAM 中再执行。所以，NOR 类型闪存适合作为系统 ROM。

1989 年，东芝（Toshiba）公司发表了 NAND Flash 技术的闪存。NAND 类型闪存的擦写速度快于 NOR 类型闪存，集成度也远高于 NOR 类型，同时采用串行接口减小了芯片尺寸，所以 NAND 类型闪存的容量更大、价格更低、体积更小，更适合用作大容量的辅助存储器。NAND 类型擦写次数可达 100 万次，是 NOR 类型 10 万次擦写次数的 10 倍。但是，NAND 类型闪存的坏块是随机分布的，使用上较 NOR 类型的闪存更复杂一些。

从实现技术角度来说，NOR 和 NAND 闪存的主要区别是存储单元间的连接不同和读写存储器的接口不同（NOR 允许随机读取，而 NAND 只允许页存取）。NOR 和 NAND 闪存的名称来自存储单元间的互连结构。在 NOR 闪存中，存储单元以并行方式连接到位线上（类似于 CMOS NOR 门晶体管的并行连接），这样就允许存储单元单独读取和编程。而 NAND 闪存的存储单元采用串行连接方式（像一个 NAND 门）。串行连接比并行连接节省芯片空间，这样就降低了 NAND 闪存的成本，不过却使其无法进行单独读取和编程。

NOR 闪存的预期目标是开发更经济、更方便的可重复写入 ROM 来替代过去的 EPROM 和 EEPROM 存储器，因此随机读取电路是必需的。不过，NOR 闪存 ROM 的读取要远多于写入，所以写入电路相对较慢,只支持以块模式进行擦除。NAND 的开发目标是在给定存储容量下减少芯片面积,这样可以降低每位成本、增加容量;通过去除外部地址和数据总线的电路,还可以进一步降低成本,但也使得 NAND 闪存无法实现随机存取。不过,NAND 闪存主要用于替代磁记录设备(如硬盘),而不是替代系统 ROM 存储器。

6.2.3 存储器地址译码

对比处理器与半导体存储器芯片的总线(信号、引脚),可以看到它们都具有数据、地址和控制总线(信号、引脚),并且功能对应,所以从功能上来说多数可以直接相连,参见图 6-10。例如,处理器的存储器读 $\overline{MEMR}$ 信号对应存储器的输出允许 $\overline{OE}$ 信号,处理器的存储器写 $\overline{MEMW}$ 信号对应存储器的写允许 $\overline{WE}$ 信号。

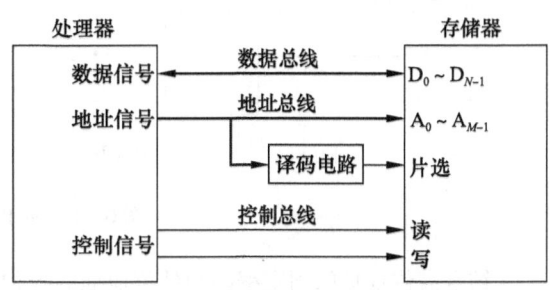

图 6-10 半导体存储芯片的连接示意

如果进一步对比它们的读写周期,其操作时序也类似。处理器输出地址编码,发出读写控制命令,实现数据存取;存储器芯片接收地址编码,通过内部译码选择某个存储单元,在读写信号的控制下将数据读出或者写入。

但是,处理器的地址总线个数通常要多于存储器芯片的地址引脚个数,而且通常需要多个存储器芯片才能组成一定容量的存储系统,所以需要通过译码处理器的部分地址信号产生存储器片选 $\overline{CE}$ 信号。本小节从地址译码的角度论述存储器芯片与处理器的连接。

1. 地址译码

译码(Decode)是指将某个特定的编码输入翻译为有效输出的过程。例如,有 8 盏电灯需要集中管理,每次只能打开一盏电灯,要求只使用 3 个开关。8 盏电灯可以分别编号为 0~7,对应的二进制编码需要 3 位,依次是 000~111,每一个二进制位设计一个开关,共需要 3 个开关,开关向上 ON 对应 1,开关向下 OFF 对应 0。如果需要 5 号灯打开,对应的编码为 101,即前后两个开关向上为 1、中间开关向下为 0,此时 5 号灯点亮(有效输出),其余灯都不亮(无效输出)。拨动开关形成编码输入到相应电灯点亮它的过程需要译码,完成将编码变换成一路控制信号的电路就是译码电路。在该例中,输入为 3 位编码,输出为 8 路,每组编码都对应一路有效其余 7 路无效,称为 3:8 译码或 8 选 1 译码。最简单的是 1:2 译码,还有 2:4 译码、4:16 译码等。与译码电路对应的是编码电路,后者将多个输入信号变换成一组特定数码输出。

当前微机系统的存储器地址译码多集成在各种可编程逻辑器件(Programmable Logic Device,PLD)中。为了便于理解,下面使用简单的逻辑门和译码器电路进行说明,有些小型系统或特殊应用场合也会采用这种方式。

图 6-11 采用多输入与非门实现译码,将 32K×8 结构的 SRAM 与具有 8 位数据总线的处理器连接,假设该处理器像 8088 一样共有 20 个地址总线 $A_{19} \sim A_0$。

32K×8 结构的存储芯片有 15 个地址引脚 $A_{14} \sim A_0$,这些引脚的 32K 种逻辑 0 和 1 组合寻址该芯片内部的一个具体存储单元,例如,全部 15 个引脚都为 0 寻址首个存储单元,全部都为 1 则寻址最后一个存储单元。但是,该芯片能够工作还需要片选信号有效。当处理器输出地址信号 A_{19} 为低电平逻辑 0 时,经反相器成为高电平逻辑 1 输入与非门。同样,地址信号 $A_{18} \sim A_{16}$ 为逻辑 0 时,反相后输入与非门逻辑 1。处理器输出地址信号 A_{15} 为逻辑 1 送入与非门。所有与非门的输入端为逻辑 1,求与之后才为逻辑 1,再求反则为逻辑 0,即低电平,与非门输出与存储器芯片低有效的片选信号 $\overline{CS}$ 连接。这样,当处理器输出地址信号 $A_{19} \sim A_{15} = 00001$ 编码时,经反相器和与非门组成的译码电路输出到该存储器芯片的片选信号,此时该芯片才能被选中读写数据。

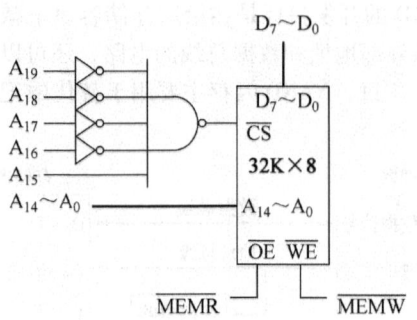

地址表		
$A_{19} \sim A_{15}$	$A_{14} \sim A_0$	地址
00001	000000000000000	08000H
	000000000000001	08001H
	...	...
	111111111111110	0FFFEH
	111111111111111	0FFFFH

图 6-11　简单的门电路译码

结合高位地址的固定编码和低位地址的各种组合，该存储器芯片首个存储单元需要在 $A_{19} \sim A_0$ = 00001000000000000000 时被选中，将这个二进制编码从低位开始每 4 位转换为一个十六进制位，则首个存储单元的地址是 08000H。同样，该存储器芯片最后一个存储单元的地址是 0FFFFH。所以，该芯片在微机系统占用了 08000H~0FFFFH 的地址范围，容量是 32KB。

在上面的连接示例中，使用了全部的处理器地址总线，其中低位地址直接与存储器芯片具有的地址引脚相连实现片内寻址，高位地址经译码与存储器芯片的片选引脚相连实现片选寻址。这种使用全部系统地址总线的译码方法，称为全译码方式。全译码的特点是地址唯一：一个存储单元只对应一个存储器地址（反之亦然），组成的存储系统的地址空间连续。

在有些简单的小型系统中，经常采用译码电路简单的部分译码方式。部分译码只使用部分系统地址总线进行译码。没有被使用的地址信号对存储器芯片的工作不产生影响，有一个不使用的地址信号就对应有两种编码，这两个编码实际上指向同一个存储单元，这就出现了地址重复：一个存储单元对应多个存储器地址（好像一部电话有多个号码），浪费了存储空间。

2. 译码器

微机系统高位地址译码还可以使用译码器。例如，通用数字集成电路 74 系列中，型号为 139 的集成电路芯片是一个由两个 2∶4 译码电路组成的译码器，型号为 138 的集成电路芯片是一个 3∶8 译码器，型号为 154 的集成电路芯片是一个 4∶16 译码器。16 位 IBM PC 系列微机中就使用了 74LS138 译码器，如图 6-12 所示是其功能表和译码示例。

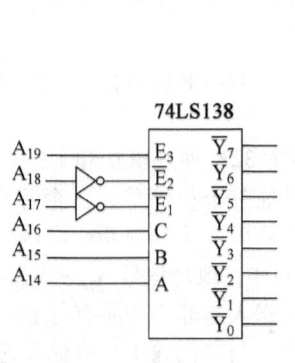

74LS138 功能表												
控制输入			编码输入			译码输出						
E_3	$\overline{E_2}$	$\overline{E_1}$	C	B	A	$\overline{Y_7}$	$\overline{Y_6}$	$\overline{Y_5}$	$\overline{Y_4}$	$\overline{Y_3}$	$\overline{Y_2}$	$\overline{Y_1}$	$\overline{Y_0}$
1	0	0	0	0	0	1	1	1	1	1	1	1	0
1	0	0	0	0	1	1	1	1	1	1	1	0	1
1	0	0	0	1	0	1	1	1	1	1	0	1	1
1	0	0	0	1	1	1	1	1	1	0	1	1	1
1	0	0	1	0	0	1	1	1	0	1	1	1	1
1	0	0	1	0	1	1	1	0	1	1	1	1	1
1	0	0	1	1	0	1	0	1	1	1	1	1	1
1	0	0	1	1	1	0	1	1	1	1	1	1	1
非上述情况			×	×	×	1	1	1	1	1	1	1	1

图 6-12　译码器 74LS138 的引脚和功能表

138 译码器有 3 个控制输入引脚：E_3、$\overline{E_2}$ 和 $\overline{E_1}$，后两个是低电平有效。只有这 3 个控制输入的信号都有效，才能实现译码功能，否则没有一个译码输出信号是有效的。在控制输入信号有效的条件下，3 个编码输入引脚 C、B 和 A 的 8 种编码各对应一个译码输出引脚低电平有效。CBA = 000 编码使 $\overline{Y_0}$ 低有效，其他输出高电平无效信号；CBA = 001 编码使 $\overline{Y_1}$ 低有效，……，CBA = 111 编码使 $\overline{Y_7}$ 低有效。

假设 138 译码器按照图 6-12 所示与处理器高位地址连接进行译码。要使 $\overline{Y_0}$ 译码输出有效，必须做到如下两点：

1）$E_3 \overline{E_2 E_1}$ = 100。因为 A_{19} 与 E_3 连接，A_{18} 和 A_{17} 经反相后分别与 $\overline{E_2}$ 和 $\overline{E_1}$ 连接，所以 $A_{19} A_{18} A_{17}$ = 111。

2）CBA = 000。因为 A_{16}、A_{15} 和 A_{14} 依次连接 C、B 和 A，所以 $A_{16} A_{15} A_{14}$ = 000。

这样当处理器输出高位地址 $A_{19} \sim A_{14}$ = 111000 时，$\overline{Y_0}$ 输出低电平有效。如果将 $\overline{Y_0}$ 与一个存储器芯片的片选信号连接，则这个存储器芯片的地址范围将是 E0000H ~ E3FFFH，容量是 16KB（E3FFFH − E0000H + 1 = 4000H = 2^{14} = 16K）。同样，可以得到其他译码输出引脚对应的地址范围。

图 6-12 的每个译码输出对应 16KB 存储单元，正好可以用于一个 16K×8 存储器芯片的片选。没有必要用它连接一个 32K×8 或更大容量的存储器芯片，因为这样的话，存储器芯片就有多余地址引脚无处连接，实际只能使用其中的 16KB 容量。

如果用图 6-12 的译码输出 $\overline{Y_0}$ 连接一个 8K×8 结构的存储器芯片又会怎么样呢？因为 8K×8 存储器芯片只有 13 个地址引脚 $A_{12} \sim A_0$，高位译码使用了 6 个，还有一个处理器地址信号没有使用，显然这是部分译码。现在假设将存储器芯片地址引脚 $A_{12} \sim A_0$ 与处理器地址信号 $A_{12} \sim A_0$ 对应连接，处理器地址信号 A_{13} 没有连接使用，可以任意，分析如下：

- $A_{13} = 0$ 时，该芯片首个存储单元的地址：

    $A_{19} \sim A_{14} A_{13} A_{12} \sim A_0$ = 11100000000000000000 = E0000H

- $A_{13} = 0$ 时，该芯片最后一个存储单元的地址：

    $A_{19} \sim A_{14} A_{13} A_{12} \sim A_0$ = 11100001111111111111 = E1FFFH

- $A_{13} = 1$ 时，同样也会选中该芯片，其首个存储单元的地址：

    $A_{19} \sim A_{14} A_{13} A_{12} \sim A_0$ = 11100010000000000000 = E2000H

- $A_{13} = 1$ 时，该芯片最后一个存储单元的地址：

    $A_{19} \sim A_{14} A_{13} A_{12} \sim A_0$ = 11100011111111111111 = E3FFFH

分析结论是：该 8KB 存储器芯片占用了 E0000H ~ E1FFFH 地址范围（$A_{13} = 0$ 时），还占用了 E2000H ~ E3FFFH 地址范围（$A_{13} = 1$ 时）。例如，其首个存储单元可以用地址 E0000H 访问，也可以用地址 E2000H 访问。在实际应用中，常选择第一个地址。

再假设存储器芯片地址引脚 $A_{12} \sim A_0$ 与处理器地址信号 $A_{13} \sim A_1$ 对应连接，最低处理器地址信号 A_0 没有连接使用，分析如下：

- $A_0 = 0$ 时，该芯片首个存储单元的地址：

    $A_{19} \sim A_{14} A_{13} \sim A_1 A_0$ = 11100000000000000000 = E0000H

- $A_0 = 0$ 时，该芯片最后一个存储单元的地址：

    $A_{19} \sim A_{14} A_{13} \sim A_1 A_0$ = 11100011111111111110 = E3FFEH

- $A_0 = 1$ 时，该芯片首个存储单元的地址：

    $A_{19} \sim A_{14} A_{13} \sim A_1 A_0$ = 11100000000000000001 = E0001H

- $A_0 = 1$ 时，该芯片最后一个存储单元的地址：

    $A_{19} \sim A_{14} A_{13} \sim A_1 A_0$ = 11100011111111111111 = E3FFFH

分析结论是：该8KB存储器芯片仍然占用了E0000H~E3FFFH地址范围，只不过在$A_0=0$时，占用了该范围的所有偶地址；$A_0=1$时，占用了该范围的所有奇地址。例如，其首个存储单元可以用地址E0000H访问，也可以用地址E0001H访问。在实际应用中，常选择第一个偶地址。

通过上述分析，部分译码会出现地址重复，给地址空间的分配和使用带来了麻烦，尤其是用汇编语言进行底层开发时多有不便。所以，存储器地址译码一般使用全译码，部分译码在I/O地址译码中经常使用，PC也是这样。

当然，实际的存储系统不仅要处理译码问题，还需要考虑处理器时序与存储器芯片时序是否能够配合、设计插入等待状态的电路等问题。如果采用DRAM组成存储系统，还必须解决行地址、列地址两次输出以及刷新控制等问题。

3. 8086的16位存储结构

DRAM常有每个存储单元是1或4位的结构，要组成一个字节的存储单元需要使用多个同样的芯片。这些芯片只是各自的数据引脚连接到系统数据总线的不同信号线，其他引脚连接都一样。例如，使用两个4位结构的DRAM可以组成一个8位DRAM模块，其中一个4位DRAM接处理器低4位数据信号$D_3 \sim D_0$，另一个则接处理器高4位数据信号$D_7 \sim D_4$。同一个存储器地址将分别访问到这两个存储器芯片，各自提供4位数据。

当使用数据总线是16位的处理器（例如8086和80286）时，由于多数存储器芯片仍然是8位结构，所以也需要类似的数据位扩充，同时还要保证每个8位存储单元具有一个物理地址。如图6-13所示是8086的16位存储器结构示例。

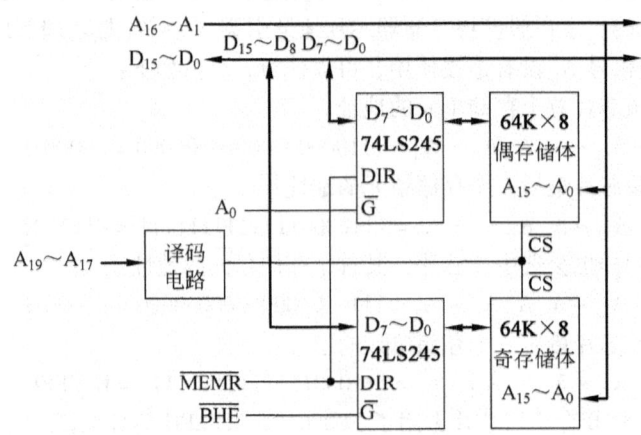

图6-13 8086的16位存储结构

8086的存储系统由对称的两个存储体（Bank）所构成。其中一个为偶存储体，对应所有的偶地址单元（0、2、4、…、FFFFEH）；另一个为奇存储体，对应所有的奇地址单元（1、3、5、…、FFFFFH）。两个存储体都是8位数据引脚，一个接处理器低8位数据总线$D_7 \sim D_0$，另一个接处理器高8位数据总线$D_{15} \sim D_8$。

在图6-13中，74LS245是一个8位双向缓冲器。控制引脚$\overline{G}$低电平有效表示双向缓冲器工作，否则没有数据传输。在引脚$\overline{G}$低电平有效时，若方向控制引脚DIR为高电平，则控制数据从双向缓冲器一端传送到另一端；若DIR为低电平，则数据传输方向相反。这里，74LS245用于实现存储器芯片数据引脚与处理器数据总线的双向传输。

8086设计有高字节允许信号$\overline{BHE}$，它与地址A_0一起用于选择各自的存储体。在图6-13中，$A_0=0$用来选通偶存储体，$\overline{BHE}=0$用来选通奇存储体。处理器数据总线的低8位接到偶存储体，高8位接到奇存储体。从 A_1 开始的处理器地址总线连接从 A_0 开始的两个存储器芯片地址引脚。两个存储器芯片的片选端连接在一起，与译码电路的片选输出信号相连。

在图6-13中，假设处理器高位地址 $A_{19} \sim A_{17}$ 输出 111 编码，两个存储体片选信号都有效。这时，处理器低位地址 $A_{16} \sim A_1$ 全部输出 0，那么有如下几种情况：

- $A_0 = 0$（存储地址 E0000H），同时 $\overline{BHE} = 0$，访问 16 位数据。
- $A_0 = 0$（存储地址 E0000H），同时 $\overline{BHE} = 1$，仅访问低 8 位数据。
- $A_0 = 1$（存储地址 E0001H），同时 $\overline{BHE} = 0$，仅访问高 8 位数据。
- $A_0 = 1$，$\overline{BHE} = 1$，是无效的数据访问组合。

8086处理器的存储器按16位数据宽度进行组织，但既可以进行8位数据访问，也可以进行16位数据访问。在进行8位数据访问时，偶地址单元的访问数据将出现在低8位数据总线 $AD_7 \sim AD_0$ 上，奇地址单元的访问数据将出现在高8位数据总线 $AD_{15} \sim AD_8$ 上。在进行16位数据访问时，以偶地址开始可以一次总线操作完成；以奇地址开始则需要两次总线操作：第一次访问奇地址的8位数据，第二次访问下一个地址的8位数据。8086处理器内部设计有相应电路，当以奇地址访问16位数据时将被分成两个总线周期。所以，16位数据最好以偶地址开始，即对齐（Align），否则访问时间会加倍。

4. Pentium 的 64 位存储结构

80386 和 80486 处理器采用 32 位数据总线和 32 位地址总线。地址译码通常需要采用 PLD 器件，没有地址 A_1 和 A_0，利用 4 个字节允许信号 $\overline{BE_3} \sim \overline{BE_0}$ 区别 4 个 8 位存储体。

Pentium 及以后的 IA-32 处理器采用 64 位数据总线和 32 位地址总线，没有地址 A_2、A_1 和 A_0，利用 8 个字节允许信号 $\overline{BE_7} \sim \overline{BE_0}$ 区别 8 个 8 位存储体（如果具有偶校验位则是 9 位），如图 6-14 所示。处理器地址总线 A_3 对应存储器芯片的地址引脚 A_0，8 个存储体的数据引脚分别连接到处理器数据总线的 8 位，每次读写最多 64 位数据，当然还可以实现 32 位、16 位和 8

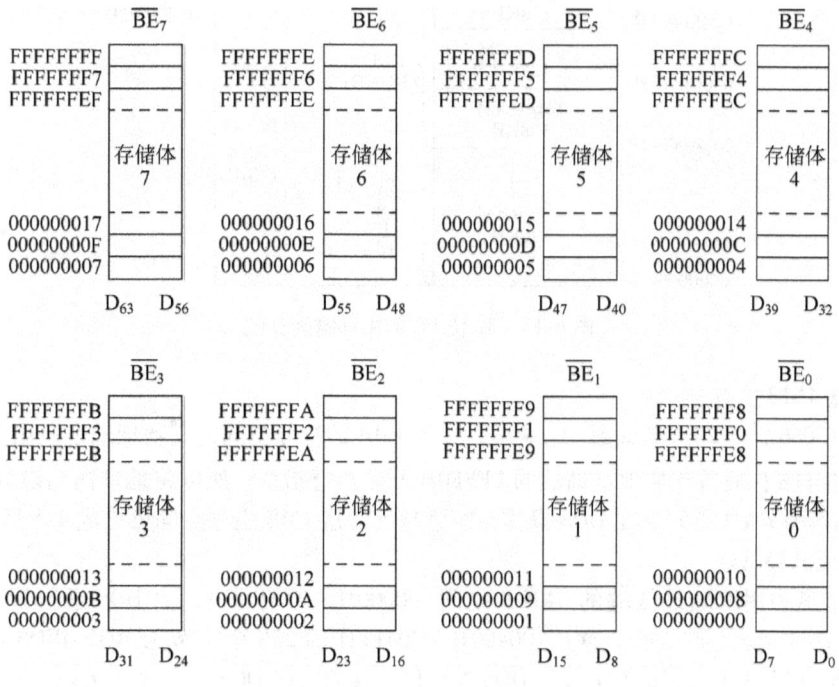

图 6-14 Pentium 的 64 位存储结构

位数据读写。同样，64 位数据对齐模 8 地址（能被 8 整除的地址，也就是地址低 3 位都是 0）、32 位数据对齐模 4 地址（能被 4 整除的地址，也就是地址低 2 位都是 0）、16 位数据对齐偶地址（模 2 地址、能被 2 整除的地址，也就是地址低 1 位是 0）能够一次完成读写，否则需要多次读写操作。

对于字节编址的主存储器，当数据总线宽为 8 位时，存取多字节数据都存在地址对齐问题。一般来说，对 $N(N=2,4,8,16,\cdots)$ 个字节数据，如果存放在能够被 N 整除的存储器地址位置，则地址边界对齐。

有很多处理器要求数据的访问必须对齐地址边界，否则会发生非法操作。而 IA-32 处理器比较灵活，允许不对齐边界的数据访问。不过，访问未对齐边界的数据，处理器通常需要更多的读写周期，其性能不如访问对齐地址边界的数据，尤其是在有大量频繁的存储器数据访问时。所以，为了获得高性能，高级语言的编译程序往往会根据地址对齐原则优化程序代码。

6.2.4 主存空间分配

IBM PC 和 IBM PC/XT 机使用 8088 处理器，支持 1MB 存储空间。IBM PC/AT 机使用 80286 处理器，支持 16MB 存储空间。32 位 PC 机使用 32 位 IA-32 处理器，具有 4GB 主存空间，其使用情况如图 6-15 所示。

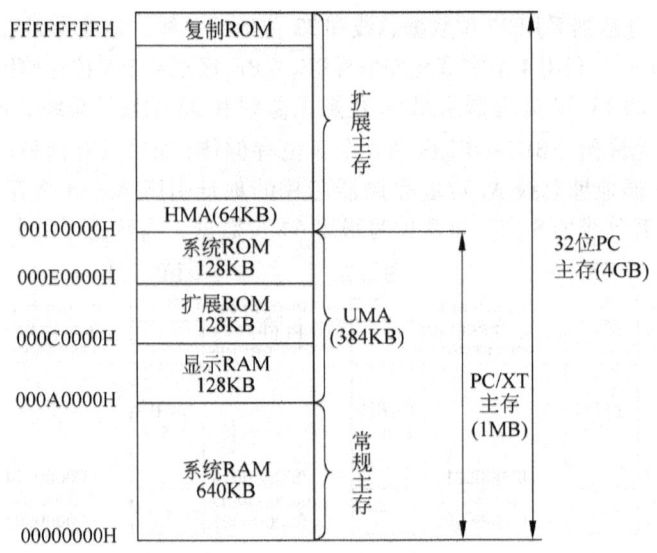

图 6-15 32 位 PC 的主存空间分配

1. 最低 1MB 主存

8088 和 8086 提供 20 个地址线 $A_{19} \sim A_0$，寻址 1MB 的存储空间，其物理地址范围为 00000H ~ FFFFFH。由于复位后首先从地址高端的 FFFF0H 开始执行指令，所以将地址高端设置为 ROM 空间，而低端作为 RAM 空间。在 DOS 操作系统管理下，这 1MB 主存空间可分成 4 个区域。

（1）系统 RAM 区

该 RAM 区占用地址最低端的 640KB 空间（00000H ~ 9FFFFH），由 DOS 进行管理。最低的 1KB 用作中断向量表（详见第 7 章），00400H ~ 004FFH 的 256 个字节为 ROM-BIOS 使用的数据区，00500H ~ 005FFH 的 256 个字节为 DOS 参数区，接着安排 DOS 操作系统的核心程序、设备驱动程序等，随后都提供给用户应用程序使用。

(2) 显示 RAM 区

该 RAM 区保留作为系统的显示缓冲存储区，也被称为保留 RAM 区。虽然这是 128KB 的主存空间（A0000H~BFFFFH），但却用来存放要在屏幕上显示的信息，而过去是通过显示卡上的 RAM 芯片实现的，所以简称"显示缓存"或"显存"。

显示 RAM 区并没有被完全使用，具体使用的容量与显示卡及显示方式有关。例如，PC 最早使用的单色显示卡 MDA 使用 4KB（B0000H~B0FFFH），仅支持黑白字符显示方式，可显示 25 行 ×80 列西文字符。再如，彩色图形显示卡 CGA 使用 16KB（B8000H~BBFFFH），可支持多种字符和图形显示模式。增强图形显示卡 EGA 和视频图形阵列 VGA 可以兼容 MDA 和 CGA 使用上述区域，也支持新增显示方式使用从 A0000H 开始的 64KB 主存空间。现在，图形加速显示卡具有多达 64MB 的显示存储器，但它们并不规划在微机系统的主存空间中。

(3) 扩展 ROM 区

扩展 ROM 区（C0000H~DFFFFH）用来安排各种 I/O 接口电路卡上的 ROM，为相应外设提供底层驱动程序。例如，硬盘驱动器使用 C8000H~CBFFFH 的 16KB 空间来存放它的驱动程序（即服务于硬盘的 ROM-BIOS）。用户也可按格式要求为自己的设备编写相应的 ROM-BIOS 程序，并将它安排在这一区段，系统会对它进行确认和连接。

(4) 系统 ROM 区

系统 ROM 区（E0000H~FFFFFH）主要安排系统提供的 ROM-BIOS 程序，负责系统上电检测、磁盘 DOS 的引导（Boot）等初始化操作，也用来驱动系统配置的标准输入输出设备，还存放着供输出设备使用的字符和图符点阵信息。ROM-BIOS 主要占用了地址范围 F0000H~FFFFFH 的 64KB 主存空间。IBM PC 和 IBM PC/XT 机上从 E0000H 开始还有 32KB 的 ROM-BASIC 解释程序，可支持用户使用 BASIC 源程序；以后的 PC 不再有 ROM-BASIC 解释程序，也可以用作用户扩展 ROM 区。

2. 扩展主存

上述 1MB 称为实方式主存，其空间分配在所有 80x86 处理器的 PC 上都一样。其中，最低 640KB 的系统 RAM 区称为常规主存（Conventional Memory）或基本主存（Base Memory），其后 384KB 主存称为上位主存区（Upper Memory Area，UMA）。

80286 提供 16MB 主存，IA-32 处理器有 4GB 空间，1MB 后的 64KB 可以作为 HMA 使用，最后的 64KB 复制 ROM-BIOS（稍后说明），其他主存空间则都作为 RAM 区域使用，被称为扩展主存（Extended Memory）。扩展主存只能在保护方式下使用。Lotus（莲花）、Intel、Microsoft 和 AST 公司制定了扩展主存使用规范（Extended Memory Specifications，XMS）。DOS 5 及以后版本含有的 HIMEM.SYS 文件就是遵循该规范的驱动程序。

由于历史的原因，DOS 操作系统不能直接管理 1MB 以上的主存，所以随着应用程序规模的增大，640KB 的常规 RAM 就成了非常宝贵的资源。为了充分利用主存空间，DOS 5 及以后版本可以利用 HIMEM.SYS 存储管理软件转换到保护方式使用扩展主存。

3. 扩充主存

早在 20 世纪 80 年代，许多应用程序就需要大量 RAM，于是出现了扩充主存（Expanded Memory）。Lotus、Intel 和 Microsoft（LIM）三家公司共同制定了扩充主存使用规范（Expanded Memory Specifications，EMS）。

扩充主存并不是处理器可以直接访问的存储空间，不属于上述 1MB 常规主存和扩展主存。在 PC 中，利用上位主存区 UMA 中的 64KB 空间开设一个"窗口"，将扩充主存映射到该窗口中被处理器访问。扩充主存可以达到32MB，使用哪部分64KB就将其映射到这个窗口。这种将扩充主存映射到处理器可以直接访问的主存区域来进行间接访问的方法称为体交换（Bank Switching）技术。该技术早在8位微机系统中就已经使用了，在任何80x86处理器系统（包括8086和8088）都可以应用这种技术，不需要保护方式支持。

要使用安装的扩充主存，必须执行其配套的扩展主存管理程序（Expanded Memory Manager，EMM）。IA-32处理器上支持扩展主存XMS，通常没有必要再安装扩充主存EMS。个别DOS程序需要使用扩充主存，可以利用DOS的EMM386.EXE软件将扩展主存XMS转换为扩充主存EMS使用。

4. 高端主存区 HMA

在8088和8086处理器中，当段基地址与偏移地址相加后超过了物理地址FFFFFH时，它将自动回绕（Wrap Around），从起点00000H开始。但是，在80286及以后的处理器上还有A_{20}地址引脚，实方式下不会自动回绕，而是从100000H开始，使得$A_{20}=1$。问题是A_{20}及以后的地址引脚应该在保护方式被激活。为了控制A_{20}的激活，IBM PC/AT设计有锁存器，被称为A_{20}门（A_{20} Gate）。80486开始的IA-32处理器设计有A20M引脚，它是低有效输入信号，用于屏蔽A_{20}地址信号。设置A20M=0，当物理地址超过1MB地址范围时，地址自动回绕，就像8088和8086一样；设置A20M=1，当物理地址超过1MB地址范围时，地址不自动回绕，就像80286和80386一样。引脚A20M只在实方式有效，在保护方式该引脚没有作用。

在实方式下，通过控制A_{20}开放，程序可以访问从100000H到10FFEFH（最高段地址和偏移地址都是FFFFH，其物理地址是FFFF0H+FFFFH=10FFEFH）之间约64KB的存储区域，这个1MB之后的64KB区域称为高端主存区（High Memory Area，HMA）。

5. 上位主存块 UMB

在有关PC的文献中，将A0000H～FFFFFH地址范围的384KB主存称为上位主存区UMA。但是，这部分主存区域并没有用完。由于未使用的区域并不连续，所以它们被开辟为上位主存块（Upper Memory Block，UMB）。DOS5及以后的版本包含有EMM386.EXE驱动程序，它可以查找和管理没有使用的UMB。

HMA和UMB这两部分区域都可以安排给DOS及其应用程序，以尽量节省640KB的常规RAM空间。

6. ROM 复制和影子主存

8086执行的第一条指令在物理地址FFFF0H开始的存储单元。当80286处理器供电启动后，首先处于实方式，从物理地址FFFFF0H获取第一条指令开始执行。复位后，CS=F000H，IP=FFF0H，地址引脚$A_{20}\sim A_{23}$为高电平逻辑1。当执行完第一个指令代码之后，地址引脚$A_{20}\sim A_{23}$成为低电平逻辑0，而且直到进入保护方式这些引脚才被激活。所以，原来安排在F0000H～FFFFFH地址范围的64KB容量的ROM-BIOS必须复制到FF0000H～FFFFFFH主存地址区域，以便在实方式和保护方式都能够读取。

同样，IA-32处理器启动后的第一条指令是在FFFFFFF0H存储单元。所以，在其支持的4GB主存空间的最后64KB主存空间也必须复制ROM-BIOS内容。

现在ROM-BIOS程序都保存在闪速存储器芯片中，可以升级更新。但ROM芯片的读写速度比RAM芯片慢，为提高ROM-BIOS访问速度，PC启动后可以将ROM-BIOS映射到RAM中，以后读取ROM-BIOS内容就可以访问快速的RAM芯片。这部分用作ROM-BIOS并被操作系统设置为只读的RAM区域，称为影子主存（Shadow RAM）。

6.3 高速缓冲存储器

现代计算机系统中，主存储器除了向处理器提供指令和数据外，还要承担同处理器并行工作的大量外设的输入输出数据任务，负担很重。主存提供信息的快慢，已经成为影响整个计算机系统运行速度的一个关键因素。

另一方面，处理器的运行速度不断提高，而由动态存储器 DRAM 组成的主存的存取时间较慢，跟不上处理器的运行速度。相对于 DRAM 来说，静态存储器 SRAM 的速度较快。但 SRAM 容量较小、价格较贵，无法大量用于微机系统。正如我们在层次存储结构所见到的那样，解决这个矛盾的方法就是采用高速缓冲存储器，简称高速缓存，英文为 Cache。高速缓存是完全用硬件实现的，对于程序员来说它是透明的(实际存在而好像不存在)。高速缓存的实现思想与虚拟存储器具有异曲同工之妙。虚拟存储器是虚拟的(实际不存在而好像存在)，它是在主存与辅存之间主要由操作系统(配合硬件)以文件形式建立的，用于调度并加快对辅存的存取操作。

6.3.1 工作原理

高速缓存 Cache 是在相对容量较大而速度较慢的主存 DRAM 与高速处理器之间设置的由少量但快速的 SRAM 组成的存储器。高速缓存中复制着主存的部分内容(通常是最近使用的信息)。当处理器试图读取主存的某个字时，高速缓存控制器首先检查高速缓存中是否已包含有这个字。若有，则处理器直接读取高速缓存而不必访问主存，这种情况称为高速缓存读命中(Hit)；若无，则处理器读取主存中包含此字的一个数据块，将此字送入处理器，同时将此数据块传送到高速缓存，这种情况称为高速缓存读缺失(Miss)，即未命中。由于访问的局部性原理，不久的将来处理器要存取的字很有可能就是这个数据块中的其他字，那时，处理器就可以高速命中，从而减少访问主存的次数，加快存取速度。如图 6-16 所示。

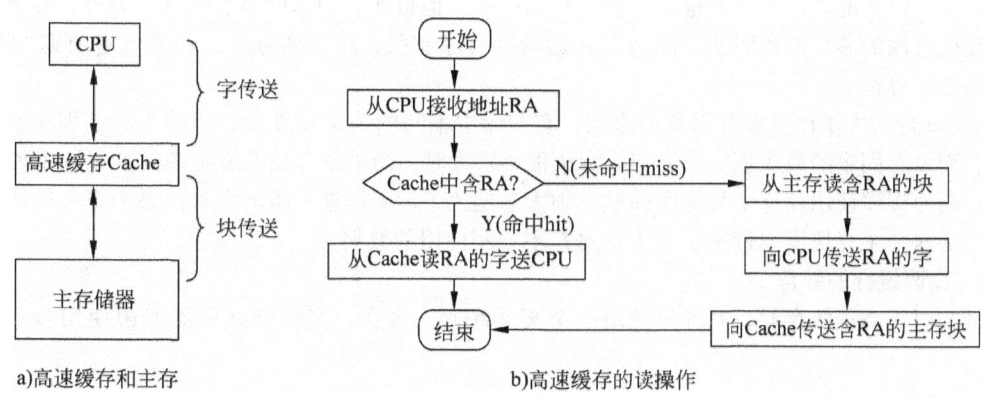

图 6-16 高速缓存的数据传送

1. 高速缓存的结构

具有 n 位地址总线的主存由 2^n 个可寻址字(Word)组成，每个字都有一个唯一的 n 位地址。在现代微机中以 8 位的字节(Byte)为基本存储单位，此时可把"字"理解为"字节"。高速缓存与主存间的数据传送以数据块(Block)为单位，如 B 个字。高速缓存中包含 B 个字的一个单元称为一个"Cache 行"(线(Line)或槽(Slot))，图 6-17a 假设高速缓存有 m 行。以数据块为单位，主存可以划分成 $M = 2^n \div B$ 个"主存块"，每次操作都是主存中的一个块存取到高速缓存中的某个行。

由于高速缓存的行数 m 远小于主存的块数 M，所以一个 Cache 行不可能只对应主存中的一个固定位置块。这样，高速缓存的每个行中除具有一个存储主存信息的数据存储器外，还包含一个表明被缓冲数据位置的称为标签或标记（Tag）的存储器。标签存储器保存着该数据所在主存的地址信息。

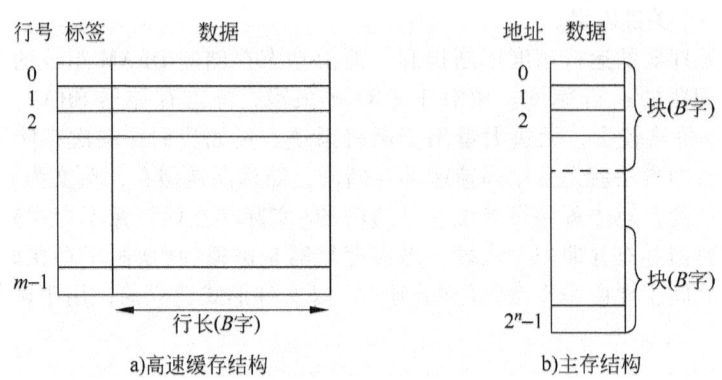

图 6-17　高速缓存和主存的组成结构

2. 高速缓存的容量和行大小

衡量高速缓存性能的主要指标是命中率（Hit Rate），即高速命中的概率。命中率越高，说明进行存储访问时，直接从高速缓存中存取信息的机会越多，需要花费较多时间存取主存的次数越少，所以高速缓存的性能能高。那么，高速缓存应该具有多大容量，Cache 行应该是多少个字，才能使存储系统具有较高的性能呢？

对于高速缓存容量，既希望它足够大使得整个存储系统的存取时间能够接近单独使用高速缓存的存储器系统，同时又希望它尽量小以使整个存储系统的单位成本接近单独使用主存的存储器系统。较大的高速缓存容量虽然会提高命中率，但也使它的速度略有降低。另外，高速缓存容量还受可用的芯片面积限制，同时也和运行的程序有关，所以实际上，几乎没有所谓"最优"的高速缓存容量。

Cache 行的大小也受多种因素的影响，它与命中率间的关系较复杂，依赖于特定程序的局部特性，而没有固定的最优值。当 Cache 行从很小增大时，命中率开始会有提高，这是局部性原理使然：因为程序使用该行中其他字的概率很大。但当 Cache 行进一步增大时，命中率可能反而减小，因为这个主存块可能带来了不少程序并不立刻使用的数据。

3. 高速缓存的数量

最初引入高速缓存时，系统只使用一个高速缓存。现在，高性能处理器普遍使用多个高速缓存。

（1）单级与多级 Cache

80386 时代的 PC 只能在主板上使用单级高速缓存。随着器件集成度的提高，在制作处理器的同一个芯片上可以集成高速缓存，这就是处理器芯片上（On-chip）的高速缓存。使用片上（或说内部）高速缓存可以减少处理器外部总线的活动，加速执行时间，进而提高整个系统的性能。80486 在处理器芯片中集成了 8KB 的片上高速缓存。

简单地增加片上高速缓存容量并不意味着整个高速缓存系统的访问速度就提高了。于是，存储系统在原来容量较小的片上，即第 1 级高速缓存（L1 Cache）的基础上，又加入了第 2 级高速缓存（L2 Cache）。较大容量的 L2 Cache 可以进一步减少处理器访问主存的次数，提高系统性能。80486 和 Pentium 时代的 PC 机支持主板上的第 2 级高速缓存，容量是 128MB 或 256MB。Pentium

II开始将第2级高速缓存也制作在处理器芯片上，Pentium 4处理器还支持更大容量的第3级高速缓存(L3 Cache)。

(2) 统一与分离Cache

在片上高速缓存刚出现时，一般采用单个高速缓存，它既用于高速缓冲保存指令，也用于保存数据，这就是统一(Unified)Cache结构。现在，通常将高速缓存分成两个：一个专用于缓冲指令(I-Cache)，而另一个专用于缓冲数据(D-Cache)，这就是分离(Split)Cache结构。

统一高速缓存结构由于在设计和实现上较容易，所以最先采用。相对于同容量的分离高速缓存结构来说，统一Cache因为可以自动调整缓冲指令和数据的数量，所以具有较高的命中率。例如，一个程序执行涉及更多的指令，则统一Cache可以主要缓冲指令；另一个程序执行需要大量的数据，则统一Cache可以主要缓冲数据。这是统一Cache的主要优点。80486处理器的片上高速缓存就是采用统一Cache，第2级和第3级高速缓存也都采用统一Cache结构。

分离Cache的优点主要体现在采用超标量技术的处理器中。Pentium以后的Intel处理器都采用了多条可以同时执行的流水线部件，第1级高速缓存都采用分离高速缓存结构。分离Cache使多个执行单元可以同时预取指令和存取操作数，极大地减少了因为指令的并行执行带来的预取指令和存取操作数的冲突，因而提高了性能。

数据和指令分开存储在各自存储器中的思想在主存中也有使用。例如，Intel公司的单片处理器MCS-48/51/96系列就是这样。这种指令与数据分离的存储器系统称为哈佛结构(Harvard Architecture)。

为了使高速缓存系统具有较高的性能，在设计高速缓存时有几个关键因素，除了前面介绍的高速缓存容量、行大小、数量之外，还有地址映射、替换算法和写入策略等。

6.3.2 地址映射

由于高速缓存的行(槽)数远小于主存的数据块数，所以必须采用"地址映射"的方法确定主存块与Cache行之间的对应关系，以及主存块是否已存入高速缓存。高速缓存通过地址映射确定一个主存块应放到哪个Cache行中。地址映射的方式决定了Cache的组织形式，共有3种映射方式：直接映射、全相关映射和组合相关映射。

1. 直接映射

直接映射(Direct Mapping)是最简单的映射方式，它将每个主存块固定地映射到某个Cache行。

在图6-18所示的直接映射组成图中，Cache行为2^w个字(占用地址最低w位)，具有2^s行，即高速缓存容量$m=2^s$行$=2^{s+w}$字。n位地址的主存容量$M=2^n$字$=2^{n-w}$主存块，分成了2^t个主存页，每个主存页的容量等于高速缓存容量2^{s+w}，即主存地址由3部分组成：$n=t+s+w$。这样，在直接映射方式中，第i个Cache行只能用于存储所有主存页的第i个主存块，即某个主存块只能固定地映射到一个对应的Cache行。标签存储器只需要存储最高t位页号地址，就可以确定主存块对应的Cache行。

当处理器发送n位地址对存储器操作时，它将其中的s位地址作为索引，查看对应Cache行的标签存储器内容。然后将此标签存储器内容与主存地址的高t位比较，如果两者相同，说明高速命中，可进一步用最低w位区别某个字，直接从高速缓存中读取并送至处理器；如果两者不相同，说明高速未命中，则利用n位地址访问主存。

在图6-19所示的直接映射示例图中，Cache行为$2^2=4$个字节，具有$2^{14}=16$K行，故Cache容量$m=2^{16}$字节$=64$KB。24位地址的主存容量$M=16$MB，分成了2^8个主存页，每个主存页的容量都是64KB。这样,主存地址 $n(24) = t(8) + s(14) + w(2)$。

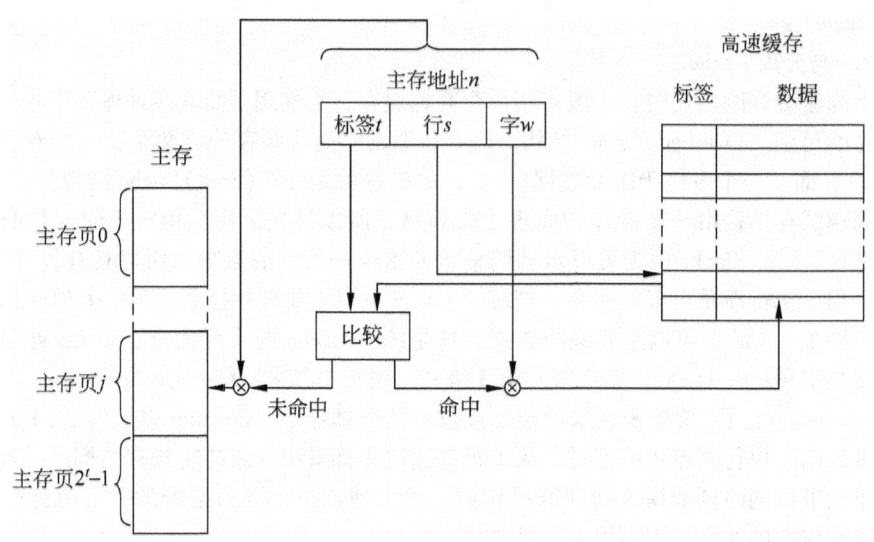

图 6-18 直接映射的组成

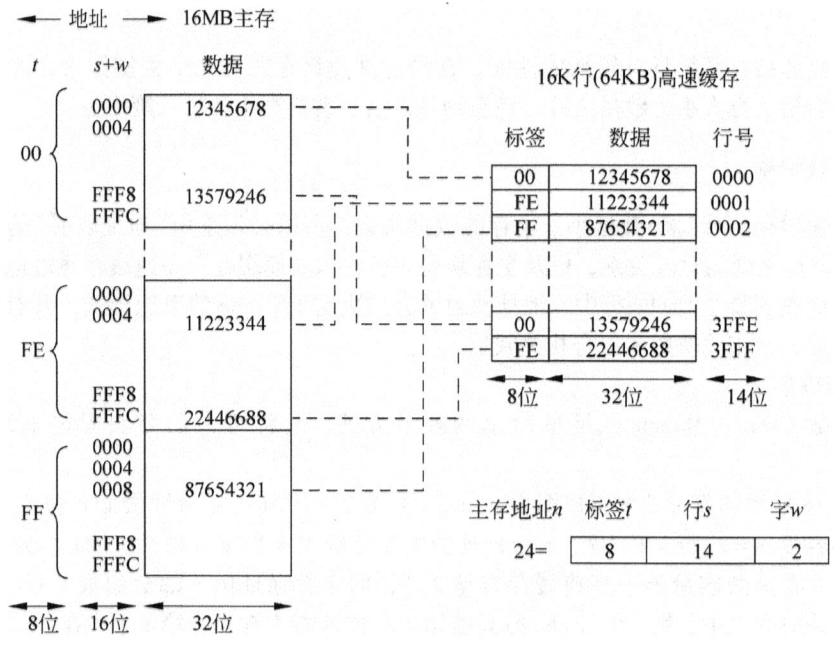

图 6-19 直接映射的示例

直接映射的优点是硬件简单,容易实现。但由于第 i 个 Cache 行只能用于存储所有主存页的第 i 个主存块,所以,当程序恰好要使用两个及两个以上主存页中同一个位置的主存块时,就会发生冲突。当冲突发生时,该 Cache 行不断地被交替存放,使性能下降;而且其他 Cache 行即使空闲也不能使用,又使高速缓存利用率变得很低。

2. 全相关映射

全相关映射(Full Associative Mapping)克服了直接映射固定对应关系的缺点,可以将一个主存块存储到任意一个 Cache 行，为系统提供了最大的灵活性，常简称为相关映射。

因为主存块可存入任一 Cache 行，所以标签存储器中必须保存完整的主存块地址，即 $t = n - w$。当进行高速缓存操作时，高速缓存控制逻辑必须比较全部标签存储器的内容，才能确定是否命中，如图 6-20 所示。在图 6-21 的示例中，主存和高速缓存容量仍分别为 16MB 和 64KB，4 字节为一个 Cache 行。此时，标签存储器必须存放 $t(22)$ 位地址，即主存块地址。

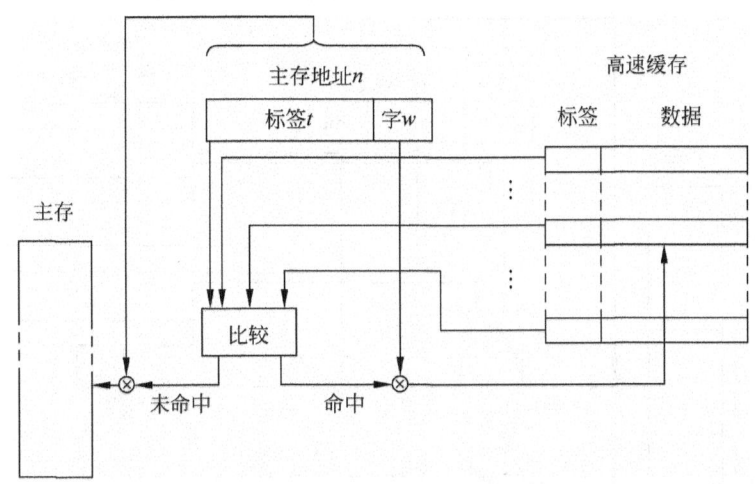

图 6-20 全相关映射的组成

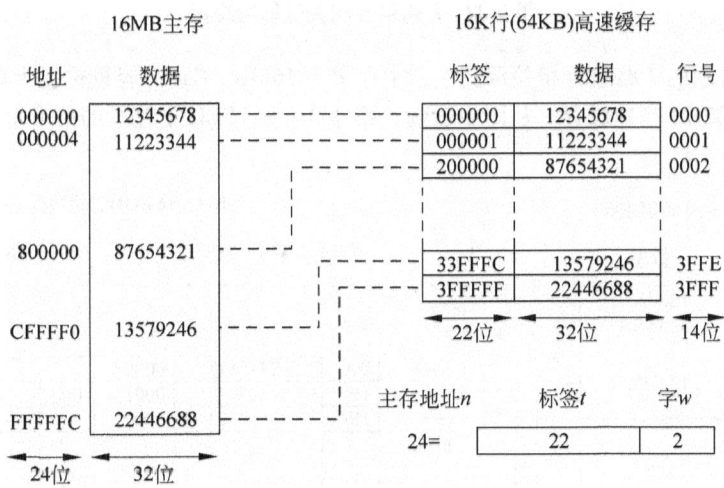

图 6-21 全相关映射的示例

在全相关映射方式中，若 Cache 已满，则需要采用替换算法（稍后论述）确定哪个 Cache 行应该被替换成新的数据块。相关映射的 Cache 行使用灵活，利用率也高，因而冲突情况减少，命中的概率（命中率）较高。但是，全相关映射的主要缺点是实现所有标签存储器内容并行比较的电路比较复杂。

3. 组合相关映射

组合相关映射（Set Associative Mapping）吸取直接映射的简单性和全相关映射的灵活性，克服了两者的不足，简称为组合映射。它将多个 Cache 行作为一个组（Set），所有组中同位置 Cache 行称为一路（Way），组内各个 Cache 行采用全相关映射，各个组之间采用直接映射。通常采用 2、

4、8 或 16 个为一组，分别称为 2 路、4 路、8 路或 16 路组合相关映射高速缓存。

图 6-22 表示出 2 路组合相关映射方式的高速缓存结构。此时，存在 2 路同样容量的高速缓存，主存分成了与一路高速缓存容量相同的 2^t 个主存页。这样，主存页中的第 i 个主存块就可以存储在 2 路高速缓存中任一路的第 i 行。进行命中比较时，只需要把主存地址高 t 位与两个第 i 个 Cache 行的标签存储器内容比较即可。

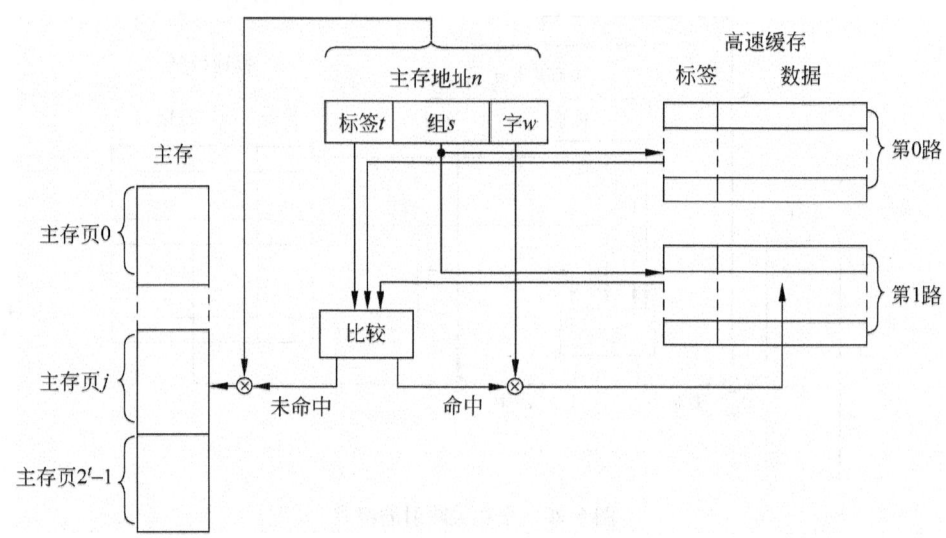

图 6-22 2 路组合相关映射的组成

在图 6-23 所示的 2 路组合相关示例中，主存仍为 16MB，Cache 容量也仍为 64KB，但分成了 2 路直接相关的 32KB 高速缓存。从图中看到，第 000H 和 1FEH 主存页的第 1 个主存块都进入了高速缓存。

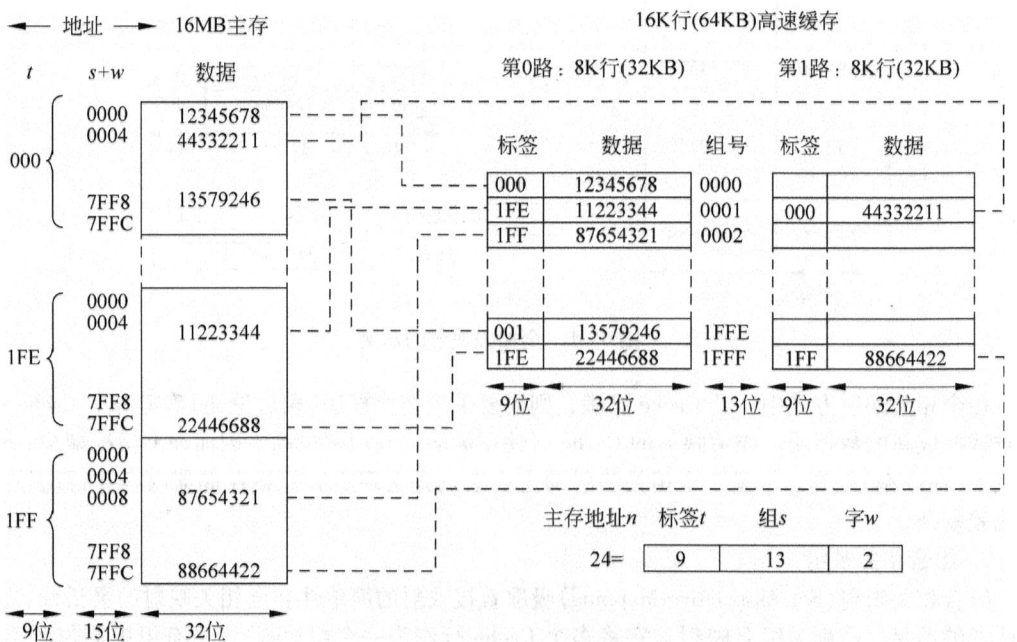

图 6-23 2 路组合相关映射的示例

实际上，可以将直接映射和全相关映射看成是组合相关映射的特例。组合相关只有一路（每组只有一个Cache行）就是直接相关映射，组合相关只有一组（每个Cache行都是一路）就是全相关映射。

6.3.3 替换算法

当一个新的主存块要进入高速缓存，但允许存储这个主存块的Cache行都已经被占用时，就产生了替换问题，即要解决这个新主存块替换掉哪一个原主存块的问题。对于直接映射的高速缓存来说，这不成问题，因为只能替换唯一的一个Cache行，别无选择。而对全相关和组合相关结构，就需要选择替换算法，而且这种算法必须用硬件实现。

（1）随机（Random）算法

这种算法不依赖以前的使用情况，随意地选择一个Cache行进行替换。这个方法的优点是简单、易于用硬件实现，但没有利用Cache行被访问的情况，不能反映局部性。

（2）先进先出（First-In-First-Out，FIFO）算法

FIFO算法替换存放时间最长的Cache行。这种算法容易用循环或环形缓冲器实现。虽然它利用了进入高速缓存的先后顺序，但不能正确地反映局部性原理。这是因为，最先进入的Cache行很可能是经常要使用的主存块。

（3）近期最少使用（Least-Recently Used，LRU）算法

LRU算法本来是指替换近期最少被访问的Cache行，但由于实现困难，实际上是选择最长时间未被访问的Cache行进行替换。LRU算法是最常用、最有效的方法，因为它依据了存储访问局部性原理的推论：如果最近刚使用的Cache行可能很快要再次使用，那么最久没有使用的Cache行就是最好的被替换Cache行。

对于2路组合相关映射，LRU算法非常容易实现。每个Cache行只要再包含一个1位的U（Used）位即可。当存取某个Cache行时，它的U位置1，而另一路高速缓存中同样位置的Cache行的U位置0。进行替换时，选择U位等于0的行。

对于4路、8路等组合相关映射，可以利用一张表（堆栈形式结构），并把最近使用的Cache行放在表的最上面，然后依次存放其他行，最下面存放最长时间未使用的行。如图6-24所示为4路组合映射的LRU算法示例，开始时，0号行在上面表示它是最近使用的行，而3号行在最下面表示它是最长时间未使用的行。如果这时需要替换，显然要更新3号行，同时它成为最近使用的行到了最上面，其他行依次向下顺移。接着，处理器访问了1号行，则它移到了最上面，其他行依次调整，……

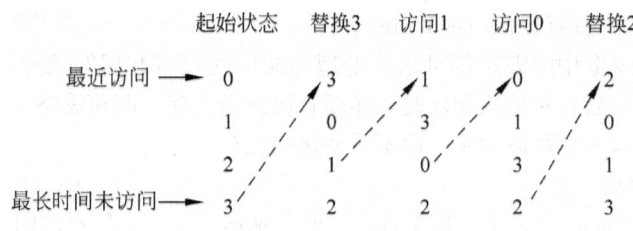

图6-24　4路组合映射的LRU算法示意

6.3.4 写入策略

处理器对高速缓存的访问主要是读取访问，因为对指令的访问都是读取，而且指令读取操作数要多于写入操作数。由于存在高速缓存，写入操作数的问题要复杂一些。

1. 写命中的处理

需要确认写入的数据是在高速缓存中，即高速缓存写命中，才能对高速缓存进行写入操作。由于高速缓存的数据同时也保存在主存中，所以当程序对高速缓存进行了写入操作时，将导致与主存内容不一致。写入策略用于写入高速缓存时，解决主存内容更新问题，以保持数据的正确性。

(1) 直写(Write Through)策略

直写式写入策略是简单、可靠而直观的方法。它是指处理器对高速缓存写入的同时，将数据也写入到主存，这样可以保证主存和高速缓存内容一致。写入的数据可能是字、双字或 4 字等单位，不会是整个 Cache 行。由于每次对高速缓存的更新都要启动一次主存的写操作，因此外部总线操作频繁，有时工作速度会受到影响。

为了解决直写高速缓存的速度问题，可在高速缓存与主存间增加一级或多级缓冲器，形成更加实用的缓冲直写高速缓存。这时，处理器在写入高速缓存后，便可以执行下一个操作，而不必等待数据写入主存；被写入高速缓存的数据同时进入缓冲器中，由缓冲器电路负责将数据写入主存(可与处理器并行操作)。

(2) 回写(Write Back)策略

回写高速缓存策略是指在每个 Cache 行的标签存储器中增加一个更新(Update)位，当处理器更新高速缓存时，并不立刻写入主存，而是使该行的更新位置位(Update = 1)，表示该 Cache 行中的数据已经修改但相应主存块并没有修改。随后，处理器对该行的同一个字或其他字写操作时，也同样处理，没有写入主存。只有当另一个主存块需要被高速缓存到该 Cache 行产生替换时，在确认更新位为 1 后，才进行一次回写主存的操作，当然同时也应该使此时的更新位清零(Update = 0)。

回写高速缓存策略只有在 Cache 行替换时才可能写入主存，写入主存的次数少于处理器实际执行的写入操作数。所以，回写策略的性能要高于直写策略，但实现结构要稍复杂些。

2. 写未命中的处理

指令对主存进行写入操作，也会出现操作数并没有在高速缓存中的情况，这是高速缓存的写缺失，即写未命中。此时，写入主存的数据是否需要读回高速缓存呢？这有两种选择。

(1) 不写分配法(No-Write Allocate)

写未命中高速缓存时，直接把数据写入主存，不将相应的块调入高速缓存，也称绕写法(Write Around)。

(2) 写分配法(Write Allocate)

写未命中高速缓存时，先把数据所在的主存块调入高速缓存，然后再进行写入。这类似于读未命中方式，也称为写时取(Fetch On Write)。

上述两种处理写未命中的方法都可用于处理写命中的直写和回写策略。但直写策略通常配合不写分配法，因为以后再对该主存块写入还要直接访问主存。回写策略一般配合写分配法，这样以后再对该主存块写入就可以命中，而不需要访问主存。

3. 数据一致性协议

当系统存在两级 Cache 时，主存数据就有了两个副本，这 3 个位置的同一个数据自然要保持一致。在现代多处理器系统中，每个处理器可能都有一级或多级高速缓存，这样同一个数据就可能具有更多个副本，这就使得数据一致性问题更加复杂。

高速缓存的数据一致性问题可以用软件方法解决，但更有效的解决方法还是用硬件，称之为高速缓存的数据一致性协议。MESI 协议是广泛应用的数据一致性协议。

MESI 协议在高速缓存的每个标签存储器中增加了两个位，用于表达相应 Cache 行数据的 4

种一致性状态，包括：
- 修改(Modified)——该 Cache 行已经被修改(与主存不同)，而且只在这个 Cache 中可用。
- 唯一(Exclusive)——该 Cache 行与对应的主存块相同，而且不存在于其他 Cache 中。
- 共享(Shared)——该 Cache 行与对应的主存块相同，但可能存在于其他 Cache 中。
- 无效(Invalid)——该 Cache 行包含的数据无效。

6.3.5　80486 的 L1 Cache

80486 的第一级高速缓存共有 8KB 容量，采用 4 路组合相关地址映射方式，如图 6-25 所示。它以 16 个字节为一个 Cache 行(块)，4 个全相关映射的 Cache 行为一组，共 128 组使用直接映射。也可以把 8KB 容量看成 4 路 2KB 的高速缓存，每路 2KB 高速缓存分成 128 个 Cache 行，采用直接映射；同一位置的 4 个 Cache 行为一组，采用全相关映射。

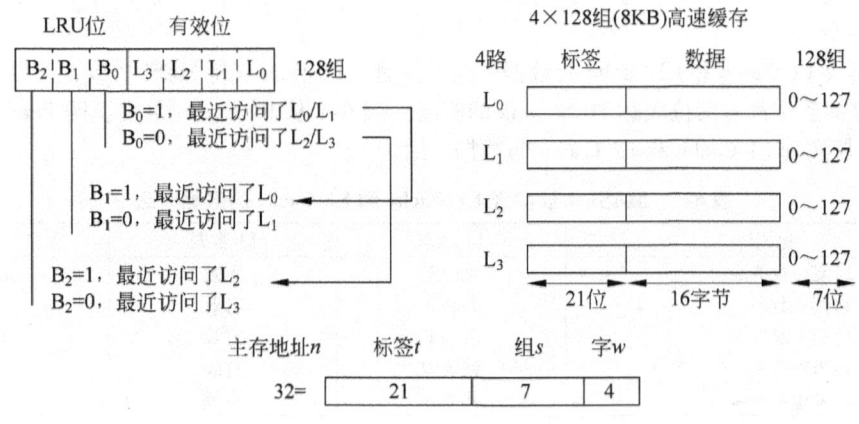

图 6-25　80486 第一级高速缓存的结构

80486 的第一级高速缓存每路包含 $2KB = 2^{11}$ 字节。对于 32 位地址、4GB 容量的主存来说，可以分成 $4GB \div 2KB = 2^{32} \div 2^{11} = 2^{21}$ 个主存页(每页对应 2KB)。这样每个 Cache 行只需设计一个 21 位的标签存储器，记录该 Cache 行映射到哪个主存页，再结合直接映射的组号就可以明确该 Cache 行对应哪个主存块。

每个 Cache 行都有一个有效位，表明此行中的数据是否有效可用。LRU 替换算法用硬件实现比较复杂，80486 片上高速缓存采用近似的 LRU 算法，称之为"伪 LRU"(Pseudo-LRU)算法。每组的 4 个 Cache 行对应 3 位 LRU 位，用于实现"伪近期最少使用 LRU"替换算法。如果某组的 4 个 Cache 行都有效，数据还要写入该组则需要进行替换。假设组中的 4 个 Cache 行分别用 $L_0 \sim L_3$ 表示。B_0 位说明最近访问的是 L_0 或 $L_1 (B_0 = 1)$ 还是 L_2 或 $L_3 (B_0 = 0)$；B_1 位说明最近访问的是 $L_0 (B_1 = 1)$ 还是 $L_1 (B_1 = 0)$；B_2 位说明最近访问的是 $L_2 (B_2 = 1)$ 还是 $L_3 (B_2 = 0)$。

80486 的第一级高速缓存采用缓冲直写式写入策略。如果写操作命中 Cache，则除了将信息写入片上 Cache 外，还要写入写缓冲器中，然后由总线接口单元驱动一次外部的写总线周期。总线接口单元设置了 4 个写缓冲器(4 级锁存器)，最多可允许 6 个连续写操作而无需等待。如果写操作未命中高速缓存，则总线接口单元只将数据写入主存，不进行高速缓存的回填。这样，虽然写入主存需要几个时钟，但处理器却可以在一个时钟周期执行一条存储指令。

6.3.6　Pentium 的 L1 Cache

Pentium 的第一级高速缓存采用指令和数据分离的 Cache 结构，每种都是 8KB，共 16KB，如

图 6-26 所示。8KB 高速缓存采用 2 路组合相关映射方式，分成 2 路 4KB 高速缓存；每路分成 128 行，每个 Cache 行为 32 个字节。Pentium 的第一级高速缓存采用 LRU 算法，每对 Cache 行只需要 1 位表示。

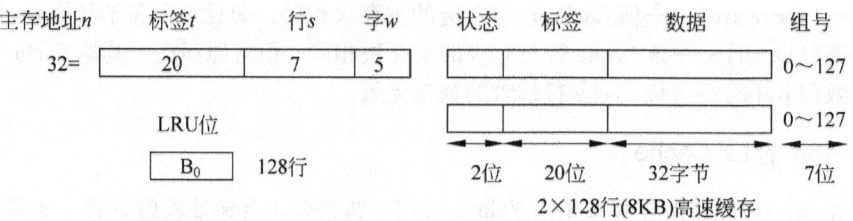

图 6-26　Pentium 第一级高速缓存的结构

数据 Cache 采用回写策略，但可以动态设置为直写策略。Pentium 支持外部 L2 Cache，它采用指令和数据统一的 Cache 结构，可以是 256KB 或 512KB 的 2 路组合映射，每个 Cache 行为 32、64 或 128 字节。

为了解决 L1 Cache 和 L2 Cache 的数据一致性问题，Pentium 支持 MESI 协议，所以每个 Cache 行的标签存储器中都有两位表达 MESI 协议的状态。表 6-1 从 L1 Cache 角度说明 Pentium 如何利用 MESI 协议实现 L1 Cache 和 L2 Cache 的数据一致。

表 6-1　MESI 协议实现 L1 Cache 和 L2 Cache 的数据一致

操作	L1 状态	L1 数据	L2 数据
1）复位或清洗后	无效 I	无效	无效
2）读入数据	共享 S	有效	有效
3）第 1 次写入	唯一 E	有效	有效
4）再次写入	修改 M	有效	无效
5）发生替换后	共享 S	有效	有效

表 6-1 的说明如下：

1）当处理器复位或高速缓存内容被清除后，L1 Cache、L2 Cache 的数据均无效，L1 的 MESI 状态位为"无效 I"。

2）当新主存块读入时，数据进入 L2 Cache 行，再进入 L1 Cache 行。此时，L1 的状态位为"共享 S"，再对该 Cache 行的读入操作将不影响它们的状态。

3）当处理器对该 Cache 行第 1 次进行写入时，该 L1 Cache 行数据被更新。为了防止数据不一致，对该 L1 Cache 行第 1 次进行写入的同时，处理器启动一次直写操作，修改该 L2 Cache 行的数据。此时，L1 的状态位改为"唯一 E"。

4）当再次对该 L1 Cache 行进行写操作时，（采用回写策略）不再改变该 L2 Cache 行。但此时，L1 的状态位更换为"修改 M"。

5）当发生替换时，如果该 L1 Cache 处于 S 或 E 状态，则不必对该 L2 Cache 进行写入；如果该 L1 Cache 处于 M 状态，则必须对该 L2 Cache 进行写入，并将 L1 Cache 进行清洗。当新数据进入 L1 Cache 行时，L1 的状态位又回到"共享 S"。

Pentium 采用 MESI 协议，配合第一次直写、以后回写，实现 L1 Cache 和 L2 Cache 的数据一致，也称为一次写(Write Once)。

6.4　存储管理

存储器是计算机系统的重要资源，如何动态地为多个任务分配存储器就是存储管理，它是操作系统的主要功能之一。IA-32 处理器的分段机制和分页机制构成存储管理单元 MMU，从硬件上支持并加速了操作系统的存储管理。

6.4.1 段式存储管理

段式(分段方式)存储管理根据程序的逻辑结构将地址空间分成不同长度的区域。这个具有共同属性的存储区域就是逻辑段，简称段(Segment)。例如，一个程序的代码应包含在一个段中，一个系统表应该驻留在一个段中，而不同任务的数据或程序应该在不同的段中。所以，将存储器进行分段管理符合程序的模块化思想，同时也为存储保护奠定了基础。

一个程序通常包含多个段，需要有代码段、数据段和堆栈段等。每个段需要段基地址表明该段在主存的起始地址，需要段界限表明段的长度。一个程序使用一个段表保存各个段的属性，每个段的地址和界限等属性形成一个段表项。段表本身也是一个特殊的段，由操作系统维护。进行存储访问时，需要说明所在的段和段内的偏移地址，通过段表获得段地址，与偏移地址相加就得到线性地址。

保护方式下，IA-32 处理器必须使用分段机制，无法禁止。程序使用逻辑地址(Logical Address)访问存储器，逻辑地址由段选择器和偏移地址组成。段选择器指向段表的一个段表项，IA-32 处理器称段表项为段描述符(Descriptor)，称段表为段描述符表。

1. 段选择器

16 位段寄存器在保护方式被定义为段选择器(Selector)，它包含 3 个域，用于指向一个段描述符，如图 6-27 所示(图中数字表示二进制位)。

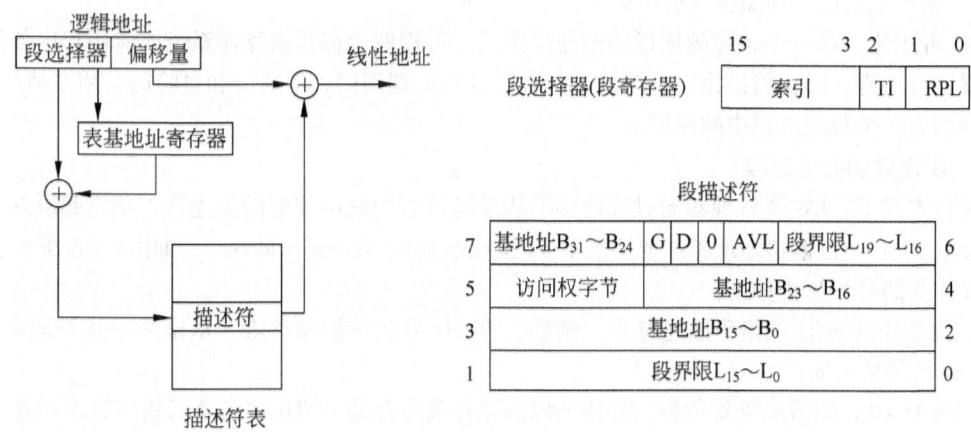

图 6-27 分段机制

段选择器的 3 个域说明如下：

- 索引域(Index)——记录段描述符在"描述符表"内的位置序号，13 位可选择 8K 个描述符 (0~8191)。
- 表指示位(Table Indicator, TI)——指示要寻址的描述符表。若 TI = 0，则寻找全部任务使用的全局描述符表 GDT；若 TI = 1，则寻找该任务使用的局部描述符表 LDT。描述符表是只存放描述符的特殊段，全局描述符表寄存器 GDTR、局部描述符表寄存器 LDTR 保存对应描述符表在存储器中的地址。
- 请求特权层(Requested Privilege Level, RPL)——反映请求本次存取的特权级别。

2. 描述符

描述符是保护方式引入的数据结构，共8个字节64位。IA-32处理器利用这个间接层，就能实现存储管理、特权与保护。段描述符有代码段描述符、数据段描述符、堆栈段描述符等，用于"描述"段的属性，有3个域，如图6-27所示（两侧数字表示第几个字节）。

- 段界限（Segment Limit）——20位，反映该段的长度，用于存储空间保护。
- 基地址（Base Address）——32位，给出该段的段基地址，用于形成线性地址。
- 访问权字节（Access Rights Byte）——说明该段的访问权限（只读、读写、只执行等），该段当前是否已在主存，以及该段所在特权层等，用于特权保护。
- 粒度位G——当G=0时，说明段界限的基本单位为字节（1B），20位界限表达最大1MB的段长度；当G=1时，说明段界限的基本单位为页（4KB），20位界限能表达最大4GB（1MB×4KB）的段长度。
- 默认操作长度D——在代码段描述符中使用时，指明代码段中的指令采用16位或32位操作。D=0为16位操作，指令默认使用16位操作数和16位寻址方式，这是实方式和虚拟方式的默认状态。D=1为32位操作，指令默认使用32位操作数和32位寻址方式，这是保护方式的默认状态。

  然而，不论默认状态是什么，都可以使用操作数长度超越（66H）和地址长度超越（67H）前缀改变。也就是说，16位操作模式下的指令也可以使用32位操作数和寻址方式，32位操作模式下的指令仍然可以使用16位操作数和寻址方式，只要在相应指令前使用上述超越前缀指令就可以了。

- 可用位AVL——该位的使用不做任何定义，可理解为保留给操作系统或应用程序使用。

描述符还有一类：门描述符。门描述符有任务门、调用门、中断门和自陷门，用于从一个程序转移到另一个程序过程中的保护。

3. 操作数的寻址过程

保护方式下，IA-32处理器通过段选择器从描述符表中取出相应的描述符，获得此段的32位段基地址，与32位偏移地址相加便形成了32位线性地址（Linear Address），如图6-28所示。

操作数的寻址过程如下：

1）段选择器的TI域指明描述符表。例如，TI=0为全局描述符表，从全局描述符表寄存器GDTR得到其基地址。

如果TI=1，则情况更复杂些。除从全局描述符表寄存器GDTR得到全局描述符表基地址外，还需要通过局部描述符表寄存器LDTR在全局描述符表中获得局部描述符表的描述符，这样才能获得局部描述符表的基地址。

2）将段选择器的索引值乘8后就是位移量，再加上描述符表基地址指向该段的段描述符，通过界限检查之后，取出描述符并送入不可见的段描述符高速缓冲器中。

为了加快段描述符的存取速度，处理器内部对应每个段寄存器设置有"段描述符高速缓冲器"。每当把一个段选择器装入段寄存器时，这个段选择器指向的描述符就自动加载到相应的段描述符高速缓冲器中。以后对该段访问时，就可以直接利用高速缓冲器内的段描述符。

3）从段描述符中取出段基地址，从逻辑地址中取出段内偏移地址。

4）通过界限检查之后，基地址与偏移地址相加，最终得到操作数的线性地址。

在上述步骤中，系统还要自动进行特权检查和段类型检查，只有通过了这些保护性检查，才可以进行数据的存取，否则将产生中断。

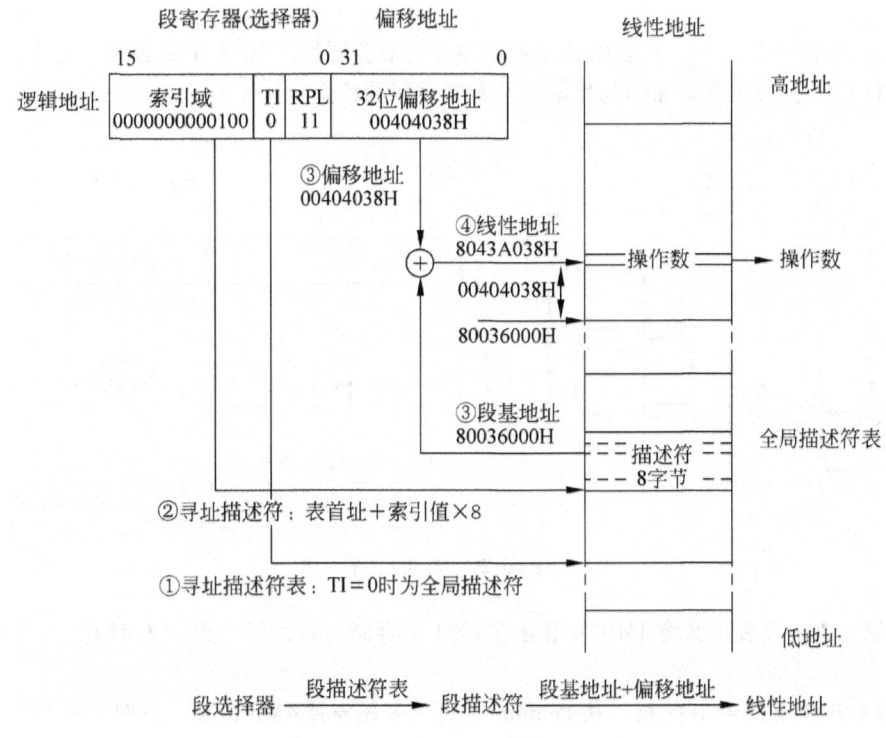

图 6-28 存储器操作数的寻址过程

6.4.2 页式存储管理

分页是另一种存储管理方式。与把模块化的程序和数据分成不同长度的若干段的分段方式不同，分页方式将存储空间分成大小相同的区域，称为页(Page)。各页与程序的逻辑结构没有直接的关系，一个页保存程序或数据模块的一部分。

页式存储管理便于构成虚拟存储器(Virtual Memory)。虚拟存储器处于主存和辅存之间，通过硬件的存储管理单元 MMU(使用分页机制，还可以结合分段机制)，在核心软件或操作系统的管理下，利用磁盘文件为用户创建了一个比实际主存空间大的虚拟存储空间。它不仅可以有效地使用主存空间，而且为各个程序(进程)呈现统一的地址空间，这样既简化了存储管理，也实现了程序间的保护。

虚拟存储器使用虚拟地址区别以字节为单位的各个存储单元，操作系统维护页表来建立虚拟存储页与物理存储页的对应关系。程序的虚拟地址通过页表转换为物理地址。

1. 分页组织

IA-32 处理器通过分段机制由逻辑地址获得 32 位线性地址，如果不采用分页机制，则 32 位线性地址就是 32 位物理地址；如果允许分页，则 32 位线性地址就是虚拟地址，由分页机制转换成 32 位物理地址(如图 6-29 所示)。这涉及控制寄存器 CR_3、页目录、页表等结构。

1) 页目录基地址寄存器 CR_3——包含页目录的物理起始地址。页目录的低 12 位总是 0，以保证页目录始终是页对齐的，即每页为 4KB($=2^{12}$)。

2) 页目录(Page Directory)——页目录的长度是 4KB，它最多可包含 1024 个页目录项。每个页目录项为 4 个字节、32 位，包含页表的地址及有关页表的信息。

作为第一级的页目录，将 4GB 物理主存分成 1024 个页组，每个页组为 4MB，可由一个页表指明。

3）页表(Page Table)——页表的长度是4KB，它最多可包含1024个页表项。每个页表项为4个字节、32位，包含主存页面的起始地址及有关页面的信息。

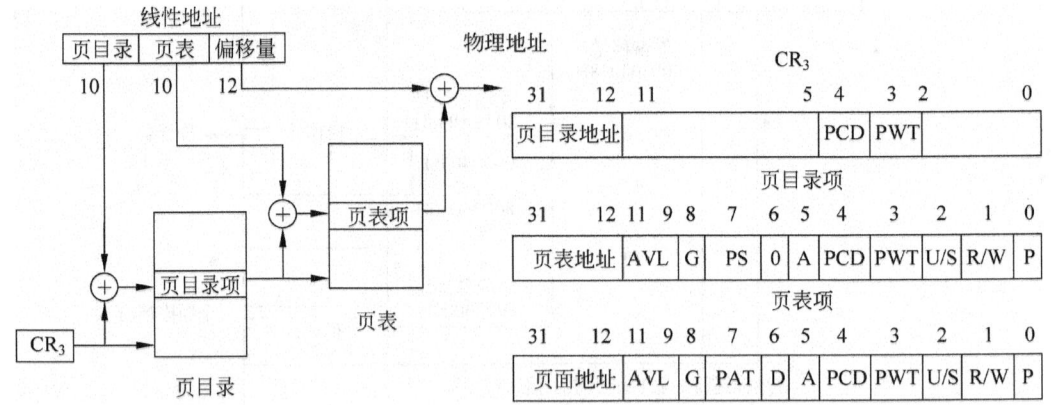

图 6-29　分页机制

作为第二级的页表，又将4MB页组分成1024个存储页面，每个页面为4KB，可由一个页表项指明。

IA-32处理器支持4KB的页。从Pentium处理器开始支持4MB的页，此时不需要页表，页目录项直接指向主存页的起始地址，线性地址的低22位作为页内偏移量。

页目录项和页表项都是32位的，它们的格式基本相同，各位含义如下：

- $P(D_0)$——存在位(Present)。表示该页表或页面在物理存储器($P=1$)或不在物理存储器($P=0$)中。
- $R/W(D_1)$——读/写位(Read/Write)。指明页面是可读可写($R/W=1$)还是只读($R/W=0$)。
- $U/S(D_2)$——用户/管理员位(User/Supervisor)。指明页面是用户层(特权层3)和管理员层的程序均能使用($U/S=1$)，还是仅能由管理员层(特权层0~2)的程序使用($U/S=0$)。

  页目录项的R/W和U/S位用于对指向的所有页面进行保护，而页表项的R/W和U/S位仅对指向的页面进行保护。
- $PWT(D_3)$——页直写位(Page-level Write Through)。控制页表或页面使用直写($PWT=1$)还是回写($PWT=0$)的高速缓存写入策略。CR_3中的该位控制页目录的写入策略。
- $PCD(D_4)$——页高速缓存禁止位(Page-level Cache Disable)。控制页表或页面禁止($PCD=1$)还是使用($PCD=0$)高速缓存。CR_3中的该位控制页目录是否禁止高速缓存。
- $A(D_5)$——访问位(Accessed)。当页表或页面进行读或写操作后，处理器将该位置位。处理器一旦置位该位就不再清除它，只有软件才可以使其复位。
- $D(D_6)$——写操作位(Dirty，脏位)。当对所涉及的页面进行写操作时，页表项的D位被置位。页目录项中没有此位。类似于访问位，只有软件才可以使写操作位复位。它们提供给存储管理软件使用，用于管理页表或页面从物理存储器的调入和调出。
- $PS(D_7)$——页长度位(Page Size)。决定页面长度是4MB、页目录项指向页面($PS=1$)，还是页面长度是4KB、页目录项指向页表($PS=0$)。页表项 D_7 位从Pentium III开始支持，用于选择页属性表(Page Attribute Table，PAT)，在Pentium III之前该位为0。

- G(D_8)——全局位(Global)。Pentium Pro 开始引入该位,设置为 1 表明这是一个全局页面,可用于防止任务切换时将其内容清除。
- AVL($D_9 \sim D_{11}$)——操作系统专用位(Available for system's programmer use)。这 3 位由系统软件定义,操作系统可以根据需要设置和使用这些位。例如,操作系统可以将这些位用于"最近最少使用"(LRU)页面替换算法。
- 地址($D_{12} \sim D_{31}$)——页目录项中的这 20 位地址指定页表的基地址(一个页表为 4KB,其地址的低 12 位始终是 0,说明页表的地址总是页对齐的);页表项中的这 20 位地址指定页面的基地址(一个页面为 4KB,其地址的低 12 位始终是 0,说明页面的地址也总是页对齐的),即一个页面的起始地址。

2. 分页操作

当程序要访问一个存储单元时,4KB 的分页机制需要通过两级查表来实现 32 位线性地址 $A_{31} \sim A_0$ 转换为 32 位物理地址。

1)在 CR_3 中包含着当前任务的页目录的起始地址,将其加上线性地址最高 10 位 $A_{31} \sim A_{22}$ 确定的页目录项的偏移量,便可访问到指定的页目录项。

2)在此页目录项中包含着指向的页表的起始地址,将其加上线性地址中间的 10 位 $A_{21} \sim A_{12}$ 确定的页表项的偏移量,便可访问到指定的页表项。

3)在此页表项中包含着要访问的页面的起始地址,将其加上线性地址最低 12 位 $A_{11} \sim A_0$ 的偏移量,就从这一页中访问到所寻址的物理单元。

但是,如果每次存储器访问都要读取两级表,就会大大降低访问速度。所以,与段描述符高速缓冲器的思路一样,处理器中设置了一个最近存取页面的页表项的高速缓冲器。这个高速缓冲器称为转换后备缓冲器(Translation Lookaside Buffer,TLB),也就是所谓的"快表"。TLB 自动保持着处理器最常使用的 32 个页表项,由于每页长度为 4KB,所以就覆盖了 128KB 的存储器空间。

实际的分页操作是:分页单元首先将线性地址的高 20 位与 TLB 中所有的 32 项相比较。如果有一个地址匹配(即 TLB 命中),就直接得到了页面的基地址,只要加上线性地址的低 12 位偏移量,就计算出 32 位物理地址。

如果没有地址匹配,即页表项不在 TLB 中,则处理器将进行如上所述的两级查表过程。查表过程中,还将检查 P 位。两个表的 P 位都为 1,说明页面已在物理存储器中,可以存取,则处理器按需要修改 A 和 D 位,存取操作数。同时,从页表中读到的高 20 位线性地址被存入 TLB 中,以便以后存取。

如果两个表之一的 P 位为 0,则处理器将产生分页异常,在异常处理程序中将需要的页面从磁盘调入物理主存。如果存储器访问违反了页保护属性(即 U/S 和 R/W 确定的属性),处理器也将产生页异常,进行相应处理。

由于处理器本身管理着页地址的转换过程,从而在要求分页的系统中减轻了操作系统的负荷,而且直接由硬件完成转换,使得转换过程非常快速。

3. Win32 的虚拟地址分配

DOS 操作系统工作在实地址方式,直接使用 1MB 物理地址空间,不采用虚拟存储管理(参见 6.2.4 节)。32 位 Windows 操作系统工作于保护方式,使用分段机制和分页机制为程序构造了一个虚拟地址空间。在 Windows 2000 和 Windows XP 操作系统分区中,根目录下的 pagefile.sys 文件就用于实现虚拟存储器(Windows 98 是 win386.swp 文件)。它的大小一般是物理主存的 2 倍(用户可以调整)。

利用磁盘文件构造虚拟存储器后，要运行的程序在使用之前并不需要装入物理主存，只需在页表中建立虚拟地址与物理地址的映射关系。只有真正执行到某处代码或使用到某处数据，才将其调入主存。如果物理地址空间不足，则根据替换算法将暂时不用的页面换出，这样即使没有足够的物理主存，也可以运行大型程序。

尽管虚拟存储管理比较复杂，但对 Windows 应用程序来说，所面对的是从 0 ~ FFFFFFFFH 的 4GB 虚拟地址（线性地址）空间。在这 4GB 空间中，高 2GB 属于操作系统使用的地址空间，应用程序使用从 0 ~ 7FFFFFFFH 的 2GB 线性地址空间，如图 6-30 所示为 Win32 进程的地址空间分配情况。

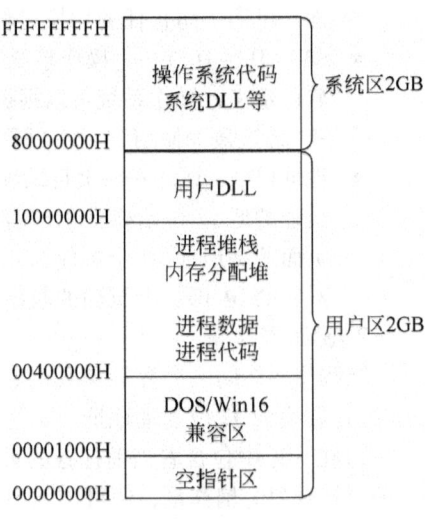

图 6-30　Win32 进程的地址空间分配

第 6 章总结

本章从层次结构的存储系统出发，展开讲述了主存储器的静态读写存储器、动态读写存储器、可编程只读存储器和地址译码，介绍了高速缓存的工作原理、地址映射、替换算法和写入策略，最后讲解段式和页式存储管理方法，其中以 PC 机主存空间、80486 和 Pentium 的高速缓存、IA-32 存储管理单元为实例。

容量、速度和价格是存储器的主要技术指标，各种存储器件各取所长构成层次结构的存储系统：寄存器、高速缓存、主存储器和辅助存储器，其中还可以形成虚拟存储器。存储访问的局部特性保证了层次化存储系统具有优秀的性能。

主存由读写存储器 RAM 和只读存储器 ROM 构成，半导体 RAM 芯片又分成静态 RAM 和动态 RAM，半导体 ROM 芯片又分成用户不可编程的掩膜 ROM、可以编程一次的 OTP-ROM、紫外线可擦除可编程的 EPROM、电可擦除可编程的 EEPROM 和快速电可擦除可编程的 Flash ROM。半导体存储器芯片的主体是存储体，存储容量确定其数据引脚和地址引脚个数，读写信号控制从存储器读取和向存储器写入数据，片选信号用于构成更大容量的主存系统。SRAM 芯片速度快，但功耗大、集成度不高。DRAM 芯片集成度高、功耗小、价格低，但速度相对较慢且必须刷新。通用计算机的主存主要由半导体 RAM 构成，不过断电后原保存信息丢失；ROM 芯片具有断电不丢失信息的优点，但正常工作只能读取信息，而且速度低于 DRAM。使用多个半导体芯片构成主存储器，地址译码是连接过程的一个关键问题。主存通常采用全译码方式，I/O 地址常采用部分译码方式。

高速缓存是计算机系统结构的一个重要改进。它介于高速处理器与相对慢速的主存之间，用快速 SRAM 技术构成，实现了主存访问速度的提高。高速缓存与主存交换信息以 Cache 行为单位，对应主存的一个数据块（如 32 个字节）。Cache 行与主存块可以使用直接映射、全相关映射和组合相关映射建立联系。直接映射简单，但命中率略低；全相关映射命中率高，但实现电路复杂；组合相关映射介于两者之间，比较实用。高速缓存系统通常选择最久未访问的 Cache 行进行替换，即 LRU 算法。写命中时可以使用简单的直写策略，也可以使用更好的回写策略，分别配合写未命中的不写分配法和写分配法。80486 使用 8KB 容量、4 路组合相关的统一结构的一级高速缓存；Pentium 使用代码和数据分离结构的一级高速缓存，两个高速缓存都是 8KB 容量、2 路组合相关，并使用 MESI 协议实现一级 Cache 与二级 Cache 的数据一致。

存储管理可以使用段式或页式，也可以段式和页式都采用。分段遵循程序的逻辑结构，可以将代码、数据和堆栈等以段的方式进行模块化分隔。IA-32 处理器中，段的基地址、界限、访问特权等各种属性保存在段描述符中，程序的段描述符保存在段描述符表中，由全局和局部描述符表寄存器指明段表位置，段选择器指明段表中的段描述符。分页是构成虚拟存储器的基础，它机械地将地址空间分成固定大小的页（如 4KB），利用页表实现程序虚拟地址转换为物理地址。IA-32 处理器虚拟地址转换涉及控制寄存器 CR_3、页目录表和页表，但通过转换后备缓冲器 TLB 加快转换速度。虽然构造虚拟存储器比较复杂，但这些对应用程序是透明的。

第 6 章习题

6.1 简答题

(1) 存储系统为什么不能采用一种存储器件构成？
(2) 什么是高速命中和高速缺失（未命中）？
(3) 高速缓存 Cache 系统的标签存储器有什么作用？
(4) 什么是 Cache 的地址映射？
(5) Cache 的写入策略用于解决什么问题？
(6) 存储器的存取时间和存取周期有什么区别？
(7) 虚拟存储器是什么存储器？
(8) DRAM 芯片为什么既有行地址又有列地址？
(9) 地址重复是怎么回事？
(10) 页表项的 $P(D_0)$ 位有什么作用？

6.2 判断题

(1) 存储系统的高速缓存需要操作系统的配合才能提高主存访问速度。
(2) 指令访问的操作数可能是 8、16 或 32 位，但主存与 Cache 间却以数据块为单位传输。
(3) 为了加快段描述符和页表项的访问速度，IA-32 处理器内部分别设置了段描述符高速缓冲器和转换后备缓冲器，它们的基本工作原理类似于主存的高速缓存。
(4) 存储器芯片的集成度高表示单位芯片面积制作的存储单元数多。
(5) 微机大容量主存一般采用 DRAM 芯片组成。
(6) 部分译码可以简化译码电路，不会减少可用的存储空间。
(7) 存储系统每次给 DRAM 芯片提供刷新地址，被选中的芯片上的所有单元都刷新一遍。
(8) 存储系统的刷新地址提供给所有 DRAM 芯片。
(9) FPM DRAM 芯片中的快页读写方式就是猝发传送方式。
(10) ROM 芯片的烧写或擦写就是指对 ROM 芯片的编程。

6.3 填空题

(1) 计算机存储容量的基本单位：1B(Byte) = _____ b(bits), 1KB = _____ B, 1MB = _____ KB, 1GB = _____ MB, 1TB = _____ GB = _____ B。
(2) 80486 片上 Cache 的容量是 _____，采用 _____ 路组相关映射。
(3) 在半导体存储器中，RAM 指的是 _____，它可读可写，但断电后信息一般会 _____；而 ROM 指的是 _____，正常工作时只能从中 _____ 信息，但断电后信息 _____。
(4) 存储结构为 8K×8 位的 EPROM 芯片 2764 共有 _____ 个数据引脚、_____ 个地址引脚，用它组成 64KB 的 ROM 存储区共需 _____ 片芯片。
(5) 对一个存储器芯片进行片选译码时，有一个高位系统地址信号没有参加译码，则该芯片的每个存储单元占有 _____ 个存储器地址。
(6) 半导体 _____ 芯片顶部开有一个圆形石英窗口。U 盘、MP3 播放器、数码相机、多媒体手机等设备一般采用半导体 _____ 芯片构成存储器。

(7) 在 8088 处理器系统中，假设地址总线 $A_{19} \sim A_{15}$ 输出 01011 时译码电路产生一个有效的片选信号。这个片选信号将占有主存从_____到_____的物理地址范围，共有_____容量。

(8) 8086 和 80286 使用 16 位数据总线，主存分成偶数地址和奇数地址两个存储体。80386 和 80486 处理器使用_____位数据总线，利用 4 个字节允许信号区别_____个存储体。Pentium 及以后的 IA-32 处理器使用_____位数据总线，主存由_____个存储体组成。

(9) 高速缓冲存储器的地映址射有_____、_____和_____方式。Pentium 处理器的 L1 Cache 采用_____映射方式。

(10) 已知 IA-32 处理器的某个段描述符为 0000B98200002000H，则该段基地址 = _____，段界限 = _____。

6.4 举例说明存储访问的局部性原理。

6.5 简述存储系统的层次结构及各层存储部件的特点。

6.6 在半导体存储器件中，什么是 SRAM、DRAM 和 NVRAM？

6.7 SRAM 芯片的片选信号有什么用途？对应读写控制的信号是什么？

6.8 DRAM 为什么要刷新？存储系统如何进行刷新？

6.9 什么是掩摸 ROM、OTP-ROM、EPROM、EEPROM 和 Flash ROM？

6.10 请给出图 6-12 中 74LS138 译码器的所有译码输出引脚对应的地址范围。

6.11 什么是存储器芯片的全译码和部分译码？各有什么特点？

6.12 区别如下各个主存名称的含义：常规主存，扩展主存，扩充主存，上位主存区 UMA 和上位主存块 UMB，高端主存区 HMA，影子主存。

6.13 开机后，微机系统常需要检测主存储器是否正常。例如，可以先向所有存储单元写入数据 55H（或 00H）然后读出看是否还是 55H（或 00H）；接着再向所有存储单元写入数据 AAH（或 FFH）然后读出看是否还是 AAH（或 FFH）。利用两个二进制各位互反的"花样"数据的反复写入、读出和比较就能够识别出有故障的存储单元。利用获得的有故障存储单元所在的物理地址，如果能够分析出该存储单元所在的存储器芯片，就可以实现芯片级的维修。试利用汇编语言编写一个检测常规主存最高 64KB（逻辑地址从 9000H:0000H 到 9000H:FFFFH）的程序，如果发现错误请显示其逻辑地址。

6.14 什么是 LRU 替换算法？80486 片内 Cache 中，如果 3 个替换算法位 $B_2B_1B_0 = 010$，则将替换哪个 Cache 行？给出你的判断过程。

6.15 高速缓冲存储器 Cache 的写入策略是解决什么问题的？有哪两种写入策略？各自的写入策略是怎样的？

6.16 80486 片上 8KB Cache 的标签存储器为什么只需要 21 位？

6.17 高速缓存的写入操作有几个很近似的英文词汇，它们分别表示什么含义？
(1) Write Through   (2) Write Back
(3) Write Around   (4) Fetch on Write

6.18 区别如下高速缓存中的概念：
(1) 主存数据块 Block   (2) 高速缓存行 Line
(3) 高速缓存组 Set   (4) 高速缓存路 Way

6.19 什么是段选择器、描述符、描述符表和描述符表寄存器？

6.20 IA-32 处理器在保护方式下，段寄存器是什么内容？若 DS = 78H，说明保护方式下其具体的含义。

6.21 采用 4KB 分页，说明 IA-32 处理器将线性地址转换为物理地址的过程。

第7章 输入输出接口

由处理器和主存储器组成的微机基本系统，通过输入输出接口与外部设备实现连接，在接口硬件电路和驱动程序控制下完成数据交互。本章在介绍输入输出接口电路特性及输入输出指令的基础上，展开讲述无条件传送、查询传送、中断传送和 DMA 传送的接口电路和编程。由于 Windows 操作系统限制应用程序使用输入输出指令和对输入输出接口直接操作，而且目前的硬件教学实验平台仍然基于 DOS 操作系统，所以本章还将介绍 16 位 DOS 环境的汇编语言编程，并且在本章和下一章的编程实例中采用它。

7.1 I/O 接口概述

微机系统根据需要会连接各种各样的输入输出设备，如键盘、鼠标器、显示器、打印机、扫描仪等；而在控制领域，常使用模拟数字转换器、数字模拟转换器、发光二极管、数码管、按钮和开关等。这些外部设备在工作原理、驱动方式、信息格式以及工作速度等方面彼此差别很大，与处理器的工作方式也大相径庭。所以，外设不会像存储器芯片那样直接与处理器相连，必须经过一个转换电路。这部分电路就是输入输出接口电路，或简称 I/O 接口（Input/Output Interface）。也就是说，I/O 接口是位于基本系统与外设间实现两者数据交换的控制电路。例如，PC 主板上的中断控制器、DMA 控制器、定时控制电路以及连接键盘和鼠标的电路等都属于 I/O 接口。再如，插在系统总线插槽中用来连接外设的电路卡（Card）也是 I/O 接口电路。早期的 PC 主机板上的功能有限，许多功能模块都需要通过总线插槽进行扩展，将这些电路卡通俗地称为适配器（Adapter），它也属于 I/O 接口电路。

7.1.1 I/O 接口的典型结构

从应用角度来看，I/O 接口有许多特性值得注意，本小节概括地加以说明。

1. 内部结构

实际的 I/O 接口电路可能很复杂，但从应用角度可以归结为 3 类可编程的寄存器，对应 3 类信号，如图 7-1 所示。

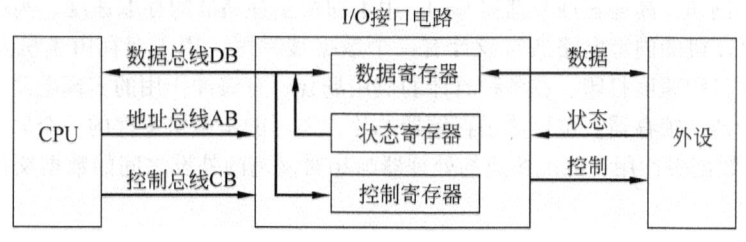

图 7-1 I/O 接口的典型结构

（1）数据寄存器

数据寄存器保存处理器与外设之间交换的数据，又可以分成数据输入寄存器和数据输出寄存器。当接口电路连接输入设备时，需要从输入设备获取数据。数据从输入设备出来后暂时保存在数据输入寄存器中,处理器选择合适的方式进行读取。同样,当接口电路连接输出设备时,处理器发往输出设备的数据被临时保存在数据输出寄存器中,适时到达输出设备。很多外设既可以输入又可以输出,常共享同一个 I/O 地址与处理器交换数据,所以将数据输入寄存器和数据输出寄存器统一地称为数据寄存器。

(2) 状态寄存器

状态寄存器保存外设或其接口电路当前的工作状态信息。处理器与外设交换数据时,很多时候都需要明确外设或其接口电路当前的工作状态,所以接口电路设置了状态寄存器以便处理器读取。处理器掌握了外设的工作状态,数据交换的可靠性才有保障。

(3) 控制寄存器

控制寄存器保存处理器控制接口电路和外设操作的有关信息。接口电路常有多种工作方式可以选择,与外设交换数据的过程中也需要控制其操作,处理器通过向接口电路的控制寄存器写入控制信息实现这些功能。

I/O 接口的寄存器有 3 类,每种类型的寄存器可能有多个。微机系统使用编号区别各个 I/O 接口寄存器,这就是输入输出地址或 I/O 地址,也常用更形象化的术语——I/O 端口(Port)。这 3 类接口寄存器也就相应地称为数据端口、状态端口和控制端口,或简称数据口、状态口和控制口。处理器指令通过 I/O 地址与接口寄存器联系,实现与外设的数据交换。

2. 外部特性

接口电路的外部特性由其引出信号来体现。由于 I/O 接口位于处理器与外设之间,起着桥梁的作用,所以它的引出信号常可以分成与处理器连接和与外设连接两部分。

面向处理器一侧的信号与处理器总线或系统总线类似,也有数据信号、地址信号和控制信号,以方便与处理器的连接。从前面的章节已经了解到,处理器读写存储器的总线周期和读写 I/O 接口的总线周期一样,所以 I/O 接口与处理器的连接类似于存储器与处理器的连接。

面向外设一侧的信号与外设有关,以便连接外设。由于外设种类繁多,其工作方式和所用信号可能各不相同,所以与外设的连接需要针对具体的外设来进行讨论。不过,也可以像接口寄存器一样,笼统地分成与 I/O 接口交换数据的外设数据信号、提供外设工作状态的状态信号和接收控制命令的控制信号。

3. 基本功能

I/O 接口从简单到复杂,实现的功能各不相同,这里主要强调它的两个基本功能。

(1) 数据缓冲

在计算机中,缓冲(Buffer)是一个常用的专业术语。缓冲的基本含义是实现接口双方数据传输的速度匹配。例如,高速缓冲存储器 Cache 用于加快主存储器的存取速度,实现与处理器处理速度的匹配。打印机的内部电路通常设计有一个数据缓冲区,用于保存由主机发送过来的打印信息,然后按照打印速度打印。在各种具体的应用场合,有缓冲作用的实现电路可能是通用数字集成电路的缓冲器、锁存器,也可能是存储器芯片,还可能是微机主存的一个区域等。

I/O 接口的数据缓冲用于匹配快速的处理器与相对慢速的外设之间的数据交换,与数据寄存器的作用相对应。

(2) 信号变换

数字计算机直接处理的信号为一定范围内的数字量(0 和 1 组成的信号编码)、开关量(只有两种状态的信号)和脉冲量(多数时间是高电平、短时间是低电平的低脉冲信号,或者多数时间是低电平、短时间是高电平的高脉冲信号)。而外设所使用的信号多种多样,可能完全不同。所以,I/O 接口需要把信号相互转换为适合对方的形式。例如,将电平信号变为电流信号、将数字信号变为模拟信号、将并行数据格式变为串行数据格式、将弱电信号变为强电信号,以及相反的转变等。

4. 软件编程

I/O 接口电路早期由分立元件构成,后改用集成芯片。它可能是一块中、小规模集成电路,也可能是一块大规模通用或专用的集成电路,有些接口电路的复杂程度不亚于主板(如图形加速卡等)。但接口电路的核心往往是一块或几块大规模集成电路芯片,通常称之为接口芯片。

为了能够具有一定的通用性,I/O 接口芯片设计有多种工作方式。针对特定的应用情况或外设,处理器需要选择相应的工作方式。处理器通过向接口芯片写入命令字(Command Word)或控制字(Control Word),选择其工作方式。所以,接口芯片往往具有可编程性(Programmable),或称之为可编程芯片。

选择 I/O 接口的工作方式、设置原始工作状态等的程序段常被称为初始化程序,操纵 I/O 接口完成具体工作的程序常被称为驱动程序。驱动程序有多个层次。最底层的驱动程序需要结合硬件电路编写,实现基本数据传输、操作控制等功能。它对应 ROM-BIOS 层次,适合采用汇编语言编写,也是本课程的一个教学内容。操作系统利用最底层的驱动程序提供更方便使用的程序模块或函数,应用程序则为最终用户呈现操作界面。

总之,设计 I/O 接口不仅有接口电路的硬件部分,还包括编写初始化程序和驱动程序的软件部分。所以,在学习这部分知识时,要注意软硬结合的特点。

7.1.2 I/O 端口的编址

外设,准确地说是 I/O 接口的各种寄存器,需要利用 I/O 地址(即 I/O 端口)区别。微机系统已经有存储器地址,那么这两种地址是独立还是统一编排呢?这就是 I/O 端口的编址问题。

1. I/O 端口与存储器地址独立编址

独立编址是将 I/O 端口单独编排地址,独立于存储器地址(如图 7-2a 所示)。这样,微机系统就有两种地址空间,一个是 I/O 地址空间,用于访问外设,通常较小;另一个是存储器空间,用于读写主存储器,一般很大。

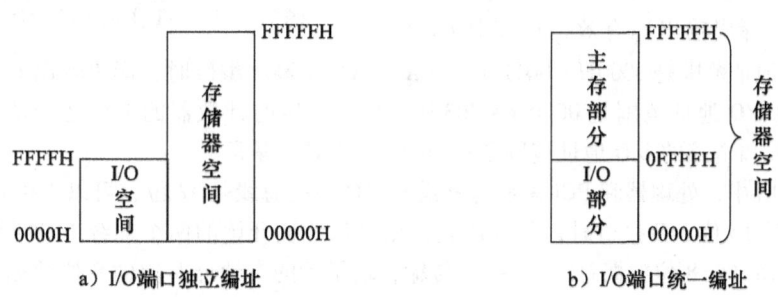

a) I/O端口独立编址　　　　b) I/O端口统一编址

图 7-2　I/O 端口的编址

采用 I/O 端口独立编址方式,处理器除要具有存储器访问的指令和引脚外,还需要设计 I/O 访问的 I/O 指令和 I/O 引脚,因为两者不同。独立编址的优点是:不占用宝贵的存储器空间;I/O 指令使程序中的 I/O 操作一目了然;较小的 I/O 地址空间使地址译码简单。独立编址的不足主要是 I/O 指令的功能简单,寻址方式没有存储器指令丰富。

Intel 80x86 系列处理器采用 I/O 独立编址方式,只使用最低 16 个地址信号,对应 64K 个 8 位 I/O 端口。这 64K 地址空间不需要分段管理,只能使用输入指令 IN 和输出指令 OUT 访问。执行 IN 指令时,处理器的 I/O 读 $\overline{\text{IOR}}$ 信号有效,产生 I/O 读总线周期;执行 OUT 指令时,处理器的 I/O 写 $\overline{\text{IOW}}$ 信号有效，产生 I/O 写总线周期。

2. I/O 端口与存储器地址统一编址

统一编址是将 I/O 端口与存储器地址统一编排，共享一个地址空间（如图 7-2b 所示）。或者说，I/O 端口使用部分存储器地址空间。这种方式也称为"存储器映像"方式，因为它将 I/O 地址映射（Mapping）到了存储器空间。

采用 I/O 端口统一编址方式，处理器不再区分 I/O 端口访问和存储器访问。统一编址的优点是：处理器不用设计 I/O 指令和引脚，丰富的存储器访问方法同样能够运用于 I/O 访问。统一编址的缺点是：I/O 端口会占用存储器的部分地址空间，通过指令不易辨认 I/O 操作。

Motorola（摩托罗拉）公司生产的 68 系列处理器采用统一编址处理 I/O 端口。80x86 处理器也可以形成统一编址的 I/O 端口，或者将部分 I/O 端口按照统一编址原则映射到特定的存储器空间。

3. I/O 地址译码

I/O 接口与处理器的连接类似于存储器与处理器的连接，主要的问题也是处理好高位地址的译码。I/O 地址译码与存储器地址译码在原理和方法上完全相同，但 I/O 地址不太强调连续，多采用部分译码，这样可节省译码的硬件开销。在进行部分译码时，用高位地址总线参与接口电路芯片的片选译码，用低位地址总线参与片内译码。有时中间部分地址总线不参与译码，有时部分最低地址总线不参与译码。

图 7-3 是 IBM PC/AT 主板上的 I/O 译码电路。总线响应信号 HLDA 和主设备信号 MASTER（参见第 5 章）参与译码，表明只有处理器可以控制译码器工作，进而选中这些 I/O 接口。80x86 处理器使用低 16 个地址总线 A_{15}～A_0 寻址 I/O 端口，但在 IBM 公司设计 16 位 PC 时主板上只使用低 10 个地址总线 A_9～A_0，这个译码电路的高位地址是 A_9～A_5。当 A_9～A_5 = 00000 编码时，译码输出 $\overline{Y_0}$ 有效，对应 DMA 控

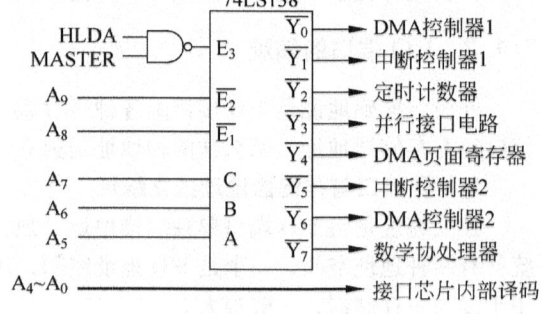

图 7-3　PC/AT 主板上的 I/O 译码电路

制器 1 的 I/O 地址范围是 0000H～001FH。当 A_9～A_5 = 00001 编码时，译码输出 $\overline{Y_1}$ 有效，对应中断控制器 1 的 I/O 地址范围是 0020H～003FH。同理，定时计数器的 I/O 地址范围是 0040H～005FH，并行接口电路的 I/O 地址范围是 0060H～007FH，等等。

在 32 位 PC 中，处理器和 PCI 总线与外设连接的数据总线是 32 位，可以连接 8、16 和 32 位 I/O 接口。设计 16 位 I/O 接口时，总是让它占用以偶地址开始的两个连续 I/O 地址，偶地址对应的 8 位数据通过低 8 位数据总线 D_7～D_0 传输，增量后的奇地址对应的 8 位数据通过高 8 位数据总线 D_{15}～D_8 传输，与"低对低、高对高"的小端存储方式一样。同时，这样的 16 位 I/O 接口可以用偶地址在低 8 位数据总线与 8 位外设交换数据。设计 32 位 I/O 接口时，它占用模 4 地址开始的 4 个连续 I/O 地址，也可以利用这个地址传输 8 位和 16 位数据。

32 位 PC 的 I/O 地址空间分成两部分：0000～03FFH 地址范围用于主板或接口卡上的系统设备，如定时器、中断控制器等，源于原 IBM PC 系列机的限制；0400H～FFFFH 用于 I/O 扩展设备，如 PCI 总线设备。

7.1.3　输入输出指令

IA-32 处理器的常用指令都可以存取存储器操作数，但存取 I/O 端口实现输入输出的指令数

量很少。简单地说，只有两种：输入指令 IN 和输出指令 OUT。

助记符 IN 表示输入指令，实现数据从 I/O 接口输入到处理器，格式如下：

```
IN AL/AX/EAX, i8/DX
```

助记符 OUT 表示输出指令，实现数据从处理器输出到 I/O 接口，格式如下：

```
OUT i8/DX, AL/AX/EAX
```

1. I/O 寻址方式

IA-32 处理器可以通过多种存储器寻址方式访问存储单元。但是，访问 I/O 接口时只有两种寻址方式：直接寻址和 DX 间接寻址。

I/O 地址的直接寻址是由 I/O 指令直接提供 8 位 I/O 地址，只能寻址最低 256 个 I/O 地址(00 ~ FFH)。在 I/O 指令中，用 i8 表示这个直接寻址的 8 位 I/O 地址。虽然形式上与立即数一样，但应用于 IN 或 OUT 指令就表示直接寻址的 I/O 地址。

I/O 地址的间接寻址是用 DX 寄存器保存访问的 I/O 地址。由于 DX 是 16 位寄存器，所以可寻址全部 I/O 地址(0000 ~ FFFFH)。在 I/O 指令中，直接书写成 DX 来表示 I/O 地址。

IA-32 处理器的 I/O 地址共 64K 个(0000 ~ FFFFH)，每个地址对应一个 8 位端口，不需要分段管理。最低 256 个(00 ~ FFH)可以用直接寻址或间接寻址访问，高于 256 的 I/O 地址只能使用 DX 间接寻址访问。

2. I/O 数据传输量

IN 和 OUT 指令只允许通过累加器 EAX 与外设交换数据。8 位 I/O 指令使用 AL，16 位 I/O 指令使用 AX，32 位 I/O 指令使用 EAX。执行输入指令 IN 时，外设数据进入处理器的 AL/AX/EAX 寄存器(作为目的操作数，被书写在左边)。执行 OUT 输出指令时，处理器数据通过 AL/AX/EAX 送出去(作为源操作数，被写在右边)。例如：

```
in al,21h        ;从地址为 21H 的 I/O 端口读一个字节数据到 AL
mov dx,300h      ;DX 指向 300H 端口
out dx,al        ;将 AL 中的字节数据送到地址为 300H(DX)的 I/O 端口
```

16 位 80x86 处理器只支持使用 AL 和 AX 的 8 位和 16 位输入输出指令。IA-32 处理器还可用 32 位寄存器 EAX 实现对 I/O 接口的 32 位访问。能够使用 16 位或 32 位 I/O 指令的前提是设计有 16 位或 32 位的 I/O 接口，并相应使用偶地址或模 4 地址。例如，电路设计从 60H 端口读取一个字节，从 61H 端口读取另一个字节，于是可以利用如下指令实现数据输入：

```
in al,61h        ;从 I/O 地址 61H 读一个字节数据到 AL
mov ah,al        ;AH = AL
in al,60h        ;从 I/O 地址 60H 读一个字节数据到 AL
```

如果没有相应的电路支持，上述程序片段并不能使用"IN AX, 60H"指令替代，虽然该指令实现的功能是从 60H 和 61H 端口读取一个字到 AX。本书以介绍 8 位 I/O 接口为主，所以只使用"IN AL, i8/DX"和"OUT i8/DX, AL"指令形式。

除基本的 IN 和 OUT 指令外，IA-32 处理器还支持数据串操作的 I/O 指令，即串输入 INS 指令和串输出 OUTS 指令，它们方便实现主存与外设间的数据块传输。另外，还可以在串输入输出指令前加重复前缀 REP(需要外设能够跟上处理器的执行速度)。

3. I/O 保护

对输入输出指令 IN、OUT 和 INS、OUTS，还有中断标志设置指令 CLI 和 STI 的执行涉及 I/O 端口，称之为 I/O 敏感指令(I/O sensitive)。在 IA-32 处理器的保护方式下，I/O 特权和 I/O 许可

位图将限制对 I/O 端口的访问，也就是限制这些 I/O 敏感指令的执行。

标志寄存器 EFLAGS 有一个 IOPL 字段，表示程序具有的 I/O 特权级（I/O Privilege Level，IOPL）。只有程序的当前特权级（Current Privilege Level，CPL）低于或等于 I/O 特权级 IOPL（即程序的当前特权高于或等于程序的 I/O 特权），I/O 敏感指令才可以执行。所以，I/O 敏感指令是指只有当前特权高于或等于 I/O 特权才可以执行的指令。特权低的程序执行 I/O 敏感指令会产生"通用保护异常"信号。

每个程序都有一个任务状态段 TSS，其中包含 I/O 许可位图，一个 I/O 地址对应 I/O 许可位图中的一个位。程序的当前特权低于 I/O 特权或处理器工作在虚拟 8086 方式时，处理器将检测 I/O 许可位图以确定是否允许访问这个 I/O 地址。I/O 许可位图给特权低的程序或虚拟 8086 方式的程序提供了有限的 I/O 地址访问权限。

Windows 操作系统工作在保护方式下，拥有最高特权，其应用程序处于最低特权。Windows 限制应用程序访问 I/O 地址，所以本书将利用 DOS 操作系统平台来介绍 I/O 程序。

7.1.4 16 位 DOS 应用程序

16 位 DOS 操作系统运行于 Intel 8086 和 8088 处理器，也可以运行于 IA-32 处理器的实地址工作方式。Windows 操作系统采用虚拟 8086 工作方式模拟了一个 MS-DOS 环境。虚拟 8086 方式实际上只是运行在保护方式的一个特殊任务，是由 IA-32 处理器仿真的一个 Intel 8086 处理器。8086 仿真状态的执行环境与实地址方式一样，包括其扩展特性。两者的主要不同是 8086 仿真状态的执行环境使用保护方式的服务程序。

DOS 是单用户单任务操作系统，一个正在运行的程序独占所有系统资源。DOS 系统只有一个特权级别，任何程序和操作系统都是同级的。例如，在 DOS 下编写汇编语言程序，可以读写所有的内存数据、修改中断向量表、直接对键盘端口操作等。而 Windows 在保护方式下工作时，操作系统运行在最高级别（0 级），应用程序运行于最低级别（3 级），所有的资源对应用程序来说都是被"保护"的。例如，在第 3 级运行的应用程序无法直接访问 I/O 端口，不能访问其他程序占用的主存，向程序本身的代码段写入数据也是非法的。只有对级别 0 的系统程序来说，系统资源才是全开放的。

DOS 平台下使用实地址存储模型，只能访问 1MB 存储空间，还必须分成不大于 64KB 的段。16 位 DOS 环境默认采用 16 位操作数尺寸，程序中主要使用 16 位或 8 位寄存器、操作数和寻址方式，堆栈以 16 位为单位压入（PUSH）和弹出（POP）数据。IA-32 处理器的实地址工作方式还允许使用 32 位寄存器、操作数和寻址方式，以及大多数新增的 32 位通用指令。

DOS 操作系统的系统函数（功能）以中断服务程序形式提供，采用软件中断进行功能调用，使用寄存器传递参数。

1. DOS 平台的源程序框架

本书利用 16 位包含文件和子程序库引出一个简单的源程序框架，并与 32 位 Windows 控制台源程序框架基本保持一致。代码段如下：

```
; eg0700.asm in DOS
        include io16.inc        ;包含16位输入输出文件
        .data                   ;定义数据段
        ……                     ;数据定义(数据待填)
        .code                   ;定义代码段
start:                          ;程序执行起始位置
        mov ax,@ data
```

```
        mov ds,ax
        ……                          ;主程序(指令待填)
        exit 0                      ;程序正常执行结束
        ……                          ;子程序(指令待填)
        end start                   ;汇编结束
```

对比第 2 章的 32 位 Windows 控制台环境的程序模板，这里有两处修改：一是将 IO32.INC 替换成了 IO16.INC；二是增加两条 MOV 指令，用于设置数据段 DS 寄存器。因为 DOS 分段管理程序，所以代码段、数据段和堆栈段需要使用 CS、DS 和 SS 段寄存器指示段基地址。汇编和连接程序根据有关段定义伪指令设置了 CS:IP 和 SS:SP，而 DS 和 ES 等需要用户程序进行设置。程序中通常都需要进行数据定义，所以这里用 MASM 的预定义符号 @DATA 获得数据段基地址，然后传送给 DS。如果程序用到 ES 附加数据段，还需要设置 ES 内容。

配合编写 DOS 程序使用的 16 位包含文件 IO16.INC 也有许多不同，其内容是：

```
        .model small
        .686
        .stack

exit    MACRO dwexitcode
        mov ax,4c00h + dwexitcode
        int 21h
        ENDM
        extern readc:near,readmsg:near,dispc:near,dispmsg:near,dispcrlf:near
        …
        includelib io16.lib
```

DOS 程序可以选择多种存储模型，本书中的程序都比较小，所以使用小型存储模型 SMALL。编写 16 位程序时，处理器选择伪指令应该在存储模型伪指令".MODEL"之后书写。堆栈段定义伪指令".STACK"设置堆栈区，默认是 1KB 容量。退出 DOS 操作系统需要使用 DOS 功能调用，这里仍然采用宏定义进行了封装。

【例 7-1】 DOS 应用程序

```
        include io16.inc            ;包含 16 位输入输出文件
        .data                       ;数据段
msg     byte 'Hello, Assembly!',13,10,0    ;定义要显示的字符串
        .code                       ;代码段
start:                              ;程序起始位置
        mov ax,@ data
        mov ds,ax
        mov eax,offset msg          ;指定字符串的偏移地址
        call dispmsg                ;调用 I/O 子程序显示信息
        exit 0                      ;程序正常执行结束
        end start                   ;汇编结束
```

本示例程序运行于 DOS 环境，应该使用 MAKE16.BAT 进行汇编连接：

```
make16 eg0701
```

程序执行的结果是完成与例 2-1 相同的信息显示功能。

2. DOS 功能调用

DOS 利用软件中断方式提供系统功能。中断调用是一种特殊的改变程序执行顺序的方法(详

见 7.3 节），类似于子程序调用。IA-32 处理器支持 256 个中断，每个中断用一个中断编号区别，即中断 0～中断 255 号。中断调用指令是"INT N"，其中 N 表示调用的中断号。

PC 的基本输入输出系统 ROM-BIOS、操作系统 DOS 和 Linux 都采用中断调用方式提供系统功能。DOS 系统调用一般有如下 4 个步骤：

1）在 AH 寄存器中设置系统功能调用号。
2）在指定寄存器中设置入口参数。
3）用中断调用指令（INT N）执行功能调用。
4）根据出口参数分析功能调用的执行情况。

DOS 功能调用的中断号主要是 21H，利用 AH 寄存器区别各个子功能。本教材仅介绍两个基本的键盘字符输入和显示器字符输出功能调用，如表 7-1 所示。

表 7-1 DOS 字符输入输出功能调用（INT 21H）

子功能号	功　　能	入口参数	出口参数
AH = 01H	从标准输入设备输入一个字符		AL = 输入字符的 ASCII 码
AH = 02H	向标准输出设备输出一个字符	DL = 字符的 ASCII 码	

执行 AH = 01H 号功能调用时，将从键盘读取一个字符，并将该字符回显到屏幕上。若无字符可读，则将一直等待到输入字符。输入字符的 ASCII 码值通过 AL 返回。

执行 AH = 02H 号功能调用时，将在显示器当前光标位置显示 DL 给定的字符，且光标移动到下一个字符位置。当输出响铃字符（ASCII 码为 07H）、退格字符（08H）、回车字符（0DH）和换行字符（0AH）时，该功能调用可以自动识别并能进行相应处理。

16 位 I/O 子程序库使用 DOS 功能调用实现各个子程序功能，使用方法与 32 位子程序一样。例如，子程序 DISPMSG 的源程序是：

```
        ; display a message, EAX = address of message
        dispmsg proc
                push eax            ;寄存器保护
                push ebx
                push edx
                mov ebx,eax
dispm1:         mov al,[ebx]        ;取一个字符
                test al,al          ;判断是否结尾(0)
                jz dispm2
                mov ah,2            ;AH = 2,显示一个字符的 DOS 功能
                mov dl,al           ;设置入口参数
                int 21h             ;调用 DOS(INT 21H)系统功能
                inc ebx
                jmp dispm1
dispm2:         pop edx             ;寄存器恢复
                pop ebx
                pop eax
                ret
        dispmsg endp
```

【例 7-2】 读取 CMOS RAM 数据程序

PC 的配置信息以及实时时钟被保存在 CMOS RAM 芯片中，系统断电后由后备电池供电，以保证信息不丢失。CMOS RAM 有 64 个字节容量，以 8 位 I/O 接口形式与处理器连接，通过两个

输入输出接口   223

I/O 地址访问。访问 CMOS RAM 的内容时,需要首先向 I/O 地址 70H 输出要访问的字节编号,然后用 I/O 地址 71H 读写。

CMOS RAM 的 9、8 和 7 号字节单元依次存放着年、月、日数据(参见表 7-2),本示例程序将它们读出显示。这些数据的编码采用压缩 BCD 码,所以使用十六进制数值显示子程序 DISPHB。年、月、日数据中间用"-"分隔(利用字符显示子程序 DISPC 实现)。

```
; eg0702.asm in DOS
        include io16.inc
        .code
start:
        mov al,9            ; AL=9(准备从 9 号单元获取年代数据)
        out 70h,al          ; 从 70H 的 I/O 地址输出,选择 CMOS RAM 的 9 号单元
        in al,71h           ; 从 71H 的 I/O 地址输入,获取 9 号单元的内容,保存在 AL
        call disphb         ; 显示 AL 内容,即年代
        mov al,'-'          ; 显示分隔符"-"
        call dispc

        mov al,8            ; AL=8(从 8 号单元获取月份数据)
        out 70h,al
        in al,71h
        call disphb         ; 显示月份
        mov al,'-'          ; 显示分隔符"-"
        call dispc

        mov al,7            ; AL=7(从 7 号单元获取日期数据)
        out 70h,al
        in al,71h
        call disphb         ; 显示日期

        exit 0
        end start
```

表 7-2 CMOS RAM 实时时钟信息

单元编号	含义及数值
0	秒,00H~59H 依次表示 0~59 秒
2	分,00H~59H 依次表示 0~59 分
4	时,00H~23H 依次表示 0~23 小时
6	星期,01~07H 依次表示周日、周一~周六
7	日,01H~31H 依次表示 1~31 日
8	月,01H~12H 依次表示 1~12 月
9	年,00H~99H 依次表示年份的后两位 xx00~xx99 年

7.2 无条件传送和查询传送

实现外设与主机的数据传送是 I/O 接口的主要功能之一,根据外设的工作特点等,可以采用多种具体实现方式,如图 7-4 所示。数据传送可以通过处理器执行 I/O 指令完成,又分成无条件传送、查询传送和中断传送。外设数据传送还可以以硬件为主加快传输速度,例如直接存储器存取(DMA)或者使用专门的 I/O 处理器。

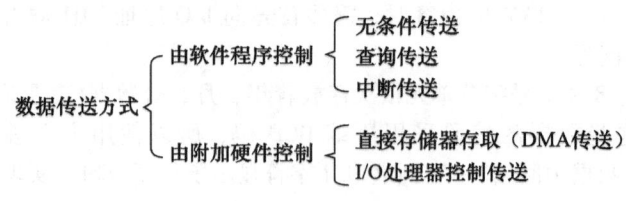

图 7-4　数据传送方式

1. 由软件程序控制的数据传送

处理器通过执行驱动程序中的 I/O 指令完成数据交换，进一步还可以分为：

- 无条件传送——对工作方式简单的外设，无需事先进行确认，处理器随时可以与之进行数据传送。
- 查询传送——对实时性要求不高的外设，处理器可以在不繁忙的时候询问外设的工作状态。外设准备好数据后，处理器才与之进行数据传送。
- 中断传送——需要及时处理外设数据时，外设可以主动向处理器提出请求。满足条件的情况下，处理器暂停执行当前程序，转入执行处理程序与外设进行数据传送。

2. 由附加硬件控制的数据传送

在 I/O 接口中，增加专用硬件电路控制外设与主机的数据传送，减轻处理器负担。

- DMA 传送——对需要快速传送大量数据的外设，处理器让出总线的控制权，由 DMA 控制器接管，并在外设与存储器之间建立直接的通路进行数据传送。
- I/O 处理器控制传送——如果有大量外设需要接入系统，可以专门设计 I/O 处理器管理外设的数据交换甚至数据处理等工作。这种方式主要在大型计算机系统中采用。

7.2.1　无条件传送

有些简单设备，如发光二极管(Light-Emitting Diode，LED)和数码管、按键和开关等，它们的工作方式十分简单，相对于处理器而言，其状态很少发生变化。例如，对于数码管，只要处理器将数据传给它，就可立即获得显示；又如，对于按键，每次按键将持续几十毫秒，其状态对处理器来说变化很慢，所以可随时读取。因此，当这些设备与处理器交换数据时，可以认为它们总是处于就绪(Ready)状态，随时可以进行数据传送。这就是无条件传送，有时也称为立即传送或同步传送。

用于无条件传送的 I/O 接口电路十分简单，接口中只考虑数据缓冲，不考虑信号联络。实现数据缓冲的器件是三态缓冲器和锁存器。

1. 三态缓冲器

由于某个时刻只能有一个设备向总线发送数据，所以在输入接口中，至少要安排一个隔离环节。只有当处理器选通该隔离环节时，才允许被选中设备将数据送到系统总线，此时其他输入设备与数据总线断开。

隔离环节常用数字电路的三态缓冲器实现，如图 7-5 所示。三态缓冲器实际上是加有控制端的同相器或反相器。例如，图 7-5a 是一个低电平控制、同相输出的三态缓冲器(图中使用了反相小圆"。"表示该信号低电平有效)。当控制端 T 为低电平有效时，控制输入 A 端输出到 Y 端，功能与普通的同相器一样；但当控制端 T 无效时，输出 Y 端呈现第三态高阻状态，好像与后续电路断开一样。同理，图 7-5b 是低电平控制、反相输出的三态缓冲器。当控制端 T 有效时，Y 输出是输入 A 的反相(电平相反)；当控制端 T 无效时，输出为高阻。图 7-5c 和图 7-5d 则是高电平控制的三态缓冲器。将这样的三态缓冲器4个或8个一组,控制端连接在一起就构成常用的三态缓冲器芯片。例如,74LS244是一个双4位三态同相缓冲器,4个三态缓冲器的控制端连接在一起,有两组,都是低电平有效。在实际应用中,经常将它们的两个控制端再连接在一起构成一个8位三态缓冲器。

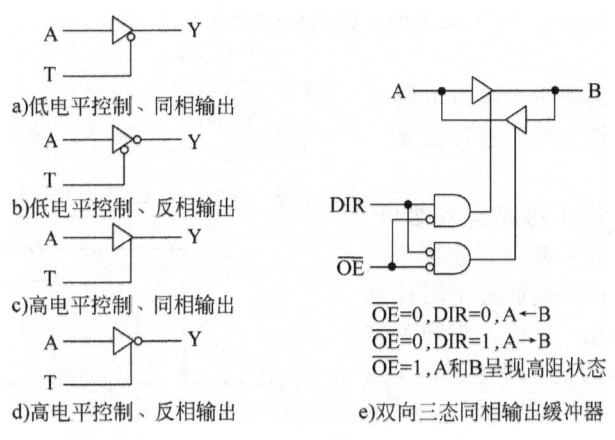

图 7-5 三态缓冲器

利用两个三态缓冲器还可以构成一个双向三态缓冲器,如图 7-5e 所示。它有两个控制端,即输出允许控制端$\overline{OE}$和方向控制端 DIR(Direction)。前者用来控制数据的输出:低有效时,允许数据输出(包括从 A 到 B 和从 B 到 A);高无效时,双向输出均呈现高阻。后者用来控制数据驱动的方向:高电平时,从 A 侧向 B 侧驱动;低电平时,从 B 侧向 A 侧驱动。同样,将8个这样的双向三态缓冲器组合起来,控制端连接在一起,就是8位双向三态缓冲器芯片,如74LS245。

2. 锁存器

在输出接口电路中,一般会安排一个锁存环节(如锁存器),以便将数据总线的数据暂时锁存,使较慢的设备有足够的时间进行处理,此时处理器可以利用系统总线完成其他工作。

锁存器由数字电路的 D 触发器构成,如图 7-6 所示。D 触发器的输入端为 D 端,控制端为 C 端,有两个相反的输出信号 Q 和 $\overline{Q}$。D 触发器有两种锁存方式,图 7-6a 是电平锁存:在控制端 C 为高电平时,输出跟随输入变化 Q = D,好像输入直接通到输出、透明似的(常称为直通、透明);在控制端 C 为低电平时,输出 Q 锁存 C 端从高电平下降为低电平时刻的 D 端状态,并保持不变,而不管此后 D 端再发生什么变化。图 7-6b 是边沿锁存:在控制端 C 从低电平转换为高电平时,输出 Q 锁存此时的 D 端状态,以后不管 C 端为高电平或低电平、D 端如何变化,输出 Q 端不再变化,直到 C 端再次出现上升沿。电平锁存也可以使用高电平锁存,边沿锁存也可以使用下降沿锁存,此时电路中通常会使用一个低电平有效的小圆表示。

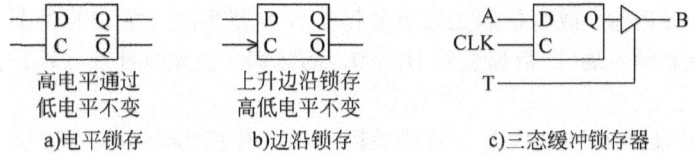

图 7-6 D 触发器

将多个 D 触发器的控制端连接在一起,就构成了锁存器。例如,74LS273 是上升沿锁存的8位边沿锁存器。

接口电路中也常常需要既有锁存能力又有三态缓冲能力的器件,将锁存器输出再接一个三态缓冲器就可以了,如图 7-6c 所示。在该三态缓冲锁存器中,通过 CLK 控制锁存,使用 T 控制三态功能。例如,74LS373 是一个电平锁存的 8 位三态缓冲锁存器,也称三态透明锁存器。

另外,D 触发器还可以具有复位 R 或置位 S 控制端,不管 D 端的状态是什么,当它们有效时分别使得输出 Q 为 0 或 1,用于设置锁存器的初始化状态。

3. 接口电路

图 7-7 示例了无条件输入接口电路连接开关,无条件输出接口电路连接发光二极管 LED。

三态缓冲器 74LS244 构成输入端口,其两个控制端被连接在一起。它连接 8 个开关 $K_7 \sim K_0$,开关的输入端通过电阻挂到高电平上,另一端接地。这样,当开关打开时,缓冲器输入端为高电平(逻辑 1);当开关闭合时,缓冲器输入端为低电平(逻辑 0)。

在这个简单的输入电路中,8 位三态缓冲器构成数据输入寄存器,假设其 I/O 地

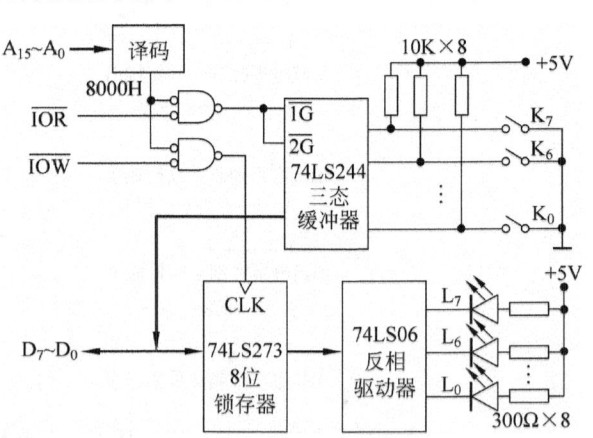

图 7-7 无条件传送接口

址被译码为 8000H。以 DX = 8000H 为 I/O 地址,执行"IN AL, DX"输入指令就形成 I/O 读总线周期,产生读控制 $\overline{IOR}$ 信号低有效。译码输出和读控制同时低有效,使得三态缓冲器控制端低有效。开关的当前状态被三态缓冲器传输到数据总线 $D_7 \sim D_0$ 上,此时处理器恰好读取数据总线的数据,于是开关状态被传送到 AL 寄存器:其中某位 $D_i = 0$,说明开关 K_i 闭合;$D_i = 1$,说明开关 K_i 断开。不以 8000H 为地址或者不是执行 IN 指令,这个三态缓冲器的控制端就无效,相当于与数据总线断开。

8 位锁存器 74LS273(无三态控制)构成输出端口。当其时钟控制端 CLK 出现上升沿时锁存数据,被锁存的数据输出,经反相驱动器 74LS06 驱动 8 个发光二极管($L_7 \sim L_0$)发光。74LS06 是集电极开路(OC)输出,它的每个输出线需要通过电阻挂到高电平上。当处理器的某个数据总线 D_i 输出高电平(逻辑 1)时,经反相为低电平接到发光二极管 L_i 负极,发光二极管正极接着高电平。这样,二极管形成导通电流,发光二极管 L_i 将点亮。当处理器的某个数据总线 D_i 输出低电平时,对应发光二极管 L_i 不会导通,将不发光。

对这个简单的输出电路来说,8 位锁存器就是数据输出寄存器,假设经译码其 I/O 地址为 8000H。以 DX = 8000H 为 I/O 地址,执行"OUT DX, AL"输出指令就形成 I/O 写总线周期,产生写控制 $\overline{IOW}$ 信号低有效。译码输出和写控制同时低有效,使得 8 位锁存器控制输入 CLK 为低。经过一个时钟周期,译码输出或写控制无效将使得 CLK 恢复为高。在 CLK 的上升沿,8 位锁存器将锁存此时出现在其输入端(即数据总线 $D_7 \sim D_0$)的数据,而此时处理器输出的正是 AL 寄存器的内容。

下面的程序读取 8 个开关状态。当开关闭合时,相应 LED 将点亮,并调用延时子程序 DELAY 保持一定时间。开关闭合读取为 0,但输出为 1 才会点亮发光二极管,所以中间进行了简单的数据处理,即求反。

```
mov dx,8000h     ;DX 指向输入端口
in al,dx         ;从输入端口读开关状态
```

```
not al            ;求反
out dx,al         ;送输出端口显示
call delay        ;调子程序 DELAY 进行延时
```

本示例中，输入端口和输出端口使用了同一个 I/O 地址，由于有读写控制信号参与打开不同的控制端并访问不同的对象，需要分别执行 IN 和 OUT 指令，所以并不会混淆。

在 I/O 接口电路中，一个 I/O 地址可以被设计为输入端口或输出端口，也可以被设计为既能输入又能输出的双向端口。而且对同一个 I/O 地址，输入输出也可能连接不同的接口电路。写入某个 I/O 端口的内容，不一定能够读取；即使可以读取，也不一定就是写入的内容。这些都与 I/O 接口电路的具体设计有关，或者说 I/O 接口的译码电路决定了 I/O 地址的访问方式。注意这与主存储器访问不同：写入某个主存单元的内容，就可以从中读回，而且应该是原来写入的内容，除非它被改变了。

7.2.2 查询传送

查询传送也称为异步传送（与无条件传送被称为同步传送对应）。当处理器需要与外设交换数据时，首先查询外设的工作状态，只有在外设准备就绪的情况下才进行数据传送。所以，查询传送有查询和传送两个环节，如图 7-8 所示。

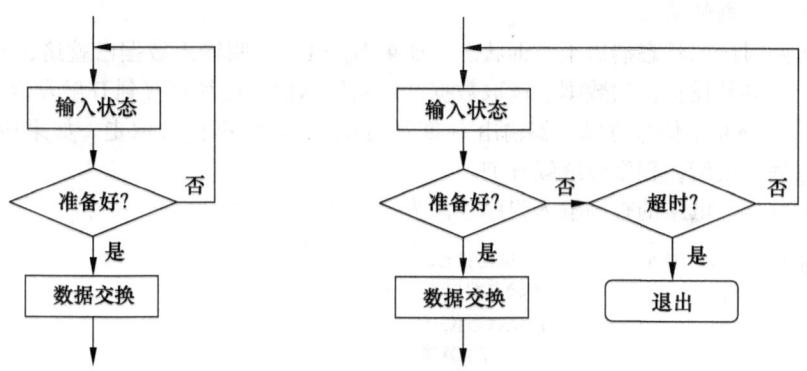

图 7-8　查询传送流程图

1. 查询过程

为了获知外设的工作状态，I/O 接口需要设计实现查询功能的电路。它与外设的状态输入信号连接，外设的工作状态被保存在状态寄存器中。处理器通过状态端口读取状态寄存器，然后检测外设是否就绪；如果没有就绪，程序将通过循环继续查询；如果就绪，则进行数据传送。在外设就绪后，处理器通过数据端口进行数据传送。如果是输入，执行输入指令从数据端口读入数据；如果是输出，执行输出指令向数据端口输出数据。

外设的工作状态在状态寄存器中使用一位或若干位表达，查询是通过输入指令来实现的。检测是否就绪利用检测 TEST 等指令。如果有多个状态需要查询，可以按照一定原则轮流查询。一般来说，先检测到就绪的外设先开始数据传送。

为避免设备故障使查询陷入死循环，在实际的查询程序中常引入超时判断。当查询超过了规定的时间，但设备仍未就绪时，可引发超时错误来退出查询，此次数据交换也将无法实现。

相对简单的无条件传送来说，查询传送工作可靠，具有较广的适用性。但是，查询需要大量处理器时间，效率较低。

2. 查询输入接口

图 7-9 为一个采用查询方式输入数据的 I/O 接口示意图。8 位锁存器与 8 位三态缓冲器构成数据输入寄存器（即数据端口），其 I/O 地址译码为 5000H。它一侧连接输入设备，一侧连接系统的数据总线。1 位锁存器和 1 位三态缓冲器构成状态寄存器（即状态端口），其 I/O 地址译码为 5001H，1 位状态使用数据总线的最低位 D_0。

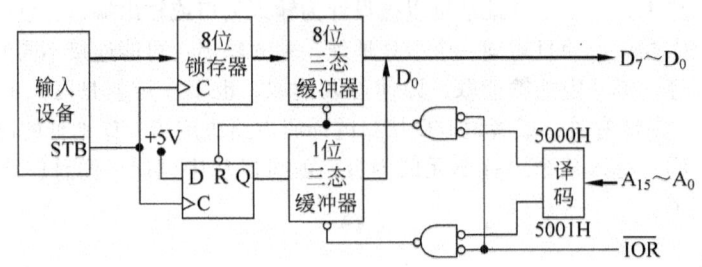

图 7-9 查询输入接口

在输入设备通过选通信号 $\overline{STB}$ 将数据送入数据寄存器的同时，该信号使 D 触发器输出 Q 信号置位为 1（因为其输入端 D 总是为高电平），说明数据寄存器中已经有外设数据，可以提供给处理器，也就是表示数据就绪。

处理器可随时读取状态端口来查询状态。如果 $D_0 = 1$，说明输入数据已就绪，此时，处理器读取数据端口得到外设提供的数据。读取数据产生的控制信号还被连接到 D 触发器的复位信号 R（低电平有效），该复位信号将触发器输出 Q 恢复为 0，表示数据已被取走。如果检测到 $D_0 = 0$，说明输入数据尚未就绪，程序应继续查询。

配合该 I/O 接口电路的查询输入程序片段为：

```
        mov dx,5001h    ;DX 指向状态端口
status: in al,dx        ;读状态端口
        test al,01h     ;测试状态位 D0
        jz status       ;D0＝0,未就绪,继续查询
        dec dx          ;D0＝1,就绪,DX 改指数据端口
        in al,dx        ;从数据端口输入数据
```

3. 查询输出接口

图 7-10 为一个采用查询方式输出数据的接口电路示意图。8 位锁存器构成数据输出寄存器（即数据端口），其 I/O 地址译码为 5000H。它一侧连接系统的数据总线，一侧连接输出设备。1 位锁存器和 1 位三态缓冲器构成状态寄存器（即状态端口），其 I/O 地址译码为 5001H，1 位状态使用数据总线的最高位 D_7。

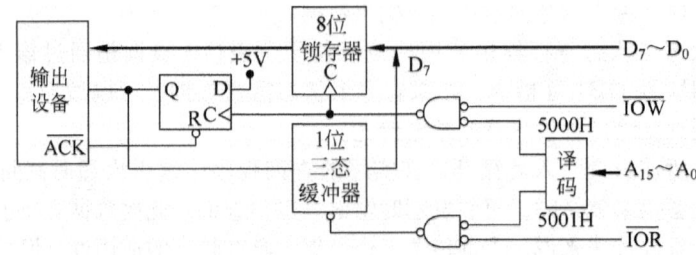

图 7-10 查询输出接口

当处理器要输出数据时,应先查询状态端口。该接口电路设计 $D_7=0$,表示外设可以接收数据。此时,处理器可将数据写入数据端口,写入数据产生的控制信号也作为 D 触发器的控制信号,它将 D 触发器置位为 1,以便通知外设接收数据。这样,$D_7=1$ 说明接口电路的数据尚没有被外设取走,此时处理器只能继续查询,而不能贸然写入新的数据。

输出设备可利用状态锁存器输出信号 Q 接收数据。数据处理结束时,它将给出应答信号 $\overline{ACK}$,该信号将状态寄存器重新复位为 0,表示外设准备就绪。

配合该 I/O 接口电路的查询输出程序片段为:

```
         mov dx,5001h    ;DX 指向状态端口
status:  in al,dx        ;读取状态端口的状态数据
         test al,80h     ;测试标志位 D7
         jnz status      ;D7=1,未就绪,继续查询
         dec dx          ;D7=0,就绪,DX 改指数据端口
         mov al,buf      ;将变量 BUF 送 AL
         out dx,al       ;将 AL 中的数据送数据端口
```

7.3 中断控制系统

中断(Interrupt)是微机系统中非常重要的一种技术,是对处理器功能的有效扩展。利用外部中断,微机系统可以实时响应外部设备的数据传送请求,能够及时处理外部意外或紧急事件。利用内部中断,处理器为用户提供了发现、调试并解决程序执行时异常情况的有效途径。本节介绍 IA-32 处理器的中断控制系统及其在 PC 中的应用。

7.3.1 中断传送

处理器在执行程序时,被内部或外部的事件打断,转去执行一段预先安排好的中断服务程序;服务结束后,又返回原来的断点,继续执行原来的程序,这个过程称为中断,如图 7-11 所示。

在计算机系统中,凡是能引起中断的事件或原因都称为中断源。中断发生的原因可来自处理器内部,也可来自处理器外部(即由处理器的中断请求引脚引入)。外部中断又分为可屏蔽中断和不可屏蔽中断。可屏蔽中断可以被处理器控制,用于与外设交换数据。

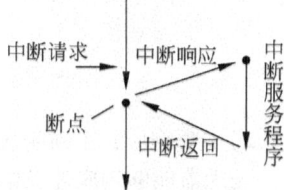

图 7-11 中断工作过程

1. 中断工作过程

查询传送需要处理器主动了解外设的工作状态,并在不断的查询循环中浪费了很多时间。在中断传送方式下,处理器正常执行程序,处理各种事务。外设在准备就绪的条件下通过请求引脚信号,主动向处理器提出交换数据的请求。如果处理器有更紧迫的任务,它可以暂时不响应。否则,处理器将响应请求,执行中断服务程序完成一次数据传送。

中断传送的中断服务程序是预先设计好的,但其何时被调用主要由外部请求所决定,对处理器来说是随机的。执行中断服务程序的时间通常很短,处理器和外设在大部分时间内各自独立地工作。所以,中断传送方式的效率较高。

可屏蔽中断的整个工作过程可以划分成几个阶段,如图 7-12 所示。有些阶段由处理器自动完成,有些阶段要由用户编程完成。

1) 中断请求:中断请求是外设通过硬件信号的形式向处理器引脚发送有效的请求信号,该信号应维持到它被响应为止。

中断请求是外设向处理器提出的,对处理器来说它是随机发生的。但处理器对中断请求的

检测是有规律的，即它在每条指令的最后一个时钟周期去采样中断请求的输入引脚。所以，外设提出的中断请求在未得到响应前必须维持有效。

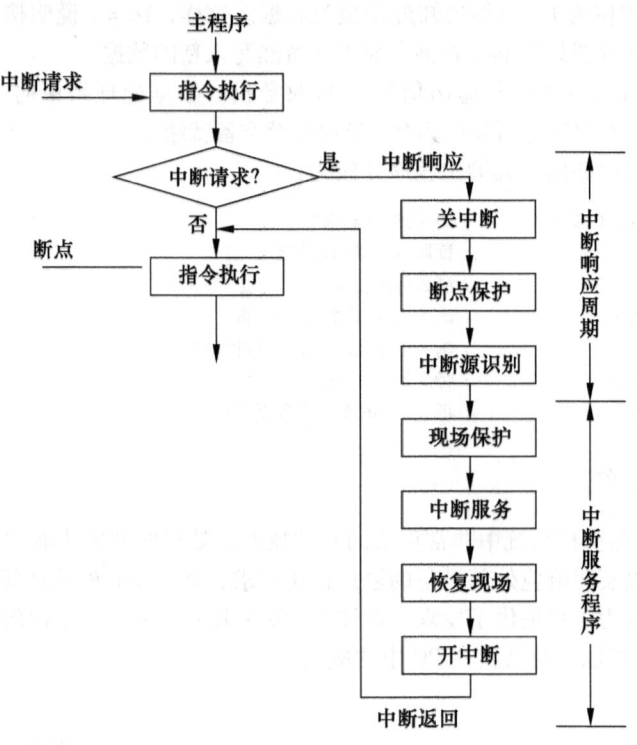

图 7-12 中断传送工作过程

2) 中断响应：中断响应是在满足一定条件时，处理器进入中断响应总线周期。

处理器能够响应外设中断请求是有条件的，其中以下两条很关键：
- 处理器只在每条指令执行完时才会去检测中断输入引脚，才可能响应。
- 对可屏蔽中断请求来说，处理器应处在允许可屏蔽中断响应的状态。

另外，处理器响应中断还需要满足以下条件：
- 在中断请求时，没有更高级的请求发生。处理器有多个请求信号，具有最高优先权的是复位信号 RESET，以下依次是总线请求 HOLD、不可屏蔽中断请求 NMI 和可屏蔽中断请求 INTR。如果它们同时发生，CPU 将首先处理优先级别较高的请求。
- 中断请求应保持到它被响应为止，如果中途撤销，则处理器将不再响应。
- 如果遇到处理器正在执行中断返回、开中断等指令，则它必须在现行指令执行完后再接着执行一条其他指令，然后才能响应新的中断。这么做的目的是隔离两个中断。

3) 关中断：处理器在响应中断后会自动关闭中断，不经用户打开，处理器不再受理其他的中断请求。如果允许中断服务程序也被中断，即中断嵌套，需要用户编程再次打开中断。

4) 断点保护：处理器在响应中断后将自动保护断点地址（即被中断执行的那条指令的逻辑地址），以便中断后继续执行原来的程序。有的处理器此时还会保护标志寄存器，以便在中断后恢复原来的程序状态。

5) 中断源识别：微机系统可能有多个发生中断的原因（即中断源）。所以，处理器需要首先识别出当前究竟是哪个中断源提出了请求，并明确与之相应的中断服务程序所在的主存位置。

有多种识别中断源的方法，同时还涉及中断优先权和中断嵌套，相关内容稍后介绍。

6) 现场保护：现场保护是指对处理器的执行程序有影响的工作环境（主要是寄存器）进行保护，以便将来恢复。

除了断点地址和标志寄存器一般会由处理器自动加以保护外，其他的内容需要由用户编程进行保护。凡希望不被破坏的寄存器数据，用户都应该加以保护。通常的做法是：将它们依次压入堆栈，或者将工作现场切换为另一批寄存器。

7) 中断服务：中断服务是指处理器执行相应的中断服务程序，进行数据传送等处理工作。中断服务是整个中断处理过程中唯一的实质性环节，也是中断的目的所在。为了尽量减少占用的处理器时间，中断服务程序应该短小简洁。

8) 恢复现场：完成中断服务后，处理器应返回断点去继续执行原来的程序，此时应恢复处理器原来的工作环境。如果现场是通过压栈保护的，恢复时就应该通过出栈实现。

9) 开中断：处理器响应中断后，一般都会自动关闭中断。如果用户不将它打开，在整个中断过程中，处理器将不会再响应其他的中断。因此，用户至少应在中断返回的前一刻将它打开；否则，处理器在中断返回后将无法再次响应可屏蔽中断。

10) 中断返回：中断服务程序的最后是一条中断返回指令 IRET。利用中断返回指令，处理器会将断点地址从堆栈中弹出，于是程序返回断点处继续执行原来的程序。中断返回指令 IRET 不同于子程序返回指令 RET，IRET 指令会进行更多的恢复工作，如恢复标志寄存器。

2. 中断源的识别

中断源的识别主要采用中断向量（Vector）方法。处理器响应中断请求时，生成中断响应总线周期。在中断响应周期，处理器的中断响应信号选通中断接口电路，中断接口电路将中断向量号送至数据总线。一个中断向量号对应一个中断，处理器读取后便获知中断的来源，并自动转向相应的中断服务程序。

外设的中断请求信号一方面可以引到处理器的中断请求引脚上提出中断请求，另一方面也可以像查询传送方式一样保存在状态寄存器（即中断请求的状态寄存器）中。处理器获知有中断请求后，依次查询中断状态寄存器，发现某个中断请求状态有效则说明其提出了请求。这就是中断源的查询识别方式。

图 7-13 用锁存器和三态缓冲器构成了一个中断查询接口示意图。中断请求状态被保存在锁存器中，并通过"或门"向处理器申请中断。在中断服务程序中，处理器通过输入指令选通三态缓冲器来读取已经锁存的中断请求状态，并依次查询它们是否有效。

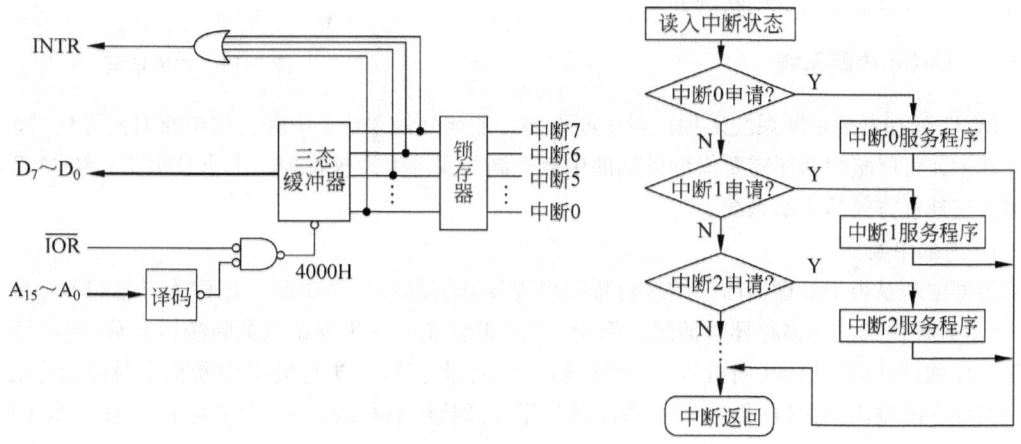

图 7-13 中断查询接口与流程

3. 中断优先权排队

当处理器发现有多个中断源提出了中断请求时，该怎么办呢？为此，可以为每个中断源分配一级中断优先权(Interrupt Priority)，根据它们的高低顺序决定响应的先后。中断优先权排队就是指系统设计者事先为每个中断源所确定的优先处理顺序。

例如，在图7-13中，假设中断优先权顺序是中断0、中断1、…、中断7，中断查询流程从中断0开始。如果中断0提出了请求，就响应它，转向其中断服务程序；否则，查询中断1是否请求，如果中断1有请求，响应它；否则，再查询中断2，……。所以，先查询的中断具有较高的优先权，如果有请求会被先行服务。

用查询方法实现中断优先权排队比较花费时间，适用于小型微机系统，或者是针对某个外设的多种中断情况。复杂的微机系统通常用硬件电路实现中断优先权排队，与总线仲裁类似。硬件优先权排队电路常由编码电路和比较电路构成。编码电路为每个中断进行编号，比较电路则比较编号大小，用编号的大小对应优先权的高低。硬件优先权排队电路也可以采用链式排队电路。在链式排队电路中，每个中断源都是中断优先权链条上的一个节点，链条前面的中断优先权高，后面的中断优先权低。

4. 中断嵌套

当处理器正在为某个中断进行服务时，又有中断提出请求，该怎么办呢？这时也涉及中断优先权排队问题。一般的处理原则是：

- 如果新提出请求的中断的优先权低于或等于当前正在服务的中断，处理器可以不予理会，待完成当前中断服务后再处理。
- 如果新提出请求的中断的优先权高于当前正在服务的中断，处理器应当暂停当前工作，先行服务级别更高的中断，待优先权更高的中断处理完成后再接着处理被打断的中断。一个中断处理过程中又有一个中断请求并被响应处理，称为中断嵌套或多重中断(参见图7-14)。只要条件满足，这样的嵌套可以发生多层。

因为处理器响应中断后通常自动关闭可屏蔽中断，所以某个中断如果允许被中断嵌套，就必须在中断服务程序中打开中断。这样，在中断优先权排队的配合下，可以方便地实现中断嵌套。

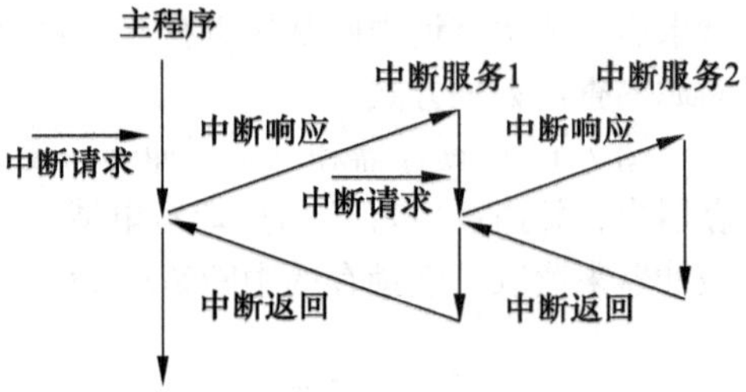

图7-14 中断嵌套

7.3.2 IA-32 中断系统

IA-32处理器的中断系统采用向量中断机制，能够处理256个中断，用中断向量号0~255区别。其中，可屏蔽中断还需要借助外部的中断控制器实现优先权管理。本小节主要介绍IA-32处理器在实地址方式的中断系统。

1. 内部中断

内部中断是由于处理器内部的执行程序出现异常引起的程序中断，也称为异常(Exception)。IA-32处理器内部支持多种异常情况，例如，执行除法指令时出现错误的除法错异常(向量号0)、用于程序调试的调试异常(向量号1)和断点异常(向量号3)、执行溢出中断指令时溢出标志OF置位情况下的溢出异常(向量号4)、程序执行了无效代码引起的异常(向量号6)、违反基本特权保护原则的通用保护异常(向量号13)、虚拟存储管理需要将辅存内容调入主存时出现的页面失效异常(向量号14)等。

(1) 除法错异常

在执行除法指令 DIV 或 IDIV 时,若除数为 0 或商超过了寄存器所能表达的范围,则产生一个向量号为 0 的内部中断,称为除法错异常。

例如,如果设置除数 BL 等于 1,只要被除数 AX 超过 255,则执行"DIV BL"后商就超过 255,用 AL 无法表达,这时将产生除法错中断。

【例 7-3】 产生除法错中断的程序

```
            ;数据段
msg         byte 0dh,0ah,'No divide overflow !',0
            ;代码段
            call readuiw
            mov bl,1
            div bl
            mov eax,offset msg      ;没有除法错,显示信息
            call dispmsg
```

本示例程序利用 READUIW 子程序(来自 I/O 子程序库)从键盘输入一个无符号整数(不超过 $2^{16}-1$),结果保存在 AX 中。如果输入不超过 255,除以 1 之后不会产生除法错中断,程序显示 "No divide overflow !"(无除法溢出)信息,这是本示例程序在数据段安排的字符串。如果输入超过 255,则执行"DIV BL"指令产生除法错中断,DOS 系统默认的 0 号中断服务程序将显示"Divide overflow"信息,并终止应用程序的继续执行。本示例程序也可以生成 Windows 控制台程序,出现除法错中断时 Windows 系统将弹出出错窗口,并停止执行。

(2) 溢出异常

在执行溢出中断指令 INTO 时,若溢出标志 OF 为 1,则产生一个向量号为 4 的内部中断,称为溢出中断。

【例 7-4】 产生溢出中断的程序

```
            ;数据段
msg         byte 0dh,0ah,'No overflow !',0
            ;代码段
            call readuib
            add al,100
            jno noflow              ;没有溢出,转移
            into                    ;有溢出,产生溢出中断
            jmp done
noflow:     mov eax,offset msg      ;显示无溢出信息
            call dispmsg
done:
```

本示例程序首先从键盘输入一个无符号整数(不超过 255),保存在 AL 中,然后与 100 相加。如果输入小于 28,求和结果没有溢出(OF=0),程序显示本例题设置的字符串"No overflow !"。如果输入的数据大于等于 28,求和结果溢出(因为作为有符号整数,字节量结果不能表达大于等于 128 的数值),标志 OF=1,此时执行 INTO 指令将产生 4 号溢出中断。DOS 系统默认不对溢出作处理,所以本例题出现溢出中断时不会有任何显示信息。而在 Windows 系统下,出现溢出中断时则弹出出错窗口,并停止执行。

本章最后编写了一个 04 号溢出中断的驻留中断服务程序,执行此程序后,再执行本例题,出现溢出中断时就有显示了(详见例 7-7)。

2. 外部中断

外部中断是由于处理器外部提出中断请求引起的程序中断。相对于处理器来说，外部中断是随机产生的，所以它才是真正意义上的中断。外部中断可以分成两种。

(1) 不可屏蔽中断

对于外部通过不可屏蔽中断(NonMaskable Interrupt, NMI)请求信号向处理器提出的中断请求，处理器在当前指令执行结束就予以响应，这个中断就是不可屏蔽中断。IA-32 处理器给不可屏蔽中断分配的中断向量号是 2，设计的 NMI 信号是上升沿触发。

不可屏蔽中断主要用于处理系统的意外或故障，如电源掉电、存储器读写错误或受到严重干扰。例如，在 IBM PC 系列微机中，若主板上的存储器产生奇偶校验错、I/O 通道上产生奇偶校验错或数学协处理器产生异常，则都会引起一个 NMI 中断。

(2) 可屏蔽中断

对来自外部可屏蔽中断请求(Interrupt Request, INTR)信号的中断，处理器在允许可屏蔽中断的条件下，在当前指令执行结束后予以响应，同时输出可屏蔽中断响应信号$\overline{\text{INTA}}$(Interrupt Acknowledge)，这个中断就是可屏蔽中断。

IA-32 处理器的可屏蔽中断通常需要中断控制器负责处理多个中断优先权排队等管理工作，主要用于与外设进行数据交换。INTR 信号是高电平触发的，通常与中断控制器连接，外设的中断请求信号只接到中断控制器的中断请求信号线上。

除要求当前指令执行结束外，对可屏蔽中断请求，处理器是否响应还取决于中断标志的状态。在 IA-32 处理器中，若 IF = 1，则处理器是开中断的，可以响应；若 IF = 0，则处理器是关中断的，不能响应。因为受到处理器的控制，所以这种中断称为可屏蔽中断(Maskable Interrupt)。而对于出现在 NMI 信号上的中断请求，因不受控制，就对应地称之为不可屏蔽中断。显然，不可屏蔽中断的优先权高于可屏蔽中断的优先权。

在 IA-32 处理器中，IF = 0 关中断的情况有：系统复位后、任何一个中断(包括外部中断和内部中断)被响应后、执行关中断指令 CLI 后。要使其处于开放中断的状态，需要执行开中断指令 STI 使 IF = 1。另外要注意，中断服务程序最后执行中断返回指令 IRET，将恢复到进入该中断前的 IF 状态，即中断前是开中断的，则中断处理结束返回后还是开中断的，否则就是关中断的。

除可屏蔽中断外，其他类型中断的向量号或包含在指令中或是预定好的，而可屏蔽中断的向量号需要外部(通常是中断控制器)提供，处理器产生中断响应周期的同时读取一个字节的中断向量号数据。这也就是中断响应周期的主要目的。

3. 中断和异常的响应过程

IA-32 处理器获得向量号识别出中断源后，中断或异常接下来的工作过程如下：

1) 将标志寄存器 EFLAGS 压入堆栈，保护各个标志位；将被中断指令的逻辑地址(代码段寄存器和指令指针寄存器内容)压入堆栈，保护断点。

2) 如果有错误代码，将其压入堆栈(有些异常产生错误代码，以更具体地表明产生异常的原因)。实地址方式的异常不返回错误代码。

3) 根据向量号获得中断服务程序(中断或异常的处理程序)的段选择器和指令指针，分别传送给代码段寄存器 CS 和指令指针寄存器 EIP。

4) 对于中断，要设置中断允许标志 IF 为 0，即禁止进一步的可屏蔽中断。

5) 控制转移至中断服务程序入口地址(首地址)，开始执行中断或异常处理程序。

中断服务程序的最后是中断返回指令 IRET。中断返回指令 IRET 将断点地址和标志寄存器出栈恢复，如果压入了错误代码还需要相应增量堆栈指针，于是控制又返回到断点指令处继续执行。

4. 中断描述符表和中断向量表

保护方式下，每个中断服务程序由一个中断描述符指向，其中保存着中断服务程序的16位段选择器、32位偏移地址和中断特权层。中断描述符保存在系统的中断描述符表（Interrupt Descriptor Table，IDT）中，由中断描述符表地址寄存器IDTR给出其地址，中断描述符表可以安排在任意的线性地址空间中。系统最多有256个中断，每个中断描述符包含8个字节，所以中断描述符表最大2KB（256×8）。以中断描述符表所在的地址为基础，中断向量号乘以8就对应其中断描述符。

实地址方式下，使用中断向量表（Interrupt Vector Table）直接保存中断服务程序的入口地址。中断服务程序的地址含有16位段基地址CS（高字部分）和16位偏移地址IP（低字部分），共4个字节，按照"低对低、高对高"的小端存储方法保存在中断向量表中。中断向量表被处理器固定地安排在以物理地址最低端00000H开始，从中断向量号0依次安排每个中断服务程序地址，256个中断占用1KB区域，参见图7-15。于是，可以得到结论：向量号为N的中断服务程序地址要从物理地址 = N×4 取得。

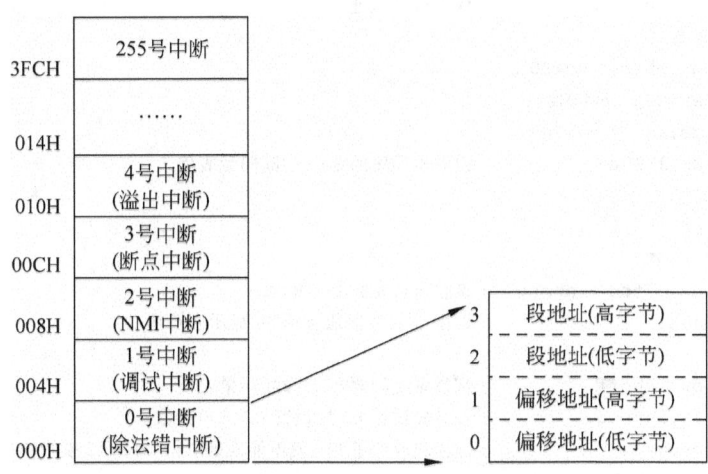

图7-15 实方式的中断向量表结构

7.3.3 内部中断服务程序

熟悉了IA-32处理器中断系统后，就可以编写内部中断服务程序进行实践。用MASM编写DOS平台的内部中断服务程序与编写子程序类似，都是利用过程定义伪指令PROC和ENDP。所不同的是，进入中断服务程序后通常要执行STI指令开放可屏蔽中断，最后执行IRET指令返回调用程序。内部中断服务程序通常采用寄存器传递参数。

主程序通过中断调用指令INT N执行内部中断服务程序，其实质相当于子程序调用。主程序在调用用户的内部中断服务程序之前，必须修改中断向量表的对应项，使其指向相应的中断服务程序。修改中断向量表项可以自编一个这样的程序段或利用DOS功能调用。

用DOS功能调用（INT 21H）设置中断向量表项时，其功能号为AH = 25H。另外需要中断向量号作为入口参数保存在AL中，DS和DX则分别保存中断服务程序的段基地址和偏移地址。

中断服务程序如果只是被某个应用程序使用，那么应用程序在返回DOS前，要使系统恢复原中断向量表项的状态。方法是：在设置中断向量表项之前，首先读取并保存原中断向量表项。同样，可以自编一个这样的程序段或利用 DOS 功能调用。

用 DOS 功能调用(INT 21H)获取中断向量表项时，其功能号为 AH = 35H。入口参数是 AL = 中断向量号，出口参数在 ES 和 BX 寄存器中，即指定向量号当前保存在中断向量表内的段基地址和偏移地址。

【例 7-5】 内部中断服务程序

本例题编写 80H 号中断服务程序，使其具有显示以"0"结尾字符串的功能。字符串缓冲区首地址为入口参数，利用 DS 和 DX 传递其段地址和偏移地址。

```
              ;数据段
    intoff    word ?                    ;用于保存原中断服务程序的偏移地址
    intseg    word ?                    ;用于保存原中断服务程序的段基地址
    intmsg    byte 'A Instruction Interrupt!',0dh,0ah,0   ;字符串(以 0 结尾)
              ;代码段
              mov ax,3580h              ;获取系统的原 80H 中断向量表项
              int 21h
              mov intoff,bx             ;保存偏移地址
              mov intseg,es             ;保存段基地址
              push ds
              mov dx,offset new80h
              mov ax,seg new80h
              mov ds,ax
              mov ax,2580h              ;设置本程序的 80H 中断向量表项
              int 21h
              pop ds
              ;
              mov dx,offset intmsg      ;设置入口参数 DS 和 DX
              int 80h                   ;调用 80H 中断服务程序,显示字符串
              ;
              mov dx,intoff             ;恢复系统的原 80H 中断向量表项
              mov ax,intseg             ;注意先设置 DX 后设置 DS 入口参数
              mov ds,ax                 ;因为先改变了 DS,就不能准确取得 intoff 变量值
              mov ax,2580h
              int 21h
              ;80H 内部中断服务程序:显示字符串(以 0 结尾);DS:DX = 缓冲区首地址
    new80h    proc                      ;过程定义
              sti                       ;开中断
              push ax                   ;保护寄存器
              push bx
              push si
              mov si,dx
    new1:     mov al,[si]               ;获取欲显示字符
              cmp al,0                  ;为"0"结束
              jz new2
              mov bx,0                  ;采用 ROM-BIOS 调用显示一个字符
              mov ah,0eh
              int 10h
              inc si                    ;显示下一个字符
              jmp new1
    new2:     pop si                    ;恢复寄存器
```

```
            pop bx
            pop ax
            iret                    ;中断返回
new80h      endp                    ;中断服务程序结束
```

本示例程序首先读取并保存中断 80H 的原中断向量表项,然后设置新中断向量表项。此时,程序中就可以调用 80H 号中断服务程序了。当不再需要这个中断服务程序时,就将保存的原中断向量表项恢复,这样该程序返回 DOS 后不改变系统状态。

中断服务程序应该放置在源程序格式的子程序位置,即退出主程序的 EXIT 语句之后、END 语句之前。另外,本例题没有使用 DOS 功能调用,而是直接利用 ROM-BIOS 中的显示器功能调用(INT 10H),其中断向量号在 PC 机中被分配为 10H。ROM-BIOS 功能与操作系统无关,没有 DOS 支持也可以应用,其调用方法与 DOS 功能调用方法一样。本例题使用显示输出的 0EH 号子功能在当前光标显示一个字符(与 2 号 DOS 功能一样),入口参数为:AL = 字符 ASCII 码,BX = 0。

7.3.4 中断控制器

IA-32 处理器只有一个外部可屏蔽中断请求信号,需要中断控制器管理外设的多个中断请求并进行优先权排队等工作。从 8 位 Intel 8080/8085、16 位 Intel 8086/80286 到 32 位 Intel 80386/80486 和早期的 Pentium 处理器,它们需要配合使用 Intel 8259A 可编程中断控制器(Programmable Interrupt Controller, PIC)。后来的 Pentium 处理器一直到 Pentium 4 处理器内部集成有高级可编程中断控制器(Advanced Programmable Interrupt Controller, APIC),称为局部 APIC,外部配合使用集成在芯片组的 I/O APIC。

IBM PC/AT 机使用了两个 Intel 8259A 芯片,32 位 PC 兼容了它们的功能。

1. 8259A 的寄存器

中断控制器 Intel 8259A 可以管理 8 级中断,对应 8 个中断请求引脚:$IR_0 \sim IR_7$,每一级中断都可单独被屏蔽或允许。多个 8259A 芯片级联可最多扩展至 64 级中断。8259A 在中断响应总线周期,可为每级中断提供相应的中断向量号。

对用户来说,Intel 8259A 主要提供了 3 个 8 位可读写寄存器,包括:

- 中断请求寄存器(Interrupt Request Register, IRR)——保存 8 个外界中断请求信号 $IR_0 \sim IR_7$ 的请求状态。D_i 位为 1 表示 IR_i 引脚有中断请求;D_i 位为 0 表示 IR_i 引脚无请求。
- 中断服务寄存器(Interrupt Service Register, ISR)——保存正在被 8259A 服务的中断状态。D_i 位为 1 表示 IR_i 中断正在服务中;D_i 位为 0 表示 IR_i 中断没有被服务。
- 中断屏蔽寄存器(Interrupt Mask Register, IMR)——保存对中断请求信号 IR 的屏蔽状态。D_i 位为 1 表示 IR_i 中断被屏蔽(禁止);D_i 位为 0 表示允许 IR_i 中断。IMR 对各个中断的屏蔽是相互独立的,例如,对较高优先权的中断请求实现屏蔽并不影响较低优先权的中断请求。

2. 8259A 的工作方式

Intel 8259A 具有多种工作方式,不仅能够实现常规的中断控制,还在此基础上进行了扩展,以便实现灵活和复杂的中断控制。中断控制器 8259A 虽然有多种复杂的工作方式,但经常使用的是其简单的工作方式(在 PC 机中也是如此)。

(1)普通全嵌套方式

8259A 中断优先权排队方法有固定优先权方法(又分成普通全嵌套方式和特殊全嵌套方式)

和优先权循环方法(又分成自动循环方式和特殊循环方式),其中常采用普通全嵌套方式。在普通全嵌套方式中,8259A 的中断优先权顺序固定不变,从高到低依次为 IR_0、IR_1、IR_2、…、IR_7。中断请求后,8259A 对当前优先权最高的请求中断 IR_i 予以响应,将其向量号送上数据总线,对应 ISR 的 D_i 位置位,直到中断结束(ISR 的 D_i 位复位)。在 ISR 的 D_i 位置位期间,禁止再发生同级和低级优先权的中断,但允许高级优先权中断的嵌套。普通全嵌套方式是 8259A 初始化后默认的工作方式,也是最常用的工作方式,简称为全嵌套方式。

(2) 普通中断结束方式

这里的中断结束是指 8259A 结束中断的处理,而不是处理器执行中断服务程序结束。我们应该使处理器执行服务程序结束的同时,使 8259A 结束中断处理。

8259A 以中断服务寄存器 ISR 的某位复位作为该中断结束的标志。当一个中断请求 IR_i 得到响应时,8259A 会将中断服务寄存器 ISR 中的 D_i 位置位,为以后中断优先权电路的工作提供依据。当处理器的中断服务程序执行结束时,应该使 ISR 的 D_i 位复位;否则,8259A 的中断控制功能就会不正常。

8259A 可以采用自动中断结束的方式,但实际上主要使用非自动中断结束方式(又分为普通中断结束方式和特殊中断结束方式)。普通中断结束方式配合全嵌套优先权方式使用。当处理器用输出指令向 8259A 发出普通中断结束(End of Interrupt, EOI)命令时,8259A 就会把正在服务的中断中优先权最高的 ISR 位复位。因为在全嵌套方式中,当前 ISR 最高优先权位对应了最后一次被响应和被处理的中断,也就是当前正在处理的中断,所以当前最高优先权的 ISR 位复位相当于结束了当前正在处理的中断。

(3) 中断触发方式

中断请求信号 IR 有两种触发方式(有效形式)。

- 边沿触发方式。在边沿触发方式下,8259A 将中断请求输入端出现的上升沿作为中断请求信号。IR 出现上升沿触发信号以后,可以一直保持高电平。
- 电平触发方式。在电平触发方式下,中断请求端出现的高电平是有效的中断请求信号。在这种方式下,应注意及时撤除高电平。如果在发出 EOI 命令之前没有去掉高电平信号,则可能引起不应该有的第二次中断。

PC 采用中断请求信号的上升沿触发,防止高电平触发带来错误的中断请求。但是,高频率系统中的高脉冲干扰信号容易被误认为触发信号,所以后来 EISA 和 PCI 等总线的中断请求信号都采用了电平触发方式。

3. 8259A 的编程

对中断控制器 8259A 的编程,就是指定其工作方式和控制中断处理过程,可以分成初始化编程和中断操作编程。

8259A 能够开始工作前,必须进行初始化编程,也就是给 8259A 写入初始化命令字(Initialization Command Word, ICW)。通过写入 ICW 选择中断优先权排队、中断结束、中断触发等工作方式。完成初始化编程后,中断控制器就可以管理外设中断了,以后不必再改变。

在 8259A 工作期间,可以写入操作命令字(Operation Command Word, OCW)将选定的操作传送给 8259A,使之按新的要求工作。同时,还可以读取 8259A 的信息,以便了解它的工作状态。

例如,OCW_1 是屏蔽命令字,内容写入中断屏蔽寄存器 IMR。$D_i = M_i$ 对应 IR_i,为 1 禁止 IR_i 中断;为 0 允许 IR_i 中断。屏蔽某个引脚并不影响其他引脚的屏蔽状态。

再如,OCW_2 是中断结束和优先权循环命令字,用以产生中断结束 EOI 命令和改变优先权顺序。OCW_3 是屏蔽和读状态命令字。通过 OCW_3，处理器可读出 IRR、ISR 和 IMR 三个寄存器的内容，还可读出一个反映中断请求状态的查询字。

4. 8259A 的应用

IBM PC/XT 使用一片 8259A 管理 8 级可屏蔽中断，称为 $IRQ_0 \sim IRQ_7$。IBM PC/AT 在原来保留的 IRQ_2 中断请求端上又扩展了一个从片 8259A，所以相当于主片的 IRQ_2 又扩展了 8 个中断请求端 $IRQ_8 \sim IRQ_{15}$。这样，所形成的主从结构提供了 16 级中断。

中断控制器以 I/O 接口形式与处理器连接，根据主板 I/O 地址译码电路，PC 为其分配 20H 和 21H（主片）、A0H 和 A1H（从片）的 I/O 地址。PC 对 16 级中断的一般使用情况是：

- IRQ_0 与计数器 0 的输出信号 OUT_0 连接，用于微机系统的日时钟中断请求。
- IRQ_1 与键盘输入接口电路送来的中断请求信号连接，用来请求处理器读取键盘扫描码。
- IRQ_2 连接从片 8259A，从片的 IRQ_9 替代其原在 IBM PC/XT 中的作用，供用户使用。
- IRQ_3 用于第 2 个串行异步通信接口 COM2。
- IRQ_4 用于第 1 个串行异步通信接口 COM1。
- IRQ_7 用于并行打印机。
- IRQ_8 连接实时时钟电路，用于其周期中断和报警中断。
- IRQ_{13} 来自协处理器。

系统 ROM-BIOS 有中断控制器的初始化程序，设置其工作方式为：

- 利用上升沿作为中断请求 IRQ 的有效信号。
- $IRQ_0 \sim IRQ_7$ 的中断向量号依次为 08H ~ 0FH，$IRQ_8 \sim IRQ_{15}$ 的中断向量号依次为 70H ~ 77H。
- 采用普通全嵌套优先权方式，中断优先权从高到低顺序为 $IRQ_0 \sim IRQ_2$、$IRQ_8 \sim IRQ_{15}$、$IRQ_3 \sim IRQ_7$，且不能改变。
- 采用普通中断结束 EOI 方式，需要在中断服务程序的最后发送普通 EOI 命令：

    ```
    ;对主片8259A 的 IRQ0~IRQ7 中断,发送普通 EOI 命令的程序片段
    mov al,20h
    out 20h,al
    ;对从片8259A 的 IRQ8~IRQ15 中断,发送两个 EOI 命令:一个给从片,一个给主片
    mov al,20h
    out 0a0h,al        ;写入从片 EOI 命令
    out 20h,al         ;写入主片 EOI 命令
    ```

- 一般采用普通屏蔽方式，通过写入 IMR 允许中断，但注意不要破坏原屏蔽状态。

    ```
    ;假设允许日时钟 IRQ0 和键盘 IRQ1 中断,其他中断状态不变
    in al,21h          ;读出 IMR(主片,从片用 A1H 地址)
    and al,0fch        ;只允许 IRQ0 和 IRQ1,其他不变
    out 21h,al         ;写入 IMR(主片,从片用 A1H 地址)
    ```

7.3.5 外部中断服务程序

外部可屏蔽中断用于实现处理器与外设交换信息，是真正意义上的"中断"。编程可屏蔽中断具有一定的特殊性，较编写内部中断服务程序要复杂，需要注意的问题如下：

- 发送中断结束命令。由于采用中断控制器管理可屏蔽中断，它采用普通中断结束方式，所以需要中断结束命令。

- 一般只能采用存储单元传递参数。外部中断是随机发生的,所以系统进入服务程序时,除代码段和指令指针寄存器外,当前的运行状态(包括其他寄存器)都是不可知的,想通过寄存器传递参数显然不行。但是,寄存器的保护和恢复还是必需的。
- 不要使用 DOS 系统功能调用。外部中断可能引起程序的重入(重新进入)。例如,当主程序在执行一个 DOS 系统功能调用时,产生了外部中断,外部中断服务程序又调用这个 DOS 系统功能,就出现了重入。由于 DOS 内核是不可重入的,所以这是不允许的。中断服务程序若要控制 I/O 设备,最好调用 ROM-BIOS 功能或者对 I/O 接口直接编程。
- 中断服务程序尽量短小。一般而言,外部中断的实时性很强,应主要处理较急迫的事务。因此,中断服务时间应尽量短,能放在主程序完成的任务就不要由中断服务程序完成。这样,可以尽量减小对其他中断设备的影响。

另一方面,主程序除需要修改中断向量表外,还要注意如下几点:
- 控制处理器的中断允许标志。可屏蔽中断的响应受中断标志控制。当不需要可屏蔽中断或程序不能被外部中断时,就必须关中断,以防止不可预测的后果;而在其他时间则要开中断,以便及时响应中断,为外设提供服务。例如,设置好可屏蔽中断服务程序之前和为中断服务程序提供初值时,不能响应中断,所以应关中断。在此之后,则应开中断。另外,进入中断服务程序之后,应马上开中断,以允许较高级的中断,实现中断嵌套。
- 设置中断屏蔽寄存器。可屏蔽中断还通过中断控制器管理,所以,某个可屏蔽中断的响应与否还受控于中断屏蔽寄存器。处理器的中断标志 IF 是控制所有可屏蔽中断的,而中断屏蔽寄存器是分别控制某个可屏蔽中断源的。

在主程序和中断服务程序中,都可以通过控制中断屏蔽寄存器的有关位随时允许或禁止对应中断的产生。同样,为了应用程序返回 DOS 后恢复原状态,应在修改 IMR 之前保存原内容;而在程序退出前,予以恢复。

【例 7-6】 可屏蔽中断服务程序

PC 系统的 IRQ_0(向量号为 08H)中断请求来自定时器,每隔 55ms 产生一次(详见第 8 章)。DOS 系统利用它实现日时钟计时功能。本程序用新的 08H 号中断服务程序暂时替代计时程序,使得每次中断显示一串信息,显示(即中断)10 次后,恢复原中断服务程序,返回 DOS。

为了获知中断次数,用主存单元(共享变量)在主程序与外部中断服务程序之间传递参数,显示信息也安排在共同的数据段中(也可以与中断服务程序一体)。

```
            ;数据段
intmsg      byte 'A 8259A Interrupt!',0dh,0ah,0
counter     byte 0                  ;中断次数记录单元
            ;代码段
            mov ax,3508h            ;获取原中断向量表项
            int 21h
            push es                 ;保存原中断向量表项(利用堆栈)
            push bx
            cli                     ;关中断
            push ds                 ;设置新中断向量表项
            mov ax,seg new08h
            mov ds,ax
            mov dx,offset new08h
```

```
                mov ax,2508h
                int 21h
                pop ds
                in al,21h              ;读出 IMR
                push ax                ;保存原 IMR 内容
                and al,0feh            ;允许 IRQ0,其他不变
                out 21h,al             ;设置新 IMR 内容
                mov counter,0          ;设置中断次数初值
                sti                    ;开中断
                ;主程序完成中断服务程序设置,可以处理其他事务
    start1:     cmp counter,10         ;本例的主程序仅循环等待中断
                jb start1              ;中断 10 次退出
                ;
                cli                    ;关中断
                pop ax                 ;恢复 IMR
                out 21h,al
                pop dx                 ;恢复原中断向量表项
                pop ds
                mov ax,2508h
                int 21h
                sti                    ;开中断
                ;中断服务程序
    new08h      proc
                sti                    ;开中断
                push ax                ;保护寄存器
                push si
                push ds
                mov ax,@data           ;外部随机产生中断,DS 也不确定,所以必须设置 DS
                mov ds,ax
                inc counter            ;中断次数加 1
                mov si,offset intmsg   ;显示信息
                call dpstri
                mov al,20h             ;发送 EOI 命令
                out 20h,al
                pop ds                 ;恢复寄存器
                pop si
                pop ax
                iret                   ;中断返回
    new08h      endp
    dpstri      proc                   ;显示字符串子程序
                push ax                ;入口参数:DS:SI=字符串首址
                push bx
    dps1:       mov al,[si]
                cmp al,0
                jz dps2
                mov bx,0               ;调用 ROM-BIOS 功能显示 AL 中的字符
                mov ah,0eh
                int 10h
                inc si
```

```
            jmp dps1
dps2:       pop bx
            pop ax
            ret
dpstri  endp
```

从主程序标号为 START1 的语句来看（假设其逻辑地址为 2068H:0100H），COUNTER 单元似乎没有变化，像是一个"死循环"。实际上，由于系统每隔 55ms 会请求一次 IRQ₀ 中断，现在随时可以响应，这样执行这里的 NEW08H 中断服务程序就使 COUNTER 增量，主程序就在这个不断比较、转移中经过 10 次中断后退出，参考图 7-16。

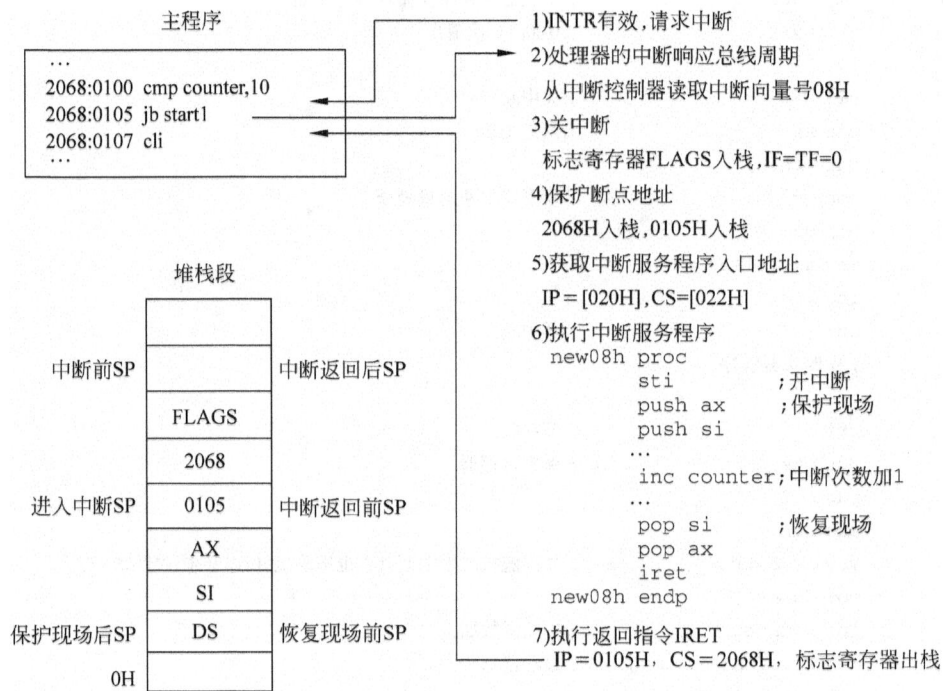

图 7-16 中断工作过程

7.3.6 驻留中断服务程序

用户的中断服务程序如果要让其他程序使用，必须驻留在系统主存中，这就形成驻留（Terminate and Stay Resident，TSR）程序。不驻留的程序执行结束后，它所使用的主存空间由 DOS 回收用于其他程序。用 DOS 功能调用（INT 21H）实现程序驻留并返回，需要 31H 号功能，其入口参数有两个：一个是 AL = 返回代码，另一个是 DX = 程序驻留的容量。需要注意的是，驻留容量是保存在主存中的程序长度，以节（Paragraph）为单位，每节是 16 个字节。

【例 7-7】 驻留中断服务程序

前面介绍过 4 号溢出中断，它用于处理有符号数的运算溢出。操作系统并没有为其编写服务程序，因为每次溢出的原因都可能不同。现在编写一个 04 号溢出中断服务程序，功能是显示溢出 "Overflow！" 信息，并将它驻留在主存。这样，以后如果 OF = 1 时执行 INTO 指令或者 INT 4 指令，就会产生 4 号中断，显示上述信息。

```
            include io16.inc
            .code
new04h      proc                    ;中断服务程序
            sti
            push ax                 ;保存寄存器
            push bx
            push si
            push ds
            mov ax,cs               ;数据在代码段中,故 DS = CS
            mov ds,ax
            mov si,offset intmsg
dps1:       mov al,[si]
            cmp al,0
            jz dps2
            mov bx,0                ;调用 ROM-BIOS 功能显示 AL 中的字符
            mov ah,0eh
            int 10h
            inc si
            jmp dps1
dps2:       pop ds                  ;恢复寄存器
            pop si
            pop bx
            pop ax
            iret                    ;中断返回
intmsg      byte 0dh,0ah,'Overflow !',0    ;溢出后显示的信息
new04h      endp                    ;中断服务程序结束
            ;主程序开始
start:      mov ax,cs
            mov ds,ax               ;设置 04H 中断向量表项
            mov dx,offset new04h
            cli
            mov ax,2504h
            int 21h
            sti
            mov ax,offset tsrmsg    ;显示安装信息
            call dispmsg
            mov dx,offset start     ;计算驻留内存程序的长度
            add dx,256              ;增加 256 个字节(程序段前缀空间)
            add dx,15
            shr dx,4                ;调整为以"节"(16 个字节)为单位
            mov ax,3100h            ;程序驻留,返回 DOS
            int 21h
tsrmsg      byte 'INT 04H Program Installed !',0dh,0ah,0
            end start
```

本示例程序将需要驻留主存的中断服务程序写在前面,这样后面的主程序就不会驻留主存。主程序首先设置 04H 号中断向量表项,然后计算需要保留在主存的程序长度。标号为 START 之前的程序就是要驻留的中断服务程序,所以其偏移地址就是在此之前程序的字节数。DOS 会为调入主存执行的程序创建一个 256 字节的程序段前缀(Program Segment Prefix,PSP)空间,所以这个程序驻留主存的长度也应该增加 256 字节。

但是，驻留程序长度以节(16个字节)为驻留单位，所以需要除以16(程序中用右移4位实现)。不过，在作除法前要先加15个字节，这样才能保证将中断服务程序完整驻留；否则，最后的若干字节会被截断。例如，如果需要驻留的程序是 $N \times 16 + M(1 \leq M \leq 15)$，不加15就除以16，则最后 M 个字节不会被驻留。

因为用31H号DOS功能调用实现驻留程序并返回了DOS，所以源程序的最后就不需要EXIT语句了(该语句是4CH号DOS功能调用)。执行该程序后，4号溢出中断服务程序驻留在主存。这时，再执行例7-4的程序，看一下与原来有什么不同。

7.4 DMA传送

在微机系统中，处理器主要进行数据处理工作，数据来自主存储器或外设。在以上介绍的由程序控制的数据传送方式中，所有传送都必须通过处理器执行输入输出指令来完成。如果要实现外设和存储器间的数据交换，就需要走"外设→处理器→存储器"的路线，或者走"存储器→处理器→外设"的路线。总之，存储器与外设间的数据传送都需要处理器这个中间桥梁。不论是简单的无条件传送、效率较低的查询传送，还是实时性较高的中断传送，都是如此。例如，在中断工作过程中，为了实现数据传送，即执行中断服务程序这个实质性阶段，在其前后需要许多其他阶段，花费了不少时间。

那么，能不能实现主存储器与外设之间直接传送呢？当然可以，只要在它们之间设置一条专用通道就可以了，但是这种方法不太经济。于是，考虑利用微机系统现有的系统总线来实现。这时，处理器控制系统总线的"大权旁落"，其他控制器接管系统总线实现存储器与外设之间的数据直接传输。这种方法称为直接存储器存取(Direct Memory Access，DMA)，这个控制器称为DMA控制器或DMAC(DMA Controller)。

7.4.1 DMA传送过程

在微机系统中，DMA控制器有双重"身份"：在处理器掌管总线时，它是总线的被控设备(I/O设备)，处理器可以对它进行I/O读和I/O写；在DMA控制器接管总线后，它是总线的主控设备，通过系统总线来控制存储器和外设直接进行数据交换。因此，DMA控制器也会产生总线周期，但因为使用同一个系统总线，所以其总线周期与处理器的总线周期类似。

图7-17是DMA传送的示意图，其工作过程(图7-17a)是：

1) DMA预处理。DMA控制器作为主控设备前，处理器要将有关参数(工作方式、存储单元首地址以及传送字节数等)预先写到DMA控制器中。

2) DMA请求和应答(图7-17b)。外设需要进行DMA传送时，首先向DMA控制器发DMA请求(DMAREQ)信号，该信号应维持到DMA控制器响应为止。DMA控制器收到请求后，需向处理器发总线请求(HOLD)信号，申请接管总线，该信号在整个传送过程中应一直维持有效。处理器在当前总线周期结束时将响应该请求并向DMA控制器应答总线响应(HLDA)信号，表示它已放弃总线(即处理器的数据总线、地址总线和三态输出控制总线呈现高阻状态)。此时，DMA控制器向外设回答DMA响应(DMAACK)信号，DMA传送即可开始。

3) DMA数据交换。DMA控制器接管系统总线，实现数据在存储器与外设间的直接传送。DMA传送有以下两种类型：

- DMA读——存储器的数据被读出传送给外设。DMA控制器提供存储器地址和存储器读控制($\overline{\text{MEMR}}$)信号，使被寻址的存储单元的数据放到数据总线上；同时向提出DMA请求的外设提供响应信号和I/O写控制信号($\overline{\text{IOW}}$)，将数据总线上的数据送入外设。

- DMA 写——外设的数据被写入存储器。DMA 控制器向提出 DMA 请求的外设提供响应信号和 I/O 读控制信号($\overline{\text{IOR}}$),令其将数据放到数据总线上;同时提供存储器地址和存储器写控制信号($\overline{\text{MEMW}}$),将数据总线上的数据送入所寻址的存储单元。

4) DMA 控制器对存储器地址进行增量或减量,并对传送次数进行计数,据此判断数据块传送是否完成。如果传送尚未完成,它会不断重复以上的步骤;如果传送完成,DMA 控制器发往处理器的总线请求(HOLD)信号将转为无效,表示传送结束并将总线交还给处理器。此时,处理器将重新接管对总线的控制。

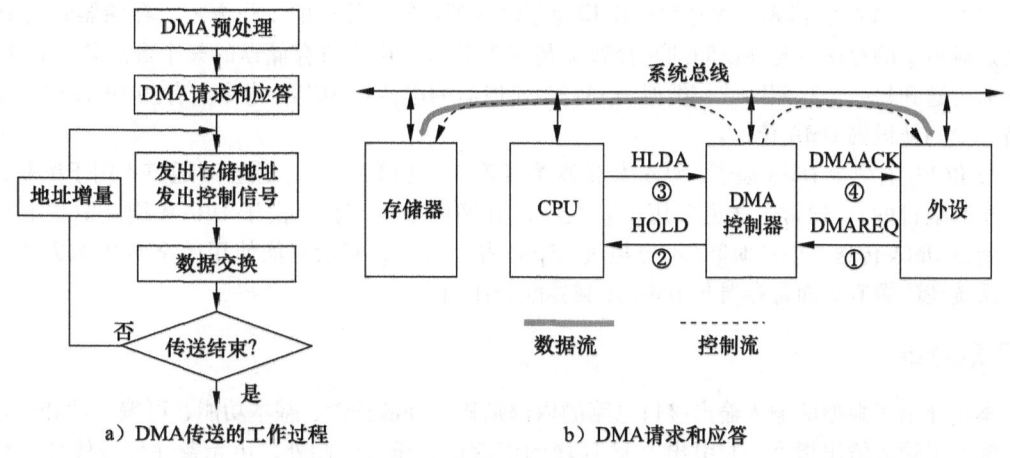

图 7-17 DMA 传送示意图

在 DMA 传送中,DMA 控制器同时访问存储器和外设,一个读一个写,但只提供存储器地址。外设不需要利用 I/O 地址访问,因为已经针对它的响应信号选择了这个 I/O 端口。

与中断一样,系统中可以安排多个 DMA 传送通道,以便为多个外设提供 DMA 服务。DMA 优先权排队由硬件来处理,不进行 DMA 传送的嵌套。

DMA 数据传送使用硬件完成,不需要处理器执行指令,数据不需要进入处理器也不需要进入 DMA 控制器。所以,DMA 是一种外设与存储器之间直接传输数据的方法,适用于需要数据高速地大量传送的场合。

7.4.2 DMA 控制器

IBM PC/AT 机使用两个 DMA 控制器芯片 Intel 8237A 构成 7 个 DMA 通道,32 位 PC 对其保持了软硬件的兼容。

Intel 8237A 是一种高性能的可编程 DMA 控制器芯片,有 4 个独立的 DMA 通道,每个 DMA 通道具有不同的优先权,都可以分别允许和禁止。每个 DMA 通道有 4 种工作方式。

(1) 单字节传送方式

单字节传送方式是每次 DMA 传送时仅传送一个字节。传送一个字节之后,DMA 控制器释放系统总线,将控制权还给处理器。单字节方式的特点是:一次传送一个字节,效率略低;但它会保证在两次 DMA 传送之间处理器有机会重新获取总线控制权,执行一个处理器总线周期。

(2) 数据块传送方式

在这种方式下,DMA 传送启动后就连续地传送数据,直到规定的字节数传送完。数据块方式的特点是:一次请求传送一个数据块,效率高;但整个 DMA 传送期间处理器长时间无法控制总线(无法响应其他 DMA 请求、无法处理中断等)。

(3) 请求传送方式

在这种方式下，DMA 传送由请求信号控制。如果请求信号一直有效，就连续传送数据；但当请求信号无效时，DMA 传送被暂时中止，由处理器接管总线。一旦请求信号再次有效，DMA 传送又可以继续进行下去。请求方式的特点是：DMA 操作可由外设利用请求信号控制传送的速率。

(4) 级联方式

级联是指多个 DMA 控制器连接起来扩展 DMA 通道。

另外，DMA 控制器 8237A 还可以编程为存储器到存储器传送的工作方式。存储器间的 DMA 传送是对传统的存储器与外设间的直接数据传送的外延，用于将存储器的某个数据块通过 DMA 控制器传送到另一个存储区域，类似于 IA-32 处理器的串传送 MOVS 指令。有些 DMA 控制器还支持外设到外设的 DMA 传送。

32 位 PC 有 7 个 DMA 通道，优先权依次为通道 0、通道 1、…、通道 7(通道 4 用于级联，不能用于其他目的)。通常，通道 2 用于软盘与内存间的数据交换。由于 DRAM 刷新需要利用总线，所以 DMA 传送不能长时间(不应超过 15μs)占用总线，一般只能使用单字节传送方式。另外，系统还配置有页面寄存器与 DMA 控制器配合使用。

第 7 章总结

本章介绍了典型的输入输出接口电路的内部结构、外部特性、基本功能、可编程性和端口编址，学习了输入输出指令，并引出 DOS 环境的汇编语言编程。此外，用无条件传送体会硬件电路与软件程序相互配合，用查询传送理解状态端口和可靠性问题，用中断传送让外设具有信息交换的主动性，用 DMA 传送提高数据传输速度。本章还介绍了 IA-32 处理器的中断系统，示例了 DOS 环境下的内部、外部和驻留中断服务程序。

I/O 接口电路内部有数据、状态和控制 3 类寄存器，外部引脚分连接处理器和连接外设部分，基本功能是数据缓冲和信号变换，通常都支持多种工作方式且需要初始化编程。I/O 地址也称为 I/O 端口，可以独立编排一个 I/O 地址空间，也可以占用部分存储器地址空间。IA-32 处理器主要使用 IN 和 OUT 指令通过 EAX 寄存器实现处理器与外设交换数据。

16 位 DOS 应用程序基于实地址工作方式和存储模型，采用中断调用指令使用 DOS 系统功能，具有与 32 位 Windows 控制台类似的汇编语言源程序框架和操作方法。

I/O 接口电路的基本器件是实现数据缓冲的三态缓冲器和实现数据锁存的锁存器。无条件传送适合于处理器与简单和慢速工作的外设交换数据。查询传送需要处理器发起查询环节、外设被动接收询问，在确认外设能够进行数据交换的情况下实现数据传送，虽然它的效率较低，但也是一个简单可靠的数据交换方式。

通过无条件传送和查询传送的学习，应该明确硬件电路决定了 I/O 端口访问形式。有些端口传输数据，有些端口传输状态或命令。一个 I/O 地址可能被用作输入端口，也可能被用作输出端口，还可以被用作双向端口。写入一个端口的内容，不一定能够读取，读取的内容也不一定就是写入的内容。微机连接外部设备，一方面需要根据外设接口信号设计相应的硬件接口电路，另一方面还需要配合软件管理程序。对外设端口的编程使用 IN 和 OUT 指令，需要明确两个内容：一个是端口地址，一个是数据本身。输出时需要明确向哪个端口(地方)输出了什么含义的数据，输入时需要清楚从哪个端口输入了什么含义的数据。

中断传送赋予外设主动提出数据交换请求的能力。其工作过程需要经过中断请求、中断响应、关中断、断点保护、中断源识别、现场保护才能进行数据交换的中断服务，之后需要恢复现

输入输出接口　　　　　　　　　　　　　　　　　　　　　　　　　　　　　　　　　247

场、开中断、中断返回才能完成中断服务，期间还要处理中断优先权排队和中断嵌套问题。

IA-32 处理器能够处理 256 个中断，分内部原因引起的异常（内部中断）和外部信号引起的中断（外部中断）。除法错误、运算溢出、无效代码、违反特权保护规则等是常见的内部异常，不可屏蔽中断和可屏蔽中断是两种外部中断形式。IA-32 处理器使用中断向量识别中断源，利用中断描述符表（向量表）保存中断服务程序的逻辑地址。可屏蔽中断用于外设数据传送，受控于中断允许标志 IF，还需要中断控制器配合。

DMA 传送用硬件复杂性换来了数据传送的快速性，用 DMA 控制器替代处理器，在存储器与外设之间利用现有系统总线形成直接的数据交换通道。

第 7 章习题

7.1 简答题

(1) 外设为什么不能像存储器芯片那样直接与主机相连？
(2) 计算机的两个功能部件、设备等之间为什么一般都需要数据缓冲？
(3) 什么是接口电路的命令字或控制字？
(4) PC 中，CMOS RAM 属于主存空间吗？
(5) 与系统总线连接的输入接口为什么需要三态缓冲器？
(6) 透明锁存器和非透明锁存器有什么区别？
(7) 什么样的外设可以采用无条件数据传送方式？
(8) 什么是查询超时错误？
(9) 远调用 CALL 指令和 INT N 指令有什么区别？
(10) 为什么说外部中断才是真正意义上的中断？

7.2 判断题

(1) 处理器并不直接连接外设，而是通过 I/O 接口电路与外设连接。
(2) I/O 接口的状态端口通常对应其状态寄存器。
(3) I/O 接口的数据寄存器保存处理器与外设间交换的数据，起着数据缓冲的作用。
(4) IA-32 处理器的 64K 个 I/O 地址也像存储器地址一样分段管理。
(5) 指令"OUT DX，AX"的两个操作数均采用寄存器寻址方式，一个来自处理器、一个来自外设。
(6) 向某个 I/O 端口写入一个数据，一定可以从该 I/O 端口读回这个数据。
(7) 程序查询方式的一个主要缺点是需要处理器花费大量循环查询、检测时间。
(8) 在中断传送方式下，由硬件实现数据传送，不需要处理器执行 IN 或 OUT 指令。
(9) IA-32 处理器保护方式用中断描述符表代替了实方式的中断向量表。
(10) 某个外设中断通过中断控制器 IR 引脚向处理器提出可屏蔽中断，只要处理器开中断就一定能够响应。

7.3 填空题

(1) 计算机能够直接处理的信号是＿＿＿＿、＿＿＿＿和＿＿＿＿形式。
(2) 在 Intel 80x86 系列处理器中，I/O 端口的地址采用＿＿＿＿编址方式，访问端口时要使用专门的＿＿＿＿指令，有两种寻址方式，其具体形式是：＿＿＿＿和＿＿＿＿。
(3) 指令 IN 是将数据从＿＿＿＿传输到＿＿＿＿，执行该指令时处理器引脚产生＿＿＿＿总线周期。
(4) 指令"IN AL，21H"的目的操作数是＿＿＿＿寻址方式，源操作数是＿＿＿＿寻址方式。
(5) 指令"OUT DX，EAX"的目的操作数是＿＿＿＿寻址方式，源操作数是＿＿＿＿寻址方式。
(6) DMA 的意思是＿＿＿＿，它主要用于高速外设和主存间的数据传送。进行 DMA 传送的一般过程是：外设先向 DMA 控制器提出＿＿＿＿，DMA 控制器通过＿＿＿＿信号有效向处理器提出总线请求，处理器回以＿＿＿＿信号有效表示响应。此时处理器的三态信号线将输出＿＿＿＿状态，即将它们交由＿＿＿＿进行控制，完成外设和主存间的直接数据传送。

(7) 在 IA-32 处理器中，0 号中断称为_____中断，外部不可屏蔽中断是_____号中断。

(8) IA-32 处理器在开中断状态，其标志 IF =_____。指令_____是开中断指令，而关中断指令是_____，关中断时 IF =_____。

(9) 实地址方式下，主存最低_____的存储空间用于中断向量表。向量号为 8 的中断向量保存在物理地址_____开始的_____个连续字节空间；如果其内容从低地址开始依次为 00H、23H、10H、F0H，则其中断服务程序的首地址是_____。

(10) 某时刻中断控制器 8259A 的 IRR 内容是 08H，说明其_____引脚有中断请求。某时刻中断控制器 8259A 的 ISR 内容是 08H，说明_____中断正在被服务。

7.4 一般的 I/O 接口电路安排有哪三类寄存器？它们各自的作用是什么？

7.5 什么是 I/O 独立编址和统一编址？各有什么特点？

7.6 简述主机与外设进行数据交换的几种常用方式。

7.7 参看图 7-7，编程实现以下功能：当 K_0 开关单独按下时，发光二极管 $L_0 \sim L_7$ 将依次点亮（L_0、L_1、L_2、…、L_7），每个维持 200ms；当 K_1 开关单独按下时，发光二极管 $L_0 \sim L_7$ 将反向依次点亮（L_7、L_6、L_5、…、L_0），每个也维持 200ms；在其他情况下，各发光二极管均不点亮。假定有延时 200ms 的子程序 DELAY 可直接调用。

7.8 现有一个输入设备，其数据端口地址为 FFE0H，状态端口地址为 FFE2H。当状态标志 $D_0 = 1$ 时，表明一个字节的输入数据就绪。请编写利用查询方式进行数据传送的程序段，要求从该设备读取 100 个字节保存到 BUFFER 缓冲区。

7.9 现有一个字符输出设备，其数据端口和状态端口的地址均为 80H。在读取状态时，标志位 $D_7 = 0$ 表明该设备闲，可以接收一个字符。请编写利用查询方式进行数据传送的程序片段，要求将存放于缓冲区 ADDR 处的一串字符（以 0 为结束标志）输出给该设备。

7.10 以可屏蔽中断为例，说明一次完整的中断过程主要包括哪些环节。

7.11 什么是中断源？为什么要安排中断优先级？什么是中断嵌套？什么情况下程序会发生中断嵌套？

7.12 明确如下与中断有关的概念：中断源、中断请求、中断响应、关中断、开中断、中断返回、中断识别、中断优先权、中断嵌套、中断处理、中断服务。

7.13 按照图 7-13 所示的中断查询接口与相应的流程图，编写用于中断服务的程序片段。具体要求是：当程序查到中断设备 0 有中断请求（对应数据线 D_0）时，它将调用名为 PROC0 的子程序；如此依次去查中断设备 1～中断设备 3，并分别调用名为 PROC1～PROC3 的子程序。

7.14 什么是 DMA 读和 DMA 写？什么是 DMA 控制器 8237A 的单字节传送、数据块传送和请求传送？

7.15 IA-32 处理器何时处于开中断状态、何时处于关中断状态？

7.16 简述 IA-32 处理器的中断工作过程。

7.17 IA-32 处理器的中断向量表和中断描述符表的作用是什么？

7.18 说明如下实地址方式程序片段的功能：

```
cli
mov ax,0
mov es,ax
mov di,80h*4
mov ax,offset intproc; intproc 是一个过程名
mov es:[di],ax
mov ax,seg intproc
mov es:[di+2],ax
sti
```

7.19 在中断控制器 8259A 中，IRR、IMR 和 ISR 三个寄存器的作用是什么？

7.20 下面是 IBM PC/XT 机 ROM-BIOS 中的 08 号中断服务程序，请说明各个指令的作用。

```
int08h   proc
         sti
         push ds
         push ax
         push dx
         ……                      ;日时钟计时
         ……                      ;控制软驱马达
         int 1ch
         mov al,20h
         out 20h,al
         pop ax
         pop dx
         pop ds
         iret
int08h   endp
```

7.21 编写一个程序，将例 7-5 的 INT 80H 内部中断服务程序驻留内存。然后在其他程序调用(执行 INT 80H)时，看能否实现其显示功能。

7.22 完成例 7-2 显示当前日期同样的功能，请获得日期数据后转换成 ASCII 码，保存在缓冲区且利用 DISPMSG 子程序显示。

第 8 章 常用接口技术

微机通过输入输出接口与外设连接。虽然外设及其接口有多种形式，但却存在着基本的接口，具有共性的问题。本章介绍微机系统中常用的输入输出接口，涉及定时控制接口、并行接口、串行通信接口和模拟接口。

8.1 定时控制接口

定时控制在微机系统中具有极为重要的作用。例如，微机控制系统中常需要定时中断、定时检测、定时扫描等；实时操作系统和多任务操作系统中要定时进行进程调度。PC 机的日时钟计时、DRAM 刷新定时和扬声器音调控制都采用了定时控制技术。

在微机系统中，常采用软硬件相结合的方法，用可编程定时器芯片构成一个方便灵活的定时电路。在专用的小型微机系统中，有时采用软件延时方法实现定时，即让处理器执行一个延时子程序。

8.1.1 8253/8254 定时器

定时器由数字电路中的计数电路构成，用于记录输入脉冲的个数，故又称为计数器。如果脉冲信号具有一定的随机性，则往往通过脉冲的个数可以获知外设的状态变化次数（计数）。如果脉冲信号的周期固定（例如，使用高精度晶振产生脉冲信号），则个数乘以周期就是时间间隔（定时）。

IBM PC 和 PC/XT 机采用 Intel 8253 构成定时控制接口，IBM PC/AT 机采用 Intel 8254 构成定时控制接口；32 位 PC 机使用芯片组兼容它们的功能。Intel 8253 是可编程间隔定时器（Programmable Interval Timer），也可以用作事件计数器（Event Counter）。每个 8253 芯片有 3 个独立的 16 位计数器通道，每个计数器有 6 种工作方式。Intel 8254 是 8253 的改进型，内部工作方式和外部引脚与 8253 完全相同，只是增加了一个读回命令和状态字。

1. 内部结构和引脚

8253 有 3 个相互独立的计数器通道，称为计数器 0、计数器 1 和计数器 2。每个计数器通道的结构完全相同，都有一个 16 位减法计数器（从计数初值逐渐减量），还有对应的 16 位预置寄存器和输出锁存器，如图 8-1 所示。计数开始前写入的计数初值存于预置寄存器中，在计数过程中，减法计数器的值不断递减，而预置寄存器中的预置不变。输出锁存器则用于写入锁存命令时锁定当前计数值。

8253 的每个计数器通道都有 3 个信号与外界接口，包括：

- CLK（时钟输入信号）——在计数过程中，此引脚上每输入一个时钟信号（下降沿），计数器的计数值就减 1。由于该信号通过"与门"才到达减 1 计数器，所以计数工作受到门控信号 GATE 的控制。
- GATE（门控输入信号）——这是控制计数器工作的一个外部输入信号。在不同的工作方式下，其作用不同，可分成电平控制和上升沿控制两种类型（详见下面工作方式中的介绍）。

- OUT(计数器输出信号)——当一次计数过程结束(计数值减为0)时，OUT 引脚上将产生一个输出信号，其波形取决于工作方式。

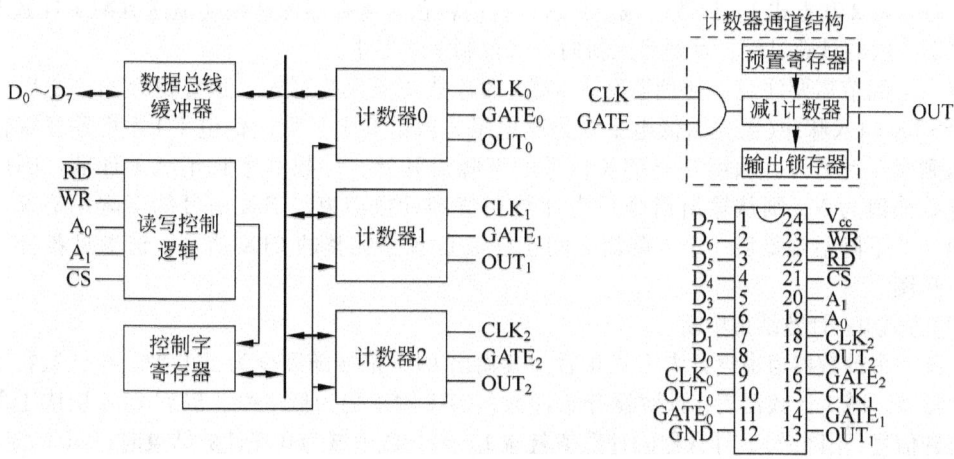

图 8-1　8253 的内部结构和引脚

8253 芯片面向处理器连接的引脚类似于处理器的数据、地址和控制信号。8253 内部通过数据总线缓冲器引出 8 位数据引脚 $D_7 \sim D_0$，与系统数据总线相连，用于接收处理器的控制字(保存于控制字寄存器中)和计数值，以及发送计数器的当前计数值和工作状态。

8253 内部的读写控制逻辑接收来自系统总线的读写控制信号，控制整个芯片的工作。地址引脚有 A_0 和 A_1，控制引脚有读信号$\overline{RD}$、写信号$\overline{WR}$和片选信号$\overline{CS}$，其功能见表 8-1。PC 机主板 I/O 地址译码电路(参见第 7 章)译码输出 $\overline{Y_2}$ 与 8253 片选信号连接，系统地址总线 A_1 和 A_0 与 8253 芯片对应的地址引脚 A_1 和 A_0 连接，这样得到定时器的 4 个 I/O 地址。

表 8-1　8253 的端口选择

$\overline{CS}$	A_1	A_0	读操作($\overline{RD}$)	写操作($\overline{WR}$)	PC 机 I/O 地址
0	0	0	读计数器 0	写计数器 0	40H
0	0	1	读计数器 1	写计数器 1	41H
0	1	0	读计数器 2	写计数器 2	42H
0	1	1	无操作	写控制字	43H
1	×	×	无操作	无操作	

2. 工作方式

8253 有 6 种工作方式，由处理器写入的方式控制字确定，它们的工作过程大致相同，如下所述：

1) 处理器写入方式控制字，设定工作方式。
2) 处理器写入预置寄存器，设定计数初值。
3) 对方式 1 和方式 5，需要硬件启动，即 GATE 端出现一个上升沿信号；对其他方式，不需要这个过程，直接进入下一步，即设定计数值后软件启动。
4) 在 CLK 端的下一个下降沿，将预置寄存器的计数初值送入减 1 计数器。
5) 计数开始，CLK 端每出现一个下降沿(GATE 为高电平时)，减 1 计数器就将计数值减 1。计数过程受 GATE 信号的控制，GATE 为低电平时，不进行计数。
6) 当计数值减至 0 时，一次计数过程结束。OUT 端一般在计数值减至 0 时发生改变，以指示一次计数结束。

对方式0、1和4、5，如果不重新设定计数初值或提供硬件启动信号，计数器就此停止计数过程；对方式2和方式3，计数值减至0后，自动将预置寄存器的计数初值送到减1计数器，同时重复下一次的计数过程，直到写入新的方式控制字才停止。

有一个细节需要注意：处理器写入8253的计数初值只是写入了预置寄存器，之后到来的第一个CLK输入脉冲（需先由低电平变为高电平，再由高电平变回低电平）才将预置寄存器的初值送到减1计数器。从第二个CLK信号的下降沿开始，计数器才真正减1计数。因此，若设置计数初值为N，则从输出指令写完计数初值到计数结束，CLK信号的下降沿有N+1个，但从第一个下降沿到最后一个下降沿之间正好又是N个完整的CLK信号，请参见各种工作方式的波形图。

(1)方式0：计数结束中断

当某一个计数器通道设置为方式0后，其输出OUT信号随即变为低电平。在计数初值经预置寄存器装入减1计数器后，计数器开始计数，OUT输出仍为低电平。以后CLK引脚上每输入一个时钟信号（下降沿），计数器的计数值就减1。当计数值减为0即计数结束时，OUT端变为高电平，并且一直保持到该通道重新装入计数值或重新设置工作方式为止。由于计数结束时OUT端输出一个从低到高的信号，该信号可作为中断请求信号使用，所以方式0被称为"计数结束中断"方式。图8-2为方式0时CLK、GATE和OUT三者的对应关系，图中写信号$\overline{WR}$的波形仅是示意（下同）。

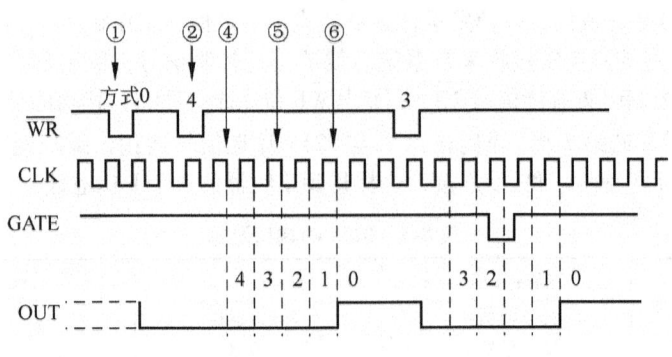

图8-2 工作方式0的波形

GATE输入信号可控制计数过程。当它为高电平时，允许计数；当它为低电平时，暂停计数。当GATE重新为高电平时，将接着当前的计数值继续计数。如果计数期间给计数器装入新值，则会在写入新计数值后重新开始计数过程。

(2)方式1：可编程单稳脉冲

当处理器写入方式1的控制字之后（$\overline{WR}$的上升沿），OUT将为高电平（若原为低电平，则由低电平变为高电平；若已经为高电平，则不变）。当处理器写完计数值后，等待外部门控脉冲GATE启动。硬件启动后的CLK下降沿开始计数，同时输出OUT变低。在整个计数过程中，OUT都保持低，直到计数到0输出才变为高。因此，OUT端输出一个低脉冲。若外部再次触发启动，则可以再产生一个低脉冲，如图8-3所示。由此可见，方式1的特点是：由GATE触发后，OUT将产生一个宽度等于计数值乘时钟周期的低脉冲。由信号启动产生一个一定宽度脉冲的电路为单稳电路，所以方式1相当于一个可以通过编程确定低脉冲宽度的单稳电路。

如果计数过程中写入新计数值，将不影响当前计数；但若再次由GATE触发启动，则按新值开始计数。计数过程结束前，GATE再次触发，则计数器重新装入计数值，从头开始计数。

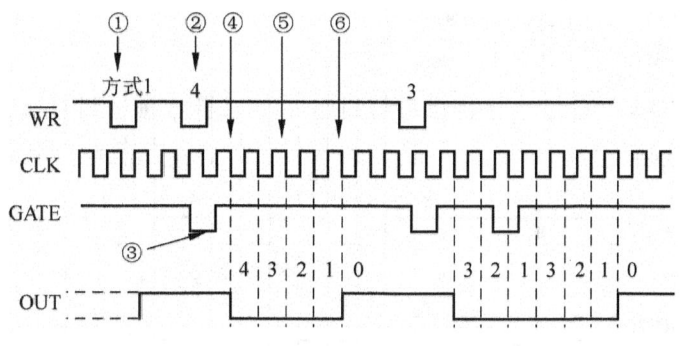

图 8-3 工作方式 1 的波形

(3)方式 2:频率发生器(分频器)

当处理器输出方式 2 的控制字后,OUT 将为高电平。写入计数初值后,计数器开始对输入时钟 CLK 计数。在计数过程中,OUT 始终保持高电平,直到计数器减为 1 时,OUT 变为低电平。经一个 CLK 周期,OUT 恢复为高电平,且计数器开始重新计数,如图 8-4 所示。方式 2 的特点是能够连续工作。如果计数值为 N,则每输入 N 个 CLK 脉冲,OUT 就输出一个负脉冲。因此,这种方式颇似一个频率发生器或分频器。

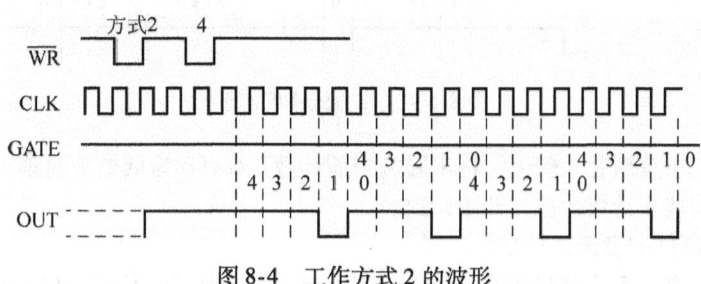

图 8-4 工作方式 2 的波形

如果计数过程中装入新值,将不影响现行计数;但从下一个周期开始按新计数值计数。GATE 为低电平时,将禁止计数,并使输出为高电平。GATE 变高电平时,计数器将重新装入预置计数值,开始计数。这样,GATE 能用硬件对计数器进行同步。

(4)方式 3:方波发生器

方式 3 和方式 2 的输出都是周期性的。它们的主要区别是:方式 3 在计数过程中输出 OUT 有一半时间为高电平,另一半时间为低电平。所以,方式 3 的 OUT 输出一个方波。

在这种方式下,当处理器设置控制字后,输出为高电平;在写完计数值后就自动开始计数,输出仍为高电平。当计数值为偶数时,每来一个脉冲使得计数值减 2(其他工作方式都是减 1),这样前一半输出为高电平,后一半输出为低电平,如图 8-5 中 $N=4$ 时的 OUT 输出所示。如果计数值为奇数,第一个脉冲使计数值减 1、后续脉冲使计数值减 2,这样前 $(N+1)/2$ 个时钟脉冲的时间输出为高电平,后 $(N-1)/2$ 个时钟脉冲的时间输出为低电平,如图 8-5 中 $N=5$ 时的 OUT 输出所示。但一次计数结束,输出又变为高电平,并重新开始计数。

(5)方式 4:软件触发选通信号

当处理器写入方式 4 的控制字后,OUT 为高电平;写入计数值后开始计数(软件启动),当计数值减为 0 时,OUT 变为低电平;经过一个 CLK 时钟周期,OUT 又变为高电平;计数器停止计数。这种方式的计数是一次性的,只有在输入新的计数值后,才能开始新的计数,如图 8-6 所示。

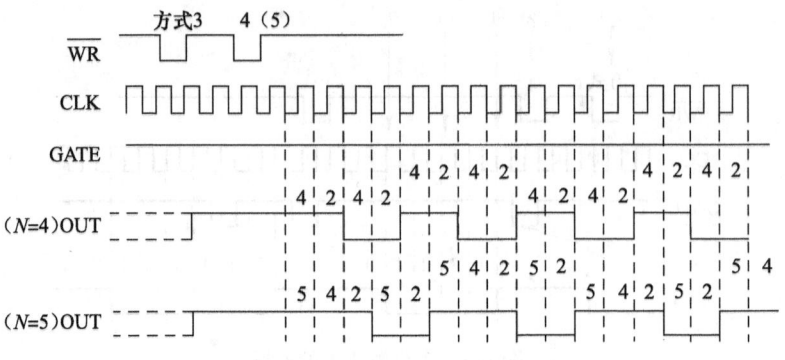

图 8-5 工作方式 3 的波形

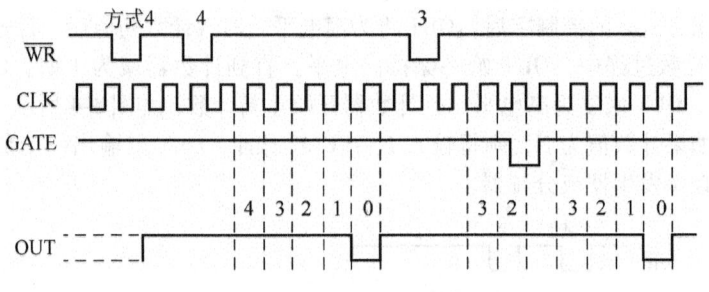

图 8-6 工作方式 4 的波形

如果计数过程中重新装入新值，将不影响当前计数。GATE 为低电平时禁止计数，变为高电平时则计数器重新装入计数初值，开始计数。

(6) 方式 5：硬件触发选通信号

当处理器写入方式 5 的控制字后，OUT 为高电平；写入计数初值后，由 GATE 的上升沿启动计数过程(硬件启动)。当计数到 0 时，OUT 变为低电平，经过一个 CLK 脉冲，OUT 恢复为高电平，停止计数，如图 8-7 所示。

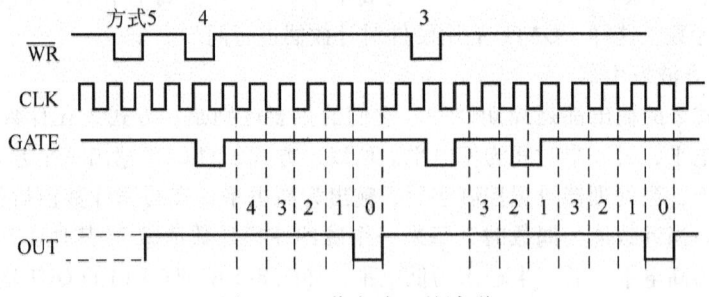

图 8-7 工作方式 5 的波形

如果计数过程中重新装入新值，将不影响当前计数。GATE 又有触发信号时，则计数器重新装入计数初值，从头开始计数。

8253 有 6 种工作方式，它们具有不同的特点。每种工作方式写入计数值 N 开始计数后，OUT 输出信号不尽相同；在计数过程中写入新计数值，也将引起输出波形的改变。总的来说，GATE 信号为低电平禁止计数、为高电平允许计数、上升沿启动计数。

3. 编程

8253 没有复位信号,加电后的工作方式不确定。为了使 8253 正常工作,处理器必须对其初始化编程,写入控制字和计数初值。计数过程中,还可以读取计数值。

(1) 写入方式控制字

虽然 8253 的每个计数器通道都需要方式控制字,但控制字格式相同,如图 8-8 所示。而且写入控制字的 I/O 地址也相同,要求 $A_1A_0 = 11$(控制字地址),在 PC 上是 43H。

方式控制字有 8 位,最高两位(D_7D_6)表明当前控制字是哪一个通道的控制字。在 8253 中 $D_7D_6 = 11$ 的编码是非法的,而 8254 则利用它作为读回命令。

方式控制字的 D_5D_4 两位确定读写计数值的格式。8253 的数据线为 8 位,一次只能进行一个字节的数据交换,但计数器是 16 位的,所以 8253 设计了几种不同的读写计数值的格式。如果只需要 1~256 的计数值,则用 8 位计数器即可,这时可以令 $D_5D_4 = 01$,只读写低 8 位,而高 8 位自动置 0。若是 16 位计数,但低 8 位为 0,则可令 $D_5D_4 = 10$,只读写高 8 位,低 8 位自动为 0。在令 $D_5D_4 = 11$ 时,就必须先读写低 8 位、后读写高 8 位。

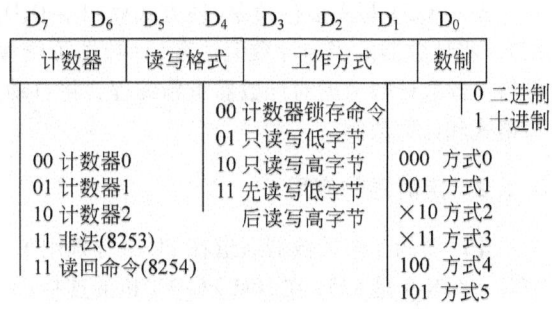

图 8-8 方式控制字格式

$D_5D_4 = 00$ 的编码是锁存命令,用于把当前计数值保存到输出锁存器,供以后读取。

8253 的每个通道可以有 6 种不同的工作方式,由 $D_3D_2D_1$ 这三位确定(其中 × 表示任意,一般为 0)。

8253 的每个通道都有两种计数制:二进制($D_0 = 0$)和 BCD 码形式的十进制($D_0 = 1$)。采用二进制计数时,读写的计数值都是二进制数形式,例如,64H 表示计数值为 100。在直接将计数值进行输入或输出时,使用十进制较方便,读写的计数值采用 BCD 编码,例如,64H 表示计数值为 64。

例如,已知某个 8253 的计数器 0、1、2 和控制端口地址依次是 40H~43H。要求设置其中的计数器 0 为方式 0,采用二进制计数,先低字节后高字节写入计数值。初始化程序段如下:

```
mov al,30h        ;方式控制字:30H = 00 11 000 0B
out 43h,al        ;写入控制端口:43H
```

(2) 写入计数值

每个计数器通道都有对应的计数器 I/O 地址用于读写计数值。读写计数值时,还必须按方式控制字规定的读写格式进行。

因为计数器是先减 1,再判断是否为 0,所以写入 0 实际代表最大计数值。选择二进制时,计数值范围为 0000H~FFFFH,其中 0000H 是最大值,代表 65536。选择十进制(BCD 码)时,计数值范围为 0000~9999,其中 0000 代表最大值 10000。

在上例中,要求计数器 0 写入计数初值 1024(=400H),初始化程序段接着是:

```
mov ax,1024       ;计数初值:1024(=400H),写入计数器 0 地址:40H
out 40h,al        ;写入低字节计数初值
mov al,ah         ;高字节已在 AH 中
out 40h,al        ;写入高字节计数初值
```

经过初始化编程,定时器就可以开始计数工作了。在工作过程中,可以读取当前计数值和状

态,这时需要利用锁存命令,8254还可以利用读回命令。

(3) 读取计数值

利用计数器 I/O 地址,可以读取计数器的当前计数值。但对 8 位数据线的 8253 来说,读取 16 位计数值需要分两次。由于计数在不断进行,在前后两次执行输入指令的过程中计数值可能已经变化,所以,如果计数过程可以暂停,可在读取计数值时使 GATE 信号为低电平,否则应该将当前计数值先行锁存,然后读取。过程如下:

先向 8253 写入锁存命令(使方式控制字 $D_5D_4=00$,用 D_7D_6 确定锁存的计数器,其他位没有用),将计数器的当前计数值锁存(计数器可继续计数)进输出锁存器。然后 CPU 读取锁存的计数值。读取计数值后对计数器重新编程,将自动解除锁存状态。读取计数值时,要注意设置的读写格式和计数数制。

8.1.2 定时器的应用

定时器的 3 个计数器通道在 PC 中分别用于日时钟计时、DRAM 刷新定时和控制扬声器发声声调,图 8-9 是 8253 在 IBM PC/XT 机的连接示意图。3 个计数器的时钟输入 CLK 均连接到频率为 1.19318MHz 的时钟信号,周期为 $0.838\mu s$($=1 \div 1.19318$MHz)。

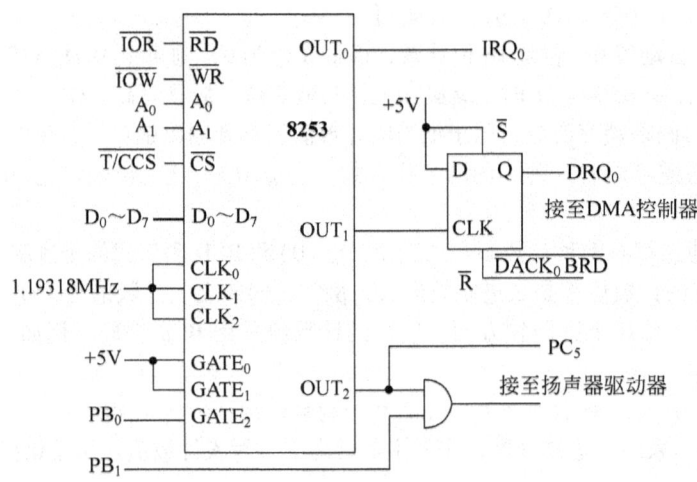

图 8-9 IBM PC/XT 机上的 8253

1. 定时中断

下面我们通过阅读系统 ROM-BIOS 的初始化编程,结合硬件连接图分析计数器 0 的作用。

```
mov al,36h        ;计数器0为方式3,采用二进制计数,先低后高写入计数值
out 43h,al        ;写入方式控制字
mov al,0          ;计数值为0
out 40h,al        ;写入低字节计数值
out 40h,al        ;写入高字节计数值
```

由此可知,计数器 0 采用工作方式 3;计数值写入 0 产生最大计数初值 65536,因而 OUT_0 输出频率为 1.19318MHz $\div$ 65536 = 18.206Hz 的方波信号。结合硬件连接,门控 $GATE_0$ 接 +5V 为常启状态,这个方波信号将周而复始地不断产生。OUT_0 端接中断控制器 8259A 的 IRQ_0,用作中断请求信号,即每秒产生 18.206 次中断请求,或者说每隔 55ms(54.925493ms)申请一次中断。

DOS 系统利用计数器 0 的这个特点,通过 08 号中断服务程序实现了日时钟计时功能,即记

录 18 次中断就是时间经过了 1 秒。

2. 定时刷新

下面利用计数器 1 实现 DRAM 定时刷新请求。

DRAM 刷新需要重复不断地进行，所以门控 $GATE_1$ 应接 +5V，为常启状态，同时应该配合工作方式 2 或方式 3 重复生成刷新请求信号。输出 OUT_1 从低电平变为高电平使 D 型触发器置 1，Q 端输出一正电位信号，作为内存刷新的请求信号；一次刷新结束时，响应信号将触发器复位。

PC 机要求每隔 15.6μs 必须进行一次刷新操作，所以，设置计数初值为 18，每隔 18×0.838μs=15.084μs 产生一次刷新请求，以满足刷新要求。计数器 1 选择方式 2（方式 3 也可以），初始化程序如下：

```
mov al,54h          ;计数器1为方式2,采用二进制计数,只写低8位计数值
out 43h,al          ;写入方式控制字
mov al,18           ;计数初值为18
out 41h,al          ;写入计数值
```

3. 扬声器控制

PC 机利用计数器 2 的输出控制扬声器的发声音调，作为机器的报警信号或伴音信号。计数器 2 的 OUT_2 输出端接扬声器，只要输出一定频率的方波，经滤波后得到近似的正弦波，就可以推动扬声器发声。OUT_2 输出信号还可以通过 PC_5 读取（I/O 地址 62H 的 D_5 位）。

```
                    ;发音频率设置子程序,入口参数:AX = 1.19318 × 10⁶ ÷ 发音频率
speaker  proc
         push ax             ;暂存入口参数以免被破坏
         mov al,0b6h         ;定时器2为方式3,先低后高写入16位计数值
         out 43h,al
         pop ax              ;恢复入口参数
         out 42h,al          ;写入低8位计数值
         mov al,ah
         out 42h,al          ;写入高8位计数值
         ret
speaker  endp
```

即使完成了计数器 2 的初始化编程，计数器是否工作仍受控于它的门控信号。$GATE_2$ 接并行接口 PB_0 位，是 I/O 端口地址 61H 的 D_0 位。同时，输出 OUT_2 经过一个与门，这个与门受 PB_1 位控制。PB_1 是 I/O 端口地址 61H 的 D_1 位。所以，必须使 PB_0 和 PB_1 同时为高电平，扬声器才能发出预先设定频率的声音。

```
speakon  proc                ;扬声器开子程序
         push ax
         in al,61h           ;读取61H端口的原控制信息
         or al,03h           ;D₁D₀ = PB₁PB₀ = 11,其他位不变
         out 61h,al          ;直接控制发声
         pop ax
         ret
speakon  endp
         ;
speakoff proc                ;扬声器关子程序
         push ax
         in al,61h
         and al,0fch         ;D₁D₀ = PB₁PB₀ = 00,其他位不变
```

```
                    out 61h,al          ;直接控制闭音
                    pop ax
                    ret
speakoff            endp
```

【例8-1】 控制扬声器程序

为了方便调用，将频率设置、扬声器"响"与"不响"分别编写成子程序。主程序设置好音调后，让声音出现，用户在键盘上按键后声音停止。

```
                    ;数据段
freq                word 1193180/600    ;给一个600Hz的频率
                    ;代码段(主程序)
                    mov ax,freq
                    call speaker        ;设置扬声器的音调
                    call speakon        ;打开扬声器声音
                    call readc          ;等待按键
                    call speakoff       ;关闭扬声器声音
```

上述程序如果在32位Windows操作系统的模拟MS-DOS环境运行，第一次执行可能听不到声音，需要再次执行才会发声。这大概是模拟DOS的缘故，不是程序出错。如果直接在实地址方式的DOS平台运行，就不存在这个问题。另外，有些PC机没有扬声器(蜂鸣器)，执行本程序也就不可能发声了。

利用8253定时器可以实现比较精确的硬件定时，但应用中也常使用软件延时，如DELAY延时子程序：

```
delay               proc                ;软件延时子程序
                    push bx
                    push cx
                    mov bx,timer        ;外循环:timer确定的次数
delay1:             xor cx,cx
delay2:             loop delay2         ;内循环:2^16次循环
                    dec bx
                    jnz delay1
                    pop cx
                    pop bx
                    ret
delay               endp
```

本软件延时子程序仅是一个示例。内循环执行了2^{16}次LOOP指令，外循环次数是TIMER。因为不同的处理器执行LOOP指令需要的时间不同，如8086需要17个时钟周期、80286需要8个时钟周期、Pentium需要5个时钟周期，所以产生的延时时间也不相同。这段程序的延时约等于TIMER$\times 2^{16} \times$LOOP指令的时钟周期数÷处理器工作频率。通过在内循环中加入其他指令(如空操作指令NOP)以及改变外循环次数，可以调整这段程序的延时时间。

4. 脉冲计数

8253定时器还常用于记录脉冲个数，以实现对外部事件的计数，即计数器的作用。

假设通过PC系列机的系统总线在外部扩充一个8253芯片，3个计数器和控制I/O地址依次为200H、201H、202H、203H。现利用其计数器0记录外部事件的发生次数，CLK0连接外部事件形成的高脉冲信号，每输入一个高脉冲表示事件发生一次。当事件发生100次后就向CPU提出中断请求(边沿触发)，OUT0接中断请求信号。另外，将门控GATE0连接高电平，这样8253

初始化编程后就可以开始计数过程。

```
;8253 初始化程序段
mov dx,203h          ;设置方式控制字
mov al,10h           ;设定为工作方式0,二进制计数,只写低字节计数值
out dx,al
mov dx,200h          ;设置计数初值
mov al,64h           ;计数初值为100
out dx,al
……                  ;程序其他部分
```

8.2 并行接口

并行数据传输是以计算机的字长(通常是8、16或32位)为传输单位,利用8、16或32个数据信号线一次传送一个字长的数据。它适合于外部设备与微机之间进行近距离、大量和快速的信息交换,如微机与并行接口打印机、磁盘驱动器等。并行传输方式是微机系统中最基本的信息交换方式,例如,系统板上各部件之间的数据交换。并行数据传输需要并行接口的支持。

8.2.1 并行接口电路8255

并行接口电路有多种,但必须包含最基本的三态缓冲器和锁存器。除此之外,接口电路还要有状态寄存器和控制寄存器,以便于接口电路与处理器之间交换信息,也便于接口电路与外设间传送信息。接口电路中还要有端口的译码和控制电路,以及用于中断交换方式的有关电路等。这样才能实现各种控制,保证可靠地与外设交换信息。Intel 8255 就是这样一种具有上述多种功能的可编程并行接口电路芯片。

1. 内部结构和引脚

8255具有24条可编程输入输出引脚,分成3个端口:端口A、端口B和端口C。每个端口都是8位,都可以编程设定为输入或输出端口,共有3种工作方式。3个端口对应的引脚分别是$PA_0 \sim PA_7$、$PB_0 \sim PB_7$和$PC_0 \sim PC_7$,如图8-10所示。

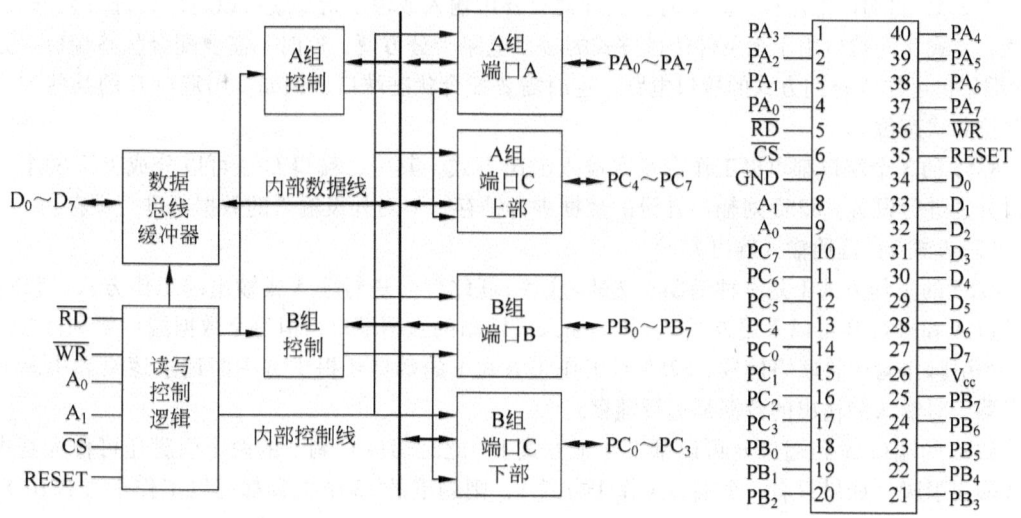

图8-10 8255的内部结构和引脚

8255 的 3 个数据端口分成两组进行控制：A 组控制端口 A 和端口 C 的上(高)半部($PC_7 \sim PC_4$)；B 组控制端口 B 和端口 C 的下(低)半部($PC_3 \sim PC_0$)。

通常，端口 A 和端口 B 作为输入输出的数据端口，而端口 C 作为控制或状态端口。这是因为端口 C 可分成高 4 位和低 4 位两部分，分别与数据端口 A 和 B 配合使用，作为控制信号输出或状态信号输入。并且，端口 C 的 8 个引脚可直接按位置位或复位。

8255 与处理器接口部分和 8253 对应部分的功能一致，另外还有一个复位输入信号 RESET。当复位信号为高电平时，复位 8255。

2. 工作方式

(1) 方式 0：基本输入输出方式

8255 的工作方式 0 是一种基本的输入或输出方式，它不需应答式的联络信号。

8255 没有时钟输入信号，其时序是由引脚控制信号定时的，如图 8-11 所示为方式 0 的输入和输出时序。其中，$D_0 \sim D_7$ 是 8255 与处理器间的数据引脚，而端口是指 8255 与外设间的数据引脚 $PA_0 \sim PA_7$、$PB_0 \sim PB_7$ 和 $PC_0 \sim PC_7$。当处理器执行输入 IN 指令时，产生读信号 $\overline{RD}$，控制 8255 从端口读取外设的输入数据，然后从 $D_0 \sim D_7$ 输入处理器。当处理器执行输出 OUT 指令时，产生写信号 $\overline{WR}$，将处理器的数据从 $D_0 \sim D_7$ 提供给 8255，然后控制 8255 将该数据从端口提供给外设。由此可见，8255 在此处起到了数据缓冲作用。

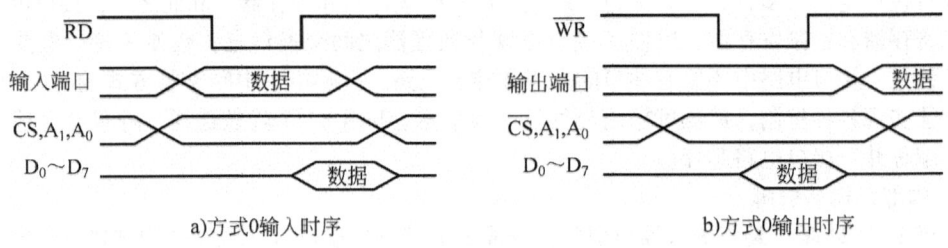

图 8-11 工作方式 0 的时序

当 8255 的端口工作在方式 0 时，处理器只要用输入或输出指令就可以与外设进行数据交换。显然，方式 0 的端口用于无条件传送方式的接口电路十分方便，这时不需要配合状态端口。方式 0 的端口也可作为查询方式的接口电路，这时需要配合状态端口，例如，用端口 C 的某些位作为控制位和状态位。

8255 的 3 个端口都可以工作在基本输入输出方式，其中，端口 C 还可以分成上下两个 4 位端口分别进行设置。8255 对输出外设的数据进行锁存，但对外设输入的数据不进行锁存。

(2) 方式 1：选通输入输出方式

8255 的工作方式 1 是一种借助于选通(应答)联络信号进行输入或输出的工作方式。8255 只有端口 A 和端口 B 可以采用方式 1，作为输入或输出的数据端口，但每个数据端口要利用端口 C 的 3 个引脚作为应答联络信号。8255 对工作于方式 1 的端口还提供有中断请求逻辑和中断允许触发器，对输入和输出的数据都进行锁存。

8255 的端口 A 和端口 B 可以都工作于方式 1，此时端口 C 剩下的两个引脚还可作为基本输入或输出引脚。如果只有一个端口工作于方式 1，则剩下的 13 个引脚都可以工作于方式 0(对端口 A，还可以工作于方式 2)。

选通输入方式

端口 A 和端口 B 工作于方式 1 的输入方式时，其引脚和时序如图 8-12 所示。

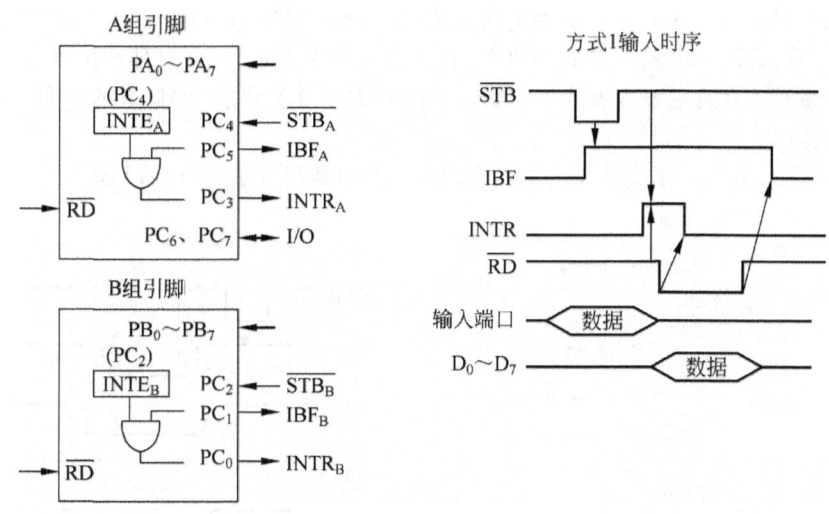

图 8-12　工作方式 1 输入的引脚和时序

方式 1 输入的端口除 8 个数据引脚外，还配合端口 C 有 3 个控制引脚。这 3 个控制引脚的功能如下：

- $\overline{STB}$（Strobe）——选通信号，低电平有效。这是由外设提供的输入信号，当其有效时，将输入设备送来的数据锁存至 8255 的输入锁存器。
- IBF（Input Buffer Full）——输入缓冲器满信号，高电平有效。这是 8255 输出的联络信号。当其有效时，表示数据已锁存在输入锁存器。它在 $\overline{STB}$ 为低电平时置为高，读取数据信号 $\overline{RD}$ 的上升沿使其为低无效。
- INTR（Interrupt Request）——中断请求信号，高电平有效。这是 8255 输出的信号，可用于向处理器提出中断请求，要求处理器读取外设数据。当 $\overline{STB}$ 为高、IBF 为高、中断允许时被置为有效，$\overline{RD}$ 信号的下降沿将其恢复为低。

对照方式 1 的输入时序，特别留意每个控制信号的发出者和接收者以及各个信号之间的先后因果关系（直线箭头指向改变，另一方表示引起这个改变的起因或条件）。外设通过 8255 将数据输入处理器的过程如下：

1）当外设已将数据准备好送至 8255 的端口数据线时，外设将选通信号 $\overline{STB}$ 置低有效通知 8255。

2）8255 利用 $\overline{STB}$ 信号把端口数据锁存至输入锁存器，然后置 IBF 为高有效，告诉外设已将数据读入，并阻止新的数据输入。

3）选通 $\overline{STB}$ 信号无效后，如果允许中断，INTR 信号就有效，向处理器提出中断请求。

4）处理器响应中断，执行输入 IN 指令，发出 $\overline{RD}$ 读信号，把数据读入处理器。当然，处理器也可以通过读取端口 C 的有关状态信息，以程序查询方式读入数据。

5）在 $\overline{RD}$ 信号有效后经一段时间清除中断请求。

6）当 $\overline{RD}$ 信号结束后，数据已读至处理器，IBF 变为低。IBF 变为无效，表示输入锁存器已空，通知外设可以输入新的数据了。

由此可见，$\overline{STB}$ 和 IBF 是外设和 8255 间采用异步时序的一对应答联络信号，用于可靠地输入数据。

8255 的中断请求是否允许由中断允许触发器 INTE 控制，置位允许中断，复位禁止中断。而对 INTE 的操作是通过写入端口 C 的对应位实现的。INTE 触发器对应端口 C 的位是作应答联络信号的输入信号的那一位(输入方式为$\overline{STB}$、输出方式为$\overline{ACK}$)，只要对那一位置位/复位就可以控制 INTE 触发器。在选通输入方式下，端口 A 的 $INTE_A$ 对应 PC_4，端口 B 的 $INTE_B$ 对应 PC_2。

选通输出方式

端口 A 和端口 B 工作于方式 1 的输出方式时，其引脚和时序如图 8-13 所示。

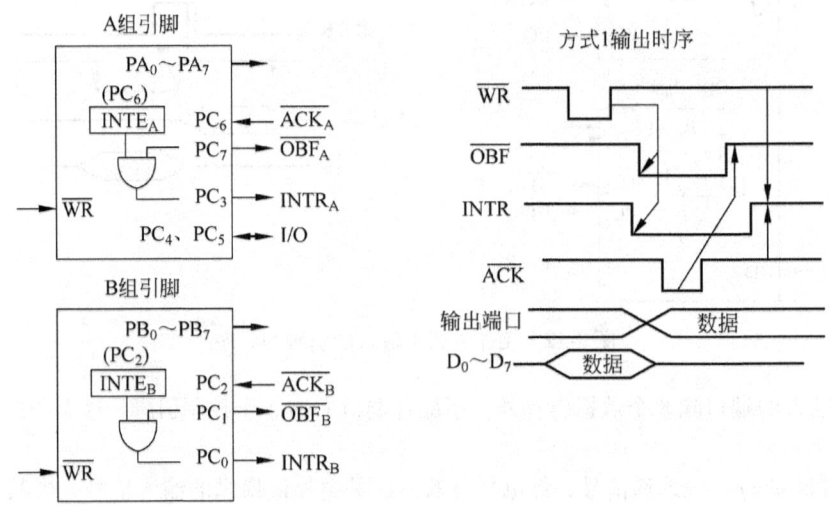

图 8-13　工作方式 1 输出的引脚和时序

方式 1 输出的端口除 8 个数据引脚外，还配合端口 C 有 3 个控制引脚。这 3 个控制引脚的功能如下：

- $\overline{OBF}$(Output Buffer Full)——输出缓冲器满信号，低电平有效。这是 8255 输出给外设的一个控制信号，当其有效时，表示处理器已把数据输出给指定的端口，外设可以把数据取走。它由输出信号$\overline{WR}$的上升沿置成有效，由$\overline{ACK}$有效恢复为高电平。
- $\overline{ACK}$(Acknowledge)——响应信号，低电平有效。这是一个外设的响应信号，指示 8255 的端口数据已由外设接收。
- INTR(Interrupt Request)——中断请求信号，高电平有效。当输出设备已接收数据后，8255 输出此信号向处理器提出中断请求，要求处理器继续提供数据。当$\overline{ACK}$为高、$\overline{OBF}$为高和 INTE 为高(允许中断)时，使其有效，而写信号$\overline{WR}$的下降沿使其复位。

对照方式 1 的输出时序，处理器通过 8255 向外设输出数据的过程如下：

1) 中断方式下，处理器响应中断，执行输出 OUT 指令：输出数据给 8255，发出$\overline{WR}$信号。查询方式下，通过端口 C 的状态确信可以输出数据，处理器执行输出指令。

2) $\overline{WR}$信号一方面清除 INTR，另一方面在上升沿使$\overline{OBF}$有效，通知外设接收数据。实质上$\overline{OBF}$信号是外设的选通信号。

3) $\overline{WR}$信号结束后，数据从端口数据线上输出。当外设接收数据后，发出$\overline{ACK}$响应。

4) $\overline{ACK}$信号使$\overline{OBF}$无效，上升沿又使 INTR 有效(允许中断的情况)，发出新的中断请求。

同样，$\overline{OBF}$和$\overline{ACK}$是外设和 8255 间采用异步时序的一对应答联络信号，用于可靠地输出数据。在选通输出方式下，端口 A 的 $INTE_A$ 对应 PC_6，B 组的 $INTE_B$ 对应 PC_2。

(3) 方式 2：双向选通传送方式

8255 还具有工作方式 2，它是将方式 1 的选通输入输出功能组合成一个双向数据端口，外设利用这个端口既能发送数据又能接收数据。方式 2 的数据传送可用程序查询或中断实现,输入和输出的数据都被 8255 锁存。8255 只有端口 A 可以工作于方式 2,同时利用端口 C 的 5 个信号线。此时,端口 B 可工作于方式 1(配合端口 C 的剩余 3 个引脚),也可工作于方式 0(端口 C 的剩余 3 个引脚也只能工作于方式 0)。

3. 编程

8255 是通用并行接口芯片,但在具体应用时,要根据实际情况选择工作方式、连接硬件电路(外设),待进行初始化编程之后才能成为某一专用的接口电路。

8255 的初始化编程较简单,只需要一个方式控制字就可以把 3 个端口设置完成。工作过程中,还需要对数据端口进行外设数据的读写。对控制字的写入要采用控制 I/O 地址:$A_1A_0 = 11$(即控制端口)。外设数据的读写利用端口 A、B 和 C 的 I/O 地址:A_1A_0 依次等于 00、01 和 10。

(1)写入方式控制字

方式控制字决定 3 个端口的工作方式,只需用一条输出指令即可,其格式如图 8-14 所示。端口 A 和端口 B 的工作方式可分别规定,端口 C 分成上、下两部分,随端口 A 和 B 的工作方式定义。而且,工作方式不同,端口 C 各位的功能也不相同。工作方式改变时,所有的输出寄存器均被复位。方式控制字的最高位 $D_7 = 1$ 是一个标志位。

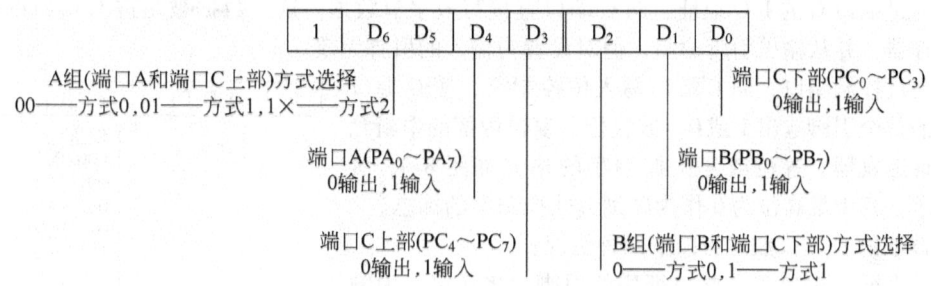

图 8-14 8255 的方式控制字

例如,要把 A 端口指定为方式 1 输入,C 端口上半部分指定为输出,B 端口指定为方式 0 输出,C 端口下半部分指定为输入,则方式控制字应是:10110001B 或 B1H。

将此控制字的内容写入 8255 的控制寄存器,即实现了对 8255 工作方式的指定,或者说完成了对 8255 的初始化。初始化的程序段为:

```
mov dx,0fffeh          ;假设控制端口的地址为 FFFEH
mov al,0b1h            ;方式控制字
out dx,al              ;送到控制端口
```

(2)读写数据端口

经过初始化编程后,处理器执行输入 IN 指令和输出 OUT 指令、对 3 个数据端口进行读写就可以实现处理器与外设间的数据交换。

当数据端口作为输入接口时,执行输入指令将从输入设备得到外设数据。当数据端口作为输出接口时,执行输出指令将把处理器的数据送给输出设备。

值得指出的是,8255 具有锁存输出数据的能力。这样,对输出方式的端口同样可以输入,当然不是读取外设数据,而是读取上次处理器给外设的数据。利用这个特点,可以控制某个引脚(称为位控制)。其具体做法是:先对输出端口进行读操作,将读出的原输出值"或"上一个字节(该位为 1,其他位为 0),或者"与"上一个字节(该位为 0,其他位为 1),然后回送到同一个端

口，即可实现对该引脚的置位、复位控制。

例如，对输出端口 B 的 PB_7 位置位的程序段是：

```
mov dx,0fffah        ;B 端口地址假设为 FFFAH
in al,dx             ;读出 B 端口原输出内容
or al,80h            ;使 D_7 = PB_7 = 1
out dx,al            ;输出新的内容
```

这种方法显然还可以使几位同时置位和复位。

(3) 读写端口 C

在 8255 的 3 个数据端口中，C 端口的用法比较特殊和复杂，归纳如下：

1) C 端口被分成两个 4 位端口，两个端口只能以方式 0 工作，但可分别选择输入或输出（而如果用户选择 PC_0 为输入、PC_1 为输出将无法办到，因为它们同属 C 端口下半部，只能同时输入或输出）。在控制上，C 端口上半部分和 A 端口编为 A 组，C 端口下半部分和 B 端口编为 B 组。

2) 当 A 端口和 B 端口工作在方式 1 或方式 2 时，C 端口的部分引脚乃至全部引脚将被征用，其余引脚仍可设定工作在方式 0。

3) 对端口 C 的数据输出有以下两种办法：

- 通过端口 C 的 I/O 地址，向 C 端口直接写入字节数据。这一数据被写进 C 端口的输出锁存器，并从输出引脚输出，但对设置为输入的引脚无效。
- 通过控制端口，向 C 端口写入位控制字，使 C 端口的某个引脚输出 1 或 0，或置位、复位内部的中断允许触发器。置位或复位控制字的格式如图 8-15 所示，其中最高位为 0 作为区别方式控制字的标志。

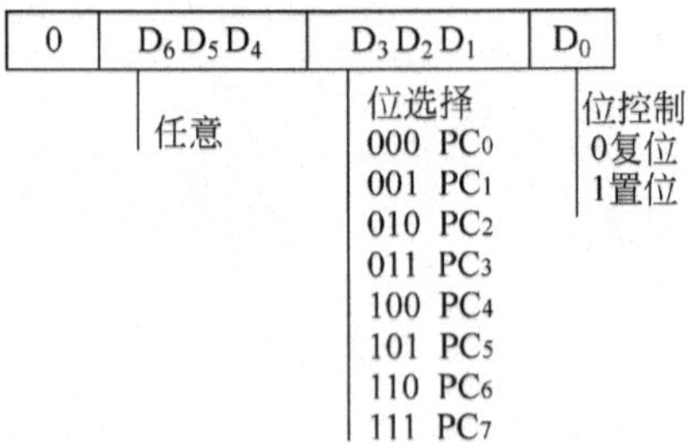

4) 读取的 C 端口数据有以下两种情况：

- 对未被 A 端口和 B 端口征用的引脚，将从定义为输入的端口读到引脚输入信息；将从定义为输出的端口读到输出锁存器中的信息，这一信息是用户前次送入的。

0	$D_6 D_5 D_4$	$D_3 D_2 D_1$	D_0
任意		位选择 000 PC_0 001 PC_1 010 PC_2 011 PC_3 100 PC_4 101 PC_5 110 PC_6 111 PC_7	位控制 0 复位 1 置位

图 8-15 端口 C 位控制字

- 对被 A 端口和 B 端口征用作为联络线的引脚，将读到反映 8255 状态的状态字。

总之，与未被征用引脚对应的是该位的输入信息或输出锁存信息；与已被征用引脚对应的是端口状态及内部中断触发器的状态信息，如图 8-16 所示。注意，图中仅说明在各种方式下读取的内容，并不是实际的组合。例如，如果 A 组为方式 1 输出、B 组为方式 1 输入，则读取的内容将是图中第 2 行 $D_7 \sim D_3$ 和第 1 行 $D_2 \sim D_0$ 表示的信息。

	A组					B组		
	D_7	D_6	D_5	D_4	D_3	D_2	D_1	D_0
方式1输入	I/O	I/O	IBF_A	$INTE_A$	$INTR_A$	$INTE_B$	IBF_B	$INTR_B$
方式1输出	$\overline{OBF_A}$	$INTE_A$	I/O	I/O	$INTR_A$	$INTE_B$	$\overline{OBF_B}$	$INTR_B$
方式2双向	$\overline{OBF_A}$	$INTE_1$	IBF_A	$INTE_2$	$INTR_A$	×	×	×

图 8-16 端口 C 的读出内容

8.2.2 并行接口的应用

IBM PC/XT 使用一片 8255 管理键盘、控制扬声器和输入系统配置等，这片 8255 的端口 A、B 和 C 的地址分别为 60H、61H 和 62H，63H 为控制字寄存器地址。IBM PC/XT 中，8255 工作在基本输入输出方式。端口 A 为方式 0 输入，用来读取键盘扫描码。端口 B 工作于方式 0 输出，例如，PB_6 和 PB_7 进行键盘管理、PB_0 和 PB_1 控制扬声器发声。端口 C 工作于方式 0 输入，高 4 位为状态测试位，低 4 位用来读取系统板的系统配置开关 DIP 的状态。这样，系统利用如下两条指令就完成了 8255 的初始化编程：

```
mov al,10011001b      ;8255 的方式控制字 99H
out 63h,al            ;设置端口 A 和端口 C 为方式 0 输入、端口 B 为方式 0 输出
```

IBM PC/AT 和 32 位 PC 的这部分电路有些变化，但保持了软件兼容。

下面以打印机接口为例，说明如何应用 8255 形成 I/O 接口电路。

1. 用 8255 方式 0 与打印机接口

PC 中打印机接口是典型的异步时序，如图 8-17 所示。其中，$DATA_{0\sim 7}$ 是 8 位并行数据信号线，打印数据就是通过它送至打印机的。主机输出打印数据的同时必须输出选通信号 $\overline{STROBE}$ 低有效，才能使打印机接收数据，这就是表明数据传输的启动信号。打印机接收到低有效选通信号后，就将忙信号 BUSY 设置为高，表示打印机忙于处理接收到的数据，不能接收新的数据，这实际上是一个反映打印机工作状态的状态信号。打印机接收数据结束后回送一个负脉冲响应信号 $\overline{ACK}$，表示打印机可以接收新数据。显然，数据的可靠输出是通过 $\overline{STROBE}$、$\overline{ACK}$ 和 BUSY 三个联络信号控制的。虽然并行打印机总线共有 36 个引脚，但上述 11 条线是关键信号。微型打印机的并行接口往往只提供了这 11 条信号线。在一些要求简单的场合下，只用这 11 条信号线就能使打印机正常工作。

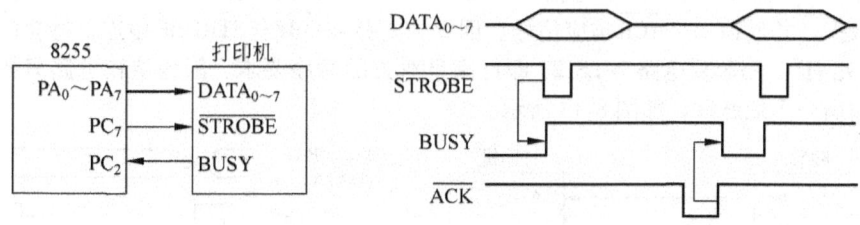

图 8-17 方式 0 的打印机接口

采用 8255 端口 A 为方式 0 输出打印数据，用端口 C 的 PC_7 引脚产生负脉冲选通信号，PC_2 引脚连接打印机的忙信号查询其状态，处理器利用查询方式输出数据，如图 8-17 所示。假设这个 8255 芯片在系统中的 I/O 地址分配是：端口 A、B 和 C 的 I/O 地址分别为 FFF8H、FFFAH 和 FFFCH，控制端口的地址为 FFFEH。

```
        ;初始化程序段
        mov dx,0fffeh        ;控制端口地址为 FFFEH
        mov al,10000001B     ;方式控制字
        out dx,al            ;A 端口方式 0 输出,C 端口上半部分输出、下半部分输入(端口 B 任意)
        mov al,00001111B     ;端口 C 的复位/置位控制字
        out dx,al            ;使 PC_7=1,即置 STROBE=1(只在输出数据时,才是低脉冲)
        ;输出打印数据子程序,入口参数:AH=打印数据
printc  proc
```

```
            push ax
            push dx
prn:        mov dx,0fffch       ;读取端口 C
            in al,dx            ;查询打印机的状态
            and al,04h          ;打印机忙否(PC_2 = BUSY = 0)?
            jnz prn             ;PC_2 = 1,打印机忙,则循环等待
            mov dx,0fff8h       ;PC_2 = 0,打印机不忙,则输出数据
            mov al,ah
            out dx,al           ;将打印数据从端口 A 输出
            mov dx,0fffeh       ;从端口 C 的 PC_7 送出控制低脉冲
            mov al,00001110B    ;使 PC_7 = 0,即置 $\overline{STROBE}$ = 0
            out dx,al
            nop                 ;适当延时,产生一定宽度的低电平
            nop
            mov al,00001111B    ;使 PC_7 = 1,置 $\overline{STROBE}$ = 1
            out dx,al
            pop dx              ;最终产生低脉冲 $\overline{STROBE}$ 信号
            pop ax
            ret
printc      endp
```

2. 用 8255 方式 1 与打印机接口

采用 8255 的端口 A 工作于选通输出方式,与打印机接口。此时,PC_7 自动作为 $\overline{OBF}$ 输出信号,PC_6 作为 $\overline{ACK}$ 输入信号,而 PC_3 作为 INTR 输出信号。另外,通过 PC_6 控制 INTE_A,决定是否采用中断方式。打印机接口的时序与 8255 的选通输出方式的时序类似,两个 $\overline{ACK}$ 功能对应,8255 的 $\overline{OBF}$ 引脚对应打印机 $\overline{STROBE}$ 引脚,但略有差别。当处理器输出数据时,8255 产生低有效 $\overline{OBF}$ 输出信号,它需要一个 $\overline{ACK}$ 响应信号恢复为高;另一方面,打印机需要一个低脉冲 $\overline{STROBE}$ 才能接收数据,并反馈一个 $\overline{ACK}$ 响应信号。因此,直接将 $\overline{OBF}$ 与 $\overline{STROBE}$ 相连,将会因为互相等待而产生"死锁"。用单稳电路 74LS123 即可满足双方的时序要求,因为单稳电路只要输入一个下降沿就输出一个低脉冲,如图 8-18 所示。

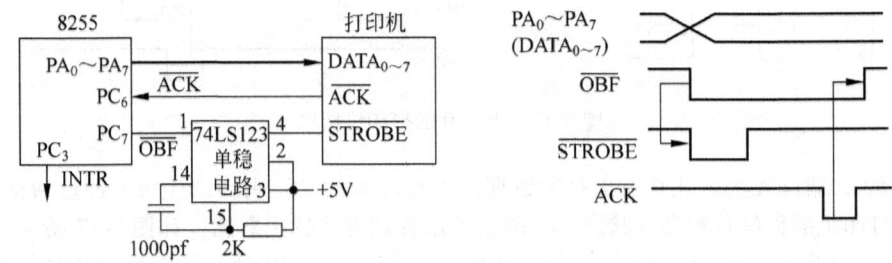

图 8-18 方式 1 的打印机接口

假设 8255 的端口 A、B 和 C 的 I/O 地址分别为 FFF8H、FFFAH 和 FFFCH,控制端口的地址为 FFFEH。程序采用查询方式输出打印字符串 BUFFER,字符个数为 COUNTER。

```
            ;初始化程序段
            mov dx,0fffeh       ;设定端口 A 为选通输出方式
            mov al,0a0h
            out dx,al
            mov al,0ch          ;使 INTE_A (PC_6) 为 0,禁止中断
```

常用接口技术

```
            out dx,al
            ……
            mov cx,counter          ;打印字节数送 CX
            mov bx,offset buffer    ;取字符串首地址送 BX
            call prints             ;调用打印子程序
            ;打印字符串子程序,入口参数:DS:BX = 字符串首地址,CX = 字符个数
    prints  proc
            push ax                 ;保护寄存器
            push dx
    print1: mov al,[bx]             ;取一个数据
            mov dx,0fff8h
            out dx,al               ;从端口 A 输出
            mov dx,0fffch
    print2: in al,dx                ;读取端口 C
            test al,80h             ;检测 OBF(PC₇)为 1 否?
            jz print2               ;为 0,说明打印机没有响应,继续检测
            inc bx                  ;为 1,说明打印机已接收数据
            loop print1             ;准备取下一个数据输出
            pop dx                  ;打印结束,恢复寄存器
            pop ax
            ret                     ;返回
    prints  endp
```

此例中,也可以允许中断,但并不真正利用中断传送方式(不使用 $\overline{INTR_A}$ 引脚),而仍然采用查询传送方式,只是在查询时检测 $INTR_A(PC_3)$ 位。请对应修改程序,并请对照 8255 选通输出方式的时序,说明数据输出过程在查询 $\overline{OBF}$ 和查询 $INTR_A$ 时的区别。其中的关键是:只要 $\overline{ACK}$ 为低即引起 $\overline{OBF}$ 为高,而只有 $\overline{ACK}$ 恢复为高才会使 INTR 为高;查询 $INTR_A$ 方法可以保证慢速外设接收到正确的数据。

本例题可以采用中断传送方式,将 $INTR_A$ 引向系统的一个中断请求信号上。注意,因为需要输出一个数据才能引起中断,所以主程序可以向打印机输出一个"空"数据。

8.2.3 键盘及其接口

键盘是微机系统最常使用的输入设备。对单板机或以处理器为基础的仪器来说,通常只需使用简单的小键盘实现数据、地址、命令及指令等的输入。PC 微机中则采用独立的键盘,通过 5 芯电缆与主机连接。

1. 简易键盘

对只需几个键的小键盘,可以采用简单的线性结构键盘,外设端口的每一个引脚连接一个键,如图 8-19a 所示。没有键闭合时,各位均处于高电平;当有一个键按下时,就使对应位接地而成为低电平,其他位仍为高电平。这样,处理器只要检测到某一位为"0",便可判别出对应键已经按下。

为了减少对外设端口的占用,通常使用的键盘采用矩阵结构,行列交叉点安排一个按键,如图 8-19b 所示。为了识别出按键,需要将行线(或列线)作为控制线,使其为低电平;而将列线(或行线)作为检测线,读取其高低电平状态。

图 8-19c 是一个 8 行 8 列的矩阵结构键盘。每行和每列都连接外设端口的一个引脚,使用 16 条引线(两个 8 位端口)构成了 $8 \times 8 = 64$ 个键。图中按从左到右、从上到下给每个键编号。处理器与键盘的接口电路用 8255 的端口 A 和端口 B 实现。例如,键 4 按下将使第 0 行和第 4 列的线接通而形

成通路,如果控制行线为低电平"0",则将从第4列读取低电平"0",其他列读取的是高电平"1"。如果没有控制行线为低电平,则无论键4是否闭合,都只会从第4列线读取高电平"1"。

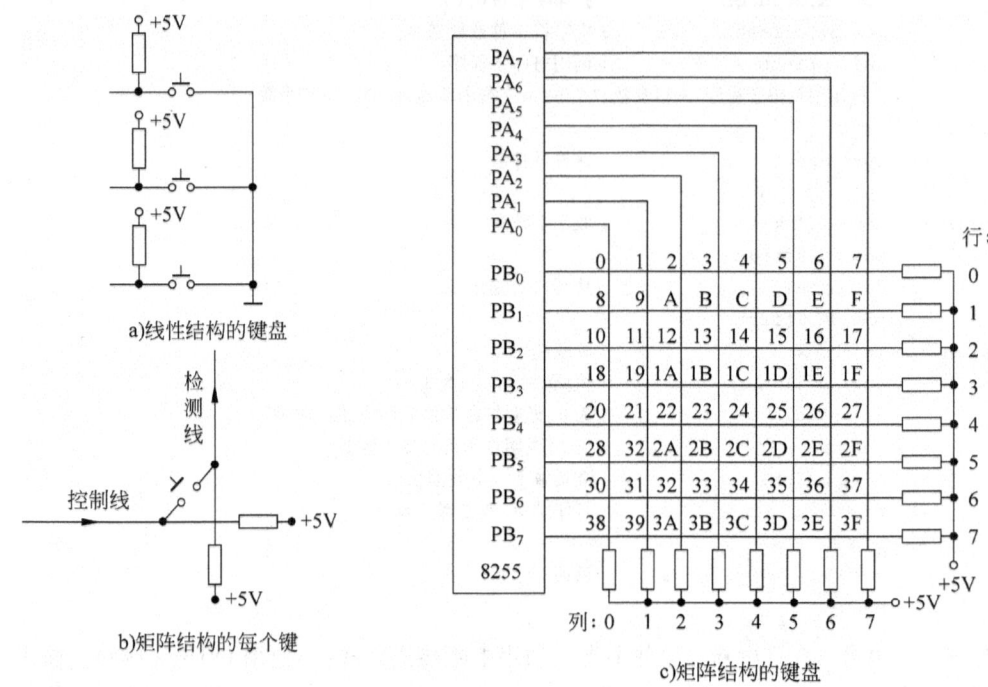

图 8-19 简易键盘及其接口

(1) 扫描法识别按键

采用扫描方法识别按键的过程如下:先使第0行接低电平,其余行为高电平,然后看第0行是否有键闭合。这是通过检查列线电位来实现的,即在第0行接低电平时,看是否有哪条列线变成低电平。如果有某列线变为低电平,则表示第0行和此列线相交的位置上的键被按下;如果没有任何一条列线为低电平,则说明第0行没有任何键被按下。此后,再将第1行接地,然后检测列线是否有变为低电平的线。如此往下一行一行地扫描,直到最后一行。在扫描过程中,当发现某一行有键闭合时,也就是列线输入中有一位为0时,便在扫描中途退出,通过组合行线和列线即可识别此刻按下的是哪一个键。

实际中,一般先快速检查键盘中是否有键盘按下,然后再确定具体位置。为此,可先使所有行为低,然后检查列线。这时,如果列线有一位为0,则说明必有键被按下,于是可以进一步用扫描法来确定具体位置。所以,键盘扫描程序的第1段应该判断是否有键被按下。为此,使输出端口的各位全为0,即相当于将所有行接低电平。然后,从输入端口读取数据,如果读取的数据不是FFH,则说明必有列线处于低电平,从而可断定必有某键被按下。如果读取的数据是FFH,则程序在循环中等待按键,或者转向其他程序片段。

```
        ;键盘扫描程序第1段:判断是否有键按下
key1:   mov al,00
        mov dx,rowport      ;假设符号常量 rowport 表示行线端口地址
        out dx,al           ;使所有行线为低电平
        mov dx,colport      ;假设符号常量 colport 表示列线端口地址
        in al,dx            ;读取列值
        cmp al,0ffh         ;判断是否有列线为低电平
```

```
            jz key1              ;没有,无闭合键,则循环等待(或转向其他程序片段)
            call delay           ;有,则延迟 20ms 消除抖动
```

机械原理的按键由于弹簧的作用,当按下或释放一个键时,往往会出现按键在闭合位置和断开位置之间跳几下才稳定的情况,这就是抖动。抖动的持续时间随操作而异,通常不超过 10ms。抖动会导致按键的错误识别或重复识别。上面的键盘扫描程序通过延时(通常设置为 20ms)来等待抖动消失,然后再读入键值。如果设计有硬件的抖动消除电路,则程序中就不必考虑这个问题。

键盘扫描程序的第 2 段是判断哪一个键被按下了。采用扫描法需要逐行扫描,这是一个循环程序段,循环次数就是行数。首先扫描第 0 行,所以扫描初值为 11111110B,第 0 行为低电平,其他行为高电平。输出扫描初值后,马上读取列线的值,看是否有列线处于低电平。若无,则将扫描初值循环左移一位,变为 111111101B,这样使第 1 行为低电平,其他行为高电平。同时,计数值减 1,如此下去,一直查到计数值为 0。如果在此过程中查到有列线为低电平,则组合此时的行值和列值,进入下一段。

```
            ;键盘扫描程序第 2 段:识别按键
            mov cx,8             ;行数送 CX
            mov ah,0feh          ;扫描初值送 AH
    key2:   mov al,ah
            mov dx,rowport
            out dx,al            ;输出行值(扫描值)
            mov dx,colport
            in al,dx             ;读进列值
            cmp al,0ffh          ;判断有无低电平的列线
            jnz key3             ;有,则转下一步处理
            rol ah,1             ;无,则移位扫描值
            loop key2            ;准备下一行扫描
            jmp key1             ;所有行都没有键按下,返回继续检测(或转向其他程序片段)
    key3:   ……                   ;此时,AL=列值,AH=行值,进行后续处理
```

确定了按键位置后,程序通常需要进一步处理该键的作用,例如,判断该键是作为命令还是数字或字符等。本例实现查找一个字节的键代码,如 ASCII 码。为了方便查找键代码,程序可以在数据区建立两个表:行列值表——按键的编号顺序存放各个键对应的行列值(键值);键代码表——按键的编号顺序存放各个键对应的键代码。扫描程序的第 3 段通过查行列值表确定具体按下的是第几键,进而在键代码表中找到这个键的代码。

```
            ;键盘扫描程序第 3 段:查找键代码
    key3:   mov si,offset table  ;SI 指向键行列值表 TABLE
            mov di,offset char   ;DI 指向键代码表 CHAR
            mov cx,64            ;CX=键的个数
    key4:   cmp ax,[si]          ;与按键的行列值比较
            jz key5              ;相同,说明查到
            inc si               ;不相同,继续比较
            inc si
            inc di
            loop key4
            jmp key1             ;全部不相同,返回继续检测(或转向其他程序片段)
    key5:   mov al,[di]          ;获取键代码送 AL
            ……                   ;判断按键是否释放,没有则等待
```

```
            call delay                        ;按键释放,延时消除抖动
            ……                               ;后续处理
            ;键盘的行列值表:低字节是列值、高字节是行值
    table   word 0fefeh                      ;键0的行列值
            word 0fefdh                      ;键1的行列值
            word 0fefbh                      ;键2的行列值
            ……                               ;其他键的行列值
            ;键盘的键代码表
    char    byte ……                          ;键0的代码值
            byte ……                          ;键1的代码值
            ……                               ;其他键的代码值
```

在上述程序的键盘行列值表中,为每个键单独被按下建立了对应代码。但是,在实际操作时可能会同时按下两个或多个键,这就是"重键"问题。出现重键时,读取的键值必然出现一个以上的0,于是就产生了到底是否给予识别和识别哪一个键的问题。

对重键问题的处理,简单的情况下可以不予识别,即认为重键是一次错误的按键。通常情况下,则只是承认先识别出来的键,对同时按下的其他键均不作识别,直到所有键都释放以后,才读入下一个键。这就是前面键盘扫描程序使用的方法,称为连锁法。另外还有一种巡回法,它的基本思想是:等被识别的键释放以后,就可以对其他闭合键作识别,而不必等待全部键释放。巡回法比较适合于快速键入操作。

对于重键,也可认为是正常的组合键。为了将它们识别出来,需要在扫描程序的行列值表和键代码表中添加相应的组合键值。

(2) 反转法识别按键

反转法识别按键的原理为:首先,将行线作为控制线接一个输出端口,将列线作为检测线接一个输入端口。处理器通过输出端口将行线(控制线)全部设置为低电平,然后从输入端口读取列线(检测线)。如果此时有键被按下,则必定会使某列线为"0"。然后,将行线和列线的作用互换,即将列线作为控制线接输出端口,行线作为检测线接输入端口。并且,将刚读得的列值从列线所接端口输出,再读取行线的输入值,那么,闭合键所在的行线值必定为"0"。这样,当一个键被按下时,必定可以读得一对唯一的行值和列值。

显然,采用反转法识别按键需要一个条件,即连接行线和列线的接口电路必须支持动态改变输入、输出方式。例如,8255的3个端口就具有这个功能。扫描法不需要这个条件。

对应图8-19c简易键盘,反转法识别按键的程序片段如下:

```
            ……                               ;设置行线接输出端口,列线接输入端口
    key2:   mov al,00
            mov dx,rowport                   ;rowport表示行线端口地址
            out dx,al                        ;设置行线全为低
            mov dx,colport                   ;colport表示列线端口地址
            in al,dx                         ;读取列值
            cmp al,0ffh
            jz key2                          ;无闭合键,循环等待
            push ax                          ;有闭合键,保存列值
            push ax
            ……                               ;设置行线接输入端口,列线接输出端口
            mov dx,colport
            pop ax
            out dx,al                        ;输出列值
```

常用接口技术

```
    mov dx,rowport
    in al,dx              ;读取行值
    pop bx                ;组合行列值
    mov ah,bl             ;此时,AL=行值,AH=列值
    xchg al,ah            ;现在,AL=列值,AH=行值
```

2. PC 键盘

IBM PC 系列机使用的键盘是与主机箱分开的一个独立装置，它通过一根五芯电缆与主机相连。PC 及 PC/XT 采用 83（或 84）键的标准键盘，PC/AT 采用 101（或 102）键的扩展（增强）键盘。32 位微机则支持 103（或 104）键的 Windows 95 键盘等，还可以利用 PS/2、USB 接口连接键盘。

PC 键盘面对用户的是由按键组成的矩形结构键盘阵列。键盘电路主要由 8 位单片微控制器 Intel 8048 组成，负责识别按键和向主机发送键盘数据。

键盘电路正常工作时不断地扫描键盘矩阵。有按键，则确定按键位置之后以串行数据形式发送给主机的键盘接口电路。键按下时，发送接通扫描码，简称扫描码；键松开时，发送该键的断开扫描码。断开扫描码是将该键接通扫描码的最高位 D_7 置 1 形成的，即断开扫描码 = 接通扫描码 + 80H。若一直按住某键，则以每秒 10 次拍发速率连续发送该键的接通扫描码。AT 机以上档次的微机还可以调整这个拍发速率，调整范围一般是每秒 2～30 次。图 8-20 给出了 IBM PC/XT 机使用的 83 键键盘示意图，每个键上方的数字（十进制）表示键的位置，也就是该键的接通扫描码。PC/AT 等机使用的键盘的有些键的位置虽有改变，但它们的扫描码并没有改变。对新增键的扫描码，读者在学习完本节之后，可以自编程序得到。

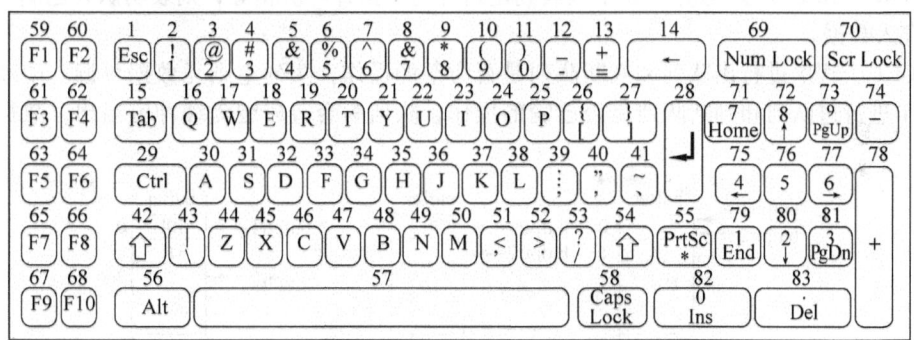

图 8-20　83 键的 PC 标准键盘

主板上与键盘连接的键盘接口电路接收串行形式的键盘数据，接收一个字符以后，进行串并转换，然后产生键盘中断 IRQ_1 请求，等待读取键盘数据。

处理器响应中断，进入键盘中断服务程序（INT 09H）。中断服务程序完成以下工作：

1）读取键盘扫描码：用"IN AL，60H"指令即可。
2）响应键盘：系统使 $PB_7 = 1$。
3）允许键盘工作：系统使 $PB_7 = 0$。
4）处理键盘数据。
5）给中断控制器发送中断结束 EOI 命令，中断返回。

至此，键盘接口电路就完成了一次数据接收工作。

为了方便程序员使用键盘输入数据，基本输入输出系统 ROM-BIOS 提供了底层的驱动程序，可以用 INT 16H 形式进行调用。操作系统也提供有基本的输入函数，例如，DOS 的 01H 号功能

调用(INT 21H)、Windows 控制台的 ReadConsole 函数。高级语言同样提供了高层的输入函数，例如，C 语言的 scanf 函数。

【例 8-2】 键盘中断服务程序

本示例程序以一个简化的键盘处理过程为例说明如何编写键盘中断服务程序，以及与 ROM-BIOS 驱动程序、功能调用之间的关系。

本示例程序的 KBINT 过程是用户的 09H 号中断服务程序，它除完成常规的读取扫描码、应答键盘、允许键盘工作、发中断结束命令及中断返回外，处理键盘数据的工作主要是将获取的扫描码通过查表转换为对应的 ASCII 码送缓冲区。对于不能显示的按键，则转换为 0，且不再送至缓冲区。另外，本中断服务程序没有考虑接通扫描码大于 83 的按键。

KBGET 子程序从缓冲区中读取转换后的 ASCII 码，它相当于系统提供的键盘输入功能程序 (INT 16H)。主程序循环显示键入的字符，就是功能调用的示例。

为了在 KBINT 中断服务程序与 KBGET 子程序之间传递参数，设置共用的键盘缓冲区 BUFFER。它是一个 10 字节的按"先进先出"原则建立的循环队列，可存放 10 个按键字符。BUFPTR1 和 BUFPTR2 分别是指向队列头和队列尾的指针单元。先进先出循环队列的操作如图 8-21 所示。说明如下：

- 队列空：队列中无字符，队列头指针等于队列尾指针。
- 进队列：数据进入由队列尾指针指示的单元，同时尾指针增量，指向下一个单元。
- 出队列：数据从队列头指针指示的单元取出，同时头指针增量，指向下一个单元。
- 队列满：当数据不断进入队列，使尾指针指向队列末端(9 号单元)时，尾指针循环重新绕回队列始端(0 号单元)。如果继续到尾指针与头指针再次相等，则表明队列已满，不能再存入数据。

KBGET 子程序进行出队列和判断队列是否为空的操作，队列空则无数据可读。中断服务程序 KBINT 进行进队列和判断队列是否已满的操作，队列满会造成键盘缓冲区溢出，数据将不再保存。

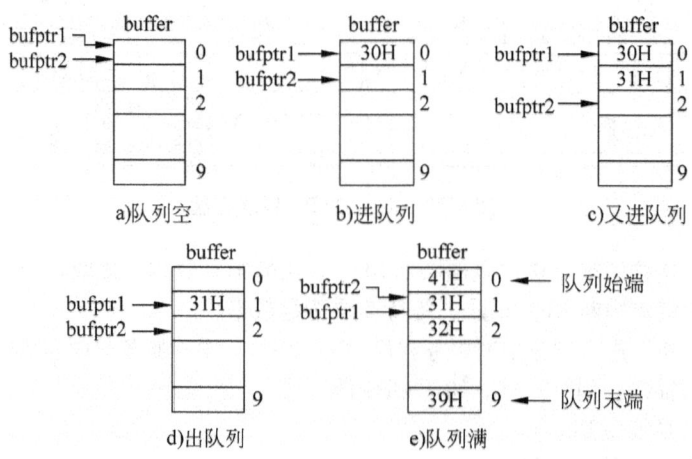

图 8-21 先进先出循环队列的操作

本应用程序中只有两个控制键(回车和退格键)有作用，其他的控制按键不会产生任何操作。为了能够在按下 Esc 键后正常退回 DOS，中断服务程序将 Esc 键的扫描码转换为 "1"，用它作为退出标志。主程序在获取一个键值后，判断是 "1" 则退出。

```
                ;数据段
buffer   byte 10 dup(0)                ;键盘缓冲区
bufptr1  word 0                        ;队列头指针
bufptr2  word 0                        ;队列尾指针
         ;按扫描码顺序给出字符的ASCII码(下档键和小写字母),不能显示的按键为0
         ;第一个0不对应按键,仅用于查表指令
scantb   byte 0,1,'1234567890-=',08h   ;键盘第1排的按键,从Esc到退格
         byte 0,'qwertyuiop[]',0dh     ;键盘第2排的按键,从Tab到回车
         byte 0,'asdfghjkl;',27h,'`'   ;键盘第3排的按键,从Ctrl到"`"符号
         byte 0,'\zxcvbnm,./',0,'*'    ;键盘第4排的按键,从Shift到"*"符号
         byte 0,20h,0,10 dup(0)        ;Alt、空格、Caps Lock 和10个功能键
         byte 0,0,'789-456+1230.'      ;右边小键盘,从Num Lock到Del
         ;代码段
         mov ax,3509h                  ;获取并保存09H号原中断向量表项
         int 21h
         push es
         push bx
         cli                           ;关中断
         push ds                       ;设置09H号新中断向量表项
         mov ax,seg kbint
         mov ds,ax
         mov dx,offset kbint
         mov ax,2509h
         int 21h
         pop ds
         in al,21h                     ;允许IRQ₁中断,其他不变
         push ax
         and al,0fdh
         out 21h,al
         sti                           ;开中断
start1:  call kbget                    ;调用KBGET获取按键的ASCII码
         cmp al,1
         jz start2                     ;是Esc键,则退出
         push ax                       ;保护字符
         call dispc                    ;显示字符
         pop ax                        ;恢复字符
         cmp al,0dh                    ;该字符是回车符吗?
         jnz start1                    ;不是,则取下一个按键字符
         mov al,0ah                    ;是回车符,则再进行换行
         call dispc
         jmp start1                    ;继续取字符
start2:  cli                           ;恢复中断屏蔽寄存器和中断向量表项
         pop ax
         out 21h,al
         pop dx
         pop ds
         mov ax,2509h
         int 21h
         sti
         ;KBGET子程序从缓冲区取字符送AL(出口参数)
kbget    proc
```

```
            push bx                    ;保护 BX
    kbget1: cli                        ;关中断,以防止对缓冲区操作时产生中断又对缓冲区操作
            mov bx,bufptr1             ;取缓冲区队列头指针
            cmp bx,bufptr2             ;与尾指针相等否?
            jnz kbget2                 ;不相等,说明缓冲区有字符,转移
            sti                        ;相等,说明缓冲区空,开中断
            jmp kbget1                 ;等待缓冲区有字符
    kbget2: mov al,buffer[bx]          ;从队列头取得字符送 AL
            inc bx                     ;队列头指针增量
            cmp bx,10                  ;指针是否指向队列末端?
            jc kbget3                  ;没有,转移
            mov bx,0                   ;指针指向队列末端,则循环,指向始端
    kbget3: mov bufptr1,bx             ;设定新的队列头指针
            sti                        ;开中断
            pop bx                     ;恢复 BX
            ret                        ;子程序返回
    kbget   endp
            ;KBINT 中断服务程序处理 09H 号键盘中断
    kbint   proc
            sti                        ;开中断
            push ax                    ;保护寄存器
            push bx
            in al,60h                  ;读取键盘扫描码
            mov bl,al                  ;扫描码保存在 BL 中
            in al,61h                  ;使 PB$_7$ =1,响应键盘
            or al,80h
            out 61h,al
            and al,7fh                 ;使 PB$_7$ =0,允许键盘
            out 61h,al
            test bl,80h                ;键盘数据处理
            jnz kbint2                 ;是断开扫描码,转 KBINT2 退出
            xor bh,bh
            mov al,scantb[bx]          ;是接通扫描码,转换成 ASCII 码
            cmp al,0                   ;是否为合法的 ASCII 码?
            jz kbint2                  ;不是,则转 KBINT2 退出
            mov bx,bufptr2             ;是,取队列尾指针
            mov buffer[bx],al          ;将 ASCII 码存入缓冲区队列尾
            inc bx                     ;队列尾指针增量
            cmp bx,10                  ;指针是否指向队列末端?
            jc kbint1                  ;没有,转移
            mov bx,0                   ;指针指向队列末端,则循环,指向始端
    kbint1: cmp bx,bufptr1             ;缓冲区是否已满?
            jz kbint2                  ;若队列满,则退出
            mov bufptr2,bx             ;队列不满,设置新的队列尾指针
    kbint2: mov al,20h                 ;向中断控制器发送普通中断结束命令
            out 20h,al
            pop bx                     ;恢复寄存器
            pop ax
            iret                       ;中断返回
    kbint   endp
```

8.2.4 数码管及其接口

最简单的显示设备是发光二极管（Light Emitting Diode，LED），由 7 段发光二极管组成的 LED 数码管可以显示内存地址和数据等。LED 数码管是一种应用很普遍的显示器件，单板微型机、微型机控制系统及数字化仪器都用它作为输出显示。

1. LED 数码管的工作原理

LED 数码管的主要部分是 7 段发光管，如图 8-22a 所示。这 7 段发光管顺时针分别称为 a、b、c、d、e、f、g，有的产品还附带有一个小数点 h。通过 7 个发光段的不同组合，数码管可以显示 0～9 和 A～F 共 16 个字母数字，从而实现十六进制数的显示。当然，7 段数码管也可以显示个别特殊字符，如"-"号、字母"P"等。

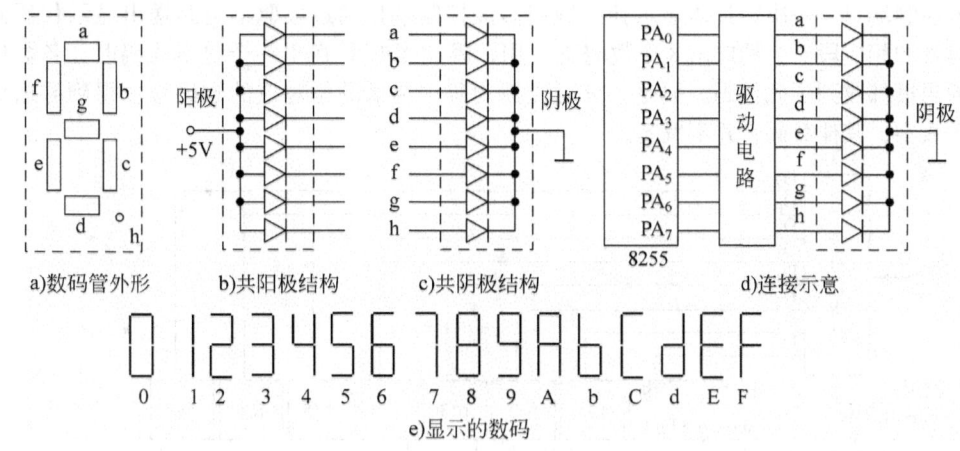

图 8-22 LED 数码管

LED 数码管有共阳极（图 8-22b）和共阴极（图 8-22c）两种结构。如果为共阳极结构，则共用的阳极应接高电平为有效，各段则输入低电平有效。如果为共阴极结构，则共用的阴极必须接低电平，而各段处于高电平时便发光。例如，当 a、b、g、e、d 为高电平时相应段发光，而其他段为低电平不发光，则显示数字"2"，如图 8-22e 所示。

2. 单个数码管的显示

由于发光二极管发光时，通过的平均电流为 10～20mA，而通常的输出锁存器不能提供这么大的电流，所以 LED 各段必须接驱动电路。例如，对于共阴极数码管，阴极接地，则阳极要加驱动电路。驱动电路可由三极管构成，也可以采用小规模集成电路。

为了将一位十六进制数（4 位二进制数）在一个 LED 数码管上显示出来，就需要将一位十六进制数译为 LED 的 7 位显示代码。一种方法是硬件方法，即采用专用的带驱动器的 LED 段译码器。另一种方法是软件方法，即将 0～F 这 16 个数字对应的显示代码组成一个表，通过查表进行译码。例如，用共阴极数码管如图 8-22d 所示连接，则 0 的显示代码为 3FH，1 的显示代码为 06H，……，并在表中按顺序排列：

ledtb byte 3fh,06h,5bh,……;显示代码表

利用下面这个程序段可以实现 1 个 LED 数码管显示：

```
mov bx,1              ;BX←要显示的数字(这里假设为1)
mov al,ledtb[bx]      ;换码为显示代码:AL←LEBTB[BX]
```

```
        mov dx,port        ;假设port表示与数码管相接的端口地址
        out dx,al          ;输出显示
```

3. 多个数码管的显示

实际使用时,往往要用几个数码管实现多位显示。这时,可以像图8-22d那样为每个数码管设计一个驱动电路并占用一个输出端口。这样,虽然硬件实现复杂,但软件编码比较简单。如果要节省硬件电路,可以考虑采用图8-23所示的电路示意图。在这种方案中,硬件上用共用的驱动电路来驱动各数码管,软件上用扫描方法实现数码显示,占用两个输出端口。

- 位控制端口——控制哪个(位)数码管显示。对于图8-23的共阳极数码管,当位控制端口的控制码某位为低电平时,经反相驱动,便在相应数码管的阳极加上了高电平,这个数码管就可以显示数据。

- 段控制端口——决定具体显示什么数码。段控制端口通过段驱动电路送出显示代码到数码管的相应段。此端口由8个数码管共用,因此当CPU送出一个显示代码时,各数码管的阴极都收到了此代码。但是,只有位控制码中为低的位对应的数码管才得到导通而显示数字,其他数码管并不发光。

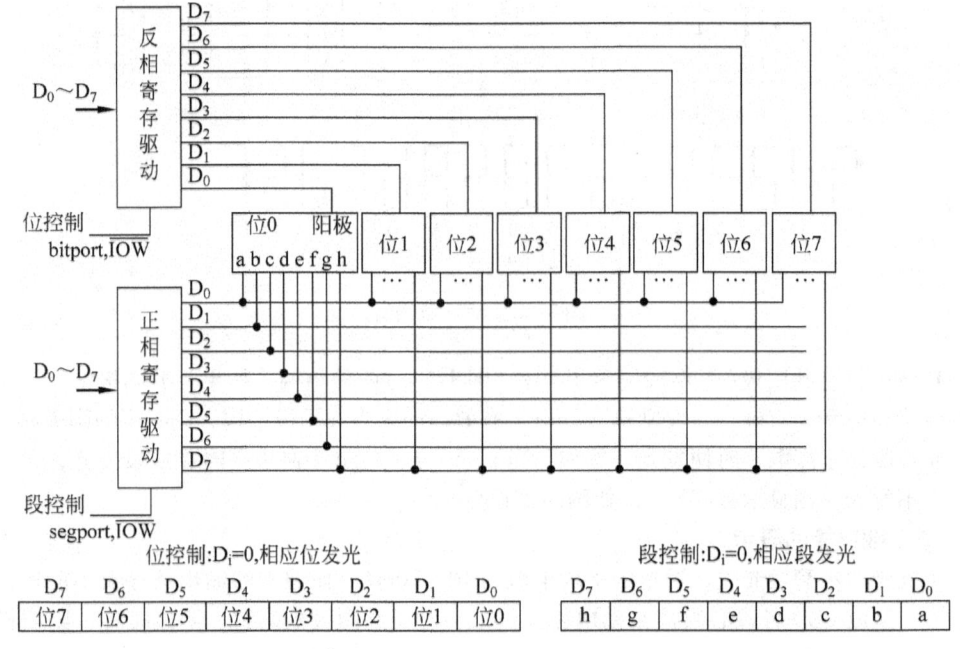

图8-23 多位数码管显示接口示意图

由上所述,只要处理器通过段控制端口SEGPORT送出段显示代码,然后通过位控制端口BITPORT送出位显示代码,指定的数码管便显示相应的数字。如果处理器顺序地输出段码和位码,依次让每个数码管显示数字,并不断地重复显示,利用眼睛的视觉惯性,当重复频率达到一定程度时,从数码管上便可见到相当稳定的数字显示。显而易见,**重复频率越高,每位数码管延时显示的时间越长,数字显示得就越稳定,显示亮度也就越高**。通过控制重复频率和延时时间就可以得到各种显示效果。

在这种节省硬件的多位显示电路中,往往要用软件完成段译码,处理器还需要不断重复让每个数码管发光。为此,程序设计时可以开辟一个数码缓冲区,存放要显示的数字,第一个数字在最左边的数码管显示,下一个数字送到左边第二个数码管显示,以此类推。另外,还需要建立

常用接口技术

一个显示代码表,从前向后依次存放0~F对应的7段显示代码。但要注意,显示代码是和硬件连接有关的,图8-23接口电路中的显示代码见下面程序的显示代码表。

下面是一段实现8位数码管依次显示一遍的子程序。实际应用中,只要按一定频率重复调用它,就可以获得稳定的显示效果。为了相对独立,显示代码表LEDTB安排在子程序中。数码缓冲区LEDDT在数据段,主程序采用寄存器SI传递偏移首地址,段基地址在DS中。

```
                ;数据段
    leddt       byte 8 dup(0)           ;数码缓冲区
                ;主程序
                mov si,offset leddt     ;指向数码缓冲区
                call displed            ;调用显示子程序
                ;子程序:显示一次数码缓冲区的8个数码,入口参数:DS:SI = 缓冲区首地址
    displed     proc
                push ax
                push bx
                push dx
                xor bx,bx
                mov ah,0feh             ;指向最左边的数码管
    led1:       mov bl,[si]             ;取出要显示的数字
                inc si
                mov al,ledtb[bx]        ;得到显示代码:AL←LEDTB[BX]
                mov dx,segport          ;segport 为段控制端口
                out dx,al               ;送出段码
                mov al,ah               ;取出位显示代码
                mov dx,bitport          ;bitport 为位控制端口
                out dx,al               ;送出位码
                call delay              ;实现数码管延时显示
                rol ah,1                ;指向下一个数码管
                cmp ah,0feh             ;是否指向最右边的数码管
                jnz led1                ;没有,显示下一个数字
                pop dx
                pop bx
                pop ax
                ret                     ;8位数码管都显示一遍,返回
                ;显示代码表,按照0~9、A~F的顺序
    ledtb       byte 0c0h,0f9h,0a4h,0b0h,99h,92h,82h,0f8h
                byte 80h,90h,88h,83h,0c6h,0c1h,86h,8eh
    displed     endp
    timer       = 10                    ;延时常量(需要根据实际情况确定具体数值)
    delay       proc                    ;软件延时子程序
                ......                  ;参见8.1.1节最后
    delay       endp
```

8.3 异步串行通信接口

串行通信是将数据分解成二进制位,用一条信号线一位一位顺序传送的方式。相对于并行通信方式而言,串行通信速度较慢。但串行通信的优势是用于通信的线路少,因而在远距离通信(如计算机网络)时可以极大地降低成本。另外,它还可以利用现有的通信信道(如电话线路等),使数据通信系统遍布千千万万个家庭和办公室。串行通信也常用于速度要求不高的近距离数据

传送，例如，PC 上的键盘、鼠标器与主机之间采用串行数据传送方式，PC 还设计有两个串行异步通信接口。

串行通信有两类：一类是速度较快的同步通信，它以数据块为基本传输单位，主要应用在网络中；另一类是速度较慢的异步通信，它以字符为单位传输，主要用于近距离通信。

8.3.1 异步串行通信格式

串行通信时，数据、控制和状态信息都使用同一根信号线传送。所以，收发双方必须遵守共同的通信协议（Protocol），才能解决传送速率、信息格式、位同步、字符同步、数据校验等问题。串行异步通信（Asynchronous Data Communication）以字符为单位进行传输，其通信协议是起止式异步通信协议，传输的字符格式如图 8-24 所示。

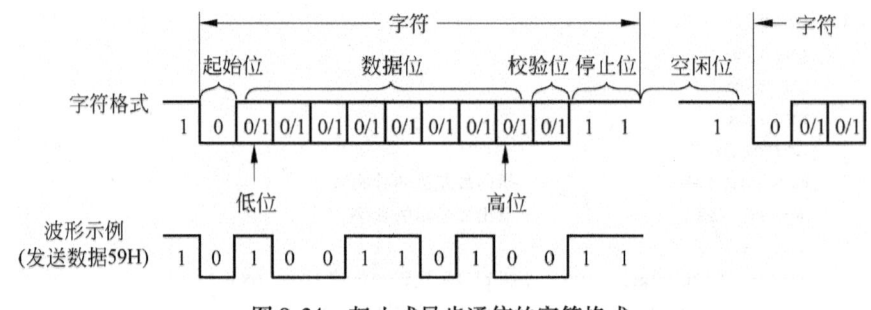

图 8-24 起止式异步通信的字符格式

各位说明如下：
- 起始位（Start Bit）——起始位是异步通信传输的每个字符开始传送的标志，用于实现"字符同步"。起始位采用逻辑 0 电平。
- 数据位（Data Bit）——数据位紧跟着起始位传送。数据可以由 5~8 个二进制位组成，但总是低位先传送。
- 奇偶检验位（Parity Bit）——数据位传送完成后可以选择一个奇偶检验位，用于校验是否正确传送了数据；可以选择奇检验，也可以选择偶校验，还可以不传送校验位。
- 停止位（Stop Bit）——字符最后必须有停止位，以表示这个字符的传送结束。停止位采用逻辑 1 电平，可选择 1、1.5 或 2 位长度。

一个字符传输结束后，可以接着传输下一个字符，也可以停一段空闲时间再传输下一个字符，空闲位为逻辑 1 电平。

图 8-24 下部是在采用偶校验、2 个停止位条件下传输 59H 数据的波形示意图。

字符格式中的"位"表示二进制位。每位持续的时间长度都是一样的，为数据传输速率的倒数。数据传输速率反映数据传送的快慢，称为比特率（Bit Rate），即每秒传输的二进制位数（Bit per Second，b/s）。例如，数据传输速率为 1200b/s，则一位的时间长度为 0.833ms（=1/1200）。对于采用 1 个停止位、不用校验的 8 位数据传送来说，一个字符共有 10 位，每秒能传送 120（=1200÷10）个字符。

当进行二进制数码传输且每位时间长度相等时，比特率还等于波特率（Baud Rate）。波特率表示数据调制速率，定义为每秒信号变化的次数，其单位是波特（Baud）。当采用非两相调制方法（如四相调制）时，比特率数值大于波特率数值，但两者成倍数关系。

过去，串行异步通信的数据传输速率限制在 50~9600b/s，常采用 110、300、600、1200、2400、4800 和 9600。现在，数据传输速率可以达到 115 200b/s 或更高。

8.3.2 异步串行接口标准

串行异步通信最广泛使用的总线接口标准是 RS-232C。RS-232C 是美国电子工业协会(Electronic Industry Association, EIA)于 1962 年公布并于 1969 年修订的串行接口标准。事实上,它已经成为国际上通用的标准串行接口。1987 年 1 月,RS-232C 经修改后,正式改名为 EIA-232D。由于标准修改得并不多,因此,现在很多厂商仍沿用旧的名称。

最初,RS-232C 串行接口的设计目的是用于连接调制解调器。目前,RS-232C 已成为数据终端设备 DTE(如计算机)与数据通信设备 DCE(如调制解调器)的标准接口。利用 RS-232C 接口不仅可以实现远距离通信,还可以近距离连接两台微机或电子设备。

调制解调器(Modem)是计算机系统与通信线路(如电路线)之间的转换电路。为了通过通信线路发送计算机处理的数字信号,必须先把数字信号转换为适合在通信线路上传送的形式,这就是调制(Modulating);经过通信线路传输后,在接收端再将传输信号转换为数字信号,这就是解调(Demodulating)。多数情况下,通信是双向的,具有调制和解调功能的器件设计在一个装置中,就是调制解调器。

RS-232C 支持全双工通信。当信号的发送和接收分别使用不同的传输线时,这样的通信系统就是全双工(Full Duplex)制式,系统在同一时刻既可以发送又可以接收。若同一条传输线既用作发送又用作接收,这样的通信系统就是半双工(Half Duplex)制式,当然发送和接收不能在同一时刻进行。通信系统通常采用全双工或半双工传输制式,但有些系统也采用单根传输线只用作发送或只用作接收,这称为单工(Simplex)制式。

1. RS-232C 的引脚定义

RS-232C 接口标准使用一个 25 针连接器。表 8-2 罗列了它的引脚排列和名称。绝大多数设备只使用其中 9 个信号,所以就有了 9 针连接器。表 8-2 中也给出了 9 针连接器的引脚。

表 8-2 RS-232C 的引脚

9 针连接器引脚号	25 针连接器引脚号	名 称	25 针连接器引脚号	名 称
	1	保护地	12	次信道载波检测
3	2	发送数据 TxD	13	次信道清除发送
2	3	接收数据 RxD	14	次信道发送数据
7	4	请求发送 RTS	16	次信道接收数据
8	5	清除发送 CTS	19	次信道请求发送
6	6	数据装置准备好 DSR	21	信号质量检测
5	7	信号地 GND	23	数据信号速率选择器
1	8	载波检测 CD	24	终端发送器时钟
4	20	数据终端准备好 DTR	9、10	保留,供测试用
9	22	振铃指示 RI	11	未定义
	15	发送器时钟 TxC	18	未定义
	17	接收器时钟 RxC	25	未定义

RS-232C 接口包括两个信道:主信道和次信道。次信道为辅助串行通道提供数据控制和通道,但其传输速率比主信道要低得多,其他跟主信道相同,通常较少使用。

- TxD(Transmitted Data)发送数据:串行数据的发送端。
- RxD(Received Data)接收数据:串行数据的接收端。
- RTS(Request To Send)请求发送:当数据终端设备准备好送出数据时,就发出有效的 RTS 信号,用于通知数据通信设备准备接收数据。

- CTS(Clear To Send)清除发送：当数据通信设备已准备好接收数据终端设备的传送数据时，发出 CTS 有效信号来响应 RTS 信号，其实质是允许发送。

  RTS 和 CTS 是数据终端设备与数据通信设备间一对用于数据发送的联络信号。
- DTR(Data Terminal Ready)数据终端准备好：通常当数据终端设备一加电时，该信号就有效，表明数据终端设备准备就绪。
- DSR(Data Set Ready)数据装置准备好：通常表示数据通信设备(即数据装置)已接通电源连到通信线路上，并处于数据传输方式，而不是处于测试方式或断开状态。

  DTR 和 DSR 也可用于数据终端设备与数据通信设备间的联络信号，如应答数据接收。
- GND(Ground)信号地：它为所有的信号提供一个公共的参考电平。
- CD(Carrier Detected)载波检测：当本地调制解调器接收到来自对方的载波信号时，就从该引脚向数据终端设备提供有效信号。该引脚也缩写为 DCD。载波是用于传输数据的模拟波形信号，没有载波将无法传输数据。
- RI(Ring Indicator)振铃指示：在调制解调器接收到对方的拨号信号期间，该引脚信号作为电话铃响的指示，保持有效。
- 保护地(机壳地)：这是一个起屏蔽保护作用的接地端，一般应参照设备的使用规定连接到设备的外壳或机架上，必要时要连接到大地。
- TxC(Transmitter Clock)发送器时钟：控制数据终端发送串行数据的时钟信号。
- RxC(Receiver Clock)接收器时钟：控制数据终端接收串行数据的时钟信号。

2. RS-232C 的连接

数据终端设备与数据通信设备(如微机与调制解调器)通过 RS-232C 接口连接很简单，就是对应引脚直接相连。两台微机进行短距离通信可以不使用调制解调器，而直接利用 RS-232C 接口连接，如图 8-25 所示，被称为零调制解调器(Null Modem)连接。

图 8-25a 是不使用联络信号的 3 线相连方式。很明显，为了交换信息，TxD 和 RxD 应当交叉连接。程序中不必使 RTS 和 DTR 有效，也不应检测 CTS 和 DSR 是否有效。

图 8-25b 是"伪"使用联络信号的 3 线相连方式，是一种常用的方法。图中双方的 RTS 和 CTS 各自互接，用请求发送 RTS 信号来产生允许发送 CTS，表明请求传送总是允许的。同样，DTR 和 DSR 互接，用数据终端准备好产生数据装置准备好。这样的连接可以满足通信的联络控制要求。

由于通信双方并未进行联络应答，所以采用 3 线连接方式应注意传输的可靠性。例如，发送方无法知道接收方是否可以接收数据、是否接收到了数据。传输的可靠性需要利用软件来提高，例如，先发送一个字符，等待接收方确认之后(回送一个响应字符)再发送下一个字符。

图 8-25c 是使用联络信号的多线相连方式。这种连接方式通信比较可靠，但所用连线较多，不如前者经济。

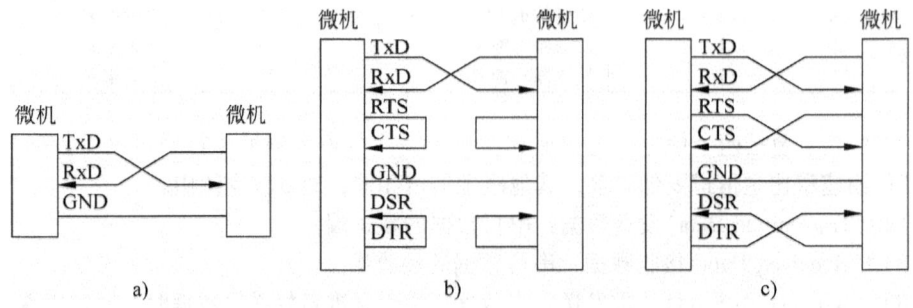

图 8-25 不用 Modem 的 RS-232C 接口

8.3.3 异步串行通信程序

微机进行数据的串行传输需要并行到串行和串行到并行的转换,并按照传输协议发送和接收每个字符(或数据块)。这些工作可以由软件实现,也可以采用硬件电路实现。

通用异步接收发送器(Universal Asynchronous Receiver Transmitter,UART)就是串行异步通信的接口电路芯片。IBM PC/XT 机的 UART 芯片是 INS 8250,后续 PC 机则采用兼容的 NS16450 和 NS16550。现在,32 位 PC 机芯片组中使用了与 NS16550 兼容的逻辑电路。

8250 实现了起止式串行异步通信协议,支持全双工通信。通信字符可选择数据位为 5~8 位,停止位 1、1.5 或 2 位,可进行奇偶校验,具有奇偶、帧和溢出错误检测电路。8250 支持的数据传输速率为 50~9600b/s,16550 支持的速率高达 115 200b/s。除支持的速率不同外,16550 和 16450 完全兼容 8250,16550 还新增了 FIFO 工作模式。

1. 8250 的寄存器

对用户来说,接口电路以各种可编程寄存器来体现。8250 内部有 9 种可访问的寄存器,用引脚 $A_0 \sim A_2$ 来寻址;同时还要利用通信线路控制寄存器的最高位(即除数寄存器访问位 DLAB)来区别共用两个端口地址的不同寄存器,如表 8-3 所示。其中,除数寄存器是 16 位的,它占用两个连续的 8 位 I/O 端口。COM1 和 COM2 地址是 PC 机的第 1 个和第 2 串行接口所占用的 I/O 地址。

表 8-3 8250 寄存器的 I/O 地址

DLAB	A_2	A_1	A_0	寄 存 器	COM1 地址	COM2 地址
0	0	0	0	读接收缓冲寄存器	3F8H	2F8H
0	0	0	0	写发送保持寄存器	3F8H	2F8H
0	0	0	1	中断允许寄存器	3F9H	2F9H
×	0	1	0	中断识别寄存器(只读)	3FAH	2FAH
×	0	1	1	通信线路控制寄存器	3FBH	2FBH
×	1	0	0	调制解调器控制寄存器	3FCH	2FCH
×	1	0	1	通信线路状态寄存器	3FDH	2FDH
×	1	1	0	调制解调器状态寄存器	3FEH	2FEH
×	1	1	1	不用	3FFH	2FFH
1	0	0	0	除数寄存器低 8 位	3F8H	2F8H
1	0	0	1	除数寄存器高 8 位	3F9H	2F9H

(1)接收缓冲寄存器 RBR

接收缓冲寄存器用于存放串行接收后转换成并行的数据。

(2)发送保持寄存器 THR

发送保持寄存器包含将要串行发送的并行数据。

(3)除数寄存器

8250 的接收器时钟和发送器时钟由时钟输入引脚的基准时钟分频得到,而且是传输率的 16 倍。在不同的数据传输率下,需要不同的分频系数,除数寄存器就用于保存设定的分频系数。计算分频系数(即除数)的公式可以表达如下:

$$\text{分频系数} = \text{基准时钟频率} \div (16 \times \text{比特率})$$

除数寄存器是 16 位的,写入前注意使 DLAB = 1。

(4) 通信线路控制寄存器 LCR

通信线路控制寄存器用于指定串行异步通信的字符格式，即数据位个数、停止位个数，是否进行奇偶校验以及何种校验。LCR 可以写入，也可以读出，其格式见图 8-26。其中 $D_6 = 1$ 将迫使 8250 发送连续低电平的中止字符。最高位 D_7 是 DLAB，为 1 说明寻址除数寄存器；否则为寻址数据寄存器和中断允许寄存器（参见表 8-3）。

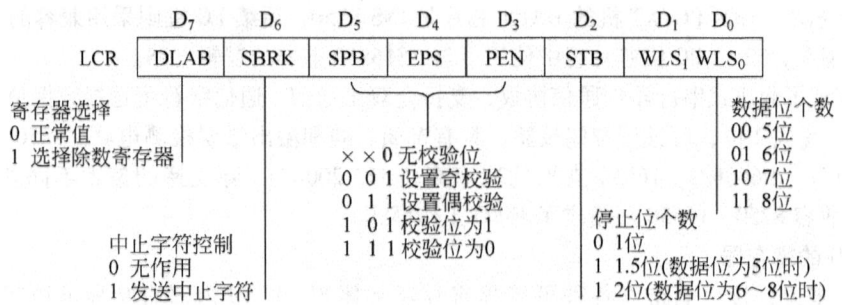

图 8-26　通信线路控制寄存器

(5) 通信线路状态寄存器 LSR

通信线路状态寄存器提供串行异步通信的当前状态，供处理器读取和处理。LSR 还可以写入（除 D_6 位外），人为地设置某些状态，用于系统自检，其格式见图 8-27。

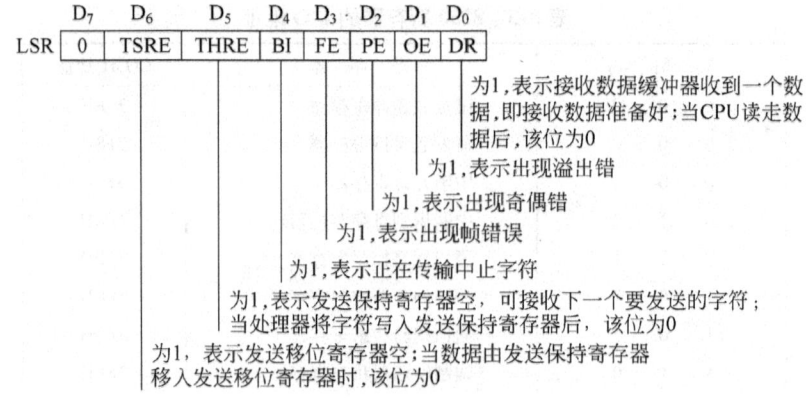

图 8-27　通信线路状态寄存器

LSR 最重要的是反映接收数据是否准备就绪和发送保持寄存器是否空，以决定处理器的下一个读写操作。当接收数据准备就绪或发送保持寄存器为空时，除使 LSR 相应位置位外，还可以通过中断控制电路发出中断请求。LSR 也反映接收数据后是否发生错误以及是哪种错误。当错误发生时，也可以产生中断请求。

为了使传输过程更可靠，8250 在接收端设立了以下 3 种出错标志：

- 奇偶错误（Parity Error，PE）：若接收到的字符的"1"的个数不符合奇偶校验要求，则置位这个标志，发出奇偶校验出错信息。
- 帧错误（Frame Error，FE）：若接收到的字符格式不符合规定（如缺少停止位），则置位这个标志，发出帧错误信息。
- 溢出错误（Overrun Error，OE）：若接收移位寄存器接收到一个数据并把它送至输入缓冲器时，处理器还未取走前一个数据，就会出现数据丢失，即置位溢出错误标志。由此还可以看出，若接收缓冲器的级数多，则溢出错误的几率就少。

(6) 调制解调器控制寄存器 MCR

8250 有 4 个控制输出信号，它们是 $\overline{RTS}$、$\overline{DTR}$、$\overline{OUT_2}$ 和 $\overline{OUT_1}$，其中前两个与 232C 接口对应的引脚功能相同，后两个没有定义其具体应用。

调制解调器控制寄存器用来设置 8250 与数据通信设备（如调制解调器）之间联络应答的输出信号，其格式如图 8-28 所示。其中，MCR 的 D_4 位可控制 8250 处于自测试工作状态。在自测试状态，发送的串行数据立即在内部被接收（循环反馈），故可用来检测 8250 发送和接收功能正确与否，而不必在外部连线。

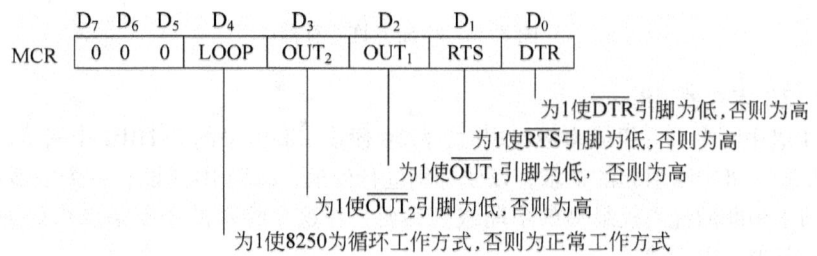

图 8-28 调制解调器控制寄存器

(7) 调制解调器状态寄存器 MSR

8250 有 4 个控制输入信号，它们是 $\overline{CTS}$、$\overline{DSR}$、$\overline{RLSD}$ 和 $\overline{RI}$，与 232C 接口对应的引脚功能相同，其中 $\overline{RLSD}$ 对应载波检测 CD。

调制解调器状态寄存器反映 4 个控制输入信号的当前状态及其变化，如图 8-29 所示。MSR 高 4 位中某位为 1，说明相应输入信号当前为低有效，否则为高电平。MSR 低 4 位中某位为 1，则说明从上次处理器读取该状态字后，相应输入信号已发生改变，从高变低或反之。其中，符号"δ"表示有变化。MSR 低 4 位任一位置 1，均产生调制解调器状态中断，当处理器读取该寄存器或复位后，低 4 位被清零。

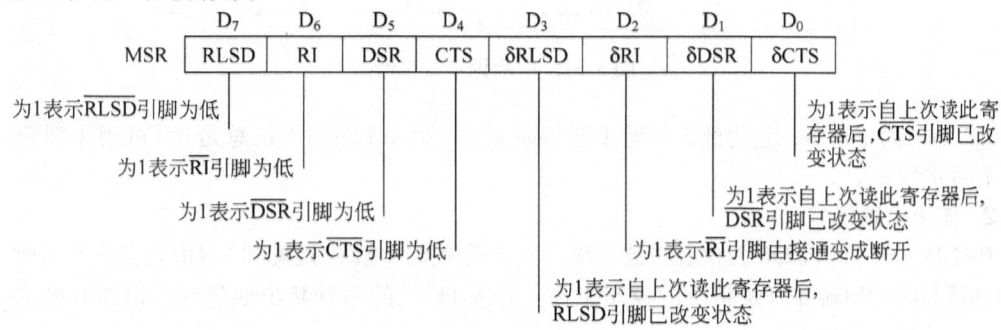

图 8-29 调制解调器状态寄存器

(8) 中断允许寄存器 IER

8250 具有很强的中断控制和优先权判决处理能力，设计有 2 个中断寄存器和 4 级中断。这 4 级中断按优先权从高到低排列的顺序为：接收线路状态中断（包括奇偶错、溢出错、帧错和中止字符）、接收数据准备好中断、发送保持寄存器空中断和调制解调器状态中断（包括清除发送 CTS 状态改变、数据终端准备好 DSR 状态改变、振铃 RI 接通变成断开和接收线路信号检测 RLSD 状态改变）。8250 的 4 级中断优先权是按照串行通信过程中事件的紧迫程度安排的，是固定不变的，用户可利用中断允许或禁止进行控制。

中断允许寄存器的低 4 位控制 8250 的 4 级中断是否被允许。某位为 1，则对应的中断被允许；否则，被禁止，如图 8-30 所示。如果 IER 低 4 位全为 0，则禁止 8250 产生中断，此时还将禁止中断识别寄存器和中断请求信号的输出。

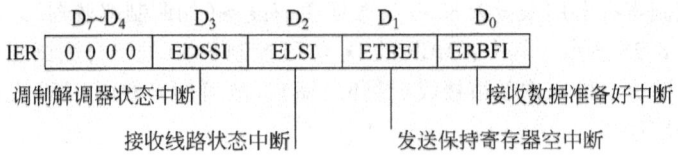

图 8-30 中断允许寄存器

(9) 中断识别寄存器 IIR

8250 的 4 级中断中有一级或多级出现时，8250 便输出高电平的 INTRPT 中断请求信号。为了能具体识别是哪一级中断引起的请求，以便分别进行处理，8250 内部设有一个中断识别寄存器。它保持正在请求中断的优先权最高的中断级别编码，在这个特定的中断请求由处理器进行服务之前，不接收其他的中断请求。

中断识别寄存器的格式见图 8-31。其中，最低位反映是否有中断请求，D_2D_1 位则表示正在请求的最高优先权的中断。这 4 级中断除用主复位引脚 MR 进行复位外，还可分别复位，参见图 8-30 中复位控制一项。

```
          D₇~D₃   D₂  D₁  D₀
    IIR │ 00000 │ID₁│ID₀│IP│── 0有中断,1无中断
```

$ID_1 ID_0$	优先权	中断类型	复位控制
1 1	1	接收线路状态	读线路状态寄存器
1 0	2	接收数据准备好	读接收数据缓冲器
0 1	3	发送保持寄存器空	写保持寄存器或读中断识别寄存器
0 0	4	调制解调器状态	读调制解调器状态寄存器

图 8-31 中断识别寄存器

IIR 是只读寄存器，它的低 3 位随中断源而变化，但 IIR 的高 5 位总是 0，可用作判别 8250 是否存在的特征。

2. 初始化编程

IBM PC/XT 机以 8250 为核心搭建了串行异步通信接口电路(适配器)，由它完成发送时的并转串和接收时的串转并以及相应的控制工作。后来 PC 机的串行异步通信硬件电路有极大的改变，但在软件上保持了兼容。

异步通信适配器的初始化编程是为串行通信做准备，就是对 8250 的内部控制寄存器进行写入。我们以 PC 系列机第 2 个串行接口 COM2(I/O 地址参见表 8-3)为例。

(1) 设置传输率：写入除数寄存器

根据通信双方约定的传输率和基准时钟频率(PC 机采用 1.8432MHz)，确定分频系数。注意，对除数寄存器操作前，必须使通信线路控制寄存器的最高位 DLAB 置位。假设采用 1200b/s。

```
    mov al,80h
    mov dx,2fbh
    out dx,al        ;写入通信线路控制寄存器,使 DLAB=1
    mov ax,96        ;分频系数:1.8432MHz÷(1200×16)=96=60H
```

```
        mov dx,2f8h
        out dx,al              ;写入除数寄存器低 8 位
        mov al,ah
        inc dx
        out dx,al              ;写入除数寄存器高 8 位
```

(2) 设置通信字符格式：写入通信线路控制寄存器

假设使用 7 个数据位、1 个停止位、奇校验。

```
        mov al,00001010b
        mov dx,2fbh
        out dx,al              ;写入通信线路控制寄存器
```

这段程序同时使 DLAB=0，以方便下述初始化过程。

(3) 设置工作方式：写入调制解调器控制寄存器

串行异步通信接口电路通过调制解调器控制寄存器的 D_3 位控制 $\overline{OUT_2}$，可选择允许中断 ($D_3=1$) 或禁止中断 ($D_3=0$)；对应通信过程采用中断或查询工作方式。但不论在何种工作方式，调制解调器控制寄存器的最低两位通常都置为 1，这样就建立了数据终端准备好 $\overline{DTR}$ 和请求发送 $\overline{RTS}$ 的有效信号，即使系统中没有使用调制解调器，也不妨这样设置。

- 设置查询通信方式。

```
        mov al,03h             ;禁止中断(D₃=0),使DTR和RTS为低有效
        mov dx,2fch
        out dx,al              ;写入调制解调器控制寄存器
```

- 设置中断通信方式。

```
        mov al,0bh             ;允许中断(D₃=1),使DTR和RTS为低有效
        mov dx,2fch
        out dx,al
```

- 设置查询的循环测试通信方式(循环测试不支持中断方式)。

```
        mov al,13h             ;循环测试(D₄=1)
        mov dx,2fch            ;禁止中断(D₃=0),使DTR和RTS为低有效
        out dx,al
```

(4) 设置中断允许或屏蔽位：写入中断允许寄存器

如果不采用中断工作方式，应设置中断允许寄存器为 0，禁止所有的中断请求；否则，根据需要允许相应级别的中断，不使用的中断则仍屏蔽。例如：

```
        mov al,0               ;禁止所有中断
        mov dx,2f9h
        out dx,al              ;写入中断允许寄存器(应保证此时 DLAB=0)
```

【例 8-3】 异步通信程序

编写一个针对第 2 个串行接口 COM2 的异步通信程序，采用查询工作方式。本示例程序不使用联络控制信号，通信时不关心调制解调器状态寄存器的内容，而只需查询通信线路状态寄存器即可。初始化编程后，程序循环读取 8250 的通信线路状态寄存器：发现传输错误响铃报警、接收到字符显示出来、有信息就发送。其中，接收和发送的信息都以字符 0 结尾，并设置可以接收和需要发送的标志。这样，当发送和接收都完成后返回操作系统，参见图 8-32 所示的流程图。

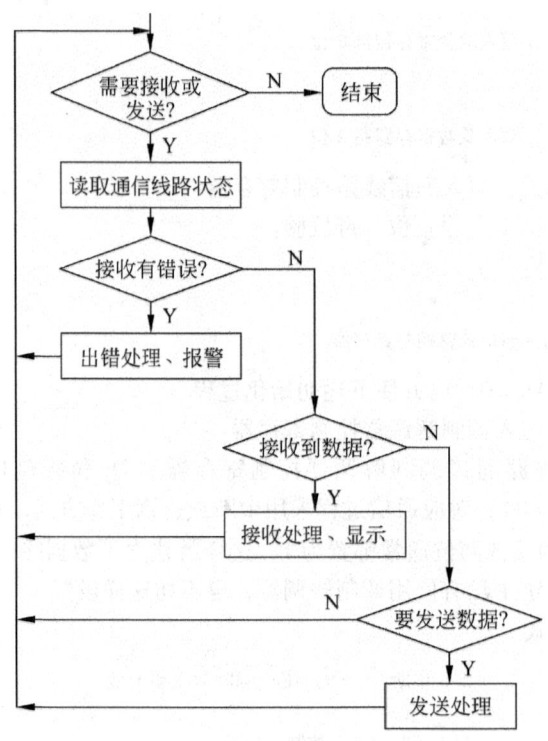

图 8-32 通信的循环查询流程图

```
                ;数据段
msg     byte 'What you see is what you get.',13,10,0
                ;代码段
        ......                  ;异步通信适配器的初始化编程
        mov si,offset msg       ;SI 指向发送信息
        mov bx,1                ;BX = 1 表示需要发送信息
        mov cx,1                ;CX = 1 表示可以接收信息
        ;读取通信线路状态,查询工作
statue: mov ax,bx
        or ax,cx                ;BX = CX = 0,表示接收和发送都完成,转向结束
        jz done
        mov dx,2fdh             ;读取通信线路状态寄存器
        in al,dx
        test al,1eh             ;接收有错误否?
        jz statue1              ;没有错误,继续
        ;接收有错,响铃报警
        mov dx,2f8h             ;读出接收有误的数据,丢掉
        in al,dx
        mov al,07h              ;响铃控制的 ASCII 码为 07H
        call dispc
        jmp statue              ;继续查询
statue1: test al,01h            ;接收到数据吗?
        jz statue2              ;没有收到数据,继续
        ;已接收字符,读取该字符并显示(如果是结尾字符,则设置标志)
        mov dx,2f8h             ;从输入缓冲寄存器读取字符
        in al,dx
```

```
                cmp al,0              ;是结尾字符吗?
                jnz receive
                xor cx,cx             ;CX=0,不再接收数据
                jmp statue            ;继续查询
    receive:    and al,7fh            ;传送标准 ASCII 码,采用 7 个数据位,所以仅取低 7 位
                call dispc            ;在屏幕上显示该数据
                jmp statue            ;继续查询
    statue2:    cmp bx,1              ;有需要发送的字符吗?
                jne statue            ;无发送字符,继续查询
                test al,20h           ;发送保持寄存器空(能输出数据)吗?
                jz statue             ;不能输出,继续查询
                ;发送保持寄存器已空,可以发送数据
                mov al,[si]           ;获得要发送的字符
                inc si
                cmp al,0              ;是结尾字符吗?
                jnz transmit
                xor bx,bx             ;无发送字符,设置 BX=0
                jmp statue            ;继续查询
    transmit:   mov dx,2f8h           ;将字符输出给发送保持寄存器
                out dx,al             ;串行发送数据
                jmp statue            ;继续查询
    done:                             ;返回 DOS
```

如果初始化编程采用查询的循环自测试方式(调制解调器控制寄存器写入 13H),则经 8250 发送的信息又由 8250 自身接收。这时,微机后面板的串行插口无需连线。该程序也就可以进行 8250 芯片的自诊断了。另外,在 Windows 模拟 MS-DOS 环境运行该程序时,将提示无法打开 COM2 端口(Windows 进行保护的缘故),选择"忽略"可以看到显示结果。

如果希望实现两台微机之间通信,即本机的信息发送到对方微机上显示,则需将 03H 写入调制解调器控制寄存器,两台微机按图 8-25"零调制解调器"方式连接,且两台微机同时执行上述异步通信程序。为了保持两台微机同步,可以进一步制定数据传输协议,例如,在本示例程序的基础上增加发送请求和确认,然后开始发送和接收。

8.4 模拟接口

在测控系统中,被测控的对象(如温度、压力、流量、速度、电压等)都是连续变化的物理量。这种连续变化的物理量通常被转换为模拟电压或电流,称为"模拟量"。当微机参与测控时,微机要求的输入信号为"数字量",它是离散的数据量。能将模拟量转换为数字量的器件称为模拟/数字转换器(Analog-Digital Converter),简称 ADC。微机的处理结果是数字量,不能直接控制执行单元,所以需转换为模拟量。能将数字量转换为模拟量的器件称为数字/模拟转换器(Digital-Analog Converter),简称 DAC。

微机通过 ADC 和 DAC 电路,与外界模拟量电路连接,这就是模拟接口。模拟接口技术是微机在自动控制等领域的应用基础。

8.4.1 模拟输入输出系统

在一个实际的测控系统中,要用微机来监视和控制过程中发生的各种参数,首先就要用传感器把各种物理量测量出来,且转换为电信号,再经过 A/D 转换,传送给微机;微机对各种信号计算、加工处理后输出,经过 D/A 转换再去控制各种设备,其过程如图 8-33 所示。

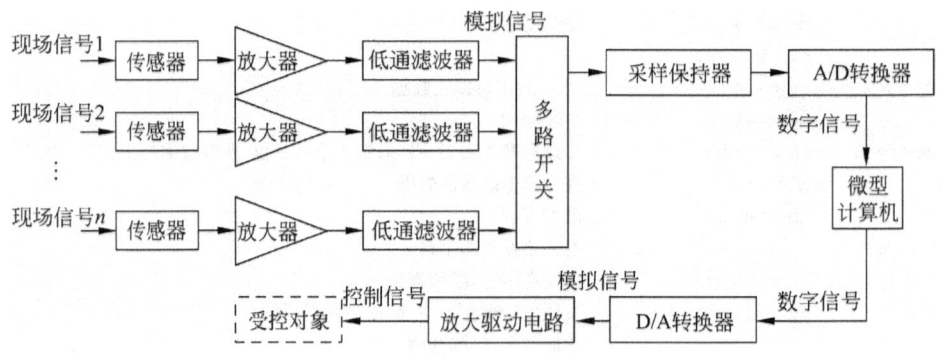

图 8-33 模拟输入输出系统

各项说明如下：

- 传感器(Transducer)：传感器的作用是将各种现场的物理量测量出来并转换成电信号，例如，模拟电压、模拟电流，或者电阻、电容。常用的传感器有温度传感器、压力传感器、流量传感器、振动传感器和重量传感器等。过去的传感器主要是指能够进行非电量和电量之间转换的敏感元件(Sensor)；现在的传感器除敏感元件外，还包括与输入变换器相连接的信号调理、传递、放大等功能的二次变换器以及具有显示功能的输出变换器等。随着处理器的采用，还出现了带处理器的所谓"智能传感器"。
- 放大器(Amplifier)：放大器把传感器输出的信号放大到 ADC 所需的量程范围。传感器输出的信号往往很微弱，并混有许多干扰信号，因此必须去除干扰，并将微弱信号放大到与 ADC 相匹配的程度。这就需要配接高精度、高开环增益的运算放大器或具有高共模抑制比的测量放大器，有时在使用现场，信号源与计算机两者电平不同或不能共地，这时就需进行电的隔离，而要用隔离放大器。
- 低通滤波器(Low-pass Filter)：滤波器用于降低噪声、滤去高频干扰，以增加信噪比。滤波器通常使用 RC 低通滤波电路，也可用运算放大器构成的有源滤波电路。此外，还可以编写数字滤波程序，用软件加强滤波效果。
- 多路开关(Multiplexer)：在实际应用中，常常要对多个模拟量进行转换，而现场信号的变化大多是比较缓慢的，没有必要对每一路模拟信号单独配置一个 A/D 转换器。这时，可以采用多路开关，通过微机控制，把多个现场信号分时地接通到 A/D 转换器上转换，达到共用 A/D 转换器以节省硬件的目的。
- 采样保持器(Sample & Hold)：对高速变化的信号进行 A/D 转换时，为了保证转换精度，需要使用采样保持器。它周期性地采样连续信号，并在 A/D 转换期间保持不变。

经微机处理的数字量通过 D/A 转换成为模拟信号，这个模拟信号一般要经过低通滤波器使输出波形平滑。同时，为了能驱动受控设备，需采用功率放大器作为模拟量的驱动电路。有时，被控对象是多个，也需要采用多路开关通过一个 D/A 转换器分时控制多个对象。

8.4.2 D/A 转换器

D/A 转换器(DAC)将微机处理后的数字量转换成为模拟量(电压或电流)。DAC 芯片有多种类型。按 DAC 的性能分，有通用、高速和高精度等转换器；按内部结构分，有不包含数据寄存器的，也有包含数据寄存器的；按位数分，有 8、12、16 位等；按其输出模拟信号分，又有电流输出型和电压输出型。

1. D/A 转换原理

数字量是由代码按数值组合起来表示的。欲将数字量转换成模拟量，必须先把每一位代码按其权的大小转换成相应的模拟分量，然后将各模拟分量相加，其总和就是与数字量相应的模拟量。例如：$1101B = 1 \times 2^3 + 1 \times 2^2 + 0 \times 2^1 + 1 \times 2^0 = 13$。

按这个 D/A 转换原理构成的转换器，主要由电阻网络、电子开关和基准电压组成。电阻网络通常有两种形式：权电阻解码网络和 R-2R 梯形解码网络。DAC 集成电路大都采用 R-2R 梯形解码网络。输入的二进制数字量通过逻辑电路控制电子开关。当输入的数字量不同时，通过电子开关使电阻网络中的不同电阻和基准电压接通，在运算放大器的输入端产生和二进制数各位的权成比例的电流，再经放大器将电流转换为与输入二进制数成正比的输出电压。基准电压是提供给转换电路的稳定的电压源，也称为参考电压 V_{REF}。

2. DAC0832 的数字接口

DAC0832 是一种典型的 8 位、电流输出型、通用 DAC 芯片，图 8-34 是其内部结构和对外引脚图。

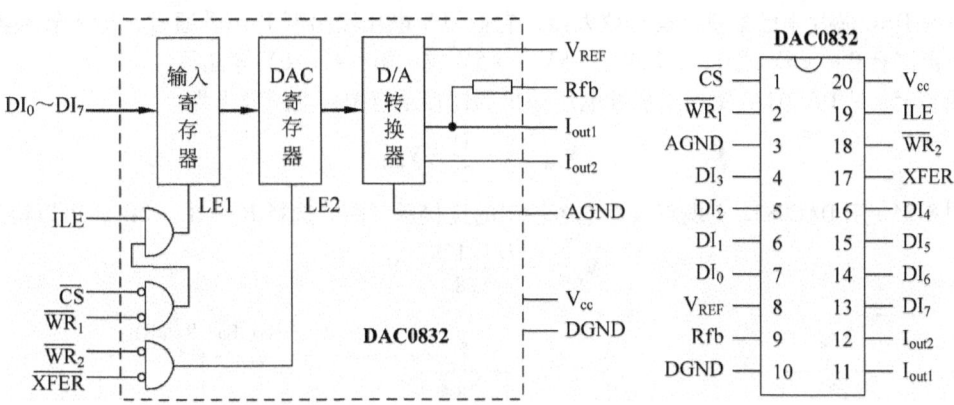

图 8-34　DAC0832 的内部结构和引脚

DAC0832 内部具有输入寄存器和 DAC 寄存器两级数字量缓冲寄存器，可以方便地与处理器接口。其中，$DI_0 \sim DI_7$ 是 8 位数字量输入引脚，ILE、$\overline{CS}$ 和 $\overline{WR_1}$ 控制输入寄存器的锁存信号 LE1，$\overline{XFER}$ 和 $\overline{WR_2}$ 控制 DAC 寄存器的锁存信号 LE2。数字量进入 DAC 寄存器的同时，D/A 转换器就开始数字量到模拟量的转换工作。数字量不变，模拟输出量也不变。

当 ILE 为高、$\overline{CS}$ 和 $\overline{WR_1}$ 为低时，LE1 为高，输入寄存器处于直通状态，数字输出随数字输入变化；否则，LE1 为低，输入数据被锁存在输入寄存器中。当 $\overline{XFER}$ 和 $\overline{WR_2}$ 为低时，LE2 为高，DAC 寄存器处于直通状态，输出随输入变化；否则，LE2 为低，将输入数据锁存在 DAC 寄存器中。于是，DAC0832 形成以下 3 种工作方式：

- 直通方式：LE1 和 LE2 都一直为高，数据可以直接进入 D/A 转换器。
- 单缓冲方式：LE1 或 LE2 一直为高，只控制其中一级寄存器。
- 双缓冲方式：不让 LE1 和 LE2 一直为高，控制两级寄存器。控制 LE1 从高变低，将从 $DI_0 \sim DI_7$ 进入的数据存入输入寄存器。控制 LE2 从高变低，将输入寄存器的数据存入 DAC 寄存器，同时开始 D/A 转换。双缓冲工作方式能做到某个数据进入 D/A 转换的同时输入下一个数据，适用于要求多个模拟量同时输出的场合。

3. DAC0832 的模拟输出

DAC0832 的模拟输出有 I_{out1}、I_{out2}、Rfb，还有电源和地信号引脚。

- I_{out1}：模拟电流输出 1，它是逻辑电平为 1 的各位输出电流之和。当输入数字为全 "1" 时，其值最大，为 $\dfrac{255}{256} \dfrac{V_{REF}}{Rfb}$；当输入数字为全 "0" 时，其值最小，为 0。

- I_{out2}：模拟电流输出2，它是逻辑电平为0的各位输出电流之和。$I_{out1} + I_{out2} = $ 常量。
- Rfb：反馈电阻引出端。反馈电阻被制作在芯片内，用作外接运算放大器的反馈电阻，为D/A转换器提供电压输出，该电阻与内部R-2R电阻网络相匹配。
- V_{REF}：参考电压输入端。它的范围为 +10V ~ -10V。
- V_{cc}：电源电压，可为 +5V ~ +15V。
- AGND：模拟地，芯片模拟电路接地点。
- DGND：数字地，芯片数字电路接地点。

DAC0832采用梯形电阻网络组成D/A转换电路，其转换结果是与输入数字量成比例的电流，因此称为电流输出型DAC。许多DAC芯片属于此种形式。在实际应用中，为了增强驱动能力，还需经运算放大器放大并变换为电压输出。对电流输出型DAC外加运算放大器就可实现电压输出。有些DAC芯片中已集成有运算放大器，它们属于电压输出型DAC。通常，D/A转换器的输出电压范围有 0 ~ ±5V 或 0 ~ ±10V、-5V ~ +5V 或 -10V ~ +10V 等几种。

图8-35a 是DAC0832实现单极性电压输出的连接示意图，电压输出为：

$$V_{out1} = -\frac{D}{2^8} \cdot V_{REF}$$

图8-35b 用DAC0832实现双极性电压输出的连接示意图。选择 $R_2 = R_3 = 2R_1$，可以得到：

$$V_{out2} = \frac{D - 128}{128} \cdot V_{REF}$$

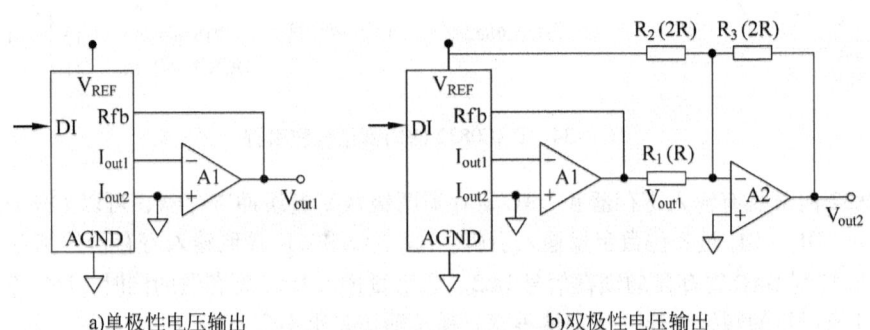

a) 单极性电压输出　　　　　　　　b) 双极性电压输出

图 8-35　DAC0832 的电压输出

注意，上述两个计算公式中，D 代入的值都是输入数字量对应的十进制值。之所以可以这样，是因为数字量在单极性时采用二进制码(对应无符号整数编码)，而在双极性时采用偏移码。8位数字量将产生256(2^8)种不同的模拟电流(或电压)值。表8-4选取了若干具有典型意义的数字量来说明对应的单极性、双极性模拟输出量。

表8-4　数字量与模拟量

单极性(设 V_{REF} =5V)		双极性(设 V_{REF} =5V)	
数字量的二进制码	模拟量的输出 V_{out1}	数字量的偏移码	模拟量的输出 V_{out2}
11111111	-4.98V	11111111	+4.96V
11111110	-4.96V	11111110	+4.92V
10000001	-2.52V	10000001	+0.04V
10000000	-2.50V	10000000	0V
01111111	-2.48V	01111111	-0.04V
00000001	-0.02V	00000001	-4.96V
00000000	0V	00000000	-5V

二进制码是单极性信号中最普遍采用的码制,它编码简便,解码可逐位独立进行。偏移码是双极性信号中常用的二进制编码,它用最大值加以偏移(或者说,将零基准偏移至最小值)。符号位在正值(包括零在内)时,均为 1;而在负值时最高位为 0。偏移码与计算机的补码相比,符号位相反,而数值部分一样(详见第 9 章)。

单极性输出时,输出从 0 到 -5V 之间被平均分成 256 个电压值,一个最低有效位(数字量变化 1)对应 0.02V。双极性输出时,输出从 -5V 到 +5V 也被平均分成 256 个电压值,一个最低有效位对应 0.04V。

对于一个实际的 D/A 转换电路,由于模拟电路的存在,其理论上的模拟输出量不等于实际得到的模拟输出量。为了得到一定精度的 D/A 转换结果,需进行模拟输出的调整。DAC 芯片内部保证了一定的精度,但在精度要求较高的时候,常需外接调零和调满刻度电位器组成调整电路。

在数字量和模拟量并存的电路系统中,有两类电路。一类是数字电路,如处理器、存储器、译码器等;另一类是模拟电路,如运算放大器、DAC 和 ADC 内部的主要部件等。它们各有自己的信号地线,分别表示为数字地 DGND 和模拟地 AGND。数字电路的信号是高频率的脉冲信号,而模拟电路中传输的常是低速变化的信号。如果数字地和模拟地彼此相混、随意相连,高频数字信号很容易通过地线干扰模拟信号。为此,应该把整个系统中的所有模拟地连接在一起,所有数字地连接在一起,然后整个系统在一处把模拟地和数字地连起来。通常,这个共地连接处就在 DAC 或 ADC 芯片的模拟地和数字地之间。

4. DAC 芯片与主机的连接

DAC 芯片作为一个输出设备接口电路,与主机的连接比较简单,主要是处理好数据总线的连接。

对于 DAC 来说,当待转换的数字量加到其数据输入端时,在模拟输出端随之建立相应的电流或电压。随着输入数据的变化,输出电流或电压也随之变化。待转换的数字量通常来自处理器数据总线。由于处理器要进行各种信息的加工处理,它输出的任何数据都只在输出指令 OUT 执行的极短时间内出现在数据总线上,所以主机与 DAC 之间必须接入数据锁存器。锁存器把主机输给 DAC 的数据锁存起来,在模拟输出端建立相应的电流或电压,直到输入新的数据。锁存器的控制信号则来自处理器的输出控制信号和地址译码器产生的端口地址信号,如图 8-36 所示。

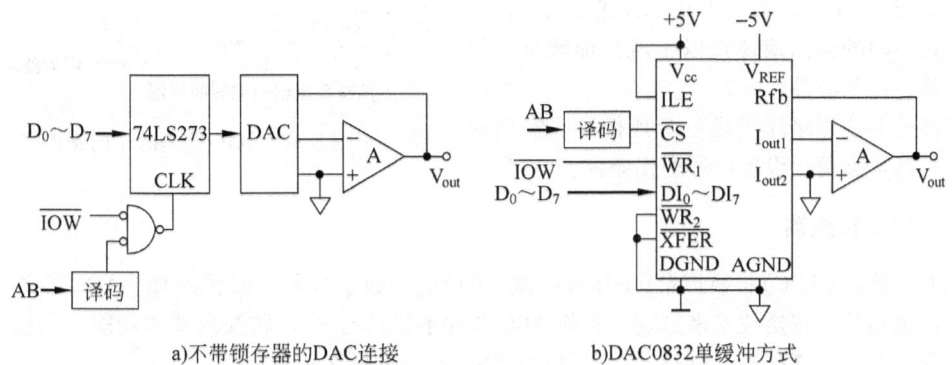

a) 不带锁存器的 DAC 连接　　　　b) DAC0832 单缓冲方式

图 8-36　DAC 的连接示意图

对于没有锁存器的 DAC 芯片,如 AD7520、AD7521、DAC0808 等,必须如图 8-36a 所示外接锁存器。锁存器可以是常用的数字集成电路,如 74LS273;也可以是可编程并行接口芯片,如

8255等。对于带有锁存器的DAC芯片，如AC0832、DAC1210、AD7524等，则无需外接锁存器，可以直接与数据总线连接。有时，为了增加使用的灵活性，带有锁存器的DAC芯片也可以外接另一级锁存器。DAC0832工作在直通方式时是一个不带锁存功能的DAC芯片，而工作在缓冲方式时才带有一级或两级锁存器，如图8-36b所示为DAC0832在单缓冲工作方式下的一种连接电路图。

对应图8-36，下面的程序段在执行时，可以实现一次D/A转换。程序中假设要转换的数据存于BUF单元。

```
    mov al,buf       ;取数字量
    mov dx,portd     ;PORTD为DAC端口地址
    out dx,al        ;输出,进行D/A转换
```

当要求DAC有更高的分辨率时，常要用10、12甚至16位的DAC芯片。如果仍采用8位主机，则被转换的数据必须分几次送出；同时，也就需要多个锁存器来锁存分几次送来的完整的数字量。

5. DAC芯片的应用：输出典型波形

在实际应用中，经常需要用到一个线性增长的电压去控制某个检测过程或者作为扫描电压去控制一个电子束的移动。配合图8-36的DAC芯片电路，用软件就可以产生这个线性增长的电压，程序片段如下：

```
        mov dx,portd     ;portd为DAC端口地址
        mov al,0         ;赋初值
repeat: out dx,al        ;输出
        inc al           ;增量
        jmp repeat       ;重复
```

上述程序片段能产生如图8-37所示的锯齿波形。从0增长到最大输出电压，中间要分成256个小台阶，分别对应0、1LSB、2LSB、3LSB、…、255LSB时的模拟输出电压。但从宏观来看，是一个线性增长电压。如果将上述输出电压接到示波器上，则能看到一个连续的正向锯齿波形。

对于锯齿波的周期，可以利用延时进行调整。如果延迟时间较短，可用几条NOP指令完成；如果延时较长，则可用延时子程序。要产生负向的锯齿波，将指令INC AL改为DEC AL就可以了。同样，通过不同的输出值还可以生成其他波形，例如三角波、正弦波等。

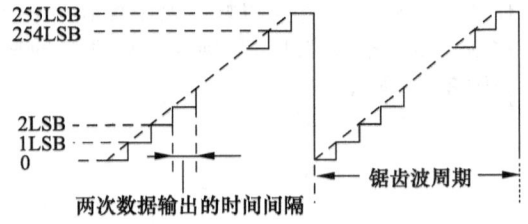

图8-37 DAC输出的正向锯齿波

当然，上述程序片段是一个死循环。实用的程序要根据实际情况设置循环退出条件。

8.4.3 A/D转换器

A/D转换器（ADC）将模拟量（电压或电流）转换成为数字量输入微机处理。ADC芯片主要以不同的模拟到数字转换技术来区别。有些ADC芯片不仅具有A/D转换的基本功能，还包含内部放大器和三态输出锁存器；有的甚至还包括多路开关、采样保持器等。

1. A/D转换原理

A/D转换有多种实现技术。简单廉价的ADC采用计数式，而中等速度、主流ADC产品常采用逐次逼近式，如图8-38所示。逐次逼近式A/D转换器内部有一个D/A转换器，并由寄存器

控制，采用从最高位开始的逐位试探法。转换前，复位或启动转换信号将寄存器的各位清除为0。转换时，寄存器先将最高位置1，DAC 输出值与被测的模拟值进行比较；如果 DAC 输出的模拟量低于输入的模拟量，该位的 1 被保留；否则该位的 1 被清除。然后下一位再置 1，再比较，决定去留……直至最低位完成同一过程。寄存器从最高位到最低位试探完的最终值就是 A/D 转换的结果。此时 A/D 转换器发出转换结束信号，表明寄存器中包含当前模拟输入的数字输出结果。

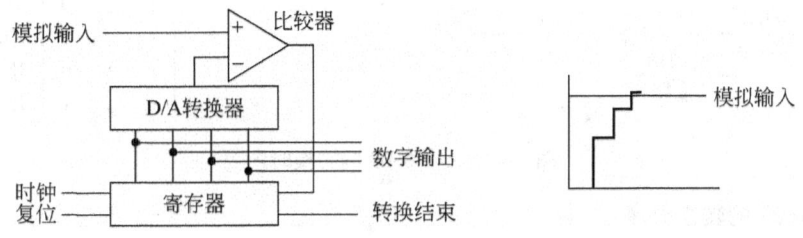

图 8-38　逐次逼近式 A/D 转换原理

如果对 A/D 转换时间要求不高，但需要有较强的抗干扰能力，尤其要抑制交流信号引起的干扰，可以考虑采用双积分式 A/D 转换器。如果要求具有最快的转换速度，就需要利用并行式 A/D 转换器，但其成本较高。

2. ADC0809 的模拟输入

ADC0809 是 CMOS 工艺制作的 8 位逐次逼近式 ADC，其转换时间为 $100\mu s$。图 8-39 是 ADC0809 的内部结构和对外引脚图。

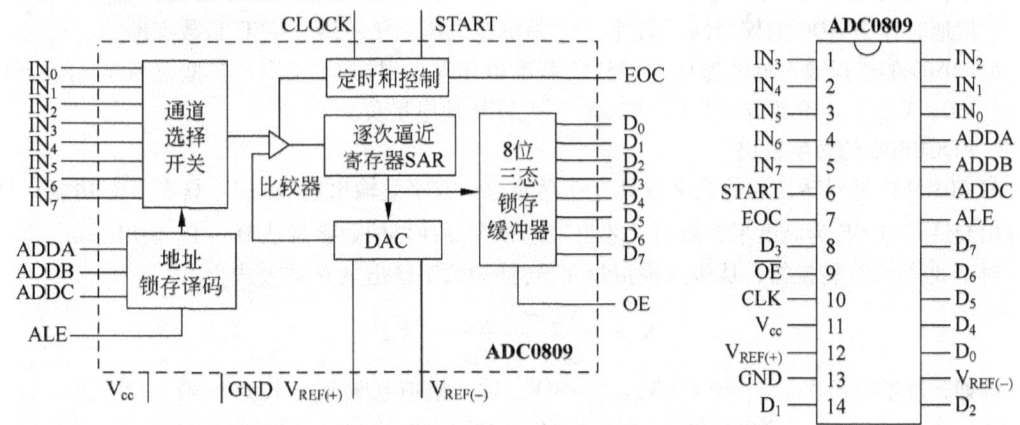

图 8-39　ADC0809 的内部结构和引脚

ADC0809 的模拟输入部分提供一个 8 通道的多路开关和寻址逻辑，可以接入 8 个模拟输入电压。其中，$IN_0 \sim IN_7$ 是 8 个模拟电压输入端，ADDA、ADDB 和 ADDC 是 3 个地址输入线，而 ALE 地址锁存允许信号的上升沿用于锁存 3 个地址输入的状态，然后由译码器选中一个模拟输入端进行 A/D 转换。

通道的选择可以在进行转换前独立地进行，然而通常是把通道选择和启动转换结合起来完成，这样可以用一条输出指令既用于选择模拟通道又用于启动转换。图 8-40 就是通道选择和转换启动同时实现的 A/D 转换时序图。

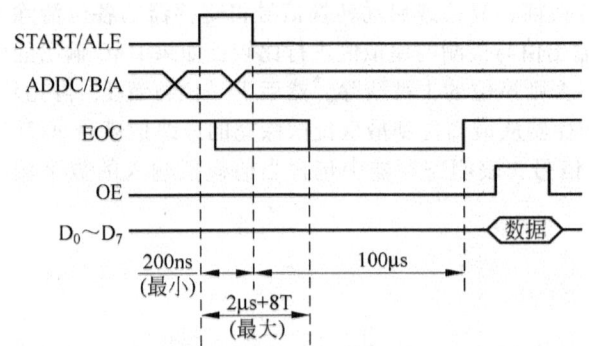

图 8-40 ADC0809 的转换时序

3. ADC0809 的转换时序

ADC0809 的转换过程由时钟脉冲 CLOCK 控制，它的频率范围为 10～1280kHz，典型值为 640kHz。

转换过程由 START 信号启动，它要求正脉冲有效，高脉冲宽度应不小于 200ns。START 信号的上升沿将内部逐次逼近寄存器复位，下降沿启动 A/D 转换。如果在转换过程当中 START 再次有效，则中止正在进行的转换过程，开始新的转换。

转换完成由结束信号 EOC 指示。该信号平时为高电平，在 START 信号的上升沿之后的 2μs 加 8 个时钟周期之内（不定）变为低电平。转换结束后，EOC 又变为高电平。

转换使用的基准电压由 $V_{REF(+)}$ 和 $V_{REF(-)}$ 提供。$V_{REF(+)}$ 接基准电压的正极，$V_{REF(-)}$ 接负极。$V_{REF(-)}$ 接地时作为 ADC 的模拟地。另外，V_{cc} 是电源电压，接 +5V；GND 是数字地。

ADC0809 的模拟输入范围为 0～5.25V。基准电压 V_{REF} 根据 V_{cc} 确定，典型值为 $V_{REF(+)} = V_{cc}$，$V_{REF(-)} = 0$，$V_{REF(+)}$ 不允许比 V_{cc} 正，$V_{REF(-)}$ 不允许比地电平负。

4. ADC0809 的数字输出

ADC0809 内部对转换后的数字量具有锁存能力，数字量输出端 $D_0 \sim D_7$ 具有三态功能，只有当输出允许信号 OE 为高电平有效时，才将三态锁存缓冲器的数字量从 $D_0 \sim D_7$ 输出。

对于 8 位 A/D 转换器，从输入模拟量 V_{in} 转换为数字输出量 N 的公式为：

$$N = \frac{V_{in} - V_{REF(-)}}{V_{REF(+)} - V_{REF(-)}} \times 2^8$$

例如，基准电压 $V_{REF(+)} = 5V$，$V_{REF(-)} = 0V$，输入模拟电压 $V_{in} = 1.5V$，则

$$N = (1.5 - 0) \div (5 - 0) \times 256 = 76.8 \approx 77 = 4DH$$

实际上，上述 A/D 转换公式同样适合于双极性输入电压。将 2^8 换成 2^n，则就是 n 位 ADC 的转换公式。

使用 8 位 ADC 器件，模拟量只能被转换为 256 个不同的数字量。模拟量是连续的，可能是允许范围内的任何值，但数字量只有有限的数量。所以，模拟量转换成数字量一定会引入转换误差，这是不可避免的。例如，上例中输入 1.5V 电压对应 76.8，但数字量只能是 76 或 77，所以取较小误差的 77 作为转换结果。如果希望有较高的转换精度，就需要 ADC 器件有较大的位数。

多媒体 PC 上都有声卡。声卡是连接录音和发音外部设备的接口电路，其中就需要 ADC 和 DAC 器件。例如，录制语音时使用 8 位的效果就差于采用 16 位的效果，这里的 8 位和 16 位就是指 ADC 器件的位数。

5. ADC 芯片与主机的连接

ADC 与主机的连接信号主要有数据输出、启动转换、转换结束等。

模拟信号经 A/D 转换，向主机送出数字量。ADC 芯片就相当于给主机提供数据的输入设备。能够向主机提供数据的外设很多，它们的数据线都要连接到主机的数据总线上。为了防止总线冲突，任何时刻只能有一个设备发送信息。因此，这些能够发送数据的外设的数据输出端必须通过三态缓冲器连接到数据总线上。又因为有些外设的数据不断变化，如 A/D 转换的结果随模拟信号的变化而变化，所以，为了能够稳定输出，还必须在三态缓冲器之前加上锁存器，保持数据不变。为此，大多数向系统数据总线发送数据的设备都设置有锁存器和三态缓冲器，简称三态锁存缓冲器或三态锁存器。此外，如果 ADC 芯片的数字输出位数大于系统数据总线，则需要增加读取控制逻辑，把数据分两次或多次读取。

ADC 开始转换时，通常需要一个启动信号。启动信号可以是脉冲信号或电平信号，主机可以通过软件编程或硬件定时产生启动信号。

当 A/D 转换结束时，ADC 输出一个转换结束信号，通知主机读取结果。主机检查判断 A/D 转换是否结束的方法有多种，不同的处理方式对应的程序设计方法也不同。

- 查询方式：这种方式下，把结束信号作为状态信号经三态缓冲器送到主机系统数据总线的某一位上。ADC 开始转换后，主机不断地查询这个状态位，发现结束信号有效时便读取数据。这种方式程序设计比较简单，实时性也较强，是比较常用的一种方法。
- 中断方式：这种方式下，把结束信号作为中断请求信号接到主机的中断请求线上。ADC 转换结束后，主动向处理器申请中断。处理器响应中断后，在中断服务程序中读取数据。这种方式下 ADC 与处理器同时工作，适用于实时性较强或参数较多的数据采集系统。

如果 ADC 速度足够快，可以把结束信号作为 DMA 请求信号，采用 DMA 传送方式。也可以不使用转换结束信号，主机启动 A/D 转换后延迟一段略大于 A/D 转换时间的时间，此时转换已结束即可读取数据。

6. ADC 芯片的应用：中断方式

ADC0809 工作于中断方式的连接示意图见图 8-41。由于 ADC0809 带有三态锁存缓冲器，所以其数字输出线可与系统数据总线直接相连。只要执行输入指令，控制 OE 端为高电平，就可读入转换后的数字量。只要执行输出指令，控制 START 为高脉冲，就可启动 A/D 转换，并可与读取数字量占用同一个 I/O 地址，设为 220H。ADC0809 有 8 个输入信号端，但此例中仅使用 IN_0 信号，所以 ALE 和 ADDA、ADDB、ADDC 均接低电平就可以只选用 IN_0 模拟通道。

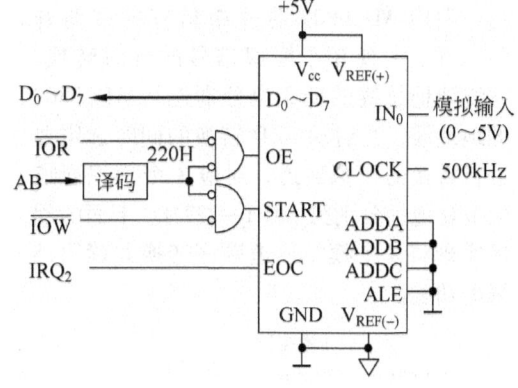

图 8-41 ADC0809 工作于中断方式

采用中断方式，主程序要设置中断服务的工作环境，此外就是启动 A/D 转换，代码段如下：

```
;数据段设置缓冲区
adtemp byte 0          ;本例中,仅给定一个临时变量
;代码段
……                    ;设置中断向量表项等工作
sti                    ;开中断
mov dx,220h
```

```
        out dx,al              ;启动 A/D 转换
        ……                     ;其他工作
```

转换结束时，ADC0809 输出 EOC 信号，产生中断请求，如 IRQ_2。处理器响应中断后，便转去执行中断服务程序。中断服务程序的主要任务就是读取转换结果，送入缓冲区，代码段如下：

```
adint   proc                   ;中断服务程序
        sti                    ;开中断
        push ax                ;保护寄存器
        push dx
        push ds
        mov ax,@data           ;设置数据段 DS 的段地址
        mov ds,ax
        mov dx,220h
        in al,dx               ;读取 A/D 转换后的数字量
        mov adtemp,al          ;送入缓冲区
        mov al,20h             ;给中断控制器发送 EOI 命令
        out 20h,al
        pop ds                 ;恢复寄存器
        pop dx
        pop ax
        iret                   ;中断返回
adint   endp
```

7. ADC 芯片的应用：查询方式

此例中，将转换结束信号 EOC 作为状态信号，经三态门接入数据总线的最高位 D_7。状态端口的 I/O 地址假设为 238H，图 8-42 为其连接示意图。

利用 ADC0809 芯片中具有的多路开关，可以实现 8 个模拟信号的分时转换。系统地址总线的低 3 位分别连接 ADC0809 的地址线，在启动 A/D 转换的同时选定要进行转换的模拟通道，对应 8 个模拟通道的 I/O 地址分别为 220H～227H。下面的程序实现将 8 个模拟通道顺序转换并读取结果的功能。

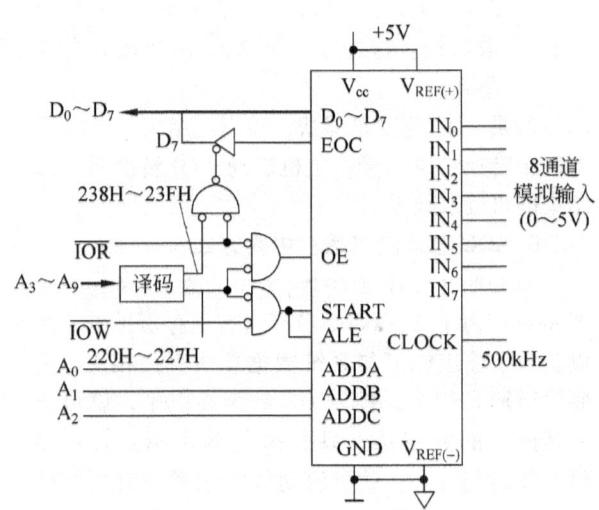

图 8-42 ADC0809 工作于查询方式

```
               ;数据段
counter    equ 8
buf        byte counter dup(0)   ;设立数据缓冲区
               ;代码段
           mov bx,offset buf     ;BX←数据缓冲区偏移地址
           mov cx,counter        ;CX←检测的数据个数
           mov dx,220h           ;从 IN0 开始转换
start1:    out dx,al             ;启动 A/D 转换
           push dx
           mov dx,238h           ;循环查询是否转换结束
start2:    in al,dx              ;读入状态信息
           test al,80h           ;D7=1,转换结束否？
```

```
            jz  start2                    ;没有结束,则继续查询
            pop dx                        ;转换结束
            in  al,dx                     ;读取数据
            mov [bx],al                   ;存入缓冲区
            inc bx
            inc dx
            loop start1                   ;转向下一个模拟通道进行检测
            ......                        ;数据处理
```

如果将上述程序中的循环查询程序段改为软件延时程序段(延时应大于 100μs),就成了软件延时方式读取转换结果。当然,此时转换结束信号不起作用,可以不连接使用。

第 8 章总结

本章展开讲述微机中基本的接口电路及其初始化编程。通过 8253 定时器接口芯片,介绍微机的定时方法和应用;通过 8255 并行接口芯片,介绍并行传送方法,并引出与打印机、简易键盘和数码管的接口;通过 8250 异步接收发送器芯片,介绍异步串行通信格式、总线和编程;通过 DAC0832 和 ADC0809 模拟接口芯片,介绍模拟数字转换原理和数字模拟转换原理。

8253 定时器包含 3 个 16 位计数器,具有 6 种工作方式,可以实现定时和计数功能。8253 计数器需要初始化编程之后才能使用,首先通过写入方式控制字设置工作方式,然后通过写入计数值启动计数过程。PC 机包含有一个 8253 定时器电路:计数器 0 用于每隔 55ms 产生一次中断,实现日时钟计时;计数器 1 用于每隔 15μs 产生一个 DRAM 刷新请求信号;计数器 2 用于控制扬声器的发声音调。

8255 并行接口芯片有 3 个 8 位外设端口,分两组控制,具有基本输入和基本输出、选通输入和选通输出、双向选通工作方式。8255 占用 4 个 I/O 地址,通过写入方式控制字设置工作方式,通过读写数据端口实现数据输入输出。并行打印机接口是一个典型的外设接口,利用简单的并行接口电路就可以实现打印数据的输出。键盘是最基本的输入设备,简单的并行接口电路和扫描程序可以识别按键,配合驱动程序可以实现键盘输入。LED 数码管是实用的输出设备,通过简单的并行接口电路和软件管理程序能够获得各种显示效果。

异步串行通信使用起止式异步通信协议,常通过 RS-232C 接口以字符为单位传输数据。通用异步接收发送器 8250 使用硬件实现了起止式异步通信协议,配合底层驱动程序可以实现串行通信。

现实中存在数值连续的模拟量,计算机直接处理的则是数值离散的数字量。D/A 转换器用于将计算机的数字量转换为现实需要的模拟量,A/D 转换器则用于将模拟量转换为数字量。DAC0832 是典型的 8 位 D/A 转换器芯片,像输出接口电路那样连接主机;它输出对应数字量的模拟电流信号,通过外接运算放大器可以输出单极性和双极性电压。ADC0809 是典型的 8 位逐次逼近式 A/D 转换器芯片,能够将 8 个模拟电压信号分时转换为对应的数字量,像输入接口电路那样连接主机,用查询、中断等方式获得数字量。

第 8 章习题

8.1 简答题

(1)为什么称 8253/8254 的工作方式 1 为可编程单稳脉冲工作方式?
(2)为什么写入 8253/8254 的计数初值为 0 却代表最大的计数值?
(3)处理器通过 8255 的控制端口可以写入方式控制字和位控制字,8255 如何区别这两个控制字呢?
(4)"8255 具有锁存输出数据的能力"是什么意思?

(5) Modem(戏称"猫")是一个什么作用的器件?
(6) RS-232C 标准使用 25 针连接器,为什么 PC 上常见的是 9 针连接器?
(7) 什么是 RS-232C 的零调制解调器连接方式?
(8) UART 器件的主要功能是什么?
(9) 多路开关在模拟输入输出系统中起什么作用?
(10) 处理器为什么需要通过锁存器与数字/模拟转换器连接?

8.2 判断题

(1) 称为定时器也好,称为计数器也好,其实它们都是采用计数电路实现的。
(2) 计数可以从 0 开始逐个递增达到规定的计数值,也可以从规定的计数值开始逐个递减恢复到 0;前者为加法计数器,后者是减法计数器;8253/8254 采用后者。
(3) 32 位 PC 中并没有 8253 或 8254 芯片,但其控制芯片组具有兼容其功能的电路。
(4) 一次实现 16 位并行数据传输需要 16 个数据信号线。进行 32 位数据的串行发送只用一个数据信号线就可以。
(5) 8255 没有时钟信号,其工作方式 1 的数据传输采用异步时序。
(6) 调制解调器的信号调制是数字信号与模拟信号的转换,所以其转换原理与 ADC 或 DAC 器件一样。
(7) 模拟地线和数字地线都是地线,所以一般可以随意连接在一起。
(8) 计算机通过麦克风录音,需要 ADC 器件将音波转换为数字音频信号。
(9) 模拟量转换为数字量一定会引入转换误差,所以一定有失真。
(10) 当处理器提供数字量后 DAC 器件将输出相应的模拟量,但 ADC 器件需要启动转换,隔一定时间后才能获得数字结果。

8.3 填空题

(1) 8253 芯片上有_____个_____位计数器通道,每个计数器有_____种工作方式可供选择。若设定某通道为方式 0 后,其输出引脚 OUT 为_____电平;当_____后通道开始计数,_____信号端每来一个脉冲_____就减 1;当_____,输出引脚输出_____电平,表示计数结束。
(2) 假设某 8253 的 CLK_0 接 1.5MHz 的时钟,欲使 OUT_0 产生频率为 300kHz 的方波信号,则 8253 的计数值应为_____,应选用的工作方式是_____。
(3) 8255 具有_____个外设数据引脚,分成 3 个端口,引脚分别是_____、_____和_____。
(4) 8255 的 A 和 B 端口都定义为方式 1 输入,端口 C 上半部分定义为输出,则方式控制字是_____,其中 D_0 位已经没有作用,可为 0 或 1。
(5) 对 8255 的控制寄存器写入 A0H,则其端口 C 的 PC_7 引脚被用作_____信号线。
(6) PC 键盘上的 Esc 键和字母 A 键的扫描码分别是_____和_____,断开扫描码分别是_____和_____。
(7) RS-232C 用于发送串行数据的引脚是_____,接收串行数据的引脚是_____,信号地常用_____名称表示。
(8) 欲使通信字符为 8 个数据位、偶校验、2 个停止位,则应向 8250 _____寄存器写入控制字_____,其在 PC 系列机上的 I/O 地址(COM2)是_____。
(9) 有符号数 32 的 8 位补码是 00100000,如果用 8 位偏移码是_____;有符号数 -32 的 8 位补码是 11100000,如果用 8 位偏移码是_____。
(10) 如果 ADC0809 正基准电压连接 10V,负基准电压接地,输入模拟电压为 2V,则理论上的输出数字量为_____。

8.4 8253 芯片的每个计数通道与外设接口有哪些信号线?每个信号的用途是什么?

8.5 8253 芯片需要几个 I/O 地址?各用于何种目的?

8.6 试按如下要求分别编写 8253 的初始化程序,已知 8253 的计数器 0~2 和控制字 I/O 地址依次为

204H~207H。

(1) 使计数器 1 工作在方式 0，仅用 8 位二进制计数，计数初值为 128。

(2) 使计数器 0 工作在方式 1，按 BCD 码计数，计数值为 3000。

(3) 使计数器 2 工作在方式 2，计数值为 02F0H。

8.7 利用扬声器控制原理，编写一个简易乐器程序。

当按下 1~8 数字键时，分别发出连续的中音 1~7 和高音 i (对应频率依次为 524Hz、588Hz、660Hz、698Hz、784Hz、880Hz、988Hz 和 1048Hz)。

当按下其他键时暂停发音。

当按下 Esc 键(ASCII 码为 1BH)，程序返回操作系统。

8.8 针对 8255 芯片工作方式 1 输出时序，说明数据输出的过程。

8.9 设定 8255 的端口 A 为方式 1 输入，端口 B 为方式 1 输出，则读取端口 C 的数据的各位是什么含义？

8.10 用 8255 端口 A 方式 0 与打印机接口的示例中，如果改用端口 B，其他不变，说明应该如何修改接口电路和程序。

8.11 用 8255 端口 A 方式 1 与打印机接口，如果改用端口 B，其他不变，说明如何修改接口电路和程序。

8.12 有一工业控制系统，有 4 个控制点，分别由 4 个对应的输入端控制，现用 8255 的端口 C 模拟实现该系统的控制，如图 8-43 所示。开关 $K_0 \sim K_3$ 打开则对应发光二极管 $L_0 \sim L_3$ 亮，表示该控制点运行正常；开关闭合则对应发光二极管不亮，说明该控制点出现故障。编写 8255 的初始化程序和这段控制程序。

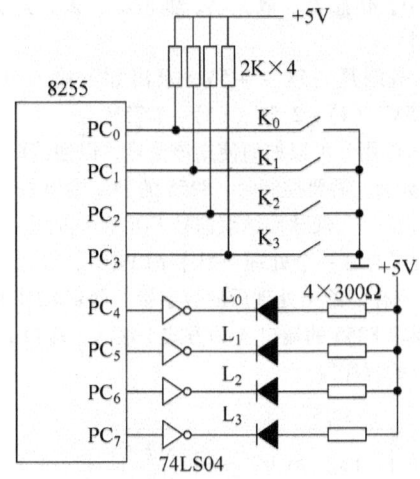

图 8-43　习题 8.12 附图

8.13 编写一个程序，每当在键盘上按下一键时，就显示其接通和断开扫描码，可以利用 Esc 键退出程序执行。键盘的每个字节代码都引起一次 09H 号中断，这样大部分按键将产生两次中断，按下按键发送接通扫描码，松开按键发送断开扫描码。例如，Esc 键是 01H 和 81H。83 键标准键盘以后增加的按键可能有多个。请问主键盘区和数字小键盘区的两个回车的扫描码分别是什么？

8.14 串行异步通信发送 8 位二进制数 01010101；采用起止式通信协议，使用奇校验和 2 个停止位。画出发送该字符的波形图。若用 1200b/s，则每秒最多能发送多少个数据？

8.15 微机与调制解调器通过 RS-232C 总线连接时，常使用哪 9 个信号线？各自的功能是什么？利用 RS-232C 进行两个微机直接相连通信时，可采用什么连接方式？画图说明。

8.16 8250 的 IIR 是只读的，且高 5 位总是 0。试分析 XT 机系统 ROM-BIOS 中下列程序段的作用。如果不发生条件转移，则 RS232-BASE 字单元将存放什么内容？

```
mov bx,0
mov dx,3fah
```

```
                in al,dx
                test al,0f8h
                jnz F18
                mov RS232-BASE,3f8h
                inc bx
                inc bx
        F18:    mov dx,2fah
                in al,dx
                test al,0f8h
                jnz F19
                mov RS232-BASE[bx],2f8h
                inc bx
                inc bx
        F19:    ……
```

8.17 首先采用自循环查询方式在本机上实现例 8-3，然后购买或制作一个用于零调制解调器连接的 RS-232C 电缆，修改例 8-3 采用正常的查询方式实现两台微机的通信。如果在 Windows 的模拟 DOS 环境无法运行程序，则应该采用纯 DOS 启动微机，在实方式下运行。读者还可以改进例 8-3 的功能，例如，每当按下回车键才将刚输入的字符串发送给对方，本机也显示发送的信息。

8.18 说明在模拟输入输出系统中，传感器、放大器、滤波器、多路开关、采样保持器的作用。DAC 和 ADC 芯片是什么功能的器件？

8.19 假定某 8 位 ADC 输入电压范围是 $-5V \sim +5V$，求出如下输入电压 V_{in} 的数字量编码（偏移码）：(1)1.5V，(2)2V，(3)3.75V，(4) $-2.5V$，(5) $-4.75V$。

8.20 ADC 的转换结束信号起什么作用？可以如何使用该信号，以便读取转换结果？

8.21 某控制接口电路如图 8-44 所示。需要控制时，8255 的 PC_7 输出一个正脉冲信号 START 启动 A/D 转换。ADC 转换结束后，在提供一个低脉冲结束信号 EOC 的同时送出数字量。处理器采集该数据，进行处理，产生控制信号。现已存在一个处理子程序 ADPRCS，其入口参数是在 AL 寄存器存入待处理的数字量，出口参数为 AL 寄存器给出处理后的数字量。假定 8255 端口 A、B、C 及控制端口的地址依次为 FFF8H ~ FFFBH，要求 8255 的端口 A 为方式 1 输入、端口 B 为方式 0 输出。编写采用查询方式读取数据，实现上述功能的程序段。

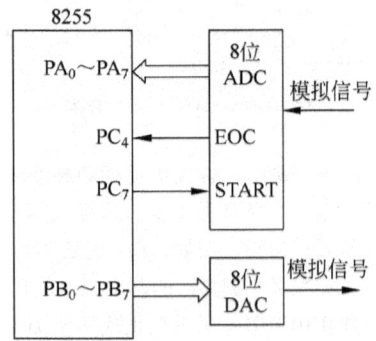

图 8-44　习题 8.21 附图

第9章 处理器性能提高技术

随着计算机的广泛应用，人们对计算机性能的要求越来越高。伴随着集成电路制造工艺的发展和处理器结构的改进，计算机性能得到了提高。本章以 IA-32 处理器为例介绍提高处理器性能的基本技术，包括精简指令集计算机技术、指令流水线技术、浮点数据处理技术和各种并行处理技术。

9.1 精简指令集计算机技术

精简指令集计算机技术起源于 20 世纪 70 年代初期，向量巨型机 CRAY-I 就是最先采用精简指令的面向寄存器操作的高速计算机。20 世纪 70 年代中期，IBM 公司研制成功 IBM 801 小型机，它采用单周期固定格式指令、高速缓冲存储器以及编译技术相结合等方法，为以后精简指令集计算机技术的研究和应用奠定了基础。

1982 年，美国加州大学伯克利分校的 Paterson 等人研制成功了第一个精简指令集计算机处理器芯片 RISC-I，随后又研制了 RISC-II 32 位处理器。在此之后，精简指令集计算机技术得以推广，并在高档的工程工作站得到广泛应用。最新开发的处理器芯片，包括嵌入式控制器（单片机）、数字信号处理器（DSP 芯片），普遍采用了精简指令集计算机设计思想。

9.1.1 复杂指令集和精简指令集

大多数人通过个人计算机（PC 微机）熟悉计算机硬件结构，这是一个典型的复杂指令集计算机；现在来了解另一个广泛应用的计算机结构，即精简指令集计算机。

1. CISC 和 RISC

指令系统是计算机软件和硬件的接口。传统处理器的指令系统含有功能强大但复杂的指令，所有指令的机器代码长短不一，而且指令条数很多，通常都在 300 条以上。这就是复杂指令集计算机（Complex Instruction Set Computer，CISC）。

复杂指令集计算机的指令系统丰富、程序设计方便、程序短小、执行性能高，功能强大的指令系统能使高级语言同机器指令间的语义差别缩小且使编译简单。这些都是 CISC 的优势，也是它能够长期生存并广泛应用的原因。但是庞大的指令系统和功能强大的复杂指令使处理器硬件复杂，也使微程序加大，更主要的是指令代码和执行时间长短不一，不易使用先进的流水线技术，导致其执行速度和性能难以进一步提高。

统计分析表明，计算机大部分时间是在执行简单指令，复杂指令的使用频度比较低。有的复杂指令并没有被系统程序员所使用，有的编译程序设计员也没有用上某些复杂指令。对一个 CISC 结构的指令系统而言，只有约 20% 的指令被经常使用，其使用量约占整个程序的 80%；而该指令系统中大约 80% 的指令却很少使用，其使用量仅占整个程序的 20%，而且使用频度较高的指令通常是那些简单指令。

于是，产生了这样的想法：设计一种指令系统很简单的计算机，它只有少数简单、常用的指令。指令简单可以使处理器的硬件也简单，能够比较方便地实现优化，使每个时钟周期完成一条指令的执行，并提高时钟频率。这样使整个系统的总性能达到很高，有可能超过指令庞大复杂的计算机。这就是精简指令集计算机(Reduced Instruction Set Computer, RISC)。相对于传统的 CISC 而言，RISC 是处理器结构上的一次重大革新。

2. 处理器性能公式

CISC 和 RISC 的性能可以通过处理器执行时间进行对比。处理器执行程序的时间，即经典的处理器性能公式可以表达如下：

$$处理器执行时间 = IC \times CPI \times T$$

其中，IC 为程序的指令条数，CPI 为执行每条指令所需的平均时钟周期数，T 为每个时钟周期的时间，也就是时钟频率的倒数。

处理器执行程序的时间越少，计算机性能越高。减少时钟周期时间 T，即提高时钟频率，可以提高 CISC 性能，也可以提高 RISC 性能。CISC 通过使用复杂指令减少程序的指令条数 IC，提高处理器性能；而 RISC 虽然需要更多的简单指令实现程序功能，但简单指令所需的平均时钟周期数 CPI 却减少了，同样也可以实现性能提高。

多年来，计算机的组织与结构都是朝着增加处理器复杂性方向发展的：更多的指令、更多的寻址方式、更多的专用寄存器等。RISC 计算机摆脱了这一思想，朝着简单化方向发展，从另一个角度认识问题，提高了计算机性能。那么，究竟是 CISC 好还是 RISC 性能更优？这就是曾经存在的"RISC 与 CISC 之争"。不少研究人员对这个问题进行了探讨，试图比较两者的优劣，然而比较的结果并不明确。现在，人们逐渐认识到 RISC 可以包含 CISC 结构特点以增强性能，而 CISC 同样可以加入 RISC 特点来增强性能。

IA-32 处理器从 80486 开始借鉴 RISC 思想。80486 将常用指令改用硬件逻辑直接实现，设计了 5 级指令流水线，芯片上集成了 L1 Cache 和 FPU，对于常用的简单指令可以在一个时钟周期执行完成。Pentium 采用通常只有 RISC 中才具有的超标量结构，单独设计了一条只执行简单指令的 V 流水线，将 L1 Cache 扩大，还使浮点指令也纳入指令流水线中。Pentium Pro 及以后的 IA-32 处理器在译码阶段将复杂指令分解成非常简单的微代码，后续阶段就按照 RISC 思想进行设计和实现。这样，既保持了 Intel 80x86 处理器的兼容性，又提高了其运行速度。可以说，Pentium Pro 及以后的 IA-32 处理器的核心就是一个 RISC 处理器，只是比纯 RISC 处理器多了一个 CISC 到 RISC 的译码器。

9.1.2 RISC 技术的主要特点

精简指令集计算机从简单性出发，形成了一些比较明显的共同特点。

1) 指令条数较少。RISC 的思想是非常明确的，那就是"简单"。这首先必须减少处理器的指令条数。RISC 的指令系统由最常使用(使用频度较高)的简单指令组成，现在也根据需要增加了一些富有特色的指令，如多媒体指令等。

2) 寻址方式简单。RISC 的数据寻址方式很少，一般少于 5 种。除基本的立即数寻址和寄存器寻址外，访问存储器只采用简单的直接寻址、寄存器间接寻址或相对寻址，复杂的寻址方式可以用简单寻址方式在软件中合成。

3) 面向寄存器操作。在传统的 CISC 中，为了提高所谓"存储效率"，设置了很多存储器操作指令。然而，处理器每次与存储器交换数据时，都可能存取较慢速的主存系统。所以，功能较强的存储器访问指令的实际执行性能可能很低。

RISC 处理器内部设置了较多的通用寄存器(通常在 32 个以上)，使多数操作(算术逻辑运算)都在寄存器与寄存器之间进行，只有"取数"(Load)和"存数"(Store)指令才访问存储器。或者说，访问存储器只能通过 Load 和 Store 指令实现。所以，RISC 处理器也常称为 Load-Store 结构。

4) 指令格式规整。RISC 处理器的指令格式一般只有一种或很少的几种，指令（机器代码）长度也是固定的，典型情况下为 4 个字节。固定指令的各个字段，尤其是操作码字段，可以使得译码操作码和存取寄存器操作数同时进行。

5) 单周期执行。RISC 中指令条数少、寻址简单、指令格式固定，所以其指令译码和执行单元较容易实现。因此，可以放弃由微程序执行指令的方法，而直接用硬件逻辑实现，以提高指令执行速度。这些都保证了 RISC 可以用一个周期完成一条指令的执行。

6) 先进的流水线技术。由于 RISC 指令系统的简单性，使其非常适合采用指令流水线增强性能，同时流水线技术也是保证 RISC 指令能在一个时钟周期内执行完成的关键因素之一。

在现代的 RISC 结构处理器中，往往将流水线的步骤（阶段）划分得更多，并加倍内部时钟频率，使紧接着的两个步骤可以重叠一部分执行，这样使得每个时钟可以完成多条指令的执行，进而提高指令流水线的性能。这就是所谓的"超级流水线"（Superpipelining）技术。

此外，RISC 处理器还普遍采用超标量结构，在处理器内部设置多个相互独立的执行单元，使得一个周期可以同时执行多条指令，每个时钟周期能够完成多条指令。

7) 编译器优化。RISC 需要用多条简单指令实现复杂指令的功能，为了更好地支持高级语言，就应该优化编译程序，把复杂性推给编译程序。再如，算术逻辑运算等指令不使用存储器操作数，所有操作数都在通用寄存器中，大数量的通用寄存器也便于编译程序进行优化。所以，运行在 RISC 上的编译程序需要进行优化，这给编译程序的开发提出了较高的要求。

8) 其他。RISC 结构还具有一些其他特点。例如，由于 RISC 的简单，使得其研制开发相对容易，能将宝贵的芯片有效面积用于最频繁使用的功能上，还能在芯片上集成高速缓冲存储器 Cache 和浮点处理单元 FPU 等功能部件。

9.2 指令流水线技术

指令流水线（Instruction Pipelining）技术是多条指令重叠执行的一个处理器实现技术，是提高处理器执行速度的一个关键技术。

9.2.1 指令流水线思想

指令流水线的思想类似于现代化工厂的生产（装配）流水线。在工厂的生产流水线上，把生产某个产品的过程分解成若干个工序，每个工序用同样的单位时间，在各自的工位上，完成各自工序的工作。各个工序连接起来就像流水用的管道（Pipe）。这样，若干个产品可以在不同的工序上同时被装配，每个单位时间都能完成一个产品的装配，生产出一个成品。虽然完成一个产品的时间并没有因此减少，但是单位时间内的成品流出率却大大提高了。

指令的执行过程也可以像现代化生产的流水线一样分解成许多个步骤（Step），或者说阶段（Stage）。在简单的情况下，可以将指令执行过程分成读取（Fetch）指令和执行（Execute）指令两个步骤。在执行指令时，可以利用处理器不使用存储器的时间读取指令，实现这两个步骤的并行操作，这就是所谓的"指令预取"。指令预取实际上在 Intel 8086 处理器中已经采用，可以说是最简单的指令流水线。

处理器中执行指令的过程还可以分解成"译码"和"执行"阶段，这就是所谓的处理器"取指-译码-执行"的指令周期。为了充分利用流水线思想，可以将指令的执行进一步分解，例如，分解成以下 5 个步骤（阶段）：

1) 指令读取 S1：将下一条指令从存储器读出，保存到处理器内部的指令寄存器中。
2) 指令译码 S2：确定指令操作码和操作数（地址码），翻译指令功能。

3)地址计算 S3：计算存储器操作数的有效地址。
4)指令执行 S4：读取源操作数，进行算术逻辑运算等指令操作。
5)结果回写 S5：保存执行结果(目的操作数)。

按照传统的串行顺序执行方式，一条指令执行完成接着再开始执行下一条指令。如果每条指令都需要经过这 5 个步骤，每个步骤的执行时间为一个单位时间(如时钟周期)，则执行 N 条指令的时间是 5N 个单位时间。

如果把这 5 个步骤分别安排在 5 个相互独立的硬件处理单元中运行，一条指令在一个处理单元完成一个操作后进入下一个处理单元，下一条指令就可以进入这个处理单元进行操作，这样多条指令在流水线的各个步骤中就可以重叠执行、同时操作。当然，并不是每种指令都需要 5 个步骤(例如，没有存储器操作数的指令并不需要进行地址计算步骤)，每个步骤的操作时间也可能不尽相同。然而，为了简化指令流水线硬件电路，通常设计所有指令都经过同样的操作步骤，并且每个步骤的操作时间也相同。

图 9-1 是描绘流水线操作的时间空间图，简称时空图。其中，横坐标表示时间，纵坐标是指令处理的各个阶段，表示空间，方框内的数字表示指令。在理想的流水线操作情况下，每个单位时间可以完成一条指令的执行，N 条指令的运行时间是 N + 4 个单位时间。显然，采用指令流水线技术提高了处理器的指令执行速度。

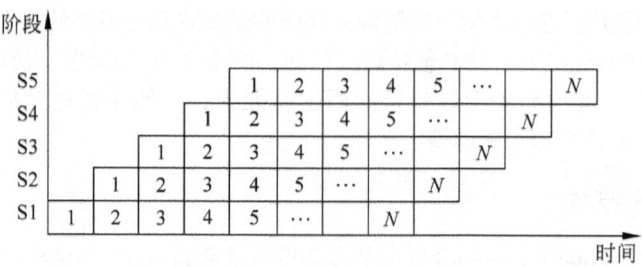

图 9-1　指令流水线的时空图

指令流水线技术实际上是把执行指令这个过程分解成多个子过程，执行指令的功能单元也设计成多个相应的处理单元，多个子过程在多个处理单元中并行操作，同时处理多条指令。从图 9-1 也可以看出，流水线技术并没有减少每个指令的执行时间，但有助于减少整个程序(多条指令)的执行时间。指令流水线开始需要"填充时间"(Fill)才能让所有处理单元都处于操作状态，最后有一个"排空时间"(Drain)。只有处理连续不断的指令时流水线才能发挥其效率。

然而，指令在流水线中执行的情况并不都是像图 9-1 那样理想，因为在程序中指令之间往往存在相互依赖关系，例如，后一条指令可能要使用前面指令的执行结果，分支体是否执行需要先确定分支条件，这就是程序中存在的指令相关(依赖，Dependence)现象。指令间的相互关联会使得下一条指令无法在指令流水线设计的单位时间内执行，导致流水线的"断流"即停顿(阻塞 Stall)，产生流水线冲突(Pipeline Conflict)或流水线冒险(Pipeline Hazard)。

指令相关是程序本身的特性，是否发生流水线冲突与流水线实现技术相关。有许多技术用于减少流水线冲突对指令流水线的性能影响，如寄存器更名、分支预测等。

9.2.2　80486 的指令流水线

Intel 8086 使用指令预取实现简单的指令重叠操作，80286 和 80386 也设计有多个处理单元用于实现指令重叠操作。80486 开始使用指令流水线技术，其整数指令的功能单元采用了 5 个步骤的指令流水线，每个步骤一般需要一个时钟周期。

1) PF 步骤——指令预取（Prefetch）。处理器总是从高速缓存读取一个 Cache 行，为 16 个字节，平均包括 5 条指令。80486 具有 32 字节的预取指令队列，所以，多数指令可以不需要这个步骤。

2) D1 步骤——指令译码 1（Decode Stage 1）。指令译码分成了两个步骤，D1 步骤对所有操作码和寻址方式信息进行译码。由于所需信息（包括指令长度信息）都在一条指令的前 3 个字节中，所以最多可以有 3 个字节从预取指令队列传送到 D1 单元。然后，D1 步骤指导 D2 步骤获取指令的其他字节（位移量和立即数）。

3) D2 步骤——指令译码 2（Decode Stage 2）。D2 步骤将每个操作码扩展为 ALU 的控制信号，并进行较复杂的存储器地址计算。

4) EX 步骤——指令执行（Execute）。EX 步骤完成 ALU 操作和 Cache 存取。涉及存储器的指令（包括转移指令）在这个步骤存取 Cache，在读高速命中时只需 1 个 EX 时钟周期就可以完成取数据操作。在 ALU 中执行运算的指令从寄存器读取数据，计算并锁存结果。

5) WB 步骤——回写（Write Back）。WB 步骤更新在 EX 步骤得到的寄存器数据和状态标志。如果需要改变存储器内容，则计算结果写入高速缓存，同时也写入总线接口单元的写缓冲器中。

通过将指令译码划分成两个步骤，以及 L1 Cache 的使用，使得 80486 处理器可以维持每个时钟执行将近一条指令。复杂指令和转移指令会降低这个比率。

9.3 浮点数据处理单元

简单的数据处理、实时控制领域一般使用整数，所以传统的处理器或简单的微控制器只有整数处理单元。实际应用当中还要使用实数，尤其是科学计算等工程领域。有些实数通过移动小数点位置，可以用整数编码表达和处理，但可能要损失精度。实数也可以经过一定格式转换后，完全用整数指令仿真，但处理速度难尽人意。在计算机中表达实数要采用浮点数据格式。Intel 80x87 是与 Intel 80x86 处理器配合使用的浮点处理器，80486 及以后的 IA-32 处理器中已经集成了浮点处理单元（Floating-Point Unit，FPU），统称为 x87 FPU。

1. 浮点数据格式

实数（Real Number）常采用所谓的科学表示法表达，例如，"−123.456"可表示为：

$$-1.23456 \times 10^2$$

该表示法包括 3 个部分，分指数和有效数字两个域以及一个符号位。指数用来描述数据的幂，它反映数据的大小或量级；有效数字反映了数据的精度。在计算机中，表达实数的浮点格式也可以采用科学表示法，只是指数和有效数字要用二进制数表示、指数是 2 的幂（而不是 10 的幂）、正负符号也只能用 0 和 1 区别。

另外，实数是一个连续系统，理论上说任意大小与精度的数据都可以表示。但是在计算机中，由于处理器的字长和寄存器位数有限，实际上所表达的数值是离散的，其精度和大小都是有限的。显而易见，有效数字位数越多，能表达数值的精度也就越高；指数位数越多，能表达数值的范围就越大。所以，浮点格式表达的数值只是实数系统的一个子集。

计算机中的浮点数据格式如图 9-2 所示，分成指数、有效数字和符号位 3 个部分。

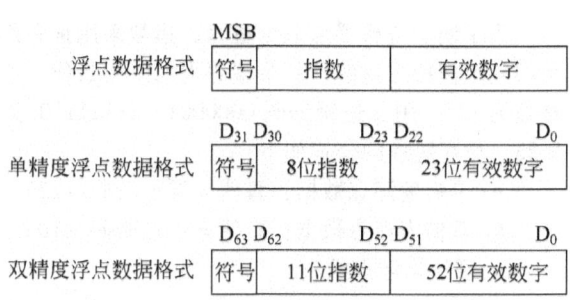

图 9-2　浮点数据格式

IEEE 754标准(1985年)制定了32位(4个字节)编码的单精度浮点数据和64位(8个字节)编码的双精度浮点数据格式。

其中，各部分解释如下：
- 符号(Sign)——表示数据的正负，在最高有效位(MSB)。负数的符号位为1，正数的符号位为0。
- 指数(Exponent)——也称为阶码，表示数据以2为底的幂，恒为整数，使用偏移码(Biased Exponent)表达。单精度浮点数用8位表达指数，双精度浮点数用11位表达指数。
- 有效数字(Significand)——表示数据的有效数字，反映数据的精度。单精度浮点数用最低23位表达有效数字，双精度浮点数用最低52位表达有效数字。有效数字一般采用规格化(Normalized)形式，是一个纯小数，所以也被称为尾数(Mantissa)、小数或分数(Fraction)。

2. 浮点阶码

类似于补码、反码等编码，偏移编码(简称移码)也是表达有符号整数的一种编码。标准偏移码选择从全0到全1编码中间的编码作为0，也就是从无符号整数的全0编码开始向上偏移一半后得到的编码作为偏移码的0(对8位就是128=10000000B)。以这个0编码为基准，向上的编码为正数，向下的编码为负数。于是，N位偏移码 = 真值 + 2^{N-1}。

例如，对8位编码，真值0的无符号整数编码是全0，标准偏移码则表示为 0 + 128 = 00000000B + 10000000B = 10000000B，恰好是中间的编码。真值127的无符号整数编码是01111111B，标准偏移码则表示 127 + 128 = 01111111B + 10000000B = 11111111B。

反过来，标准偏移码的真值 = 偏移码 $- 2^{N-1}$。例如，对于偏移码是全0的编码，其真值 = 00000000B - 10000000B = 0 - 128 = -128。与补码对比，偏移码仅与之符号位相反，如表9-1所示。

表9-1 8位二进制数的补码、标准偏移码、浮点阶码

十进制真值	补码	标准偏移码	浮点阶码
+127	01111111	11111111	11111110
+126	01111110	11111110	11111101
+2	00000010	10000010	10000001
+1	00000001	10000001	10000000
0	00000000	10000000	01111111
-1	11111111	01111111	01111110
-2	11111110	01111110	01111101
-126	10000010	00000010	00000001
-127	10000001	00000001	
-128	10000000	00000000	

为了便于进行浮点数据运算，指数采用偏移编码。但是，在IEEE 754标准中，全0、全1两个编码用作特殊目的，其余编码表示阶码数值。所以，单精度浮点数据格式中的8位指数的偏移基数为127，用二进制编码0000001~11111110表达-126~+127。双精度浮点数的偏移基数为1023。相互转换的公式如下：
- 单精度浮点数据：真值 = 浮点阶码 - 127，浮点阶码 = 真值 + 127。
- 双精度浮点数据：真值 = 浮点阶码 - 1023，浮点阶码 = 真值 + 1023。

3. 规格化浮点数

十进制科学表示法的实数可以有多种形式，例如：
$$-1.23456 \times 10^2 = -0.123456 \times 10^3 = -12.3456 \times 10^1$$

此时，小数点左移或右移，对应着进行指数增量或减量。在浮点格式中，数据也会出现同样的情况。为了避免多样性，同时也为了能够表达更多的有效位数，浮点数据格式的有效数字一般采用规格化形式，它表达的数值是：

$$1.\text{XXX}\cdots\text{XX}$$

由于去除了前导 0，它的最高位恒为 1，随后都是小数部分，这样有效数字只需要表达小数部分，其小数点在最左端，它隐含一个整数 1。这就是通常使用的浮点数据。

【例 9-1】 把浮点格式数据转换为实数表达

某个单精度浮点数如下：

BE580000H = 1011 1110 0101 1000 0000 0000 0000 0000 B

将它分成 1 位符号、8 位阶码和 23 位有效数字 3 部分：

BE580000H = 1 01111100 10110000000000000000000 B

符号位为 1，表示负数。

指数编码是 01111100，表示指数 = 124 − 127 = − 3。

有效数字部分是 10110000000000000000，表示有效数字 = 1.1011 B = 1.6875。

所以，这个实数为：− 1.6875 × 2^{-3} = − 1.6875 × 0.125 = − 0.2109375。

【例 9-2】 把实数转换成浮点数据格式

对实数"100.25"进行如下转换：

100.25 = 0110 0100.01 B = 1.10010001 B × 2^6

于是，符号位 = 0。

指数部分是 6，8 位阶码为 10000101B（= 6 + 127 = 133）。

有效数字部分是 10010001000000000000000B。

这样，100.25 表示成单精度浮点数为：

0 10000101 10010001000000000000000B

= 0100 0010 1100 1000 1000 0000 0000 0000B

= 42C88000H

即 42C88000H。

4. 非规格化浮点数

浮点格式的规格化数所表达的实数是有限的。例如，对单精度规格化浮点数，其最接近 0 的情况是：指数最小(− 126)、有效数字最小(1.0)，即数值 ± 2^{-126}（≈ ± 1.18 × 10^{-38}）。当数据比这个最小数还要小、还要接近 0 时，就无法用规格化浮点格式来表示，这就是下溢(Underflow)。

对单精度规格化浮点数，其最大数的情况是：指数最大(127)、有效数字最大(编码为全 1，表达数值 1 + 1 − 2^{-23})，即数值 ± (2 − 2^{-23}) × 2^{127}（≈ ± 3.40 × 10^{38}）。当数据比这个最大数还要大时，就无法用规格化浮点格式来表示，这就是上溢(Overflow)。

为了能够表达更小的实数，制定了"非规格化浮点数"：它用指数编码为全 0 表示 − 126，有效数字仅表示小数部分但不能是全 0，表示的数值是：

$$0.\text{XXX}\cdots\text{XX}$$

这时，有效数字的最小编码是最低位为 1、其他位为 0，表示数值 2^{-23}。这样，非规格化浮点数能够表示到 ± 2^{-126} × 2^{-23}（≈ ± 1.40 × 10^{-45}）。

非规格化浮点数表示了下溢，程序员可以在下溢异常处理程序中利用它。

5. 零和无穷大

真值 0 用浮点数据格式表达，称为机器零，其指数和有效数字的编码都是全 0，符号位可以是 0 或 1，所以分成 +0 和 -0。

大于规格化浮点数所能表达的最大数的真值，浮点格式用无穷大表达。它根据符号位分为正无穷大(+∞)和负无穷大(-∞)，指数编码为全 1，有效数字编码为全 0。

浮点格式通过组合指数和有效数字的不同编码，可以表达规格化有限数(Normalized Finite)、非规格化有限数(Denormalized Finite)、有符号零(Signed Zero)、有符号无穷大(Signed Infinity)，如图 9-3 所示。除此之外，还支持一类特殊的编码：指数编码是全 1、有效数字编码不是全 0，称之为非数(Not a Number, NaN)，这是因为 NaN 不是实数的一部分。程序员可以利用 NaN 等进行特殊情况的处理。

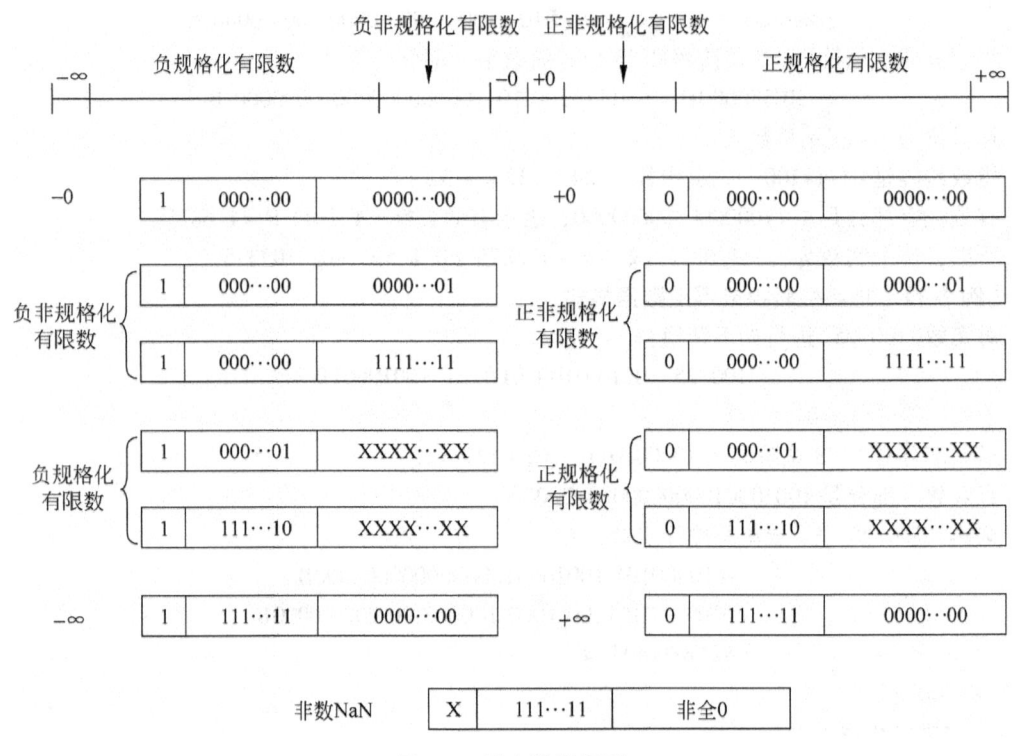

图 9-3 浮点数据类型

6. 舍入控制

只要有可能，浮点处理单元就会按照要求的格式(单精度或双精度)产生一个准确值。但是，使用浮点格式表达实数以及进行浮点数据运算时，经常会出现准确值无法用要求的格式编码的情况，这时就需要进行舍入控制(Rounding Control)。IEEE 754 标准支持 4 种舍入类型，如表 9-2 所示。

表 9-2 舍入控制

舍入类型	舍入原则
就近舍入(偶)	舍入结果最接近准确值。如果上下两个值一样接近，就取偶数结果(最低位为 0)
向下舍入(趋向 -∞)	舍入结果接近但不大于准确值
向上舍入(趋向 +∞)	舍入结果接近但不小于准确值
向零舍入(趋向 0)	舍入结果接近但绝对值不大于准确值

各舍入类型说明如下：
- 就近舍入(Round to Nearest)是默认的舍入方法，它与"四舍五入"原则类似，提供了最接近准确值的近似值，适合于大多数应用程序。例如，有效数字超出规定数位的多余数字是1001，它大于超出规定最低位的一半(即0.5)，故最低位进1。如果多余数字是0111，它小于最低位的一半，则舍掉多余数字(截断尾数、截尾)即可。对于多余数字是1000即正好是最低位一半的特殊情况，最低位为0则舍掉多余位，最低位为1则进位1，使得最低位仍为0(偶数)。
- 向下舍入(Round Down)用于得到运算结果的上界。对正数，就是截尾；对负数，只要多余位不全为0则最低位进1。
- 向上舍入(Round Up)用于得到运算结果的下界。对负数，就是截尾；对正数，只要多余位不全为0则最低位进1。
- 向零舍入(Round toward Zero)就是向数轴原点舍入，不论是正数还是负数都是截尾，使绝对值小于准确值，所以也称为截断(Truncate)舍入。它常用于浮点处理单元进行整数运算。

【例9-3】 把实数0.2转换成浮点数据格式

将实数0.2转换为二进制数，但它是"0011"的无限循环数据：
$$0.2 = 0.001100110011 B = 1.10011001100110011001100110011 B \times 2^{-3}$$

于是，符号位=0。

指数部分是-3，8位阶码为01111100($= -3 + 127 = 124$)。

有效数字是无限循环数，按照单精度要求取前23位是：10011001100110011001100 B，后面是110011 B，需要进行舍入处理。按照默认的最近舍入方法，应该进位1。所以，有效数字编码是：10011001100110011001101 B。

这样，0.2表示成单精度浮点数为：

       0 01111100 10011001100110011001101 B

       =0011 1110 0100 1100 1100 1100 1100 1101 B

       =3E4CCCCD H

通过这个例子看到，计算机连一个简单的0.2都表达不准确，可见浮点格式数据只能表达精度有限的近似值。

7. 浮点指令

x87 FPU除支持IEEE 754标准的32位单精度和64位双精度浮点格式外，还引入了80位扩展精度浮点数(1位符号、15位指数、64位有效数)，主要用于内部计算获得较高精度(其他处理器通常并不支持80位扩展精度浮点格式)。FPU还支持16、32和64位3种整型数据类型。为了能够快速处理BCD码，x87 FPU特别设计了可表达18位十进制数的BCD码数。

x87浮点处理单元需要采用浮点寄存器协助完成浮点操作。对程序员来说，主要是8个通用浮点数据寄存器和1个浮点标记寄存器，还有浮点状态寄存器和浮点控制寄存器。其中，每个浮点数据寄存器都是80位，以扩展精度格式存储数据。并且，8个浮点数据寄存器组成了首尾相接的堆栈，按照"后进先出"的堆栈原则工作，不采用随机存取方式。所以，在x87 FPU中，浮点数据寄存器常被称为浮点数据栈或浮点寄存器栈。

浮点指令归属于ESC指令，指令助记符均以F开头。浮点指令一般需要1或2个操作数，数据存于浮点数据寄存器或主存中(不能是立即数)。浮点指令系统包括常用的指令类型：浮点传送类指令、浮点算术运算类指令、浮点超越函数类指令、浮点比较类指令和FPU控制类指令。

32 位浮点指令系统以 8087 浮点指令为基础,后来在 80387 中增加了少量新浮点指令。

9.4 并行处理技术

提高性能的关键是并行处理,计算机系统存在许多并行处理形式。例如,用户看到多个应用程序在同时运行,操作系统同时维护着多个进程,处理器同时执行多条指令等。

9.4.1 并行性概念

革新计算机组织和结构、提高处理器性能,很重要的方法就是开发计算机系统的并行性。并行性(Parallelism)是在同一个时刻或同一段时间内处理(完成)多个(两个或两个以上)任务。它包含以下两种性质的并行性:
- 同一个时刻发生的并行性称为同时性(Simultaneity)。
- 同一段时间内发生的并行性称为并发性(Concurrency)。

并行性存在于计算机系统的各个层次,例如多条指令之间的并行(指令级并行)、多个线程或进程之间的并行(线程级并行或进程级并行)、多个处理器系统之间的并行(系统级并行、多处理器系统)。提高并行性的具体方法多种多样,其基本思想可以归纳为以下 3 种技术途径(路线):
- 时间重叠(Time-interleaving):将一套硬件设备分解成多个可以独立使用的部分,多个任务在时间上相互错开,重叠使用同一套硬件设备的各个部件,也称为时间并行。例如,指令流水线技术就是典型的时间重叠方法。
- 资源重复(Resource-replication):通过重复设置资源,尤其是硬件资源,使得多个任务可以同时被处理,也称为空间并行。例如,在处理器执行单元中设计多个整数处理单元、单个芯片多个处理器核心、多处理器系统等。
- 资源共享(Resource-sharing):多个任务按一定时间顺序轮流使用同一套硬件设备。例如,多道程序、分时操作系统、网络打印机等都是利用资源共享方法建立的,这样可以降低成本,提高设备的利用率。

基于处理器中并行操作的指令流个数和数据流个数,1966 年 Flynn 提出了一个简单的计算机结构分类模型,将计算机分成 4 类。这就是至今还在使用的 Flynn 分类法(Flynn's Taxonomy)。其中,指令流是指计算机执行的指令序列,数据流是由指令流调用的数据序列。
- 单指令流单数据流(Single Instruction stream, Single Data stream, SISD):这是传统的串行处理的单处理器(Uniprocessor)系统,一条指令只进行一个数据流的处理。很多过去的计算机都是 SISD 系统。
- 单指令流多数据流(Single Instruction stream, Multiple Data streams, SIMD):同一个指令使用不同的数据流被多个处理单元执行。向量处理器(Vector Processor)是最大的一类 SIMD 计算机,多媒体指令(SIMD 指令)也利用了单指令流多数据流的思想。
- 多指令流单数据流(Multiple Instruction streams, Single Data stream, MISD):多个指令同时处理一个数据流,尚没有这种类型的商用多处理器系统。
- 多指令流多数据流(Multiple Instruction streams, Multiple Data streams, MIMD):每个处理器读取各自的指令,使用各自的数据进行操作。多核处理器、多计算机系统、分布式计算机系统、机群系统等都属于 MIMD 系统。

9.4.2 数据级并行

科学计算和多媒体应用等领域有许多问题需要对大量数据进行重复处理,这些数据处理往往可以并行操作,也就是数据间存在着并行性,这就是数据级并行(Data Level Parallelism,DLP)。实现数据级并行处理可以采用 SIMD 结构。

科学研究和工程设计的很多应用领域都需要对巨大的向量数据进行高精度的计算。向量(Vector)是由一组具有相同类型的元素组成的数据,如数组。进行向量数据操作的处理器称为向量处理器,由此核心构成的计算机系统就是向量处理机。向量机用于解决科学技术领域的超级计算问题,属于价格昂贵的超级计算机,已逐渐被各种机群系统替代。

计算机的传统应用领域是科学计算、信息处理和自动控制。随着个人微机大量进入家庭,人们希望在电脑中感受多彩的现实世界和虚幻的未来世界。电脑不仅要处理文字,还要处理图形图像以及声频、动画和视频等多种媒体形式,于是在 20 世纪 90 年代初出现了多媒体微机,多媒体技术也就应运而生了。多媒体技术是将多媒体信息经计算机设备获取、编辑、存储等处理后,以多媒体形式表现出来的技术。为了满足多媒体技术对大量数据快速处理的需要,高性能通用处理器和专用处理器(如数字信号处理器(DSP))都增加了多媒体指令。多媒体指令的关键技术是采用了 SIMD 结构,即利用一条多媒体指令同时处理多对数据,从而极大地提高了处理器性能。所以,多媒体指令也常称为 SIMD 指令。

英特尔公司从 Pentium 处理器开始,在原有的整数指令集、浮点指令集基础上陆续增加了多媒体指令集,随时间顺序依次是:MMX(MultiMedia eXtension,多媒体扩展)指令、SSE(Streaming SIMD Extensions,数据流 SIMD 扩展)指令、SSE2 指令、SSE3 指令和 SSE4 指令等。

1. 多媒体数据类型

多媒体数据将多个 8、16、32、64 位整数或者 32 位单精度、64 位双精度浮点数组合为一个 128 位紧缩(Packed)数据,如图 9-4 所示。例如,紧缩单精度浮点数将 4 个相互独立的 32 位单精度浮点数据组合在一个 128 位的数据中,而紧缩字节数据组合了 16 个 8 位整数。紧缩数据中的各个数据是相互独立的,可以使用一条多媒体指令同时进行处理。

紧缩单精度浮点数据:4个32位单精度浮点数紧缩成1个128位数据

d3	d2	d1	d0
127 96	95 64	63 32	31 0

128位紧缩双精度浮点数据:2个64位双精度浮点数

q1	q0
127 64	63 0

128位紧缩字节整数:16个字节整型数据

b15	b14	b13	b12	b11	b10	b9	b8	b7	b6	b5	b4	b3	b2	b1	b0

128位紧缩字整数:8个字整型数据

w7	w6	w5	w4	w3	w2	w1	w0

128位紧缩双字整数:4个双字整型数据

d3	d2	d1	d0

128位紧缩4字整数:2个4字整型数据

q1	q0

图 9-4 多媒体数据格式

2. SIMD 指令

1996 年，Pentium 处理器首先引入针对 64 位紧缩整数的 57 条 MMX 整型多媒体指令，还含有 8 个 64 位的 MMX 寄存器(MM0~MM7)，只有 MMX 指令可以使用。MMX 寄存器是随机存取的，但实际上是借用 8 个浮点数据寄存器实现的。MMX 指令（除传送和清除指令）的助记符以字母 P 开头，分成如下几类：MMX 算术运算指令、MMX 比较指令、MMX 移位指令、MMX 类型转换指令、逻辑指令、传送指令和状态清除指令 EMMS。

1999 年，Pentium III 针对紧缩单精度浮点数增加了 SSE 指令集，共有 70 条指令。其中有 12 条为增强和完善 MMX 指令集而新增加的 SIMD 整数指令、8 条高速缓冲存储器优化处理指令，最主要的则是 50 条 SIMD 浮点指令，一条指令一次可以处理 4 对 32 位单精度浮点数据。SSE 技术还提供了 8 个随机存取的 128 位 SIMD 浮点数据寄存器(XMM0~XMM7)，以及一个新的控制/状态寄存器 MXCSR。

2000 年，Pentium 4 针对双精度浮点数推出 SSE2 指令集，包含 76 条新的 SIMD 指令和原有的 68 条整数 SIMD 指令，共 144 条 SIMD 指令。SSE2 指令支持图 9-4 所示的全部紧缩数据类型，可进行两组双精度浮点数据或 64 位整数操作，还可以进行 4 组 32 位整数、8 组 16 位整数和 16 组 8 位整数操作。

2004 年，新一代 Pentium 4 处理器引入 13 条 SSE3 指令。SSE3 指令主要用于提升复杂算术运算、图形处理、视频编码、线程同步等方面的性能，没有增加新的数据类型。2006 年，Core 2 Duo 处理器对 SSE3 指令进行了补充，又引入了 32 条指令，被称为 SSSE3(Supplemental SSE3)指令。

2007 年，Intel 在 54 纳米酷睿 2 处理器中，增加了 47 条 SSE4.1 指令，致力于提升多媒体、3D 处理等的性能。2008 年，Core i7 在 SSE4.1 的基础上又新增了 7 条指令，被称为 SSE4.2 指令。SSE4.1 和 SSE4.2 共 54 条指令，被统称为 SSE4 指令集。

9.4.3 指令级并行

指令是处理器执行的基本单位，多个指令之间可能存在相关，但也存在没有依赖关系的情况。没有相关的多个指令可以同时执行，存在相关的多个指令如果消除相关，也可以同时执行。所以，处理器需要发掘指令之间的并行执行能力，也就是提高处理器内部操作的并行程度，称之为指令级并行(Instruction-Level Parallelism，ILP)。

指令流水线实现了多条指令重叠执行，是指令级并行的一个成熟实现技术。Intel 80486 整数指令就实现了 5 级指令流水线，参见 9.2 节。为进一步提高指令级并行执行的程度，Pentium 系列处理器还引入了超标量技术和动态执行技术。

1. 超标量技术

标量(Scalar)数据是指仅含一个数值的量。传统的处理器进行单值数据的标量操作，设计的是进行单个数值操作的标量指令，可以称之为标量处理器。超标量(Superscalar)一词是 1987 年造出的，超标量处理器是指为提高标量指令的执行性能而设计的一种处理器。处理器采用超标量技术，是指它的常用指令可以同时启动，并相互独立地执行。这样，处理器采用多条(超)标量指令流水线，就可以实现一个时钟周期完成多条指令的执行，大大提高了指令流水线的指令流出(完成)率，从而实现处理器性能的提高。

Pentium 处理器采用超标量技术，设计了两个可以并行操作的执行单元，形成了两条指令流水线。这是 Pentium 处理器最大的结构更新。Pentium 的超标量整数指令流水线的各个阶段与 80486 类似，仍分成了 5 个步骤，但是其后 3 个步骤可以在它的两个流水线(U 流水线和 V 流水线)同时进行，如图 9-5 所示。

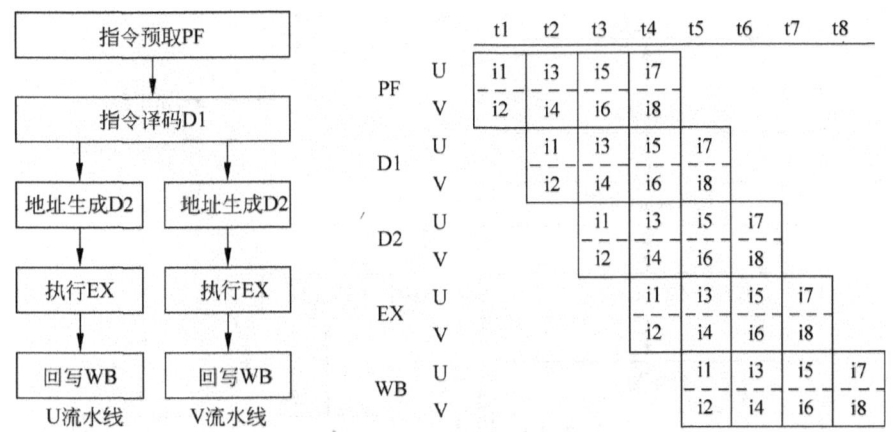

图 9-5　Pentium 的超标量指令流水线

相对于 80486 来说，Pentium 设计了两条存储器地址生成（指令译码 2）、执行和回写流水线，其指令预取 PF 和指令译码 D1 步骤可以并行取出、译码两条简单指令，然后分别发向 U 流水线和 V 流水线。这样，在一定条件下，Pentium 允许在一个时钟周期中执行完两条指令。

2. 动态执行技术

动态执行是 P6 微结构（Pentium Pro、Pentium II 和 Pentium III）、NetBurst 微结构（Pentium 4）和 Core 微结构（酷睿系列）的 IA-32 处理器中，为提高并行处理指令能力所采用的一系列技术的总称，这一系列技术包括寄存器更名、乱序执行、分支预测、推测执行等。寄存器更名用于解决操作数之间的假数据相关；在指令间无相关的情况下，指令的实际执行可以不按指令的原始顺序，而是乱序执行；分支预测判断程序的执行方向，并沿预测的分支方向执行指令，此时产生的是推测执行的结果；乱序执行和推测执行的临时结果暂存起来，最终按照指令顺序输出执行结果，以保证程序执行的正确性。

Pentium 处理器采用两个执行流水线来获得超标量性能，P6 和 NetBurst 微结构运用 3 路超标量提高性能，Core 微结构则是 4 路超标量。Pentium 4 处理器基于 NetBurst 微结构，其流水线也主要由三部分组成：顺序前端、乱序执行核心、顺序退出，其框图参见图 9-6。

1）顺序前端负责读取指令，并将 IA-32 指令译码成为微操作，以原始程序顺序连续地向执行核心提供微操作代码流。

NetBurst 微结构的一个特色是将 L1 指令 Cache 改进为执行踪迹 Cache（Execution Trace Cache）。与存储原始指令代码的指令 Cache 不同，踪迹 Cache 存储已译码指令（即微操作）。存储已译码指令使得 IA-32 指令的译码从主要执行循环中分离出来。指令只被译码一次，并被放置于踪迹 Cache，然后就可以像常规指令 Cache 一样重复使用。IA-32 指令译码器只有在没有命中踪迹 Cache 时才需要从 L2 Cache 取得新 IA-32 指令并译码。其中，复杂指令的译码由微代码 ROM 生成。

2）乱序执行核心抽取代码流的并行性，按照微操作需要以及执行资源的就绪情况来乱序调度和分派微操作的执行。执行过程中的操作数从 L1 数据 Cache 存取。

NetBurst 微结构的另一个特色是快速执行引擎。这个快速执行引擎由若干执行单元组成，包括两个倍频整数 ALU、一个复杂整数 ALU、读取操作数和存储操作数地址生成单元、一个复杂浮点/多媒体执行单元以及一个浮点/多媒体传送单元。

3）顺序退出部分将乱序执行后的微操作以原来的程序顺序重新排序，然后退出流水线，最终完成指令执行，并据此更新状态。顺序退出部分同时跟踪程序分支情况，更新分支目标缓冲器 BTB 的分支目标信息和分支历史。

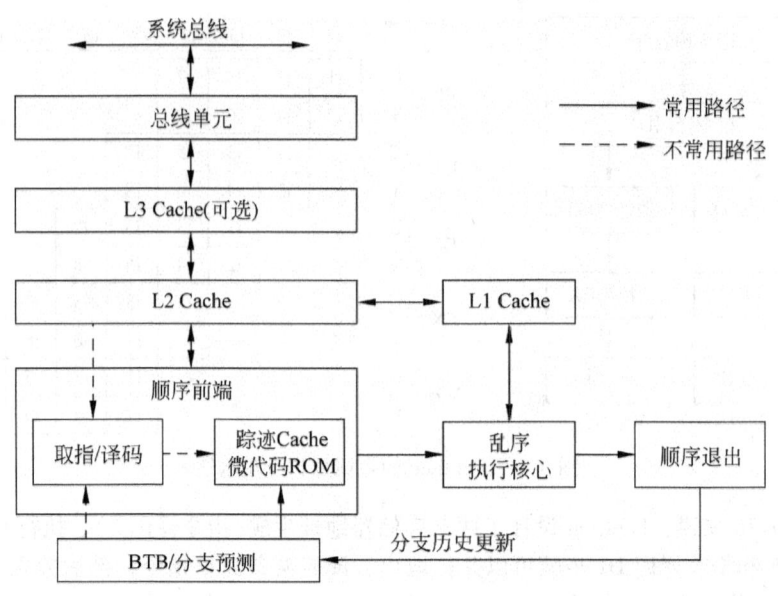

图 9-6 NetBurst 微结构框图

9.4.4 线程级并行

高性能处理器在经历了 CISC、RISC 的发展过程之后，已经过渡到优化超标量和新型 VLIW（超长指令字）结构。但是超标量复杂的硬件电路和 VLIW 固有的技术特点都限制了进一步提高指令级并行的能力，发掘指令级并行 ILP 的时代似乎已经走到尽头，从更高层次发掘线程级并行（Thread Level Parallelism，TLP）当之无愧地成为下一步的目标。在服务器应用程序、在线处理、Web 服务甚至桌面应用程序中都包含可以并行执行的多个线程。

另外，功耗等问题也是提高处理器性能所面临的难题。虽然单处理器结构发展正在走向尽头的观点有些偏激，但现在确实转向了多处理器。英特尔公司放弃了更高时钟频率 Pentium 4 处理器的生产，转向多核处理器的研究和开发。同时，过去的十多年来，并行计算机软件也有了较大进展。这些都说明计算机系统结构的一个重大转折：从单纯依靠指令级并行转向开发线程级并行和数据级并行，多处理器系统已经成为重要和主流的技术。

进程（Process）是一个运行状态的程序实例，系统中可以有许多进程在运行，进程切换需要较多时间和资源。线程是进程内一个相对独立且可调度的执行单元，一个进程可以创建许多线程。线程只拥有运行过程中必不可少的一点资源，如程序计数器、寄存器、堆栈等。线程切换时只需保存和设置少量寄存器内容，开销很小。

实现线程级并行的处理器采用的典型技术有同时多线程（Simultaneous Multi-Threading，SMT）和单芯片多处理器（Chip Multi-Processors，CMP）。

1. 同时多线程技术

同时多线程技术通过复制处理器上的结构状态，让同一个处理器上的多线程同时执行并共享处理器的执行资源，将线程级并行转换为指令级并行，最大限度地提高部件的利用率。同时多线程技术最具吸引力的是只需小规模改变处理器核心的设计，几乎不用增加额外的成本就可以显著地提升效能。超线程技术是同时多线程技术的一种，英特尔公司首先在其面向服务器的 Xeon 处理器上采用超线程（Hyper Threading，HT）技术，从 3.06GHz 的 Pentium 4 开始支持 HT 技术。

超线程技术为 IA-32 结构引入了同时多线程概念。它使一个物理处理器看似有两个逻辑处理器,每个逻辑处理器维持一套完整的结构状态,共享物理处理器上几乎所有的执行资源。结构状态包括通用寄存器、控制寄存器、高级可编程中断控制器(APIC)和部分机器状态寄存器。执行资源有 Cache、执行单元、分支预测器、控制逻辑、总线等。从软件角度看,这意味着操作系统和用户程序像传统多处理器系统一样在逻辑处理器上调度线程或进程;从微结构角度看,这意味着两个逻辑处理器的指令可以在共享的执行资源上同时保持和执行。

我们结合 Pentium 4 的流水线结构图 9-7 和微结构图 9-6 来理解超线程技术的主要思想。

1)流水线前端负责为后续阶段提供已译码指令,即微操作。指令通常来自执行踪迹 Cache(TC),即 L1 指令 Cache。只有踪迹 Cache 未命中时,才从 L2 Cache 读取指令并译码。与踪迹 Cache 邻近的是微代码 ROM(MS-ROM),它保存长指令和复杂指令的已译码指令。

这里有两套相互独立的指令指针跟踪着两个软件线程的执行过程。在每个时钟周期,两个逻辑处理器都可以随机访问踪迹 Cache。如果两个逻辑处理器同时需要访问踪迹 Cache,则将一个时钟给一个逻辑处理器,下一个时钟给另一个逻辑处理器。如果一个逻辑处理器被阻塞或不能使用踪迹 Cache,另一个逻辑处理器可以在每个时钟周期利用踪迹 Cache 的全部带宽。微代码 ROM 由两个逻辑处理器共享,像踪迹 Cache 一样被交替使用。

如果踪迹 Cache 未命中,取指得到的指令字节就保存在每个逻辑处理器各自的队列缓冲器中。当两个线程同时需要译码指令时,队列缓冲器在两个线程之间交替,这样两个线程就可以共享同一个译码逻辑,当然,译码器必须保存两套译码指令所需的所有状态。

当微操作从踪迹 Cache、微代码 ROM 取得或从译码逻辑传递过来之后,被放置于微操作队列中。微操作队列使前端和乱序执行核心分离。它划分为两个区域,每个逻辑处理器占有一半。这样,不管前端出现情况还是执行阻塞,两个逻辑处理器都可以独立继续其处理过程。

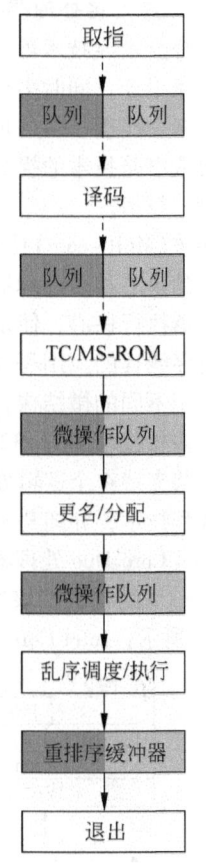

图 9-7 Pentium 4 TH 流水线

2)乱序执行核心由分配、更名、调度、执行等功能组成,它以尽量快的速度乱序执行指令,不关心原始程序顺序。

分配逻辑从微操作队列取出微操作,然后分配需要的缓冲器。部分关键缓冲器被分成两个区域,每个逻辑处理器最多使用其中一半。寄存器更名将 IA-32 寄存器转换为机器的物理寄存器,这将 8 个通用寄存器动态扩展成 128 个物理寄存器。每个逻辑处理器都包含一个寄存器别名表(Register Alias Table,RAT),以便跟踪各自寄存器的使用情况。

微操作一旦完成分配和更名过程,就被放置于两套队列中。一套用于存储器操作,另一套用于其他操作,两套队列也同样划分成两个区域。每个时钟交替地从两个逻辑处理器的微操作队列取出微操作,将它们尽快地送达调度器。调度器不区别微操作来自哪个逻辑处理器,只要该微操作的执行资源得到满足,就分派它去执行。

执行单元也不区别逻辑处理器,微操作被执行后放在重排序缓冲器中。重排序缓冲器将执行阶段与退出阶段分离。它也分为两个部分,每个逻辑处理器可以使用一半。

3)退出逻辑跟踪两个逻辑处理器可以退出的微操作,并在两个逻辑处理器之间交替以程序顺序退出微操作。如果一个逻辑处理器没有可以退出的微操作，则另一个逻辑处理器就使用全部的退出带宽。

两个逻辑处理器保持各自状态，共享几乎所有执行资源，保证了以最小的花费实现超线程。同时，超线程还保证在一个逻辑处理器被阻塞或不活动时，另一个逻辑处理器能够继续处理，并使用全部的处理能力。而这些目标的实现得益于有效的逻辑处理器选择算法、创建性的区域划分和许多关键资源的重组算法。

2. 单芯片多处理器技术

指令流水线技术可以使处理器重叠执行多条指令，超标量处理器利用多条指令流水线同时执行多条指令。同时多线程技术是在一个处理器中复制结构状态，形成多个逻辑处理器，可以同时执行多个线程。多处理器(Multiprocessor)系统则使用多个处理器并行执行多个进程或线程。而随着集成电路技术的提高，可以实现在一个半导体芯片上制作多个物理处理器，这就是单芯片多处理器技术。

多核(Multi-core)技术将多个处理器核心集成在一个半导体芯片上构成多处理器系统，是目前主要的单芯片多处理器实现技术。多核技术在一个半导体芯片的物理封装内制作了两个或多个处理器执行核心，使多个处理器耦合得更加紧密，同时共享系统总线、主存等资源，可以有效地执行多线程的应用程序。

基于不同的微结构，Intel 多核处理器有多种形式。例如，Intel Pentium 至尊版处理器是第一个引入多核技术的 IA-32 系列处理器，它有两个物理处理器核心，每个处理器核心都包含超线程技术，共支持 4 个逻辑处理器，如图 9-8a 所示。Intel Pentium D 提供了两个处理器核心，但不支持超线程技术，如图 9-8b 所示。这些是基于 NetBurst 微结构实现的多核技术。

Intel Core Duo 处理器是基于 Pentium M 微结构的多核处理器。Intel 酷睿系列处理器才是基于 Intel Core 微结构的多核处理器，双核共享 L2 Cache。例如，Intel Core 2 Duo 处理器支持双核，如图 9-8c 所示；Intel Core 2 Quad 处理器则支持 4 核，如图 9-8d 所示。

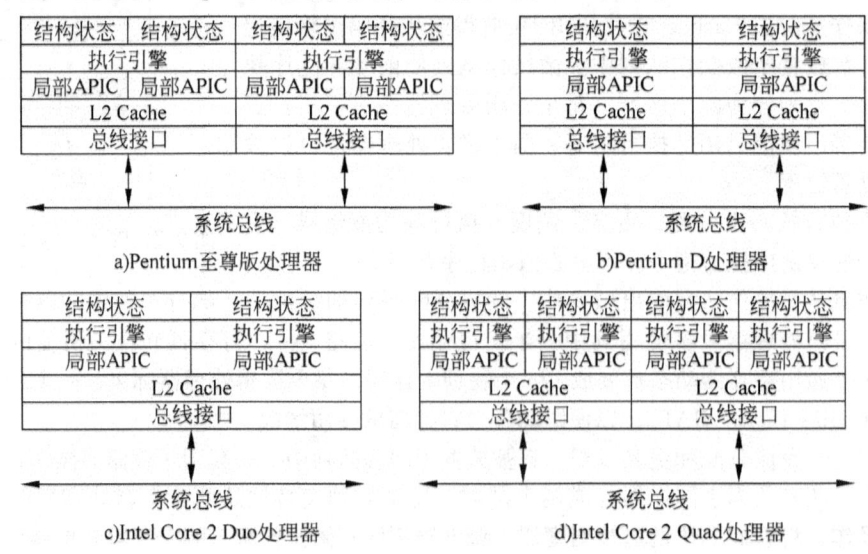

图 9-8 Intel 多核结构

随着技术的发展和时间推移，多核技术必将集成更多处理器核心，还会向众核(Many Core)发展。对于 Intel 来说，多核到众核不仅仅是处理器核心的数量增加，主要的区别在于：多核技术是相同的 80x86 处理器核心，而众核技术则是 80x86 处理器核心配合特定用途的核心。例如，

Intel 酷睿 i 系列集成了图形处理器。

通过对处理器结构的深入了解，我们应该认识到现代 IA-32 处理器虽然与原 80x86 处理器在二进制代码上完全兼容，但是，要充分利用其特性，需要优化指令代码序列，这样程序才能具有更大的性能提高。随着处理器结构的不断发展，对软件开发者来说知道硬件是如何工作的也变得越来越重要。因为多数应用程序不是在汇编语言级进行仔细的手工编码，所以优化高级语言的编译程序非常重要。作为最终程序员，自然就要关心选用的编译器是否对被编译的程序进行了优化处理，因为它关系到所生成的应用程序的执行效率。

在过去 30 年里，通过提高时钟频率、优化执行指令流和加大高速缓存容量等方法提高处理器性能。随着处理器性能的提高，软件程序不用改进就可以获得执行性能的提高，软件开发人员自然享受着这道免费"性能午餐"。当然，如果软件能够针对处理器特性进行优化，会获得更多的性能提升。

然而，近年来新一代处理器的性能提高主要依赖超线程、多核和高速缓存等技术。虽然由于高速缓存等技术的应用，这道"性能午餐"还会提供，但不再免费，因为当前的大多数应用程序并不能直接从超线程和多核技术当中获益。多线程技术将迫使软件开发人员改进其单线程的、串行执行的程序，并行性程序设计也许是自面向对象程序设计以来的又一个革新。高性能程序设计也越来越需要软件开发人员了解处理器硬件结构。

第 9 章总结

本章以 IA-32 处理器为例，介绍了提高处理器性能常用的技术。这些技术包括 Intel 80486 运用的精简指令集思想、指令流水线技术、浮点数据处理单元，Pentium 系列处理器逐渐引入的多媒体指令、超标量和动态执行技术以及超线程和多核技术。

处理器性能使用执行程序的时间衡量。执行时间正比于程序的指令条数、指令平均周期数和时钟周期长度。IA-32 处理器是典型的也是唯一仍在广泛应用的复杂指令集计算机（CISC），但从 80486 开始引入精简指令集计算机（RISC）思想。RISC 利用研究成果，反其道而行之，设计了一个简单的指令集结构。它使用常用的、基本的、简单的指令，机器代码格式规整、长度固定，面向大量通用寄存器操作，主存寻址方式简单，只有 LOAD 和 STORE 指令访问主存，利用硬件逻辑和流水线技术提高性能。

指令流水线技术将指令执行的过程细化，即让指令执行分成多个阶段，例如取指、译码、地址计算、执行和结果回写，让多条指令重叠在多个阶段同时操作。流水线技术提高了处理器执行程序的时间，但指令相关会影响指令流水线的执行效率。80486 使用 5 级整数指令流水线，依次是指令预取、指令译码 1、指令译码 2、指令执行和回写。

浮点数据格式由符号、指数（阶码）和有效数字（尾数）组成，表达了一定精度和一定范围的实数。IEEE 754 标准支持 32 位单精度和 64 位双精度浮点数据格式，x87 FPU 还支持 80 位扩展精度浮点数据格式。实数通常用规格化浮点格式表达，非规格化浮点格式扩大了实数的表示范围，零和无穷大编码表达出现下溢（趋近数轴原点）和上溢（超出绝对值范围）的实数。

并行处理是同一个时刻或同一段时间内处理多个任务，可以采用时间重叠、资源重复和资源共享方式存在于计算机系统的各个层次。SIMD 和 MIMD 结构属于并行计算机结构。多媒体指令采用 SIMD 结构，IA-32 处理器为此新增紧缩数据类型（分紧缩整型数据和紧缩浮点数据），一条指令可以对多个数据同时进行操作。指令级并行技术用于提高处理器并行执行多条指令的能力，如 IA-32 处理器的超标量和动态执行技术。线程级并行从更高的程序线程实现并行执行，典型技术有同时多线程和单芯片处理器，如 80x86 处理器的超线程技术和多核、众核技术。

第9章习题

9.1 简答题

(1) 为什么说 RISC 是计算机结构上的革新？
(2) 指令流水线没有减少指令的执行时间，如何减少了整个程序的执行时间？
(3) 浮点数据为什么要采用规格化形式？
(4) 为什么浮点数据编码有舍入问题，而整数编码却没有？
(5) 为什么说各种优化指令执行的硬件技术为软件提供了免费"性能午餐"？

9.2 判断题

(1) 处理器性能可以用程序执行时间反映。
(2) 通常，RISC 处理器只有"取数 LOAD"和"存数 STORE"指令访问存储器。
(3) 指令流水线运用了时间重叠思想提高并行性。
(4) 超线程技术形成了两个逻辑处理器核心，多核技术实现了多个物理处理器核心。
(5) 众核处理器只是比多核处理器的核心个数多，没有其他区别。

9.3 填空题

(1) CISC 是英文_____的缩写，常被译为_____。RISC 中的 R 来自英文_____，含义是_____。IA-32 处理器属于_____结构。
(2) 80486 把整数指令的执行分成 5 个阶段，依次是_____、_____、_____、_____和_____。
(3) 单精度浮点规格化格式能表达的数据范围是从_____到_____。出现比最小数还要小的数据，就是出现了_____；出现比最大数还要大的数据，就是出现了_____。
(4) 单精度浮点数据格式共有_____位，其中符号位占 1 位，阶码部分占_____位，尾数部分占_____位。
(5) 有两种性质的并行性，同一个时刻发生的并行性称为_____，同一段时间内发生的并行性称为_____。

9.4 通过处理器性能公式，说明影响程序执行时间的 3 个方面。

9.5 RISC 技术主要有哪些方面的特色？

9.6 什么是指令流水线？80486 采用哪几级流水线，各级的主要操作分别是什么？

9.7 已知 BF600000H 是一个单精度规格化浮点格式数据，它表达的实数是什么？

9.8 实数真值 28.75 如果用单精度规格化浮点数据格式表达，其编码是什么？编程将单精度浮点数据的编码显示出来。

9.9 解释如下浮点格式数据的有关概念：

(1) 数据上溢和数据下溢
(2) 规格化有限数和非规格化有限数
(3) NaN 和无穷大

9.10 什么是紧缩整型数据和紧缩浮点数据？扩展有 SSE3 指令的 Pentium 4 支持哪些紧缩数据类型？

9.11 SIMD 是什么？说明多媒体指令如何利用这个结构特点。

9.12 简单说明如下名词(概念)的含义：

(1) 超标量技术
(2) 数据级并行
(3) 指令级并行
(4) 超线程技术
(5) 多核处理器

9.13 追踪处理器技术的最新发展，选择某个方面，做一篇新技术发展的论文。

附录 输入输出子程序库

为了便于在汇编语言程序中进行键盘输入和显示器输出编程，本书作者编写了基本的输入输出子程序库。IO32.LIB 和 IO16.LIB 分别是 32 位 Windows 控制台环境和 16 位 DOS 环境的 I/O 子程序库文件，并分别配合有 IO32.INC 和 IO16.INC 包含文件。要使用 I/O 子程序库的子程序，32 位 Windows 控制台程序使用语句"INCLUDE IO32.INC"、16 位 DOS 程序使用语句"INCLUDE IO16.INC"声明，并且将库文件和包含文件保存在当前目录下。

调用子程序的格式如下：

```
MOV EAX,入口参数
CALL 子程序名
```

子程序名以 READ 开头表示键盘输入，DISP 开头表示显示器输出，参见附录表。中间字母 B、H、UI 和 SI 依次表示二进制、十六进制、无符号十进制和有符号十进制数，结尾字母 B、W 和 D 依次表示 8 位字节量、16 位字量和 32 位双字量。另外，C 表示字符，MSG 表示字符串，R 表示寄存器。

附录表 输入输出子程序

子程序名	参数及功能说明	
READMSG	入口参数：EAX = 缓冲区地址	功能说明：输入一个字符串（回车结束）
	出口参数：EAX = 实际输入的字符个数（不含结尾字符 0），字符串以 0 结尾	
READC	出口参数：AL = 字符的 ASCII 码	功能说明：输入一个字符（回显）
DISPMSG	入口参数：EAX = 字符串地址	功能说明：显示字符串（以 0 结尾）
DISPC	入口参数：AL = 字符的 ASCII 码	功能说明：显示一个字符
DISPCRLF	功能说明：光标回车换行，到下一行首位置	
READBB	出口参数：AL = 8 位数据	功能说明：输入 8 位二进制数据
READBW	出口参数：AX = 16 位数据	功能说明：输入 16 位二进制数据
READBD	出口参数：EAX = 32 位数据	功能说明：输入 32 位二进制数据
DISPBB	入口参数：AL = 8 位数据	功能说明：以二进制形式显示 8 位数据
DISPBW	入口参数：AX = 16 位数据	功能说明：以二进制形式显示 16 位数据
DISPBD	入口参数：EAX = 32 位数据	功能说明：以二进制形式显示 32 位数据
READHB	出口参数：AL = 8 位数据	功能说明：输入 2 位十六进制数据
READHW	出口参数：AX = 16 位数据	功能说明：输入 4 位十六进制数据
READHD	出口参数：EAX = 32 位数据	功能说明：输入 8 位十六进制数据
DISPHB	入口参数：AL = 8 位数据	功能说明：以十六进制形式显示 2 位数据
DISPHW	入口参数：AX = 16 位数据	功能说明：以十六进制形式显示 4 位数据
DISPHD	入口参数：EAX = 32 位数据	功能说明：以十六进制形式显示 8 位数据
READUIB	出口参数：AL = 8 位数据	功能说明：输入无符号十进制整数（≤255）
READUIW	出口参数：AX = 16 位数据	功能说明：输入无符号十进制整数（≤65 535）
READUID	出口参数：EAX = 32 位数据	功能说明：输入无符号十进制整数（≤$2^{32}-1$）
DISPUIB	入口参数：AL = 8 位数据	功能说明：显示无符号十进制整数
DISPUIW	入口参数：AX = 16 位数据	功能说明：显示无符号十进制整数
DISPUID	入口参数：EAX = 32 位数据	功能说明：显示无符号十进制整数

（续）

子程序名	参数及功能说明	
READSIB	出口参数：AL = 8 位数据	功能说明：输入有符号十进制整数（ - 128 ~ 127）
READSIW	出口参数：AX = 16 位数据	功能说明：输入有符号十进制整数（ - 32 768 ~ 32 767）
READSID	出口参数：EAX = 32 位数据	功能说明：输入有符号十进制整数（ $-2^{31} \sim 2^{31}-1$ ）
DISPSIB	入口参数：AL = 8 位数据	功能说明：显示有符号十进制整数
DISPSIW	入口参数：AX = 16 位数据	功能说明：显示有符号十进制整数
DISPSID	入口参数：EAX = 32 位数据	功能说明：显示有符号十进制整数
DISPRB	功能说明：显示 8 个 8 位通用寄存器内容（十六进制）	
DISPRW	功能说明：显示 8 个 16 位通用寄存器内容（十六进制）	
DISPRD	功能说明：显示 8 个 32 位通用寄存器内容（十六进制）	
DISPRF	功能说明：显示 6 个状态标志的状态	

数据输入时，二进制、十六进制和字符输入规定的位数后自动结束，十进制和字符串需要用回车表示结束（超出范围显示出错 ERROR 信息，要求重新输入）。输出数据在当前光标位置开始显示，不返回任何错误信息。入口参数和出口参数都是计算机中运用的二进制数编码，有符号数用补码表示。

另外，子程序将输入参数的寄存器进行了保护，但输出参数的寄存器无法保护。如果仅返回低 8 位或低 16 位参数，高位部分不保证不会改变。输出的字符串要以 0 结尾，返回的字符串自动加入 0 作为结尾字符。

参考文献

[1] 钱晓捷. 32位汇编语言程序设计[M]. 北京：机械工业出版社，2011.
[2] 钱晓捷. 16/32位微机原理、汇编语言及接口技术教程[M]. 北京：机械工业出版社，2011.
[3] 钱晓捷. 汇编语言程序设计[M]. 4版. 北京：电子工业出版社，2012.
[4] 钱晓捷. 计算机硬件技术基础[M]. 北京：机械工业出版社，2010.
[5] Intel. Intel 64 and IA-32 Architectures Software Developer's Manual, Volume 1：Basic Architecture (253665. pdf)[EB/OL]. http://developer. Intel. com.
[6] Intel. Intel 64 and IA-32 Architectures Software Developer's Manual, Volumes 2A & 2B：Instruction Set Reference(253666. pdf and 53667. pdf)[EB/OL]. http://developer. Intel. com.
[7] Intel. Intel 64 and IA-32 Architectures Software Developer's Manual, Volumes 3A & 3B：System Programming Guide(253668. pdf and 53669. pdf)[EB/OL]. http://developer. Intel. com.
[8] Lina Null, Julia Lobur. 计算机组成与体系结构[M]. 影印版. 北京：机械工业出版社，2004.
[9] David A Patterson, John L Hennessy. 计算机组成与体系结构：硬件/软件接口[M]. 影印版，3版. 北京：机械工业出版社，2006.
[10] Barry B Brey. Intel微处理器[M]. 影印版，7版. 北京：机械工业出版社，2006.

推荐阅读

为了更好地服务于广大师生和读者，作者钱晓捷开辟了"大学微机技术系列课程教学辅助网站"（http://www5.zzu.edu.cn/qwfw），提供电子课件、教学大纲、教材勘误、疑难解答、输入输出子程序库、示例源程序文件等辅助资源。

16/32位微机原理、汇编语言及接口技术教程

作者：钱晓捷 编著　ISBN：978-7-111-35593-9　定价：39.00元

尽管微型计算机系统日新月异，但基于16位软硬件平台进行通用微型计算机技术的教学仍然是成熟、适用的。本书针对当前多数高等院校的教学实际展开，16位内容删繁就简，突出基本原理和技术，32位新技术放在最后一章展开。内容包括微机原理、汇编语言及接口技术三部分内容，可适应不同学校或专业的各种教学计划。

计算机硬件技术基础

作者：钱晓捷 主编　ISBN：978-7-111-29105-3　定价：29.80元

本教材将计算机有关硬件知识囊括在一门课程、一本教材中进行介绍，包括传统上"数字逻辑"、"计算机组成原理"、"汇编语言"、"微机原理及接口技术"等多门课程、多本教材的核心、基本知识。教材选择通用、流行的Intel 80x86系列处理器（以32位为起点）和32位个人微机为主要背景机，更加实用。

本教材特别适合非电类专业学生，或者没有数字逻辑或数字电路的有关专业学生（例如以软件开发技术，或者软件工程专业的软件学院），或者希望通过一门课程学习所有硬件知识的教学，或者进行硬件技术入门的技术人员、软件应用开发人员，或者高职高专计算机有关专业。

32位汇编语言程序设计

作者：钱晓捷 编著　ISBN：978-7-111-34750-7　定价：35.00元

本书结合作者近年来的32位汇编语言教学实践，以32位Intel 80x86处理器和个人计算机为硬件平台，基于32位Windows操作系统软件平台，借助微软MASM汇编程序讲解汇编语言程序设计，包括基本的汇编语言基础、常用处理器指令和汇编语伪指令以及顺序、分支、循环、子程序结构，还包括扩展的Windows和DOS编程、与C++语言的混合编程、输入输出指令及编程，并涉及浮点、多媒体及64位指令等先进技术。